应用型本科规划教材

U0184878

高等数学(下册)

(第三版)

主　编　陆宜清　林大志
副主编　徐香勤　张思胜　薛春明　刘　宇
参　编　王　茜　袁伯园　薛庆平　谢振宇
　　　　郑凤彩　刘玉军

上海科学技术出版社

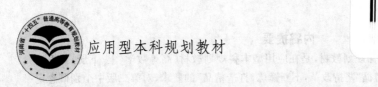

内容提要

本书是"十四五"普通高等教育规划教材，是在应用型本科规划教材《高等数学(上、下册)》(第二版)基础上修订而成.本次修订，遵循"坚持改革，不断锤炼，打造精品"的要求，对第二版中个别概念定义、少量定理公式的证明做了一些修改，对部分内容的安排做了一些调整，习题进一步充实丰富，从而使本书更加完善，更好地满足应用型本科教学需要.

全书共11章，分为上、下两册.本书为下册，主要内容包括向量与空间解析几何、多元函数微分学、重积分、曲线积分与曲面积分、无穷级数5章.书末附有高等数学常用公式(二)、数学软件MATLAB常用系统函数、全国硕士研究生招生考试试题(多元函数微积分部分)、习题答案与提示.

本书可作为高等院校工科、理科(非数学专业)各专业高等数学课程教材和研究生入学考试的参考书，也可作为工程技术人员、科技工作者的参考用书.

图书在版编目（CIP）数据

高等数学. 下册 / 陆宜清，林大志主编. -- 3版. -- 上海 : 上海科学技术出版社，2022.1
应用型本科规划教材
ISBN 978-7-5478-5596-6

Ⅰ. ①高… Ⅱ. ①陆… ②林… Ⅲ. ①高等数学－高等学校－教材 Ⅳ. ①O13

中国版本图书馆CIP数据核字(2021)第255428号

高等数学(下册)(第三版)
主编　陆宜清　林大志

上海世纪出版(集团)有限公司
上海科学技术出版社　出版、发行
(上海市闵行区号景路159弄A座9F-10F)
邮政编码 201101　www.sstp.cn
上海雅昌艺术印刷有限公司印刷
开本 787×1092　1/16　印张 18
字数：440千字
2011年7月第1版
2015年7月第2版
2022年1月第3版　2022年1月第1次印刷(总第10次)
ISBN 978-7-5478-5596-6/O·104
定价：52.00元

第三版前言 Preface

由河南牧业经济学院、上海工程技术大学高等职业技术学院、河北师范大学职业技术学院编写的规划教材《高等数学(上、下册)》,自 2011 年出版以来,受到广大读者的关注,得到许多兄弟院校的大力支持.在此对支持、帮助、鼓励我们工作的有关部门的领导、专家和读者表示诚挚的谢意.

为了进一步提高教材的质量,在已有的基础上逐步完善,更好地适应迅猛发展的应用型本科教育的需要,使教材更符合应用型本科培养目标的要求,更具有应用型本科的特色,我们认真总结了第二版教材在使用过程中存在的问题,听取了有关兄弟院校对教材的意见,根据编者参与应用型本科教育实践的亲身体会和感受,以"联系实际,深化概念,加强计算,注重应用,适度论证,提高素质"为特色,遵循教育部制定的《应用型本科教育数学课程教学基本要求》,重新修订编写了这本应用型本科教材.

教材第三版是编者在第二版的基础上,根据多年的教学改革实践,按照"十四五"普通高等教育规划教材建设的精神,遵循以下原则进行修订:

1. 课程的基础性原则.以高等数学课程在总体培养方案中的地位和作用为依据,内容符合高等数学教学大纲的基本要求,满足学生学习本课程所必须获得的基本理论、基础知识和基本技能.

2. 教学的适应性原则.根据高等数学课程的性质和任务,精选经典内容,恰当、充分地反映本学科的最新成果.内容适用、够用,体现"少而精",文字通俗易懂,语言自然流畅,图表正确清晰、插图适当,与正文密切配合,便于组织教学.

3. 教材的针对性原则.注意解决现有教材的不足,考虑专业的特殊要求,以学生为本,注意理论联系实际,同时贯彻科学的思维方法,以利于培养学生的自学和创新能力.

4. 书稿的科学性原则.概念的阐述、原理的论证和公式的推导确保正确无误;数据的引用和现象的叙述有可靠的依据.注意基本内容的系统性、正确性及文字的准确精炼,版面设计体现知识性、趣味性.

5. 内容的系统性原则.根据高等数学课程的内在联系,使教材各部分之间前后呼应,配合紧密;注意课程体系间的联系与结合,与有关课程密切配合,注意与前修知识的衔接以及为后续课程做准备.

新版教材与第二版教材的区别是:增加了难度,加强了应用;易于教,便于学,更加贴近应用型本科学生的实际水平,但也不乏体现数学的文化修养和实际应用的双重功能.

新版教材继续保留第二版教材中以下特色:高等数学与初等数学紧密衔接;基本概念、基本定理与实际相联系;数学知识与实际问题紧密结合;教材与学习指导融为一体,便于滚动复习;基本要求与拓宽知识相结合,适应于不同要求和不同层次的教学;高等数学与数学实验相结合;深入浅出,论证简明,系统性强等.

新版教材主要增加和修订的部分是:

1. 极限概念是高等数学的重点和难点,是否理解极限概念对于学好高等数学至关重要.为此,增加了数列极限、函数极限的精确性定义.

2. 为了强化教学效果,每一章开始有著名数学家名言,激励学生学习数学;有学习目标,让学生有目的地去学习.

3. 每一章最后除了原来的"演示与实验"一节,专门增加一节数学模型有关内容,及时融入数学建模的思想方法,进一步激发学生的创新潜能.

4. 每一章最后附有阅读材料,让学生了解有关数学史、数学家的故事,有机融入数学文化,加强课程思政.

5. 为了学生的后续发展,在附录中增加历年硕士研究生招生考试数学试题.

6. 对个别内容安排进行了适当调整,并增补少量内容,以便更好地适合教学的需要.

7. 对习题配置进一步充实、丰富,并做了一些必要的调整.

参加新版修订工作的有:河南牧业经济学院陆宜清、林大志、徐香勤、张思胜、薛春明、王茜、袁伯园、薛庆平,河北师范大学职业技术学院刘宇、谢振宇、郑凤彩、刘玉军.由省教学名师陆宜清教授负责总体规划及技术处理等工作,省教学标兵林大志副教授协助完成有关修订工作.

在教材每一版次的修订过程中,都得到了郑州大学、河南牧业经济学院、河北师范大学职业技术学院有关领导和教师的大力支持和帮助.本次修订吸取了他们对前两版提出的建议,特别是首届国家级教学名师郑州大学李梦如教授逐章逐节详细审阅了全部书稿,提出了许多宝贵意见,在此一并表示诚挚的谢意.

由于编者水平有限,书中不足和考虑不周之处肯定不少,敬请各位专家、同行和读者批评指正,使本书在教学实践中不断完善.

编 者

目录 Contents

第七章

向量与空间解析几何

数学是知识的工具，亦是其他知识工具的泉源.所有研究顺序和度量的科学均和数学有关.

——笛卡儿

【学习目标】

1. 理解空间直角坐标系及向量的概念.
2. 掌握空间两点间的距离公式.
3. 理解向量坐标的概念，会用坐标表示向量的模、方向余弦及单位向量.
4. 知道向量的线性运算、数量积、向量积的定义，掌握用坐标进行向量运算的方法.
5. 掌握向量夹角公式，一向量在另一向量上的投影公式及用向量的坐标表示两向量平行、垂直的充要条件.
6. 掌握平面及直线的方程，会根据简单的几何条件求平面及直线的方程.
7. 了解曲面及其方程概念，知道曲面的一般方程及常见的曲面方程及其图形.
8. 了解空间曲线及其方程的概念，知道空间曲线的一般方程及参数方程，会求简单的空间曲线在坐标面上的投影.
9. 会用 MATLAB 做向量运算及空间曲面的作图.
10. 会利用向量与空间解析几何建立数学模型，解决一些简单的实际问题.

用代数方法研究几何图形，是空间解析几何的主要内容. 在学习多元函数微积分时，熟悉这方面的知识，掌握图形与方程的对应关系，是十分重要的.

本章首先建立空间直角坐标系，引进向量的概念，介绍向量之间的各种运算及其应用，然后以向量为工具讨论空间的平面和直线，最后简要介绍常见的空间曲面和曲线.

第一节　空间直角坐标系与向量的概念

一、空间直角坐标系

过空间一个定点 O，作三条互相垂直的数轴，它们都以 O 为原点，且一般具有相同的长度单位. 这三条数轴分别称为 **x 轴(横轴)**、**y 轴(纵轴)**、**z 轴(竖轴)**，统称**坐标轴**. 它们的方向通常按"右手规则"确定：即以右手握住 z 轴，当右手的四个手指从 x 轴正向以 $\frac{\pi}{2}$ 角度转向 y 轴正向时，大拇指的指向就是 z 轴的正向. 这样确定的三条数轴就构成了一个**空间直角坐标系**，称为直角坐标系 $Oxyz$，定点 O 称为**坐标原点**(图 7 - 1).

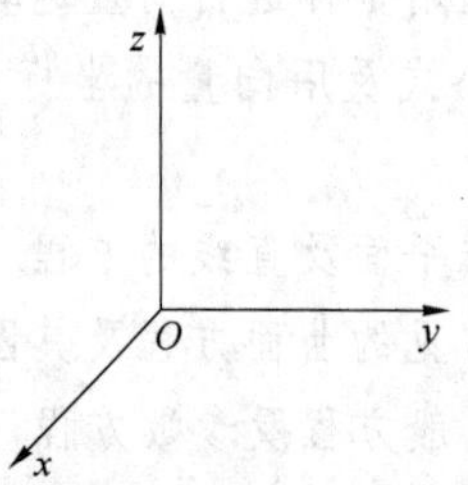

图 7 - 1

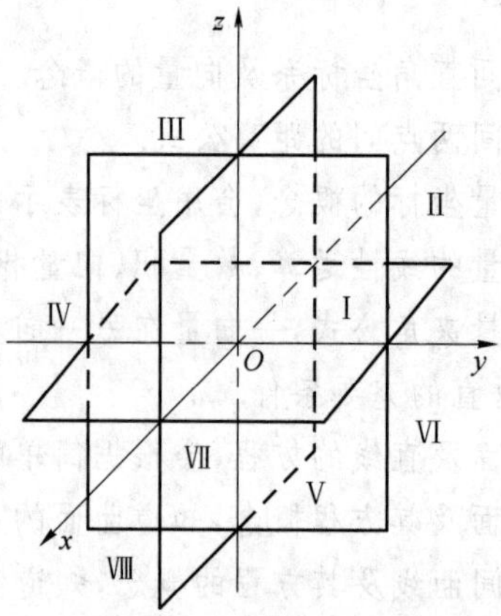

图 7 - 2

三条坐标轴中的任意两条可以确定一个平面，这样的平面统称**坐标面**. 例如 x 轴和 y 轴所确定的平面称为 xOy 面，类似地有 yOz 面，xOz 面. 这样互相垂直的三个坐标面将空间分成八个部分，每一个部分称为一个**卦限**，含有 x 轴、y 轴、z 轴正方向的那部分称为**第一卦限**. 其他第二、第三、第四卦限在 xOy 面的上方，按逆时针方向确定. 第五至第八卦限在 xOy 面的下方，由第一卦限之下的第五卦限，按逆时针方向确定，这八个卦限分别用罗马字母Ⅰ、Ⅱ、Ⅲ、Ⅳ、Ⅴ、Ⅵ、Ⅶ、Ⅷ表示(图 7 - 2).

建立了空间直角坐标系后，就可以建立空间某点与三元有序数组的对应关系. 设 M 为空间一点，过点 M 作三个平面分别垂直 x 轴、y 轴、z 轴，三个平面与三个轴的交点依次为 P，

Q, R(图 7-3),这三点在 x 轴、y 轴、z 轴上的坐标分别为 x, y, z. 于是空间一点 M 就唯一地确定了一个有序数组 (x, y, z). 反过来,设给定了数组 (x, y, z),可以在 x 轴上取坐标为 x 的点 P,在 y 轴上取坐标为 y 的点 Q,在 z 轴上取坐标为 z 的点 R,然后分别过 P, Q, R 作三个依次垂直于 x 轴、y 轴、z 轴的平面. 这三个平面的交点 M 便是由数组 (x, y, z) 所确定的点. 这样,空间的点 M 就与三元数组 (x, y, z) 之间建立了一一对应关系. 有序数组 (x, y, z) 就称为**点 M 的坐标**,记为 $M(x, y, z)$,并依次称 x, y, z 为点 M 的**横坐标**、**纵坐标**和**竖坐标**.

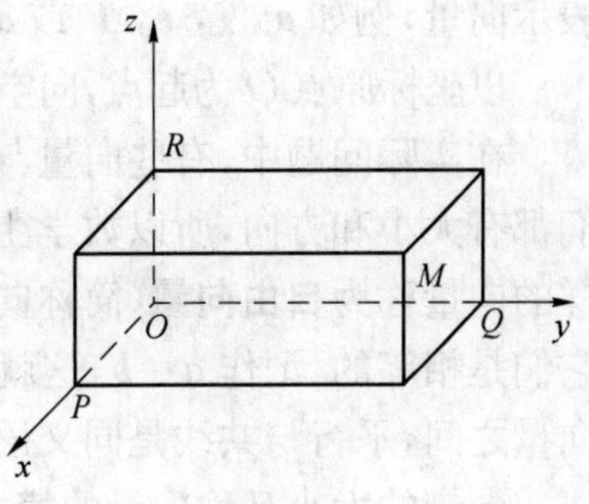

图 7-3

显然,坐标轴及坐标平面上的点,其坐标有一定特点. 例如:x 轴上的点的坐标为 $(x, 0, 0)$;yOz 坐标平面上的点的坐标为 $(0, y, z)$;原点 O 的坐标为 $(0, 0, 0)$.

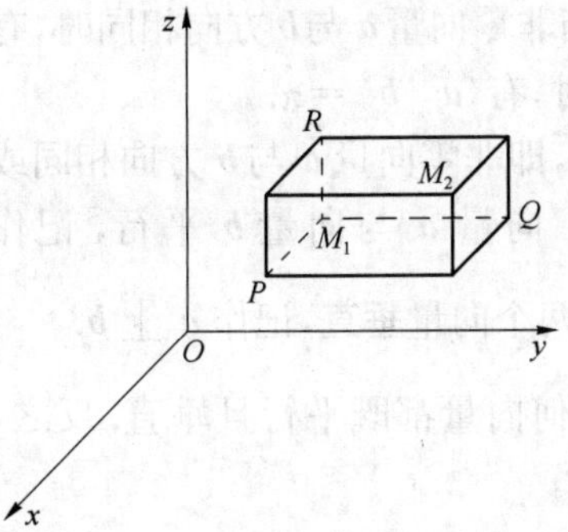

图 7-4

设 $M_1(x_1, y_1, z_1)$, $M_2(x_2, y_2, z_2)$ 为空间两点,过 M_1、M_2 各作三个分别垂直于三条坐标轴的平面,这六个平面围成一个以 M_1M_2 为对角线的长方体(图 7-4). 故有

$$|M_1M_2| = \sqrt{(x_2-x_1)^2+(y_2-y_1)^2+(z_2-z_1)^2}, \tag{7-1}$$

式(7-1)即**空间两点间的距离公式**. 特别地,点 $M(x, y, z)$ 到坐标原点 $O(0, 0, 0)$ 的距离为

$$|OM| = \sqrt{x^2+y^2+z^2}. \tag{7-2}$$

例 1　求证以 $M_1(4, 1, 9)$, $M_2(10, -1, 6)$, $M_3(2, 4, 3)$ 为顶点的三角形是等腰直角三角形.

证　$|M_1M_2| = \sqrt{(10-4)^2+(-1-1)^2+(6-9)^2} = 7$,

$$|M_2M_3| = \sqrt{(2-10)^2+(4+1)^2+(3-6)^2} = \sqrt{98},$$

$$|M_3M_1| = \sqrt{(4-2)^2+(1-4)^2+(9-3)^2} = 7.$$

所以,$|M_1M_2| = |M_3M_1|$,且 $|M_1M_2|^2+|M_3M_1|^2 = |M_2M_3|^2$,即 $\triangle M_1M_2M_3$ 为等腰直角三角形.

二、向量及其线性运算

(一) 向量概念

在实践中,常会遇到既有大小又有方向的量,例如物理学中的力、力矩、位移、速度、加速度等,这一类量称为**向量**(或**矢量**).

习惯上,常用一条有方向的线段(即有向线段)来表示向量,有向线段的长度表示向量的大小,有向线段的方向表示向量的方向. 以 M_1 为起点、M_2 为终点的有向线段所表示的向量,记作 $\overrightarrow{M_1M_2}$(图 7-5). 有时也用一个黑体字母或一个上面加箭头的字母

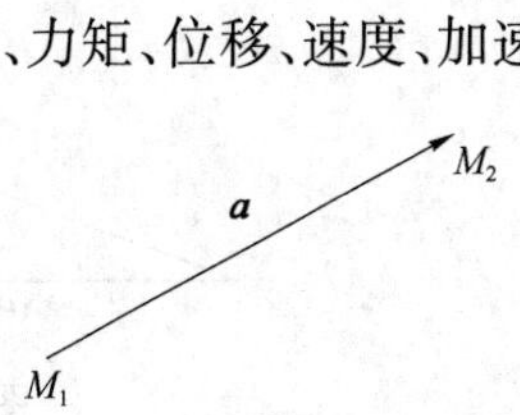

图 7-5

表示向量,例如 $\boldsymbol{a}$, $\boldsymbol{i}$, $\boldsymbol{r}$, $\boldsymbol{F}$ 或 $\vec{a}$, $\vec{i}$, $\vec{r}$, $\vec{F}$ 等.

以坐标原点 O 为起点,向空间一点 M 引向量 $\overrightarrow{OM}$,称这个向量为点 M 对于点 O 的**向径**.

在实际问题中,有些向量与起点有关,有些向量与起点无关.由于一切向量的共性是它们都有大小和方向,所以数学上只研究与起点无关的向量,即只考虑向量的大小和方向,这样的向量称为**自由向量**(简称**向量**).所以,如果两个向量 $\boldsymbol{a}$, $\boldsymbol{b}$ 的大小相等,方向相同时,就说它们是**相等**的,记作 $\boldsymbol{a}=\boldsymbol{b}$,这就意味着,经过平行移动后能完全重合的向量是相等的.在自由向量之间,平行与共线是同义语,初学者应注意.

向量的大小又称向量的**模**.向量 $\boldsymbol{a}$ 的模记作 $|\boldsymbol{a}|$.模等于 1 的向量称为**单位向量**,与 $\boldsymbol{a}$ 同方向的单位向量记作 $\boldsymbol{a}^0$ 或 $\boldsymbol{e}_a$.模等于零的向量称为**零向量**,记为 $\boldsymbol{0}$,零向量的起点与终点重合,方向可看作任意的.

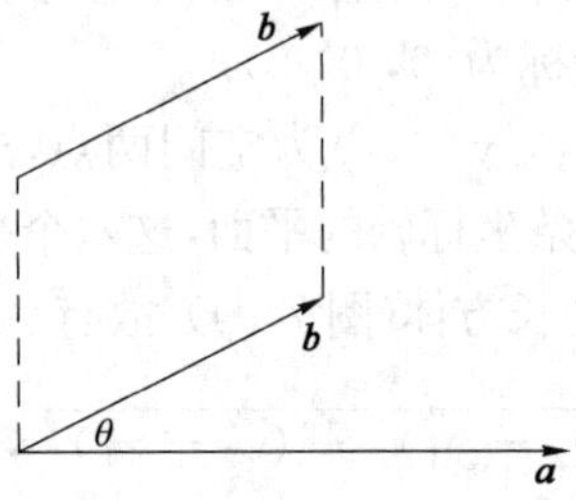

图 7-6

设有两个非零向量 $\boldsymbol{a}$ 和 $\boldsymbol{b}$,将向量 $\boldsymbol{a}$ 或 $\boldsymbol{b}$ 平移,使它们的起点重合后,它们所在的射线之间的不超过 π 的夹角 θ(即 $0\leqslant\theta\leqslant\pi$)称为**向量 $\boldsymbol{a}$ 与 $\boldsymbol{b}$ 的夹角**(图 7-6),记作 $\langle\boldsymbol{a},\boldsymbol{b}\rangle$.

显然,$\langle\boldsymbol{a},\boldsymbol{b}\rangle=\langle\boldsymbol{b},\boldsymbol{a}\rangle$,且当非零向量 $\boldsymbol{a}$ 与 $\boldsymbol{b}$ 方向相同时,有 $\langle\boldsymbol{a},\boldsymbol{b}\rangle=0$;当 $\boldsymbol{a}$ 与 $\boldsymbol{b}$ 方向相反时,有 $\langle\boldsymbol{a},\boldsymbol{b}\rangle=\pi$.

当 $\langle\boldsymbol{a},\boldsymbol{b}\rangle=0$ 或 $\langle\boldsymbol{a},\boldsymbol{b}\rangle=\pi$,即非零向量 $\boldsymbol{a}$ 与 $\boldsymbol{b}$ 方向相同或相反时,就称这两个向量**平行**.向量 $\boldsymbol{a}$ 与向量 $\boldsymbol{b}$ 平行,记作 $\boldsymbol{a}/\!/\boldsymbol{b}$.当 $\langle\boldsymbol{a},\boldsymbol{b}\rangle=\dfrac{\pi}{2}$ 时,就称这两个向量**垂直**,记作 $\boldsymbol{a}\perp\boldsymbol{b}$.

由于零向量的方向可以看作是任意的,因此零向量与任何向量都既平行且垂直.反之,与非零向量既平行且垂直的向量唯有零向量.

(二) 向量的线性运算

向量与向量之间或向量与数之间按某种方式发生联系,并由此产生出另一个向量或者数,这种联系抽象成数学形式,就是向量的运算.向量的加法、减法运算以及向量与数的乘法运算统称向量的**线性运算**.

1. 向量的加法、减法

设有两个向量 $\boldsymbol{a}$ 与 $\boldsymbol{b}$,任取一点 A,作 $\overrightarrow{AB}=\boldsymbol{a}$,再以 B 为起点,作 $\overrightarrow{BC}=\boldsymbol{b}$,连接 AC(图 7-7),那么向量 $\overrightarrow{AC}=\boldsymbol{c}$ 称为向量 $\boldsymbol{a}$ 与 $\boldsymbol{b}$ 的**和**,记作 $\boldsymbol{a}+\boldsymbol{b}$,即

$$\boldsymbol{c}=\boldsymbol{a}+\boldsymbol{b}.$$

上述方法称为向量相加的**三角形法则**.

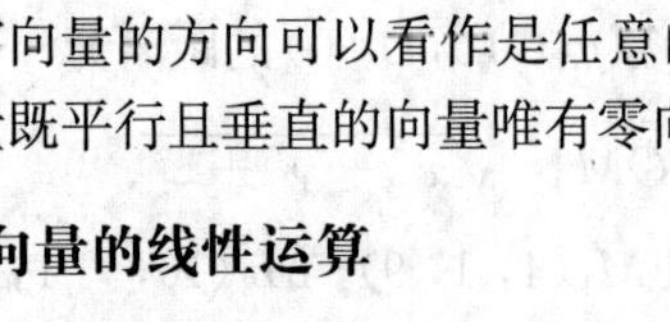

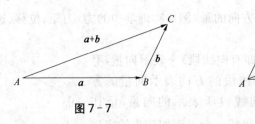

图 7-7

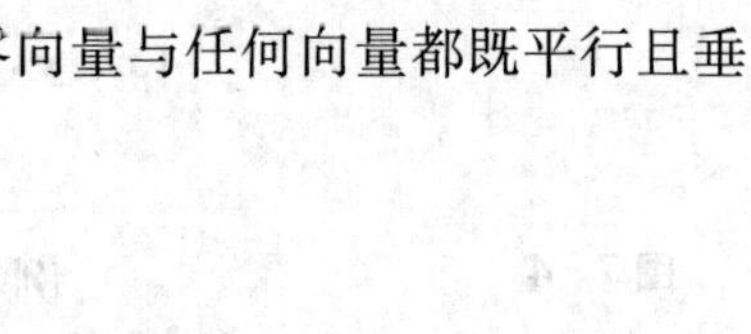

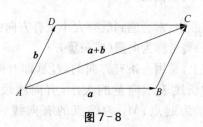

图 7-8

另外,与向量加法的三角形法则相等价的还有**平行四边形法则**. 当向量 $\boldsymbol{a}$ 和 $\boldsymbol{b}$ 不平行时作 $\overrightarrow{AB}=\boldsymbol{a}$, $\overrightarrow{AD}=\boldsymbol{b}$,以 AD, AB 为邻边作一平行四边形 $ABCD$. 连接对角线 AC(图 7 - 8),则向量 $\overrightarrow{AC}$ 就等于向量 $\boldsymbol{a}$ 与 $\boldsymbol{b}$ 的和 $\boldsymbol{a}+\boldsymbol{b}$.

向量的加法满足下列运算规律:

(1) 交换律　$\boldsymbol{a}+\boldsymbol{b}=\boldsymbol{b}+\boldsymbol{a}$;

(2) 结合律　$(\boldsymbol{a}+\boldsymbol{b})+\boldsymbol{c}=\boldsymbol{a}+(\boldsymbol{b}+\boldsymbol{c})$.

由于向量的加法满足交换律和结合律,故 n 个向量 $\boldsymbol{a}_1$, $\boldsymbol{a}_2$, $\cdots$, $\boldsymbol{a}_n$ $(n\geqslant 3)$ 相加可写成

$$\boldsymbol{a}_1+\boldsymbol{a}_2+\cdots+\boldsymbol{a}_n,$$

并按向量加法的三角形法则,可得 n 个向量相加的法则如下:使前一个向量的终点作为下一个向量的起点,相继作向量 $\boldsymbol{a}_1$, $\boldsymbol{a}_2$, $\cdots$, $\boldsymbol{a}_n$,再以第一个向量的起点为起点,最后一个向量的终点为终点作一向量,这个向量即为所求向量的和. 图 7 - 9 中给出 5 个向量相加的例子.

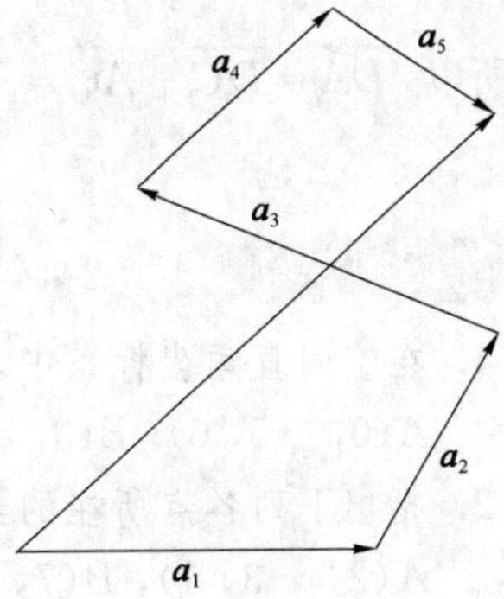

图 7 - 9

设 $\boldsymbol{a}$ 为一向量,与 $\boldsymbol{a}$ 的模相同而方向相反的向量称为 $\boldsymbol{a}$ 的**负向量**,记作 $-\boldsymbol{a}$,由此,规定两个向量 $\boldsymbol{b}$ 与 $\boldsymbol{a}$ 的**差**:

$$\boldsymbol{b}-\boldsymbol{a}=\boldsymbol{b}+(-\boldsymbol{a}).$$

特别当 $\boldsymbol{a}=\boldsymbol{b}$ 时,有

$$\boldsymbol{a}-\boldsymbol{a}=\boldsymbol{a}+(-\boldsymbol{a})=\boldsymbol{0}.$$

2. 向量与数的乘法

向量 $\boldsymbol{a}$ 与实数 λ 的**乘积**记作 $\lambda\boldsymbol{a}$,这里 $\lambda\boldsymbol{a}$ 是一个向量,它的模

$$|\lambda\boldsymbol{a}|=|\lambda||\boldsymbol{a}|,$$

它的方向当 $\lambda>0$ 时与 $\boldsymbol{a}$ 方向相同,当 $\lambda<0$ 时与 $\boldsymbol{a}$ 方向相反.

特别地,当 $\lambda=0$ 时, $|\lambda\boldsymbol{a}|=0$,即 $\lambda\boldsymbol{a}=\boldsymbol{0}$;当 $\lambda=\pm 1$ 时有

$$1\boldsymbol{a}=\boldsymbol{a},\ (-1)\boldsymbol{a}=-\boldsymbol{a}.$$

显然,向量 $\lambda\boldsymbol{a}$ 与 $\boldsymbol{a}$ 是平行的(不管 $\lambda>0$, $\lambda<0$,还是 $\lambda=0$),故有下面定理.

定理　设向量 $\boldsymbol{a}\neq\boldsymbol{0}$,那么,向量 $\boldsymbol{b}$ 平行于 $\boldsymbol{a}$ 的充分必要条件是:存在唯一的实数 λ,使 $\boldsymbol{b}=\lambda\boldsymbol{a}$.

向量的数乘运算满足下列规律:

(1) 结合律　$\lambda(\mu\boldsymbol{a})=\mu(\lambda\boldsymbol{a})=(\lambda\mu)\boldsymbol{a}$;

(2) 分配律　$(\lambda+\mu)\boldsymbol{a}=\lambda\boldsymbol{a}+\mu\boldsymbol{a}$,

$\lambda(\boldsymbol{a}+\boldsymbol{b})=\lambda\boldsymbol{a}+\lambda\boldsymbol{b}$.

设 $\boldsymbol{a}^0$ 表示与非零向量 $\boldsymbol{a}$ 同方向的单位向量,由向量与数的乘法的定义可知,向量 $\dfrac{\boldsymbol{a}}{|\boldsymbol{a}|}$ 的模等于 1,且与 $\boldsymbol{a}$ 同方向,所以有

$$\boldsymbol{a}^0=\frac{\boldsymbol{a}}{|\boldsymbol{a}|},$$

因此任一非零向量 $\boldsymbol{a}$ 都可表示为 $\boldsymbol{a}=|\boldsymbol{a}|\boldsymbol{a}^0$.

例 2 在△ABC 中,D 是 BC 边的中点,设 $\overrightarrow{AB}=\boldsymbol{c}$, $\overrightarrow{AC}=\boldsymbol{b}$,试用 $\boldsymbol{b}$, $\boldsymbol{c}$ 表示向量 $\overrightarrow{DA}$, $\overrightarrow{DB}$ 和 $\overrightarrow{DC}$(图 7-10).

解 因为 $\overrightarrow{AC}+\overrightarrow{CB}=\overrightarrow{AB}$, 即

$$\boldsymbol{b}+2\overrightarrow{DB}=\boldsymbol{c},$$

可得
$$\overrightarrow{DB}=\frac{1}{2}(\boldsymbol{c}-\boldsymbol{b}),$$

又
$$\overrightarrow{DC}=-\overrightarrow{DB}=\frac{1}{2}(\boldsymbol{b}-\boldsymbol{c}),$$
$$\overrightarrow{DA}+\overrightarrow{AC}=\overrightarrow{DC},$$

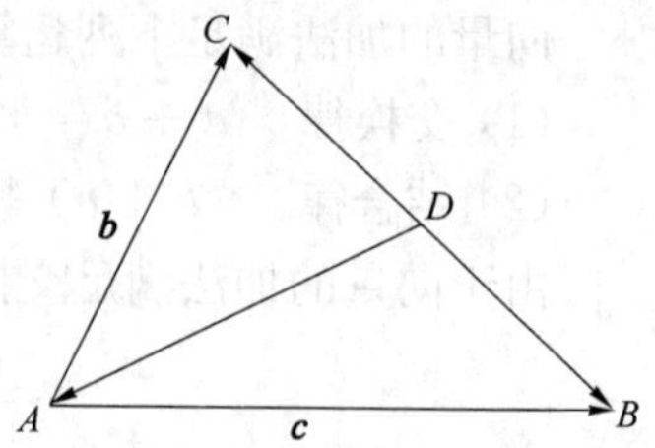

图 7-10

所以, $\overrightarrow{DA}=\overrightarrow{DC}-\overrightarrow{AC}=\frac{1}{2}(\boldsymbol{b}-\boldsymbol{c})-\boldsymbol{b}=-\frac{1}{2}(\boldsymbol{b}+\boldsymbol{c})$.

练习题 7-1

1. 在空间直角坐标系中,指出下列各点位置的特点:
   $A(0, -5, 0)$; $B(3, -3, 0)$; $C(6, 0, -3)$; $D(4, 0, 0)$; $E(0, 5, -7)$; $F(0, 0, 9)$.
2. 指出下列各点所在的卦限:
   $A(2, -3, 1)$, $B(7, -1, -2)$, $C(-2, -3, -1)$, $D(-1, 2, -3)$.
3. 自点 $M(-1, 3, -2)$分别作各坐标面和各坐标轴的垂线,写出各垂足的坐标,并求出点 M 到各坐标面和坐标轴的距离.
4. 求点$(3, -1, -2)$关于:(1)各坐标面;(2)各坐标轴;(3)坐标原点的对称点的坐标.
5. 求点 $A(4, -3, 5)$到坐标原点及到各条坐标轴的距离.
6. 在 y 轴上求与点 $A(-3, 2, 7)$和 $B(3, 1, -7)$等距离的点.
7. 设平行四边形 $ABCD$ 的对角线向量 $\overrightarrow{AC}=\boldsymbol{a}$, $\overrightarrow{BD}=\boldsymbol{b}$, 试用 $\boldsymbol{a}$, $\boldsymbol{b}$ 表示 $\overrightarrow{AB}$, $\overrightarrow{BC}$, $\overrightarrow{CD}$, $\overrightarrow{DA}$.
8. 已知向量 $\boldsymbol{a}=3\boldsymbol{m}-2\boldsymbol{n}$, $\boldsymbol{b}=\boldsymbol{m}+\boldsymbol{n}$,试用向量 $\boldsymbol{m}$, $\boldsymbol{n}$ 表示 $2\boldsymbol{a}-3\boldsymbol{b}$.
9. 设 $\boldsymbol{u}=\boldsymbol{a}+\boldsymbol{b}-2\boldsymbol{c}$, $\boldsymbol{v}=-\boldsymbol{a}-3\boldsymbol{b}+\boldsymbol{c}$,试用向量 $\boldsymbol{a}$, $\boldsymbol{b}$, $\boldsymbol{c}$ 表示向量 $2\boldsymbol{u}-3\boldsymbol{v}$.
10. 设 $ABCDEF$ 是一个正六边形, $\boldsymbol{a}=\overrightarrow{AB}$, $\boldsymbol{b}=\overrightarrow{AF}$, 试用 $\boldsymbol{a}$, $\boldsymbol{b}$ 表示 $\overrightarrow{BC}$, $\overrightarrow{CD}$, $\overrightarrow{DE}$, $\overrightarrow{EF}$.

第二节 向量的运算

向量的运算仅靠几何运算有些不便,为此须将向量的运算代数化. 本节将引入向量的坐标表示法,并介绍向量的数量积与向量积两种典型的向量运算.

一、向量的坐标表示法

在空间直角坐标系中,与 x 轴、y 轴、z 轴的正向同向的单位向量分别记为 $\boldsymbol{i}$, $\boldsymbol{j}$, $\boldsymbol{k}$,称为**基本单位向量**.

设向量 $\overrightarrow{OM}$ 的起点在坐标原点 O，终点为 $M(x, y, z)$. 过 $\overrightarrow{OM}$ 的终点 $M(x, y, z)$ 作三个平面分别垂直于三条坐标轴，设垂足依次为 P, Q, R（图 7-11），则点 M 在 x 轴上的坐标为 x，根据向量与数的乘法运算得向量 $\overrightarrow{OP}=x\boldsymbol{i}$，同理 $\overrightarrow{OQ}=y\boldsymbol{j}$，$\overrightarrow{OR}=z\boldsymbol{k}$. 于是，由向量加法的三角形法则，有

$$\overrightarrow{OM}=\overrightarrow{OM_1}+\overrightarrow{M_1M}=\overrightarrow{OP}+\overrightarrow{OQ}+\overrightarrow{OR}=x\boldsymbol{i}+y\boldsymbol{j}+z\boldsymbol{k}.$$

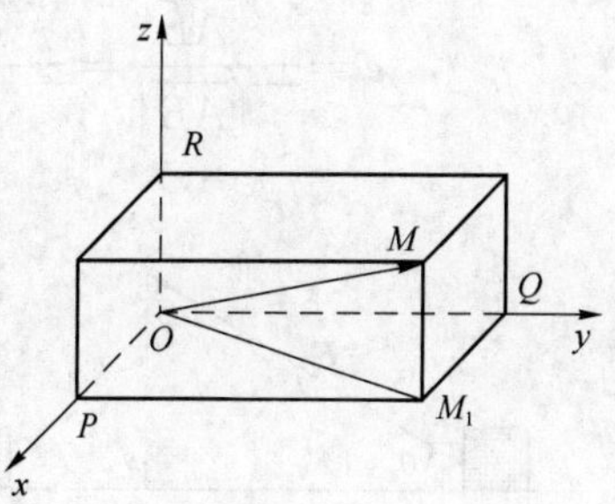

图 7-11

称 $\overrightarrow{OM}=x\boldsymbol{i}+y\boldsymbol{j}+z\boldsymbol{k}$ 为向量 $\overrightarrow{OM}$ 的**标准分解式**，$x\boldsymbol{i}, y\boldsymbol{j}, z\boldsymbol{k}$ 分别称为向量 $\overrightarrow{OM}$ 在 x 轴、y 轴、z 轴上的**分向量**，而 x, y, z 称为向量 $\overrightarrow{OM}$ 的**坐标**. (x, y, z) 称为向量 $\overrightarrow{OM}$ 的**坐标表示式**，记作 $\overrightarrow{OM}=(x, y, z)$. 可见，向量坐标与点的坐标相同，但是从上下文的叙述中，还是可以区分的.

对起点为 $M_1(x_1, y_1, z_1)$ 而终点为 $M_2(x_2, y_2, z_2)$ 的向量 $\overrightarrow{M_1M_2}$，因为

$$\begin{aligned}\overrightarrow{M_1M_2}&=\overrightarrow{OM_2}-\overrightarrow{OM_1}=x_2\boldsymbol{i}+y_2\boldsymbol{j}+z_2\boldsymbol{k}-(x_1\boldsymbol{i}+y_1\boldsymbol{j}+z_1\boldsymbol{k})\\&=(x_2-x_1)\boldsymbol{i}+(y_2-y_1)\boldsymbol{j}+(z_2-z_1)\boldsymbol{k},\end{aligned}$$

所以向量 $\overrightarrow{M_1M_2}$ 的坐标表示式为 $\overrightarrow{M_1M_2}=(x_2-x_1, y_2-y_1, z_2-z_1)$，即**向量的坐标等于其终点的坐标减去其起点的坐标.**

特别地，基本单位向量的坐标表示式为 $\boldsymbol{i}=(1, 0, 0)$，$\boldsymbol{j}=(0, 1, 0)$，$\boldsymbol{k}=(0, 0, 1)$.

有了向量坐标后，可简化向量的加法、减法以及向量与数的乘法的运算如下：

设 $\boldsymbol{a}=a_x\boldsymbol{i}+a_y\boldsymbol{j}+a_z\boldsymbol{k}$，$\boldsymbol{b}=b_x\boldsymbol{i}+b_y\boldsymbol{j}+b_z\boldsymbol{k}$，即

$$\boldsymbol{a}=(a_x, a_y, a_z),\ \boldsymbol{b}=(b_x, b_y, b_z).$$

于是利用向量加法的交换律和结合律，以及向量与数乘法的结合律与分配律，有

$$\boldsymbol{a}\pm\boldsymbol{b}=(a_x\pm b_x)\boldsymbol{i}+(a_y\pm b_y)\boldsymbol{j}+(a_z\pm b_z)\boldsymbol{k},$$
$$\lambda\boldsymbol{a}=(\lambda a_x)\boldsymbol{i}+(\lambda a_y)\boldsymbol{j}+(\lambda a_z)\boldsymbol{k}.$$

或

$$\boldsymbol{a}\pm\boldsymbol{b}=(a_x\pm b_x, a_y\pm b_y, a_z\pm b_z),$$
$$\lambda\boldsymbol{a}=(\lambda a_x, \lambda a_y, \lambda a_z).$$

由此可见，对向量进行加、减及数乘，只须对向量的各个坐标进行相应的运算就行了.

本章第一节中的定理指出，当向量 $\boldsymbol{a}\neq\boldsymbol{0}$ 时，向量 $\boldsymbol{b}\parallel\boldsymbol{a}$ 相当于 $\boldsymbol{b}=\lambda\boldsymbol{a}$，按坐标表示式

$$(b_x, b_y, b_z)=\lambda(a_x, a_y, a_z),$$

相当于向量 $\boldsymbol{b}$ 与 $\boldsymbol{a}$ 对应坐标成比例：

$$\frac{b_x}{a_x}=\frac{b_y}{a_y}=\frac{b_z}{a_z}=\lambda. \tag{7-3}$$

例 1　已知两点 $A(4, 0, 5)$ 和 $B(7, 1, 3)$，求与 $\overrightarrow{AB}$ 平行的单位向量.

解　$\overrightarrow{AB}=(7-4, 1-0, 3-5)=(3, 1, -2)$，故 $|\overrightarrow{AB}|=\sqrt{3^2+1^2+(-2)^2}=\sqrt{14}$，于是与 $\overrightarrow{AB}$ 平行的单位向量为

$$e=\pm\frac{\overrightarrow{AB}}{|\overrightarrow{AB}|}=\pm\frac{1}{\sqrt{14}}(3,\ 1,\ -2)=\left(\pm\frac{3}{\sqrt{14}},\ \pm\frac{1}{\sqrt{14}},\ \mp\frac{2}{\sqrt{14}}\right).$$

二、向量的数量积

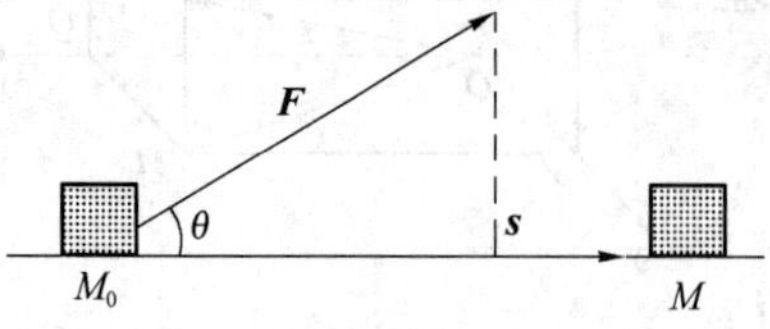

图 7-12

设一物体在常力 $\boldsymbol{F}$ 的作用下沿直线从点 M_0 移动到点 M,如果用 $\boldsymbol{s}$ 表示位移 $\overrightarrow{M_0M}$,那么由物理学知道,力 $\boldsymbol{F}$ 所做的功为 $W=|\boldsymbol{F}|\,|\boldsymbol{s}|\cos\theta$,其中 θ 为 $\boldsymbol{F}$ 与 $\boldsymbol{s}$ 的夹角(图 7-12).

由此实际背景,来定义向量的一种运算.

定义 1 设 $\boldsymbol{a}$ 和 $\boldsymbol{b}$ 为两个向量,θ 为它们的夹角($0\leqslant\theta\leqslant\pi$),则称乘积 $|\boldsymbol{a}|\,|\boldsymbol{b}|\cos\theta$ 为向量 $\boldsymbol{a}$ 与 $\boldsymbol{b}$ 的**数量积**或**内积**,记为 $\boldsymbol{a}\cdot\boldsymbol{b}$,即 $\boldsymbol{a}\cdot\boldsymbol{b}=|\boldsymbol{a}|\,|\boldsymbol{b}|\cos\theta$.

按数量积的定义,上面所说的力 $\boldsymbol{F}$ 所做的功就可以表达为 $W=\boldsymbol{F}\cdot\boldsymbol{s}$.

显然,由数量积的定义可推得:

(1) $\boldsymbol{a}\cdot\boldsymbol{a}=|\boldsymbol{a}|^2$;

(2) $\boldsymbol{a}\perp\boldsymbol{b}$ 的充分必要条件是 $\boldsymbol{a}\cdot\boldsymbol{b}=0$.

数量积满足以下运算规律:

(1) 交换律 $\boldsymbol{a}\cdot\boldsymbol{b}=\boldsymbol{b}\cdot\boldsymbol{a}$;

(2) 分配律 $(\boldsymbol{a}+\boldsymbol{b})\cdot\boldsymbol{c}=\boldsymbol{a}\cdot\boldsymbol{c}+\boldsymbol{b}\cdot\boldsymbol{c}$;

(3) 结合律 $(\lambda\boldsymbol{a})\cdot\boldsymbol{b}=\boldsymbol{a}\cdot(\lambda\boldsymbol{b})=\lambda(\boldsymbol{a}\cdot\boldsymbol{b})$.

下面来推导数量积的坐标表达式.

设 $\boldsymbol{a}=a_x\boldsymbol{i}+a_y\boldsymbol{j}+a_z\boldsymbol{k}$,$\boldsymbol{b}=b_x\boldsymbol{i}+b_y\boldsymbol{j}+b_z\boldsymbol{k}$,按数量积的运算规律可得

$$\begin{aligned}\boldsymbol{a}\cdot\boldsymbol{b}&=(a_x\boldsymbol{i}+a_y\boldsymbol{j}+a_z\boldsymbol{k})\cdot(b_x\boldsymbol{i}+b_y\boldsymbol{j}+b_z\boldsymbol{k})\\&=a_x\boldsymbol{i}\cdot(b_x\boldsymbol{i}+b_y\boldsymbol{j}+b_z\boldsymbol{k})+a_y\boldsymbol{j}\cdot(b_x\boldsymbol{i}+b_y\boldsymbol{j}+b_z\boldsymbol{k})+a_z\boldsymbol{k}\cdot(b_x\boldsymbol{i}+b_y\boldsymbol{j}+b_z\boldsymbol{k})\\&=a_xb_x\boldsymbol{i}\cdot\boldsymbol{i}+a_xb_y\boldsymbol{i}\cdot\boldsymbol{j}+a_xb_z\boldsymbol{i}\cdot\boldsymbol{k}+a_yb_x\boldsymbol{j}\cdot\boldsymbol{i}+a_yb_y\boldsymbol{j}\cdot\boldsymbol{j}+\\&\quad a_yb_z\boldsymbol{j}\cdot\boldsymbol{k}+a_zb_x\boldsymbol{k}\cdot\boldsymbol{i}+a_zb_y\boldsymbol{k}\cdot\boldsymbol{j}+a_zb_z\boldsymbol{k}\cdot\boldsymbol{k}.\end{aligned}$$

注意到 $\boldsymbol{i}\cdot\boldsymbol{j}=\boldsymbol{j}\cdot\boldsymbol{k}=\boldsymbol{k}\cdot\boldsymbol{i}=0,\ \boldsymbol{i}\cdot\boldsymbol{i}=\boldsymbol{j}\cdot\boldsymbol{j}=\boldsymbol{k}\cdot\boldsymbol{k}=1$,

因而
$$\boldsymbol{a}\cdot\boldsymbol{b}=a_xb_x+a_yb_y+a_zb_z. \tag{7-4}$$

这就是两个向量的数量积的坐标表示式.

由此可知,当 $\boldsymbol{a}$, $\boldsymbol{b}$ 为非零向量时,$\boldsymbol{a}$, $\boldsymbol{b}$ 的夹角 $\langle\boldsymbol{a},\ \boldsymbol{b}\rangle=\theta$ 满足公式

$$\cos\theta=\frac{\boldsymbol{a}\cdot\boldsymbol{b}}{|\boldsymbol{a}|\,|\boldsymbol{b}|}=\frac{a_xb_x+a_yb_y+a_zb_z}{\sqrt{a_x^2+a_y^2+a_z^2}\cdot\sqrt{b_x^2+b_y^2+b_z^2}}, \tag{7-5}$$

这就是两向量夹角余弦的坐标表示式.

因此,可得以下定理:

定理 $\boldsymbol{a}\perp\boldsymbol{b}$ 的充分必要条件是 $a_xb_x+a_yb_y+a_zb_z=0$.

例 2 已知点 $M(1,\ 1,\ 1)$, $A(2,\ 2,\ 1)$和 $B(2,\ 1,\ 2)$,求$\angle AMB$.

解 $\angle AMB$ 是向量 $\overrightarrow{MA}$ 与 $\overrightarrow{MB}$ 的夹角,而 $\overrightarrow{MA}=(2-1,\ 2-1,\ 1-1)=(1,\ 1,\ 0)$, $\overrightarrow{MB}=$

$(2-1, 1-1, 2-1)=(1, 0, 1)$，故

$$\overrightarrow{MA}\cdot\overrightarrow{MB}=1\times1+1\times0+0\times1=1.$$

$$|\overrightarrow{MA}|=\sqrt{1^2+1^2+0^2}=\sqrt{2},\ |\overrightarrow{MB}|=\sqrt{1^2+0^2+1^2}=\sqrt{2},$$

由式(7-5)得
$$\cos\angle AMB=\frac{\overrightarrow{MA}\cdot\overrightarrow{MB}}{|\overrightarrow{MA}||\overrightarrow{MB}|}=\frac{1}{2},$$

因此
$$\angle AMB=\frac{\pi}{3}.$$

例 3　向量 $\boldsymbol{a}$，$\boldsymbol{b}$ 满足什么条件，才能使下列等式成立？

(1) $|\boldsymbol{a}+\boldsymbol{b}|=|\boldsymbol{a}-\boldsymbol{b}|$；　　(2) $|\boldsymbol{a}+\boldsymbol{b}|=|\boldsymbol{a}|+|\boldsymbol{b}|$.

解　利用 $|\boldsymbol{a}|^2=\boldsymbol{a}\cdot\boldsymbol{a}$ 求解.

(1) 因为

$$|\boldsymbol{a}+\boldsymbol{b}|^2=(\boldsymbol{a}+\boldsymbol{b})\cdot(\boldsymbol{a}+\boldsymbol{b})=\boldsymbol{a}\cdot\boldsymbol{a}+\boldsymbol{a}\cdot\boldsymbol{b}+\boldsymbol{b}\cdot\boldsymbol{a}+\boldsymbol{b}\cdot\boldsymbol{b}=|\boldsymbol{a}|^2+2\boldsymbol{a}\cdot\boldsymbol{b}+|\boldsymbol{b}|^2,$$
$$|\boldsymbol{a}-\boldsymbol{b}|^2=(\boldsymbol{a}-\boldsymbol{b})\cdot(\boldsymbol{a}-\boldsymbol{b})=\boldsymbol{a}\cdot\boldsymbol{a}-\boldsymbol{a}\cdot\boldsymbol{b}-\boldsymbol{b}\cdot\boldsymbol{a}+\boldsymbol{b}\cdot\boldsymbol{b}=|\boldsymbol{a}|^2-2\boldsymbol{a}\cdot\boldsymbol{b}+|\boldsymbol{b}|^2,$$

所以，由题设，得 $\boldsymbol{a}\cdot\boldsymbol{b}=0$. 故当 $\boldsymbol{a}\perp\boldsymbol{b}$ 时等式 $|\boldsymbol{a}+\boldsymbol{b}|=|\boldsymbol{a}-\boldsymbol{b}|$ 成立.

(2) 因为 $|\boldsymbol{a}+\boldsymbol{b}|^2=(\boldsymbol{a}+\boldsymbol{b})\cdot(\boldsymbol{a}+\boldsymbol{b})=\boldsymbol{a}\cdot\boldsymbol{a}+\boldsymbol{a}\cdot\boldsymbol{b}+\boldsymbol{b}\cdot\boldsymbol{a}+\boldsymbol{b}\cdot\boldsymbol{b}=|\boldsymbol{a}|^2+2\boldsymbol{a}\cdot\boldsymbol{b}+|\boldsymbol{b}|^2$,

$$(|\boldsymbol{a}|+|\boldsymbol{b}|)^2=|\boldsymbol{a}|^2+2|\boldsymbol{a}||\boldsymbol{b}|+|\boldsymbol{b}|^2,$$

所以 $2\boldsymbol{a}\cdot\boldsymbol{b}=2|\boldsymbol{a}||\boldsymbol{b}|$，于是 $\cos\langle\boldsymbol{a}, \boldsymbol{b}\rangle=1$. 故 $\langle\boldsymbol{a}, \boldsymbol{b}\rangle=0$，即 $\boldsymbol{a}$ 与 $\boldsymbol{b}$ 同向时等式 $|\boldsymbol{a}+\boldsymbol{b}|=|\boldsymbol{a}|+|\boldsymbol{b}|$ 成立.

三、向量的方向角与方向余弦

如图 7-13，非零向量 $\boldsymbol{a}$ 与 x 轴、y 轴、z 轴的正向所成的夹角 α，β，γ 称为向量 $\boldsymbol{a}$ 的**方向角**($0\leqslant\alpha, \beta, \gamma\leqslant\pi$)，方向角的余弦 $\cos\alpha$，$\cos\beta$，$\cos\gamma$ 称为向量 $\boldsymbol{a}$ 的**方向余弦**. 方向角完全确定了向量 $\boldsymbol{a}$ 的方向.

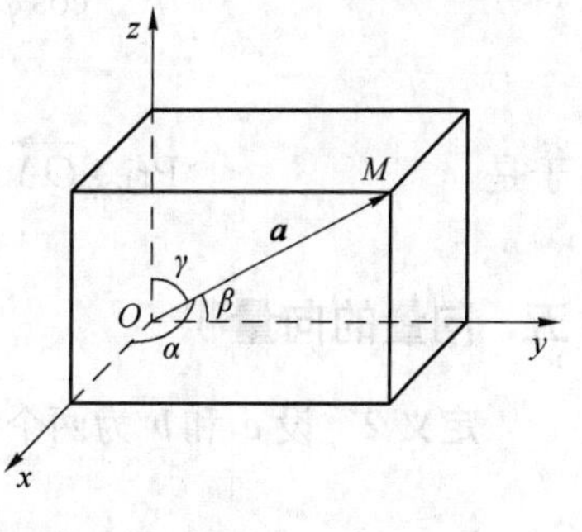

图 7-13

设向量 $\boldsymbol{a}=\overrightarrow{OM}=(a_x, a_y, a_z)$，从图 7-13 中可以看出 $\cos\alpha=\dfrac{a_x}{|\boldsymbol{a}|}$，$\cos\beta=\dfrac{a_y}{|\boldsymbol{a}|}$，$\cos\gamma=\dfrac{a_z}{|\boldsymbol{a}|}$，其中 $|\boldsymbol{a}|=\sqrt{a_x^2+a_y^2+a_z^2}$. 从而可得与向量 $\boldsymbol{a}$ 同方向的单位向量

$$\boldsymbol{a}^0=\frac{\boldsymbol{a}}{|\boldsymbol{a}|}=\frac{1}{|\boldsymbol{a}|}(a_x, a_y, a_z)=\left(\frac{a_x}{|\boldsymbol{a}|}, \frac{a_y}{|\boldsymbol{a}|}, \frac{a_z}{|\boldsymbol{a}|}\right)=(\cos\alpha, \cos\beta, \cos\gamma),$$

由此可得
$$\cos^2\alpha+\cos^2\beta+\cos^2\gamma=1.$$

例 4　已知向量 $\boldsymbol{a}=(-1, 1, -\sqrt{2})$，求它的模、方向余弦及方向角.

解
$$|\boldsymbol{a}|=\sqrt{(-1)^2+1^2+(-\sqrt{2})^2}=2,$$
$$\cos\alpha=-\frac{1}{2},\ \cos\beta=\frac{1}{2},\ \cos\gamma=-\frac{\sqrt{2}}{2};$$

$$\alpha=\frac{2\pi}{3},\ \beta=\frac{\pi}{3},\ \gamma=\frac{3\pi}{4}.$$

四、向量在轴上的投影

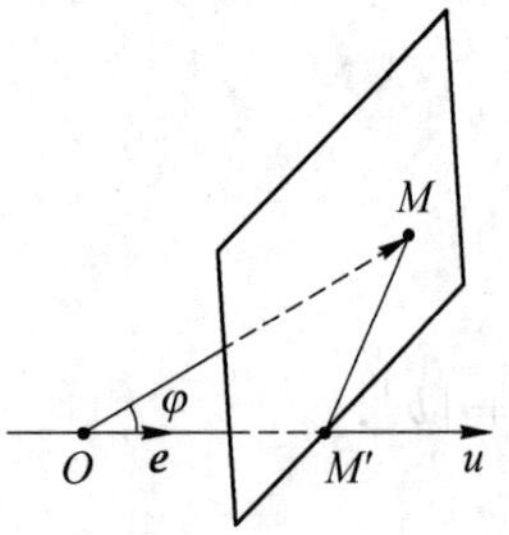

图 7-14

设点 O 及单位向量 $\boldsymbol{e}$ 确定 u 轴(图 7-14),任给向量 $\boldsymbol{r}$,作$\overrightarrow{OM}=\boldsymbol{r}$,再过点 M 作与 u 轴垂直的平面交 u 轴于点 M'(点 M' 叫作**点 M 在 u 轴上的投影**),则向量$\overrightarrow{OM'}$称为向量 $\boldsymbol{r}$ 在 u 轴上的分向量. 设$\overrightarrow{OM'}=\lambda\boldsymbol{e}$,则数 λ 称为**向量 $\boldsymbol{r}$ 在 u 轴上的投影**,记作$\mathrm{Prj}_u\boldsymbol{r}$ 或$(\boldsymbol{r})_u$.

按此定义,向量 $\boldsymbol{a}$ 在直角坐标系 $Oxyz$ 中的坐标 $a_x,\ a_y,\ a_z$ 就是 $\boldsymbol{a}$ 在三条坐标轴上的投影,即

$$a_x=\mathrm{Prj}_x\boldsymbol{a},\ a_y=\mathrm{Prj}_y\boldsymbol{a},\ a_z=\mathrm{Prj}_z\boldsymbol{a},$$

或记作 $$a_x=(\boldsymbol{a})_x,\ a_y=(\boldsymbol{a})_y,\ a_z=(\boldsymbol{a})_z,$$

由此可知,向量的投影具有与坐标相同的性质:

性质 1 $\mathrm{Prj}_u\boldsymbol{a}=|\boldsymbol{a}|\cos\varphi$(其中 φ 为向量 $\boldsymbol{a}$ 与 u 轴的夹角).

性质 2 $\mathrm{Prj}_u(\boldsymbol{a}+\boldsymbol{b})=\mathrm{Prj}_u\boldsymbol{a}+\mathrm{Prj}_u\boldsymbol{b}$.

性质 3 $\mathrm{Prj}_u\lambda\boldsymbol{a}=\lambda\,\mathrm{Prj}_u\boldsymbol{a}$.

例 5 设正方体的一条对角线为 OM,一条棱为 OA,且 $|OA|=a$,求$\overrightarrow{OA}$在$\overrightarrow{OM}$方向上的投影$\mathrm{Prj}_{\overrightarrow{OM}}\overrightarrow{OA}$[注:向量 $\boldsymbol{r}$ 在向量 $\boldsymbol{a}(\boldsymbol{a}\neq\boldsymbol{0})$ 方向上的投影$\mathrm{Prj}_{\boldsymbol{a}}\boldsymbol{r}$ 是指 $\boldsymbol{r}$ 在某条与 $\boldsymbol{a}$ 同方向的轴上的投影].

解 如图 7-15 所示,记 $\angle MOA=\varphi$,有

$$\cos\varphi=\frac{|OA|}{|OM|}=\frac{1}{\sqrt{3}},$$

于是 $$\mathrm{Prj}_{\overrightarrow{OM}}\overrightarrow{OA}=|\overrightarrow{OA}|\cos\varphi=\frac{\sqrt{3}\,a}{3}.$$

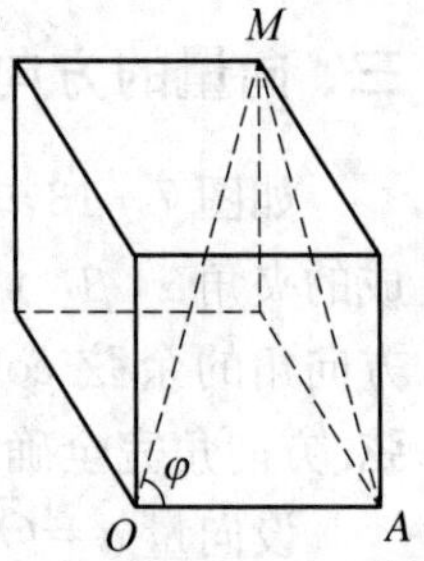

图 7-15

五、向量的向量积

定义 2 设 $\boldsymbol{a}$ 和 $\boldsymbol{b}$ 为两个向量,向量 $\boldsymbol{c}$ 由 $\boldsymbol{a}$ 和 $\boldsymbol{b}$ 按下列方式决定:

(1) $\boldsymbol{c}$ 的模$|\boldsymbol{c}|=|\boldsymbol{a}||\boldsymbol{b}|\sin\theta$,其中 θ 为 $\boldsymbol{a},\ \boldsymbol{b}$ 的夹角.

(2) $\boldsymbol{c}$ 的方向垂直于 $\boldsymbol{a}$ 与 $\boldsymbol{b}$ 所决定的平面(即 $\boldsymbol{c}$ 既垂直于 $\boldsymbol{a}$,又垂直于 $\boldsymbol{b}$),$\boldsymbol{c}$ 的方向按右手规则从 $\boldsymbol{a}$ 转向 $\boldsymbol{b}$ 来确定(图 7-16). 那么,向量 $\boldsymbol{c}$ 称为向量 $\boldsymbol{a}$ 与 $\boldsymbol{b}$ 的**向量积**或**外积**,记作 $\boldsymbol{a}\times\boldsymbol{b}$,即

$$\boldsymbol{c}=\boldsymbol{a}\times\boldsymbol{b}.$$

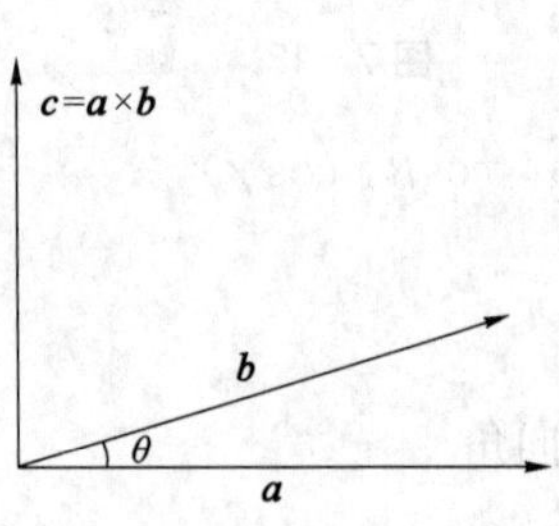

图 7-16

由定义可知:

(1) $\boldsymbol{a}\times\boldsymbol{a}=\boldsymbol{0}$;

(2) 若 $\boldsymbol{a}\neq\boldsymbol{0},\ \boldsymbol{b}\neq\boldsymbol{0}$,那么 $\boldsymbol{a}\parallel\boldsymbol{b}$ 的充分必要条件是 $\boldsymbol{a}\times\boldsymbol{b}=\boldsymbol{0}$.

向量积满足以下运算规律：

(1) 反交换律　$\boldsymbol{a}\times\boldsymbol{b}=-\boldsymbol{b}\times\boldsymbol{a}$.

(2) 分配律　$(\boldsymbol{a}+\boldsymbol{b})\times\boldsymbol{c}=\boldsymbol{a}\times\boldsymbol{c}+\boldsymbol{b}\times\boldsymbol{c}$；

$\boldsymbol{a}\times(\boldsymbol{b}+\boldsymbol{c})=\boldsymbol{a}\times\boldsymbol{b}+\boldsymbol{a}\times\boldsymbol{c}$.

(3) 结合律　$(\lambda\boldsymbol{a})\times\boldsymbol{b}=\boldsymbol{a}\times(\lambda\boldsymbol{b})=\lambda(\boldsymbol{a}\times\boldsymbol{b})$ (λ 为常数).

下面来推导向量积的坐标表示式.

设 $\boldsymbol{a}=a_x\boldsymbol{i}+a_y\boldsymbol{j}+a_z\boldsymbol{k}$，$\boldsymbol{b}=b_x\boldsymbol{i}+b_y\boldsymbol{j}+b_z\boldsymbol{k}$，于是

$$\begin{aligned}\boldsymbol{a}\times\boldsymbol{b}&=(a_x\boldsymbol{i}+a_y\boldsymbol{j}+a_z\boldsymbol{k})\times(b_x\boldsymbol{i}+b_y\boldsymbol{j}+b_z\boldsymbol{k})\\&=a_x\boldsymbol{i}\times(b_x\boldsymbol{i}+b_y\boldsymbol{j}+b_z\boldsymbol{k})+a_y\boldsymbol{j}\times(b_x\boldsymbol{i}+b_y\boldsymbol{j}+b_z\boldsymbol{k})+a_z\boldsymbol{k}\times(b_x\boldsymbol{i}+b_y\boldsymbol{j}+b_z\boldsymbol{k})\\&=a_xb_x(\boldsymbol{i}\times\boldsymbol{i})+a_xb_y(\boldsymbol{i}\times\boldsymbol{j})+a_xb_z(\boldsymbol{i}\times\boldsymbol{k})+a_yb_x(\boldsymbol{j}\times\boldsymbol{i})+a_yb_y(\boldsymbol{j}\times\boldsymbol{j})+\\&\quad a_yb_z(\boldsymbol{j}\times\boldsymbol{k})+a_zb_x(\boldsymbol{k}\times\boldsymbol{i})+a_zb_y(\boldsymbol{k}\times\boldsymbol{j})+a_zb_z(\boldsymbol{k}\times\boldsymbol{k}).\end{aligned}$$

由于　$\boldsymbol{i}\times\boldsymbol{i}=\boldsymbol{0}$，$\boldsymbol{j}\times\boldsymbol{j}=\boldsymbol{0}$，$\boldsymbol{k}\times\boldsymbol{k}=\boldsymbol{0}$，$\boldsymbol{i}\times\boldsymbol{j}=\boldsymbol{k}$，$\boldsymbol{j}\times\boldsymbol{k}=\boldsymbol{i}$，

$\boldsymbol{k}\times\boldsymbol{i}=\boldsymbol{j}$，$\boldsymbol{j}\times\boldsymbol{i}=-\boldsymbol{k}$，$\boldsymbol{k}\times\boldsymbol{j}=-\boldsymbol{i}$，$\boldsymbol{i}\times\boldsymbol{k}=-\boldsymbol{j}$，

所以，$\boldsymbol{a}\times\boldsymbol{b}=(a_yb_z-a_zb_y)\boldsymbol{i}+(a_zb_x-a_xb_z)\boldsymbol{j}+(a_xb_y-a_yb_x)\boldsymbol{k}$.

为帮助记忆，利用三阶行列式记号，上式可以从形式上写成

$$\boldsymbol{a}\times\boldsymbol{b}=\begin{vmatrix}\boldsymbol{i}&\boldsymbol{j}&\boldsymbol{k}\\a_x&a_y&a_z\\b_x&b_y&b_z\end{vmatrix}.$$

例6　设 $\boldsymbol{a}=(2,1,-1)$，$\boldsymbol{b}=(1,-1,2)$，求 $\boldsymbol{a}\times\boldsymbol{b}$.

解　$$\boldsymbol{a}\times\boldsymbol{b}=\begin{vmatrix}\boldsymbol{i}&\boldsymbol{j}&\boldsymbol{k}\\2&1&-1\\1&-1&2\end{vmatrix}=\boldsymbol{i}-5\boldsymbol{j}-3\boldsymbol{k}.$$

例7　设 $\boldsymbol{a}=(1,3,-1)$，$\boldsymbol{b}=(2,-1,1)$，计算 $(3\boldsymbol{a})\times(2\boldsymbol{b})$.

解　$$\begin{aligned}(3\boldsymbol{a})\times(2\boldsymbol{b})&=6\boldsymbol{a}\times\boldsymbol{b}=6\begin{vmatrix}\boldsymbol{i}&\boldsymbol{j}&\boldsymbol{k}\\1&3&-1\\2&-1&1\end{vmatrix}\\&=6\left(\begin{vmatrix}3&-1\\-1&1\end{vmatrix}\boldsymbol{i}-\begin{vmatrix}1&-1\\2&1\end{vmatrix}\boldsymbol{j}+\begin{vmatrix}1&3\\2&-1\end{vmatrix}\boldsymbol{k}\right)\\&=6(2\boldsymbol{i}-3\boldsymbol{j}-7\boldsymbol{k})=12\boldsymbol{i}-18\boldsymbol{j}-42\boldsymbol{k}.\end{aligned}$$

下面来说明向量积的模的几何意义. 如图 7-17 所示，以向量 $\boldsymbol{a}$，$\boldsymbol{b}$ 为邻边作一平行四边形. 由于 $|\boldsymbol{a}\times\boldsymbol{b}|=|\boldsymbol{a}||\boldsymbol{b}|\sin\theta=|\boldsymbol{a}|h$，其中 $h=|\boldsymbol{b}|\sin\theta$ 为平行四边形的一边 $\boldsymbol{a}$ 上的高，因此向量积 $\boldsymbol{a}\times\boldsymbol{b}$ 的模 $|\boldsymbol{a}\times\boldsymbol{b}|$ 表示以 $\boldsymbol{a}$ 和 $\boldsymbol{b}$ 为邻边的平行四边形的面积.

图 7-17

例8　已知△ABC 的顶点分别是 $A(1,2,3)$，$B(3,4,5)$ 和 $C(2,4,7)$，求△ABC 的面积.

解　所求△ABC 的面积

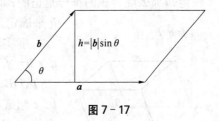

$$S_{\triangle ABC}=\frac{1}{2}|\overrightarrow{AB}||\overrightarrow{AC}|\sin\angle A=\frac{1}{2}|\overrightarrow{AB}\times\overrightarrow{AC}|.$$

由于 $\overrightarrow{AB}=(2,2,2)$, $\overrightarrow{AC}=(1,2,4)$, 因此

$$\overrightarrow{AB}\times\overrightarrow{AC}=\begin{vmatrix}\boldsymbol{i} & \boldsymbol{j} & \boldsymbol{k}\\ 2 & 2 & 2\\ 1 & 2 & 4\end{vmatrix}=4\boldsymbol{i}-6\boldsymbol{j}+2\boldsymbol{k}.$$

故 $$S_{\triangle ABC}=\frac{1}{2}|4\boldsymbol{i}-6\boldsymbol{j}+2\boldsymbol{k}|=\frac{1}{2}\sqrt{4^2+(-6)^2+2^2}=\sqrt{14}.$$

六、向量的混合积

定义 3 设 $\boldsymbol{a}$、$\boldsymbol{b}$、$\boldsymbol{c}$ 为三个向量,称 $\boldsymbol{a}$ 与 $\boldsymbol{b}$ 的向量积再与 $\boldsymbol{c}$ 作数量积所得到的数为向量 $\boldsymbol{a}$、$\boldsymbol{b}$、$\boldsymbol{c}$ 的**混合积**,记作 $[\boldsymbol{abc}]$,即

$$[\boldsymbol{abc}]=(\boldsymbol{a}\times\boldsymbol{b})\cdot\boldsymbol{c}.$$

下面来推导向量混合积的坐标表示式.

设 $\boldsymbol{a}=a_x\boldsymbol{i}+a_y\boldsymbol{j}+a_z\boldsymbol{k}$, $\boldsymbol{b}=b_x\boldsymbol{i}+b_y\boldsymbol{j}+b_z\boldsymbol{k}$, $\boldsymbol{c}=c_x\boldsymbol{i}+c_y\boldsymbol{j}+c_z\boldsymbol{k}$,于是

$$\boldsymbol{a}\times\boldsymbol{b}=\begin{vmatrix}\boldsymbol{i} & \boldsymbol{j} & \boldsymbol{k}\\ a_x & a_y & a_z\\ b_x & b_y & b_z\end{vmatrix}=\begin{vmatrix}a_y & a_z\\ b_y & b_z\end{vmatrix}\boldsymbol{i}-\begin{vmatrix}a_x & a_z\\ b_x & b_z\end{vmatrix}\boldsymbol{j}+\begin{vmatrix}a_x & a_y\\ b_x & b_y\end{vmatrix}\boldsymbol{k},$$

再由两向量的数量积的坐标表示式,可得

$$[\boldsymbol{abc}]=(\boldsymbol{a}\times\boldsymbol{b})\cdot\boldsymbol{c}=\begin{vmatrix}a_y & a_z\\ b_y & b_z\end{vmatrix}c_x-\begin{vmatrix}a_x & a_z\\ b_x & b_z\end{vmatrix}c_y+\begin{vmatrix}a_x & a_y\\ b_x & b_y\end{vmatrix}c_z$$

$$=\begin{vmatrix}a_x & a_y & a_z\\ b_x & b_y & b_z\\ c_x & c_y & c_z\end{vmatrix}.$$

向量的混合积有如下几何意义:

向量的混合积 $[\boldsymbol{abc}]=(\boldsymbol{a}\times\boldsymbol{b})\cdot\boldsymbol{c}$ 是这样的一个数,它的绝对值表示以向量 $\boldsymbol{a}$、$\boldsymbol{b}$、$\boldsymbol{c}$ 为棱的平行六面体的体积. 如果向量 $\boldsymbol{a}$、$\boldsymbol{b}$、$\boldsymbol{c}$ 组成右手系(即 $\boldsymbol{c}$ 的指向按右手规则从 $\boldsymbol{a}$ 转向 $\boldsymbol{b}$ 来确定),那么混合积的符号是正的;如果 $\boldsymbol{a}$、$\boldsymbol{b}$、$\boldsymbol{c}$ 组成左手系(即 $\boldsymbol{c}$ 的指向按左手规则从 $\boldsymbol{a}$ 转向 $\boldsymbol{b}$ 来确定),那么混合积的符号是负的.

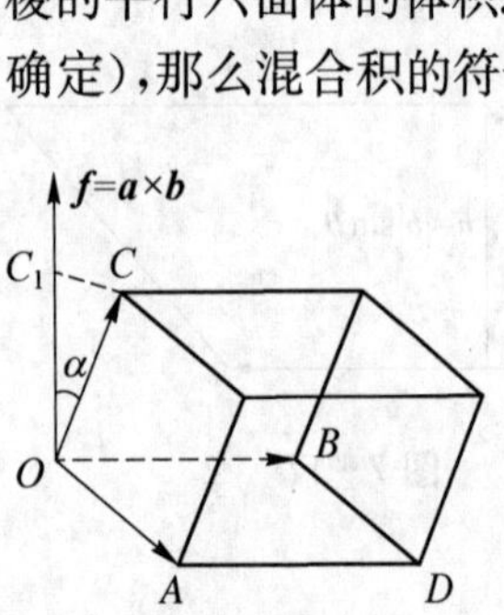

图 7-18

事实上,设 $\overrightarrow{OA}=\boldsymbol{a}$、$\overrightarrow{OB}=\boldsymbol{b}$、$\overrightarrow{OC}=\boldsymbol{c}$,按向量积的定义,向量积 $\boldsymbol{a}\times\boldsymbol{b}=\boldsymbol{f}$ 是一个向量,它的模在数值上等于以向量 $\boldsymbol{a}$ 和 $\boldsymbol{b}$ 为边所作 $\square OADB$ 的面积,它的方向垂直于这平行四边形的平面,且当 $\boldsymbol{a}$、$\boldsymbol{b}$、$\boldsymbol{c}$ 组成右手系时,向量 $\boldsymbol{f}$ 与向量 $\boldsymbol{c}$ 朝向这平面的同侧(图 7-18);当 $\boldsymbol{a}$、$\boldsymbol{b}$、$\boldsymbol{c}$ 组成左手系时,向量 $\boldsymbol{f}$ 与向量 $\boldsymbol{c}$ 朝向这平面的异侧. 所以,如果设 $\boldsymbol{f}$ 与 $\boldsymbol{c}$ 的夹角为 α,那么当 $\boldsymbol{a}$、$\boldsymbol{b}$、$\boldsymbol{c}$ 组成右手系时,α 为锐角;当 $\boldsymbol{a}$、$\boldsymbol{b}$、$\boldsymbol{c}$ 组成左手系时,α 为钝角. 由于

$$[\boldsymbol{abc}]=(\boldsymbol{a}\times\boldsymbol{b})\cdot\boldsymbol{c}=|\boldsymbol{a}\times\boldsymbol{b}|\cdot|\boldsymbol{c}|\cos\alpha,$$

所以当 $\boldsymbol{a}$、$\boldsymbol{b}$、$\boldsymbol{c}$ 组成右手系时，$[\boldsymbol{abc}]$为正；当 $\boldsymbol{a}$、$\boldsymbol{b}$、$\boldsymbol{c}$ 组成左手系时，$[\boldsymbol{abc}]$为负.

因为以向量 $\boldsymbol{a}$、$\boldsymbol{b}$、$\boldsymbol{c}$ 为棱的平行六面体的底($\square OADB$) 的面积 S 在数值上等于 $|\boldsymbol{a}\times\boldsymbol{b}|$，它的高 h 等于向量 $\boldsymbol{c}$ 在向量 $\boldsymbol{f}$ 上的投影的绝对值，即

$$h=|\mathrm{Prj}_f\boldsymbol{c}|=|\boldsymbol{c}||\cos\alpha|,$$

所以平行六面体的体积

$$V=Sh=|\boldsymbol{a}\times\boldsymbol{b}|\cdot|\boldsymbol{c}||\cos\alpha|=|[\boldsymbol{abc}]|.$$

由上述混合积的几何意义可知，若混合积 $[\boldsymbol{abc}]\neq 0$，则能以 $\boldsymbol{a}$、$\boldsymbol{b}$、$\boldsymbol{c}$ 三向量为棱构成平行六面体，从而 $\boldsymbol{a}$、$\boldsymbol{b}$、$\boldsymbol{c}$ 三向量不共面；反之，若 $\boldsymbol{a}$、$\boldsymbol{b}$、$\boldsymbol{c}$ 三向量不共面，则必能以 $\boldsymbol{a}$、$\boldsymbol{b}$、$\boldsymbol{c}$ 为棱构成平行六面体，从而$[\boldsymbol{abc}]\neq 0$. 于是有下述结论：

三向量 $\boldsymbol{a}$、$\boldsymbol{b}$、$\boldsymbol{c}$ 共面的充分必要条件是它们的混合积$[\boldsymbol{abc}]=0$，即

$$\begin{vmatrix} a_x & a_y & a_z \\ b_x & b_y & b_z \\ c_x & c_y & c_z \end{vmatrix}=0.$$

例 9　已知不在一平面上的四点：$A(x_1, y_1, z_1)$、$B(x_2, y_2, z_2)$、$C(x_3, y_3, z_3)$、$D(x_4, y_4, z_4)$，求四面体 $ABCD$ 的体积.

解　由立体几何知识知道，四面体的体积 V 等于以向量$\overrightarrow{AB}$、$\overrightarrow{AC}$ 和$\overrightarrow{AD}$ 为棱的平行六面体体积的 1/6，因而 $V=\frac{1}{6}|[\overrightarrow{AB}\,\overrightarrow{AC}\,\overrightarrow{AD}]|$. 由于 $\overrightarrow{AB}=(x_2-x_1, y_2-y_1, z_2-z_1)$, $\overrightarrow{AC}=(x_3-x_1, y_3-y_1, z_3-z_1)$, $\overrightarrow{AD}=(x_4-x_1, y_4-y_1, z_4-z_1)$，所以

$$V=\pm\frac{1}{6}\begin{vmatrix} x_2-x_1 & y_2-y_1 & z_2-z_1 \\ x_3-x_1 & y_3-y_1 & z_3-z_1 \\ x_4-x_1 & y_4-y_1 & z_4-z_1 \end{vmatrix}.$$

上式中符号的选择必须和行列式的符号一致.

例 10　已知 $A(1, 2, 0)$、$B(2, 3, 1)$、$C(4, 2, 2)$、$M(x, y, z)$四点共面，求点 M 的坐标(x, y, z)所满足的关系式.

解　A、B、C、M 四点共面相当于$\overrightarrow{AM}$、$\overrightarrow{AB}$、$\overrightarrow{AC}$ 三向量共面，这里$\overrightarrow{AM}=(x-1, y-2, z)$、$\overrightarrow{AB}=(1, 1, 1)$、$\overrightarrow{AC}=(3, 0, 2)$. 按三向量共面的充分必要条件，可得

$$\begin{vmatrix} x-1 & y-2 & z \\ 1 & 1 & 1 \\ 3 & 0 & 2 \end{vmatrix}=0,$$

即
$$2x+y-3z-4=0.$$

这就是点 M 的坐标所满足的关系式.

练习题 7-2

1. 设向量 $\boldsymbol{a}=a_x\boldsymbol{i}+a_y\boldsymbol{j}+a_z\boldsymbol{k}$，若它满足下列条件之一：

(1) $\boldsymbol{a}$ 垂直于 z 轴； (2) $\boldsymbol{a}$ 垂直于 xOy 面； (3) $\boldsymbol{a}$ 平行于 yOz 面.

那么它的坐标有何特征?

2. 已知向量 $\overrightarrow{AB}=(4,-4,7)$，它的终点坐标为 $B(2,-1,7)$，求它的起点坐标 A.

3. 已知向量 $\boldsymbol{a}=(6,1,-1)$，$\boldsymbol{b}=(1,2,0)$，向量 $\boldsymbol{c}=\boldsymbol{a}-2\boldsymbol{b}$，求：

(1) 向量 $\boldsymbol{c}$ 的坐标； (2) 向量 $\boldsymbol{c}$ 的方向余弦； (3) 向量 $\boldsymbol{c}$ 的单位向量 $\boldsymbol{c}^0$.

4. 试确定 m 和 n 的值，使向量 $\boldsymbol{a}=-2\boldsymbol{i}+3\boldsymbol{j}+n\boldsymbol{k}$ 和 $\boldsymbol{b}=m\boldsymbol{i}-6\boldsymbol{j}+2\boldsymbol{k}$ 平行.

5. 已知向量 $\boldsymbol{b}=(8,9,-12)$ 及点 $A(2,-1,7)$，由点 A 作向量 $\overrightarrow{AM}$，使 $|\overrightarrow{AM}|=34$，且 $\overrightarrow{AM}$ 与 $\boldsymbol{b}$ 的方向相同，求向量 $\overrightarrow{AM}$ 的坐标表示式及点 M 的坐标.

6. 已知点 $A(-1,2,-4)$ 和点 $B(6,-2,z)$，且 $|\overrightarrow{AB}|=9$，求 z 的值.

7. 已知两点 $M_1(4,\sqrt{2},1)$ 和 $M_2(3,0,2)$，计算向量 $\overrightarrow{M_1M_2}$ 的模、方向余弦和方向角.

8. 设 $\boldsymbol{a}=3\boldsymbol{i}-\boldsymbol{j}-2\boldsymbol{k}$，$\boldsymbol{b}=\boldsymbol{i}+2\boldsymbol{j}-\boldsymbol{k}$，求：

(1) $\boldsymbol{a}\cdot\boldsymbol{b}$； (2) $\boldsymbol{a}\times\boldsymbol{b}$； (3) $(-2\boldsymbol{a})\cdot 3\boldsymbol{b}$； (4) $\boldsymbol{a}\times 2\boldsymbol{b}$； (5) $\boldsymbol{a}$ 与 $\boldsymbol{b}$ 的夹角.

9. 设 $\boldsymbol{a},\boldsymbol{b},\boldsymbol{c}$ 为单位向量，满足 $\boldsymbol{a}+\boldsymbol{b}+\boldsymbol{c}=\boldsymbol{0}$，求 $\boldsymbol{a}\cdot\boldsymbol{b}+\boldsymbol{b}\cdot\boldsymbol{c}+\boldsymbol{c}\cdot\boldsymbol{a}$.

10. 已知点 $A(1,-1,2)$，$B(5,-6,2)$，$C(1,3,-1)$，求：

(1) 同时与 $\overrightarrow{AB}$ 及 $\overrightarrow{AC}$ 垂直的单位向量； (2) $\triangle ABC$ 的面积.

11. 设 $\boldsymbol{a}=(3,5,-2)$，$\boldsymbol{b}=(2,1,4)$，问数 λ 与 μ 有什么关系时，能使得 $\lambda\boldsymbol{a}+\mu\boldsymbol{b}$ 与 z 轴垂直?

12. 设质量为 100 kg 的物体从点 $M_1(3,1,8)$ 沿直线移动到点 $M(1,4,2)$，计算重力所做的功.

13. 已知向量 $\boldsymbol{a}=2\boldsymbol{i}-3\boldsymbol{j}+\boldsymbol{k}$，$\boldsymbol{b}=\boldsymbol{i}-\boldsymbol{j}+3\boldsymbol{k}$ 和 $\boldsymbol{c}=\boldsymbol{i}-2\boldsymbol{j}$，计算：

(1) $(\boldsymbol{a}\cdot\boldsymbol{b})\boldsymbol{c}-(\boldsymbol{a}\cdot\boldsymbol{c})\boldsymbol{b}$； (2) $(\boldsymbol{a}+\boldsymbol{b})\times(\boldsymbol{b}+\boldsymbol{c})$； (3) $(\boldsymbol{a}\times\boldsymbol{b})\cdot\boldsymbol{c}$.

14. 已知 $\boldsymbol{a}=(a_x,a_y,a_z)$，$\boldsymbol{b}=(b_x,b_y,b_z)$，$\boldsymbol{c}=(c_x,c_y,c_z)$，试用行列式的性质证明：

$$(\boldsymbol{a}\times\boldsymbol{b})\cdot\boldsymbol{c}=(\boldsymbol{b}\times\boldsymbol{c})\cdot\boldsymbol{a}=(\boldsymbol{c}\times\boldsymbol{a})\cdot\boldsymbol{b}.$$

15. 设向量 $\boldsymbol{r}$ 的模是 4，它与 u 轴的夹角是 $\frac{\pi}{3}$，求 $\boldsymbol{r}$ 在 u 轴上的投影.

16. 一向量的终点在点 $B(2,-1,7)$，它在 x 轴、y 轴、z 轴上的投影依次为 4，-4 和 7，求这向量的起点的坐标.

第三节　平面方程

在空间直角坐标系中最简单的曲面是空间平面，本节将讨论空间平面方程的基本形式，并讨论空间中平面之间的关系及点到平面的距离.

任给一个平面 Π，所谓平面 Π 的方程，就是平面 Π 上任意点 M 的坐标 (x,y,z) 所满足的一个方程 $F(x,y,z)=0$，且满足这个方程 $F(x,y,z)=0$ 的点 $M(x,y,z)$ 一定在平面 Π 上.

一、平面的点法式方程

如果一非零向量 $\boldsymbol{n}$ 垂直于平面 Π，则称向量 $\boldsymbol{n}$ 为该平面 Π 的**法向量**. 容易知道，平面 Π 内的任一向量均与该平面的法向量垂直.

设平面 Π 过点 $M_0(x_0, y_0, z_0)$，$\boldsymbol{n}=(A, B, C)$ 为其一法向量，下面推导平面 Π 的方程.

设点 $M(x, y, z)$ 是平面 Π 内任一点(图 7-19)，那么向量 $\overrightarrow{M_0M}$ 必与平面 Π 的法向量 $\boldsymbol{n}$ 垂直，则它们的数量积等于零，即 $\boldsymbol{n}\cdot\overrightarrow{M_0M}=0$.

而 $\boldsymbol{n}=(A, B, C)$，$\overrightarrow{M_0M}=(x-x_0, y-y_0, z-z_0)$，所以有

$$A(x-x_0)+B(y-y_0)+C(z-z_0)=0. \quad (7-6)$$

这就是平面 Π 上任一点 M 的坐标所满足的方程.

反过来，如果点 $M(x, y, z)$ 满足方程(7-6)，则 $\overrightarrow{MM_0}$ 与 $\boldsymbol{n}$ 垂直，故点 M 必在平面 Π 上，从而方程(7-6)就是平面 Π 的方程. 由于该方程是由平面上一点及它的一个法向量确定的，所以方程(7-6)称为平面 Π 的**点法式方程**.

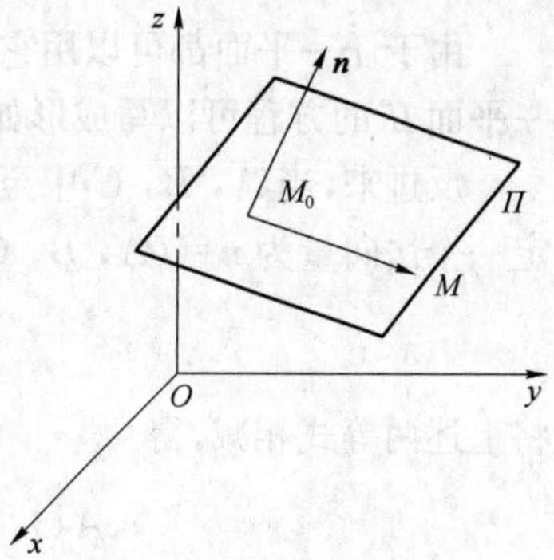

图 7-19

例 1　求过点(2, 3, −1)且以 $\boldsymbol{n}=(1, -2, 5)$ 为法向量的平面方程.

解　根据平面的点法式方程(7-6)，所求平面方程为

$$(x-2)-2(y-3)+5(z+1)=0,$$

即

$$x-2y+5z+9=0.$$

例 2　求过点 $M_0(1, 0, -1)$ 且平行于向量 $\boldsymbol{a}=(2, 1, 1)$，$\boldsymbol{b}=(1, -1, 0)$ 的平面方程.

解　因所求平面 Π 平行于向量 $\boldsymbol{a}$ 和 $\boldsymbol{b}$，所以 $\boldsymbol{a}\times\boldsymbol{b}$ 与平面 Π 垂直，$\boldsymbol{a}\times\boldsymbol{b}$ 可以作为平面 Π 的法向量，由

$$\boldsymbol{a}\times\boldsymbol{b}=\begin{vmatrix}\boldsymbol{i} & \boldsymbol{j} & \boldsymbol{k}\\ 2 & 1 & 1\\ 1 & -1 & 0\end{vmatrix}=\boldsymbol{i}+\boldsymbol{j}-3\boldsymbol{k}$$

可得平面 Π 的一法向量为(1, 1, −3)，又平面 Π 过点 $M_0(1, 0, -1)$，故由平面的点法式方程，得所求平面 Π 的方程为

$$(x-1)+(y-0)-3[z-(-1)]=0,$$

即

$$x+y-3z-4=0.$$

二、平面的一般式方程

由前面知道，过点 $M_0(x_0, y_0, z_0)$，且以 $\boldsymbol{n}=(A, B, C)$ 为法向量的平面的点法式方

程为

$$A(x-x_0)+B(y-y_0)+C(z-z_0)=0,$$

整理得 $$Ax+By+Cz+(-Ax_0-By_0-Cz_0)=0.$$

令 $D=-Ax_0-By_0-Cz_0$，则有

$$Ax+By+Cz+D=0. \tag{7-7}$$

由于任一平面都可以用它上面的一点及它的法向量来确定，所以由上面的讨论可知，任一平面 Π 的方程可以写成形如式(7-7)的三元一次方程的形式.

反过来，当 A, B, C 中至少有一个不为零时，形如式(7-7)的任一个三元一次方程都确定一个法向量为 $\boldsymbol{n}=(A, B, C)$的平面. 事实上，任取满足式(7-7)的一组数 x_0, y_0, z_0，即

$$Ax_0+By_0+Cz_0+D=0,$$

将上述两等式相减，得

$$A(x-x_0)+B(y-y_0)+C(z-z_0)=0,$$

这个方程是过点 $M_0(x_0, y_0, z_0)$，且以 $\boldsymbol{n}=(A, B, C)$ 为法向量的平面方程. 这就证明了任何一个三元一次方程都是一个平面的方程，方程 $Ax+By+Cz+D=0$ 称为**平面的一般式方程**.

注 (1) 平面的一般式方程中一次项系数不全为零.

(2) 平面的一般式方程的一次项系数即为这个平面的一个法向量 $\boldsymbol{n}$ 的坐标.

对于一些特殊的三元一次方程，要熟悉它们所表示的平面的特点，例如：

当 $D=0$ 时，方程(7-7) 成为 $Ax+By+Cz=0$，它表示过原点的平面；

当 $A=0$ 时，方程(7-7) 成为 $By+Cz+D=0$，由于法线向量 $\boldsymbol{n}=(0, B, C)$ 垂直 x 轴，故方程表示平行于 x 轴的平面；

当 $A=B=0$ 时，方程(7-7) 成为 $Cz+D=0$ 或 $z=-\dfrac{D}{C}$. 由于法向量 $\boldsymbol{n}=(0, 0, C)$ 同时垂直于 x 轴与 y 轴，故方程表示的平面平行于 xOy 面，也就是垂直于 z 轴.

例 3 求通过点 $O(0, 0, 0)$, $M(1, 2, 1)$, $N(0, 1, 1)$的平面方程.

解 点 $O(0, 0, 0)$, $M(1, 2, 1)$, $N(0, 1, 1)$不在一直线上，所以，这三点唯一确定一平面. 令所求平面方程为

$$Ax+By+Cz+D=0,$$

将三点坐标分别代入上式，得

$$\begin{cases} D=0, \\ A+2B+C+D=0, \\ B+C+D=0. \end{cases}$$

解方程组，得 $$B=-A, C=A, D=0.$$

又 $A\neq 0$，故消去 A 得所求平面方程为 $x-y+z=0$.

例 4 设平面与 x 轴、y 轴及 z 轴分别交于三点 $P_1(a, 0, 0)$, $P_2(0, b, 0)$, $P_3(0, 0, c)$,其中 a, b, c 均不为零,求该平面的方程.

解 设所求平面的一般式方程为 $Ax+By+Cz+D=0$. 根据条件,把点 P_1, P_2, P_3 的坐标分别代入方程,得

$$aA+D=0,\ bB+D=0,\ cC+D=0,$$

解得

$$A=-\frac{D}{a},\ B=-\frac{D}{b},\ C=-\frac{D}{c},$$

以此代入一般式方程并消去 $D(D\neq 0)$,得所求平面的方程为

$$\frac{x}{a}+\frac{y}{b}+\frac{z}{c}=1,$$

此方程称为**平面的截距式方程**,a, b, c 依次称为平面在 x, y, z 轴上的**截距**.

三、平面之间的位置关系

设有两个平面

$$\Pi_1: A_1x+B_1y+C_1z+D_1=0,$$

$$\Pi_2: A_2x+B_2y+C_2z+D_2=0.$$

称 Π_1, Π_2 的法向量的夹角 φ 为这**两个平面的夹角**,通常规定 $0\leqslant\varphi\leqslant\frac{\pi}{2}$. 平面 Π_1 与 Π_2 的夹角 φ 可由公式

$$\cos\varphi=\frac{|A_1A_2+B_1B_2+C_1C_2|}{\sqrt{A_1^2+B_1^2+C_1^2}\cdot\sqrt{A_2^2+B_2^2+C_2^2}} \tag{7-8}$$

来确定(图 7-20).

Π_1 与 Π_2 垂直的充要条件是其法向量 $\boldsymbol{n}_1, \boldsymbol{n}_2$ 互相垂直,即 $A_1A_2+B_1B_2+C_1C_2=0$;

Π_1 与 Π_2 平行的充要条件是其法向量 $\boldsymbol{n}_1, \boldsymbol{n}_2$ 互相平行,即 $\frac{A_1}{A_2}=\frac{B_1}{B_2}=\frac{C_1}{C_2}$;

Π_1 与 Π_2 重合的充要条件是 $\frac{A_1}{A_2}=\frac{B_1}{B_2}=\frac{C_1}{C_2}=\frac{D_1}{D_2}$.

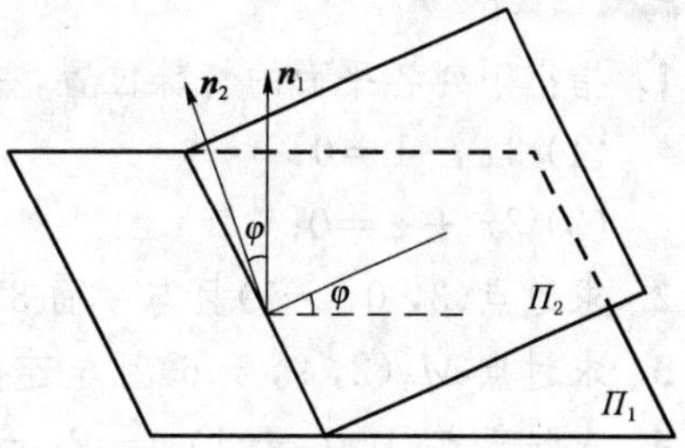

图 7-20

例 5 求平面 $\Pi_1: x+2y-z+8=0$ 和 $\Pi_2: 2x+y+z-7=0$ 之间的夹角.

解 由式(7-8)有

$$\cos\varphi=\frac{|1\times2+2\times1+(-1)\times1|}{\sqrt{1^2+2^2+(-1)^2}\times\sqrt{2^2+1^2+1^2}}=\frac{1}{2},$$

故两平面的夹角 $\varphi=\frac{\pi}{3}$.

四、点到平面的距离

定理 在直角坐标系中,点 $M_0(x_0, y_0, z_0)$ 到平面 $\Pi: Ax+By+Cz+D=0$ 的距离为

$$d=\frac{|Ax_0+By_0+Cz_0+D|}{\sqrt{A^2+B^2+C^2}}.$$

证 过点 M_0 向平面 Π 作垂线,设垂足为 $M_1(x_1, y_1, z_1)$,则 M_0 到平面 Π 的距离为 $d=|\overrightarrow{M_0M_1}|$. 平面 Π 的一个法向量为 $\boldsymbol{n}=(A, B, C)$,因为 $\overrightarrow{M_0M_1} /\!/ \boldsymbol{n}$,所以 $\overrightarrow{M_0M_1}=\delta\boldsymbol{n}^0$,其中,$\boldsymbol{n}^0=\left(\frac{A}{\sqrt{A^2+B^2+C^2}}, \frac{B}{\sqrt{A^2+B^2+C^2}}, \frac{C}{\sqrt{A^2+B^2+C^2}}\right)$,$\overrightarrow{M_0M_1}=(x_1-x_0, y_1-y_0, z_1-z_0)$. 两边用 $\boldsymbol{n}^0$ 作内积得

$$\begin{aligned}\delta&=\overrightarrow{M_0M_1}\cdot\boldsymbol{n}^0\\&=\frac{1}{\sqrt{A^2+B^2+C^2}}[A(x_1-x_0)+B(y_1-y_0)+C(z_1-z_0)]\\&=-\frac{Ax_0+By_0+Cz_0+D}{\sqrt{A^2+B^2+C^2}},\end{aligned}$$

于是

$$d=|\overrightarrow{M_0M_1}|=|\delta|=\frac{|Ax_0+By_0+Cz_0+D|}{\sqrt{A^2+B^2+C^2}}.$$

例 6 求平面 Π_1: $3x+4y+5z+10=0$ 和 Π_2: $3x+4y+5z+20=0$ 之间的距离.

解 在 Π_1 上任取一点 $P(0, 0, -2)$,那么点 P 到 Π_2 的距离就是平面 Π_1,Π_2 之间的距离,即

$$d=\frac{|3\times0+4\times0+5\times(-2)+20|}{\sqrt{3^2+4^2+5^2}}=\sqrt{2}.$$

练习题 7-3

1. 指出下列各平面的特殊位置,并画出各平面:

(1) $3x-1=0$; (2) $y+2z-1=0$;

(3) $2x+z=0$; (4) $5x+3y-z=1$.

2. 求过点 $(3, 0, -1)$ 且与平面 $3x-7y+5z-12=0$ 平行的平面方程.

3. 求过点 $M_0(2, 9, -6)$ 且与连接坐标原点 O 及 M_0 的线段 OM_0 垂直的平面方程.

4. 求过三点 $(1, 1, -1)$,$(-2, -2, 2)$ 和 $(1, -1, 2)$ 的平面方程.

5. 求平面 $2x-2y+z+5=0$ 与各坐标面的夹角的余弦.

6. 求点 $(1, 2, 1)$ 到平面 $x+2y+2z-10=0$ 的距离.

7. 求两平行平面 $Ax+By+Cz+D_1=0$ 与 $Ax+By+Cz+D_2=0$ 之间的距离.

8. 一平面通过两点 $M_1(1, 1, 1)$ 和 $M_2(0, 1, -1)$ 且垂直于平面 $x+y+z=0$,求该平面方程.

9. 求满足下列条件的平面方程:

(1) 过点 $(-3, 1, -2)$ 和 z 轴;

(2) 过点 $(4, 0, -2)$ 及 $(5, 1, 7)$ 且平行于 x 轴;

(3) 过点 $(2, -5, 3)$ 且平行于 xOz 面;

(4) 过点 $(1, 0, -1)$ 且同时平行于向量 $\boldsymbol{a}=2\boldsymbol{i}+\boldsymbol{j}+\boldsymbol{k}$ 和 $\boldsymbol{b}=\boldsymbol{i}-\boldsymbol{j}$.

第四节　空间直线方程

任给空间直角坐标系中的一条直线 L，所谓直线 L 的方程，就是直线 L 上任意点 M 的坐标 (x, y, z) 所满足的一个方程，并且满足这个方程的点 $M(x, y, z)$ 一定在直线 L 上. 本节将在空间直角坐标系中建立直线的方程，并讨论空间中直线与直线、直线和平面的夹角及点到直线的距离.

一、空间直线的点向式方程与参数方程

如果一个非零向量 $\boldsymbol{s}=(m, n, p)$ 平行于一条已知直线 L，则称 $\boldsymbol{s}$ 是直线 L 的**方向向量**. 显然，直线上的任何一向量都平行于该直线的方向向量.

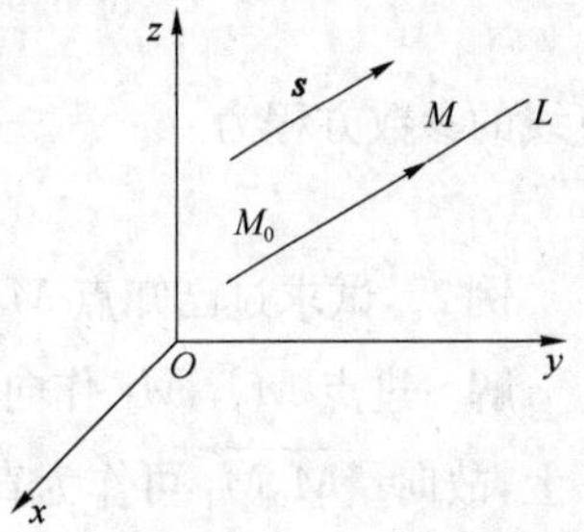

图 7-21

由于过空间一点只可作一条直线平行于已知直线. 因此，当直线 L 上一点 $M_0(x_0, y_0, z_0)$ 和它的一方向向量 $\boldsymbol{s}=(m, n, p)$ 为已知时，直线也就完全确定了. 下面来建立这条直线 L 的方程.

设 $M(x, y, z)$ 为直线 L 上的任一点，那么向量 $\overrightarrow{M_0M}=(x-x_0, y-y_0, z-z_0)$ 与 L 的方向向量 $\boldsymbol{s}=(m, n, p)$ 平行(图 7-21)，于是存在数 t，使 $\overrightarrow{M_0M}=t\boldsymbol{s}$.

从而
$$\begin{cases} x=x_0+mt \\ y=y_0+nt \quad (t\text{ 为参数}). \\ z=z_0+pt \end{cases} \tag{7-9}$$

消去 t，得
$$\frac{x-x_0}{m}=\frac{y-y_0}{n}=\frac{z-z_0}{p}. \tag{7-10}$$

反过来，如果点 M 满足方程(7-10)，那么向量 $\overrightarrow{M_0M}$ 与 $\boldsymbol{s}$ 平行，则点 M 一定在直线 L 上. 因此方程(7-10)就是直线 L 的方程，这个方程称为直线 L 的**点向式方程**或**对称式方程**. 称方程组(7-9)为直线 L 的**参数方程**.

特别地，若方程(7-10)中 m, n, p 中有一个为零，例如 $m=0$，而 $n, p\neq 0$ 时，方程(7-10)应理解为
$$\begin{cases} x-x_0=0, \\ \dfrac{y-y_0}{n}=\dfrac{z-z_0}{p}; \end{cases}$$

当 m, n, p 中有两个为零，例如 $m=n=0$，而 $p\neq 0$ 时，方程(7-10)应理解为
$$\begin{cases} x-x_0=0, \\ y-y_0=0. \end{cases}$$

例如,方程 $\frac{x-1}{2}=\frac{y-3}{0}=\frac{z+2}{5}$ 表示的是一条过点 $M_0(1, 3, -2)$ 且平行于向量 $\boldsymbol{s}=(2, 0, 5)$ 的直线 L,L 的方程还可写成 $\begin{cases} y-3=0, \\ \frac{x-1}{2}=\frac{z+2}{5}. \end{cases}$

例 1 求过点(1, −1, 2)且与平面 $x+2y-z=0$ 垂直的直线的点向式方程和参数方程.

解 由于所求直线与平面 $x+2y-z=0$ 垂直,故可取平面的法向量(1, 2, −1)作为直线的方向向量,故所求直线的点向式方程为

$$\frac{x-1}{1}=\frac{y+1}{2}=\frac{z-2}{-1},$$

直线的参数方程为

$$\begin{cases} x=1+t, \\ y=-1+2t, \\ z=2-t. \end{cases}$$

例 2 试求过已知点 $M_0(x_0, y_0, z_0)$ 与 $M_1(x_1, y_1, z_1)$ 的直线 L 的方程.

解 过点 M_0, M_1 作向量 $\overrightarrow{M_0M_1}=(x_1-x_0, y_1-y_0, z_1-z_0)$,因点 M_0, M_1 在直线 L 上,故向量 $\overrightarrow{M_0M_1}$ 可作为直线 L 的方向向量,又点 $M_0(x_0, y_0, z_0)$ 在直线 L 上,故直线 L 的方程为

$$\frac{x-x_0}{x_1-x_0}=\frac{y-y_0}{y_1-y_0}=\frac{z-z_0}{z_1-z_0}.$$

二、空间直线的一般方程

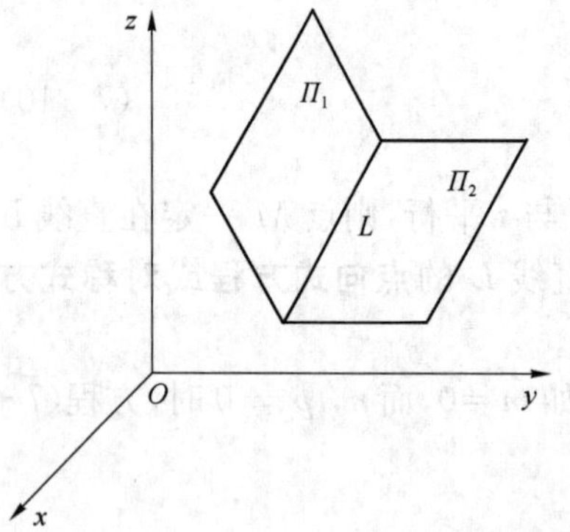

图 7 - 22

空间直线 L 还可以看作空间两个平面 Π_1 和 Π_2 的交线,如果两个相交的平面 Π_1 和 Π_2 的方程分别为 $A_1x+B_1y+C_1z+D_1=0$ 和 $A_2x+B_2y+C_2z+D_2=0$,那么它们的相交直线 L(图 7 - 22)上任意一点的坐标应同时满足这两个平面方程,即应满足方程组

$$\begin{cases} A_1x+B_1y+C_1z+D_1=0, \\ A_2x+B_2y+C_2z+D_2=0. \end{cases} \tag{7-11}$$

反过来,如果点 $M(x, y, z)$ 的坐标满足方程组(7 - 11),则点 $M(x, y, z)$ 既在平面 Π_1 上又在平面 Π_2 上,从而必在它们的相交直线 L 上,故式(7 - 11)就是直线 L 的方程,称方程组(7 - 11)为**空间直线的一般方程.**

通过空间一直线 L 的平面有无限多个,只要在这无限多个平面中任意选取两个,把它们的方程联立起来,所得方程组就是直线 L 的一般式方程.

例 3 用点向式方程和参数方程表示直线

$$\begin{cases} x+y+z+1=0, \\ 2x-y+3z+4=0. \end{cases}$$

解　方程组中两个方程所表示的平面法向量分别是$\boldsymbol{n}_1=(1,1,1)$，$\boldsymbol{n}_2=(2,-1,3)$，两平面的交线与$\boldsymbol{n}_1$，$\boldsymbol{n}_2$均垂直，即与$\boldsymbol{n}_1\times\boldsymbol{n}_2$平行，故可取$\boldsymbol{s}=\boldsymbol{n}_1\times\boldsymbol{n}_2=\begin{vmatrix}\boldsymbol{i} & \boldsymbol{j} & \boldsymbol{k}\\ 1 & 1 & 1\\ 2 & -1 & 3\end{vmatrix}=4\boldsymbol{i}-\boldsymbol{j}-3\boldsymbol{k}$为交线的方向向量.

取直线上的一点(x_0,y_0,z_0). 不妨取$x_0=1$，代入方程组，得

$$\begin{cases}y_0+z_0=-2,\\ y_0-3z_0=6,\end{cases}$$

解得$y_0=0$，$z_0=-2$.

根据式(7-9)和式(7-10)，得直线的点向式方程为

$$\frac{x-1}{4}=\frac{y}{-1}=\frac{z+2}{-3},$$

进而可得直线的参数方程为$\begin{cases}x=1+4t,\\ y=-t,\\ z=-2-3t.\end{cases}$

三、两条直线的夹角

两直线的方向向量的夹角称为**两直线的夹角**. 通常规定$0\leqslant\varphi\leqslant\frac{\pi}{2}$.

设直线L_1和L_2的方向向量分别为$\boldsymbol{s}_1=(m_1,n_1,p_1)$和$\boldsymbol{s}_2=(m_2,n_2,p_2)$，由于直线$L_1$和$L_2$的夹角$0\leqslant\varphi\leqslant\frac{\pi}{2}$，故直线$L_1$和$L_2$的夹角可由公式

$$\cos\varphi=|\cos\langle\boldsymbol{s}_1,\boldsymbol{s}_2\rangle|=\frac{|\boldsymbol{s}_1\cdot\boldsymbol{s}_2|}{|\boldsymbol{s}_1||\boldsymbol{s}_2|}=\frac{|m_1m_2+n_1n_2+p_1p_2|}{\sqrt{m_1^2+n_1^2+p_1^2}\cdot\sqrt{m_2^2+n_2^2+p_2^2}} \tag{7-12}$$

确定.

从两直线垂直、平行的充分必要条件可得下列结论：

直线L_1和L_2互相垂直的充分必要条件是$m_1m_2+n_1n_2+p_1p_2=0$；

直线L_1和L_2互相平行的充分必要条件是$\frac{m_1}{m_2}=\frac{n_1}{n_2}=\frac{p_1}{p_2}$.

例4　求直线L_1：$\frac{x-1}{1}=\frac{y}{-4}=\frac{z+3}{1}$和$L_2$：$\frac{x}{2}=\frac{y+2}{-2}=\frac{z}{-1}$的夹角.

解　直线L_1和L_2的方向向量分别是$\boldsymbol{s}_1=(1,-4,1)$和$\boldsymbol{s}_2=(2,-2,-1)$，设直线$L_1$和$L_2$的夹角为$\varphi$，则由式(7-12)得

$$\cos\varphi=\frac{|1\times2+(-4)\times(-2)+1\times(-1)|}{\sqrt{1^2+(-4)^2+1^2}\cdot\sqrt{2^2+(-2)^2+(-1)^2}}=\frac{1}{\sqrt{2}}=\frac{\sqrt{2}}{2},$$

因此$\varphi=\frac{\pi}{4}$.

四、直线与平面的夹角

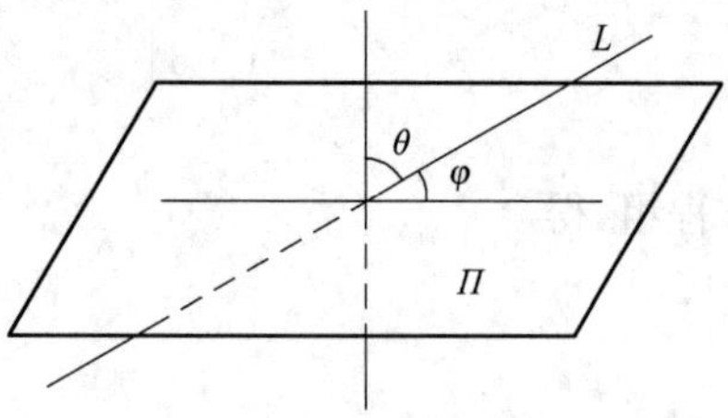

图 7-23

设直线 L 与平面 Π 的法线(平面的垂线)的夹角为 $\theta\left(0\leqslant\theta\leqslant\frac{\pi}{2}\right)$，则 θ 的余角 φ 称为**直线 L 与平面 Π 的夹角**(图 7-23).

如果直线 L 的方向向量为 $\boldsymbol{s}=(m, n, p)$，平面 Π 的法线向量为 $\boldsymbol{n}=(A, B, C)$，则直线 L 与平面 Π 的法线的夹角 θ 满足

$$\cos\theta=\frac{|\boldsymbol{n}\cdot\boldsymbol{s}|}{|\boldsymbol{n}||\boldsymbol{s}|},$$

又由于 $\varphi=\frac{\pi}{2}-\theta$，故直线 L 与平面 Π 的夹角 φ 可由公式

$$\sin\varphi=\sin\left(\frac{\pi}{2}-\theta\right)=\cos\theta=\frac{|\boldsymbol{n}\cdot\boldsymbol{s}|}{|\boldsymbol{n}||\boldsymbol{s}|}$$
$$=\frac{|Am+Bn+Cp|}{\sqrt{A^2+B^2+C^2}\cdot\sqrt{m^2+n^2+p^2}} \tag{7-13}$$

确定. 并且可以推得下列结论：

直线 L 与平面 Π 垂直的充分必要条件是 $\frac{A}{m}=\frac{B}{n}=\frac{C}{p}$；

直线 L 与平面 Π 平行的充分必要条件是 $Am+Bn+Cp=0$.

例 5 求直线 L：$\frac{x-2}{1}=\frac{y-3}{1}=\frac{z-4}{2}$ 与平面 Π：$2x+y+z-6=0$ 的交点与夹角.

解 将直线 L 的方程写成参数方程 $\begin{cases}x=2+t\\ y=3+t\\ z=4+2t\end{cases}$，并代入平面方程得

$$2(2+t)+(3+t)+(4+2t)-6=0,$$

解得 $t=-1$. 把 $t=-1$ 代入直线的参数方程，得交点坐标为 $(1, 2, 2)$.

又直线 L 的方向向量为 $\boldsymbol{s}=(1, 1, 2)$，平面 Π 的法向量为 $\boldsymbol{n}=(2, 1, 1)$，由式(7-13)得

$$\sin\varphi=\frac{|2\times1+1\times1+1\times2|}{\sqrt{1^2+1^2+2^2}\sqrt{2^2+1^2+1^2}}=\frac{5}{6},$$

因此直线 L 与平面 Π 的夹角 $\varphi=\arcsin\frac{5}{6}$.

五、点到直线的距离

设直线 L 的对称式方程为 $\frac{x-x_0}{m}=\frac{y-y_0}{n}=\frac{z-z_0}{p}$，求直线 L 外一点 $M_1(x_1, y_1, z_1)$

到直线 L 的距离 d(图 7－24).

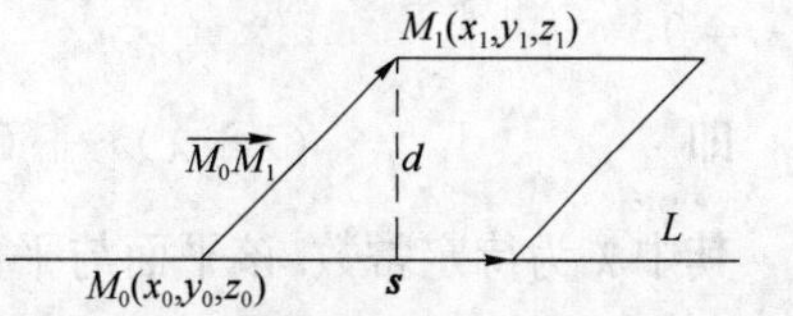

图 7－24

过直线 L 上点 $M_0(x_0, y_0, z_0)$ 作向量 $\overrightarrow{M_0M_1}$,设以向量 $\overrightarrow{M_0M_1}$ 和直线 L 的方向向量 $\boldsymbol{s}=(m, n, p)$ 为邻边的平行四边形的面积为 S,则 $S=|\boldsymbol{s}\times\overrightarrow{M_0M_1}|$. 又 $S=d\times|\boldsymbol{s}|$,故 $d=\dfrac{|\boldsymbol{s}\times\overrightarrow{M_0M_1}|}{|\boldsymbol{s}|}$.

例 6　求点 $M_1(1, 0, 2)$ 到直线 L:$\dfrac{x+1}{2}=\dfrac{y+1}{1}=\dfrac{z}{1}$ 的距离.

解　直线 L 的方向向量 $\boldsymbol{s}=(2, 1, 1)$,直线上一点 M_0 的坐标为$(-1, -1, 0)$,故

$$\overrightarrow{M_0M_1}=(1-(-1), 0-(-1), 2-0)=(2, 1, 2),$$

又

$$\boldsymbol{s}\times\overrightarrow{M_0M_1}=\begin{vmatrix}\boldsymbol{i} & \boldsymbol{j} & \boldsymbol{k}\\ 2 & 1 & 1\\ 2 & 1 & 2\end{vmatrix}=\boldsymbol{i}-2\boldsymbol{j},$$

$$|\boldsymbol{s}\times\overrightarrow{M_0M_1}|=\sqrt{1^2+(-2)^2+0^2}=\sqrt{5},$$

$$|\boldsymbol{s}|=\sqrt{2^2+1^2+1^2}=\sqrt{6},$$

所以

$$d=\frac{|\boldsymbol{s}\times\overrightarrow{M_0M_1}|}{|\boldsymbol{s}|}=\frac{\sqrt{5}}{\sqrt{6}}=\frac{\sqrt{30}}{6}.$$

有时用平面束的方程解题比较方便,现在来介绍它的方程.

设直线 L 由方程组

$$\begin{cases}A_1x+B_1y+C_1z+D_1=0 & (7-14)\\ A_2x+B_2y+C_2z+D_2=0 & (7-15)\end{cases}$$

所确定,其中系数 A_1、B_1、C_1 与 A_2、B_2、C_2 不成比例. 建立三元一次方程

$$A_1x+B_1y+C_1z+D_1+\lambda(A_2x+B_2y+C_2z+D_2)=0 \tag{7-16}$$

其中 λ 为任意常数. 因为 A_1、B_1、C_1 与 A_2、B_2、C_2 不成比例,所以对于任何一个 λ 值,方程(7－16)的系数 $A_1+\lambda A_2$、$B_1+\lambda B_2$、$C_1+\lambda C_2$ 不全为零,从而方程(7－16) 表示一个平面. 若一点在直线 L 上,则点的坐标必同时满足方程(7－14) 和方程(7－15),因而也满足方程(7－16),故方程(7－16) 表示通过直线 L 的平面且对于不同的 λ 值,方程(7－16) 表示通过直线 L 的不同的平面. 反之,通过直线 L 的任何平面[除平面(7－15) 外] 都包含在方程(7－16) 所表示的一族平面内. 通过定直线的所有平面的全体称为**平面束**,而方程(7－16) 就作为通过直线 L 的**平面束的方程**[实际上,方程(7－16) 表示缺少平面(7－15) 的平面束].

例 7　求直线 $\begin{cases}x+y-z-1=0\\ x-y+z+1=0\end{cases}$ 在平面 $x+y+z=0$ 上的投影直线的方程.

解　过直线 $\begin{cases}x+y-z-1=0\\ x-y+z+1=0\end{cases}$ 的平面束的方程为$(x+y-z-1)+\lambda(x-y+z+1)$

$=0$,

即 $$(1+\lambda)x+(1-\lambda)y+(-1+\lambda)z+(-1+\lambda)=0. \tag{7-17}$$

其中 λ 为待定常数.该平面与平面 $x+y+z=0$ 垂直的条件是 $(1+\lambda)\cdot 1+(1-\lambda)\cdot 1+(-1+\lambda)\cdot 1=0$,即 $\lambda+1=0$,由此得 $\lambda=-1$.代入式(7-17),得投影平面的方程为 $2y-2z-2=0$,即 $y-z-1=0$.所以投影直线的方程为 $\begin{cases} y-z-1=0 \\ x+y+z=0. \end{cases}$

练习题 7-4

1. 用点向式方程及参数方程表示直线 $\begin{cases} x-y+z=1 \\ 2x+y+z=4 \end{cases}$.

2. 求过两点 $P_1(3,-2,1)$ 和 $P_2(-1,0,2)$ 的直线方程.

3. 求过点$(4,-1,3)$且平行于直线 $\dfrac{x-3}{2}=\dfrac{y}{1}=\dfrac{z-1}{5}$ 的直线方程.

4. 求过点$(2,-3,1)$且垂直于平面 $2x+3y+z+1=0$ 的直线方程.

5. 求过点$(0,1,2)$且与直线 $\dfrac{x-1}{1}=\dfrac{y-1}{-1}=\dfrac{z}{2}$ 垂直相交的直线方程.

6. 过点$(-1,2,0)$向平面 $x+2y-z+1=0$ 作垂线,求垂足坐标.

7. 求直线 $\begin{cases} 5x-3y+3z-9=0 \\ 3x-2y+z-1=0 \end{cases}$ 与直线 $\begin{cases} 2x+2y-z+23=0 \\ 3x+8y+z-13=0 \end{cases}$ 的夹角.

8. 求直线 $\dfrac{x-1}{2}=\dfrac{y}{-1}=\dfrac{z+1}{2}$ 与平面 $x-y+2z=0$ 的夹角.

9. 求过点 $M_0(1,0,-2)$ 且垂直于平面 $2x-y+3z=0$ 的直线方程.

10. 求直线 $\begin{cases} 2x-4y+z=0 \\ 3x-y-2z-9=0 \end{cases}$ 在平面 $4x-y+z=1$ 上的投影直线的方程.

第五节 空间曲面与曲线的方程

一、空间曲面方程的概念

与在平面解析几何中建立平面曲线与二元方程 $F(x,y)=0$ 的对应关系一样,在空间解析几何中,可以建立空间曲面与三元方程 $F(x,y,z)=0$ 之间的对应关系.

定义 1 如果曲面 S 与三元方程

$$F(x,y,z)=0 \tag{7-18}$$

有下述关系:

(1) 曲面 S 上任一点的坐标都满足方程(7-18);

(2) 坐标满足方程(7-18)的点都在曲面 S 上.

那么,方程(7-18)称为**曲面 S 的方程**,而曲面 S 就称为**方程的图形**.

建立了空间曲面与其方程的联系后,就可以通过研究方程的解析性质来研究曲面的几何性质.一般地,作为点的几何轨迹的曲面可以用它的点的坐标方程来表示.反之,变量之间的方程通常表示一个曲面.因此,在空间解析几何中关于曲面的研究,有下列两个基本问题:

(1) 已知曲面上的点所满足的几何条件,建立曲面的方程;

(2) 已知坐标 x, y 和 z 之间的一个方程,研究这个方程所表示的曲面的形状.

在下面的讨论中,将首先通过研究,得出一些典型曲面的方程的标准形式,然后对一般的二次方程,通过对其特点的分析,将其化为标准方程,再判断它所表示的曲面.

二、球面的方程

下面求球心为 $M_0(x_0, y_0, z_0)$、半径为 R 的球面的方程.

设点 $M(x, y, z)$ 为球面上任意一点,由于球面可以看作到定点的距离为常数的动点的运动轨迹,故点 $M(x, y, z)$ 在这个球面上的充分必要条件是 $|\overrightarrow{M_0M}|=R$,即

$$|\overrightarrow{M_0M}|=\sqrt{(x-x_0)^2+(y-y_0)^2+(z-z_0)^2}=R,$$

$$(x-x_0)^2+(y-y_0)^2+(z-z_0)^2=R^2. \tag{7-19}$$

展开得

$$x^2+y^2+z^2+ax+by+cz+d=0, \tag{7-20}$$

其中,$a=-2x_0$, $b=-2y_0$, $c=-2z_0$, $d=x_0^2+y_0^2+z_0^2-R^2$.

方程(7-19)或方程(7-20)就是所求球心在 $M_0(x_0, y_0, z_0)$、半径为 R 的球面方程,其中方程(7-19)称为**球面标准方程**.

由方程(7-20)可知,球面方程是一个三元二次方程,没有混合项(即 xy, xz, yz 项),且平方项的系数相同.反之,任一形如式(7-20)的方程经过配方后可写成

$$\left(x+\frac{a}{2}\right)^2+\left(y+\frac{b}{2}\right)^2+\left(z+\frac{c}{2}\right)^2=\frac{1}{4}(a^2+b^2+c^2-4d),$$

令 $R^2=\frac{1}{4}(a^2+b^2+c^2-4d)$,得到方程

$$\left[x-\left(\frac{-a}{2}\right)\right]^2+\left[y-\left(\frac{-b}{2}\right)\right]^2+\left[z-\left(\frac{-c}{2}\right)\right]^2=R^2.$$

当 $R^2>0$ 时,它表示一个球心在 $M_0\left(-\frac{a}{2}, -\frac{b}{2}, -\frac{c}{2}\right)$、半径为 R 的球面;

当 $R^2=0$ 时,它表示一个点 $M_0\left(-\frac{a}{2}, -\frac{b}{2}, -\frac{c}{2}\right)$;

当 $R^2<0$ 时,它没有轨迹.

例1　方程 $x^2+y^2+z^2+2y-4z=0$ 表示怎样的曲面?

解　配方,原方程可写成 $x^2+(y+1)^2+(z-2)^2=5$.

因此,方程 $x^2+y^2+z^2+2y-4z=0$ 表示球心在点 $M_0(0, -1, 2)$、半径为$\sqrt{5}$ 的球面.

例 2 求与原点 O 及点 $M_0(2, 3, 4)$ 的距离之比为 $1:2$ 的点的全体所构成的曲面的方程.

解 设 $M(x, y, z)$ 是曲面上任一点,根据题意,有

$$\frac{|MO|}{|MM_0|}=\frac{1}{2},$$

即
$$\frac{\sqrt{x^2+y^2+z^2}}{\sqrt{(x-2)^2+(y-3)^2+(z-4)^2}}=\frac{1}{2},$$

故所求曲面的方程为 $$\left(x+\frac{2}{3}\right)^2+(y+1)^2+\left(z+\frac{4}{3}\right)^2=\frac{116}{9}.$$

易知其为一球心在点 $M_0\left(-\frac{2}{3}, -1, -\frac{4}{3}\right)$、半径为 $\frac{2\sqrt{29}}{3}$ 的球面.

三、柱面的方程

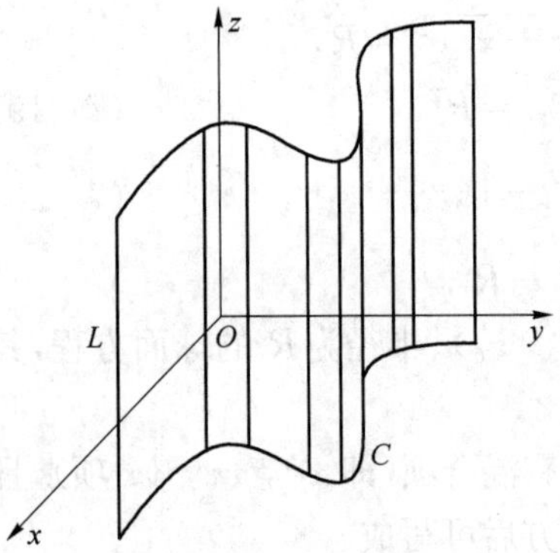

图 7-25

定义 2 平行于定直线并沿着一条空间曲线 C 平行移动的直线 L 所形成的曲面称为**柱面**,动直线 L 称为柱面的**母线**,曲线 C 称为柱面的**准线**(图 7-25).

设柱面 Σ 的母线平行于 z 轴,准线 C 是 xOy 坐标面上的一条曲线,其方程为 $F(x, y)=0$. 由于在空间直角坐标系 $Oxyz$ 中,点 $M(x, y, z)$ 位于柱面上的充分必要条件是它在 xOy 面上的投影 $M_1(x, y, 0)$ 位于准线 C 上,即 x, y 满足方程 $F(x, y)=0$,因此柱面 Σ 的方程就是 $F(x, y)=0$.

这就是说,在空间直角坐标系中,方程 $F(x, y)=0$ 表示母线平行于 z 轴的柱面,柱面的准线为 xOy 面上的曲线 $F(x, y)=0$.

类似于上面的讨论可知,方程 $F(y, z)=0$(方程中不出现 x)表示母线平行于 x 轴,准线是 yOz 面上的曲线 $F(y, z)=0$ 的柱面;方程 $F(x, z)=0$(方程中不出现 y)表示母线平行于 y 轴,准线是 xOz 面上的曲线 $F(x, z)=0$ 的柱面.

例 3 指出下列方程在空间直角系中表示什么几何图形:

(1) $\frac{x^2}{a^2}+\frac{y^2}{b^2}=1$;　　(2) $x^2=2pz$.

解 (1) 方程 $\frac{x^2}{a^2}+\frac{y^2}{b^2}=1$ 在空间直角坐标系中表示母线平行于 z 轴,准线为 xOy 面上的椭圆 $\frac{x^2}{a^2}+\frac{y^2}{b^2}=1$ 的柱面,称为**椭圆柱面**(图 7-26).

(2) 方程 $x^2=2pz$ 在空间直角坐标系中表示母线平行于 y 轴,准线为 xOz 面上的抛物线 $x^2=2pz$ 的柱面,称为**抛物柱面**(图 7-27).

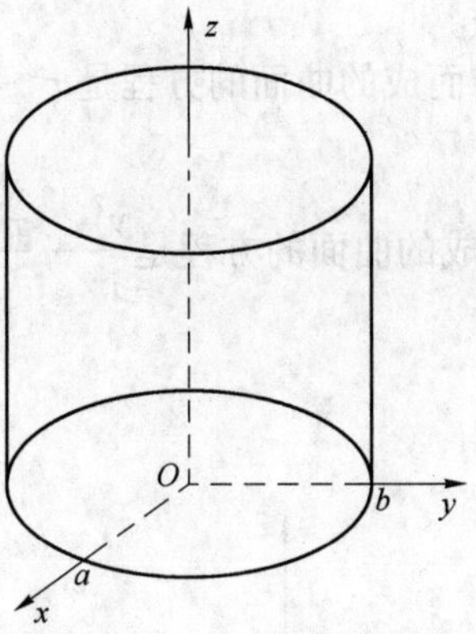

图 7－26

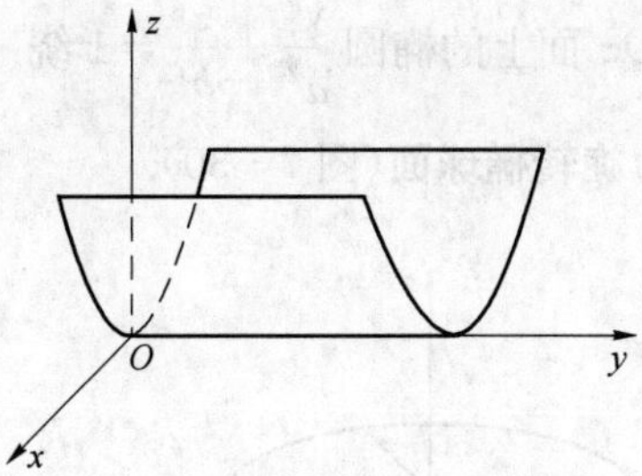

图 7－27

四、旋转曲面的方程

平面上的曲线 C 绕该平面上一条定直线 l 旋转而形成的曲面称为**旋转曲面**，该平面曲线 C 称为旋转曲面的**母线**，定直线 l 称为旋转曲面的**轴**.

设曲线 C 为 yOz 面上的已知曲线，其方程为 $f(y, z)=0$，曲线 C 绕 z 轴旋转一周得到一旋转曲面(图 7－28). 下面来建立它的方程.

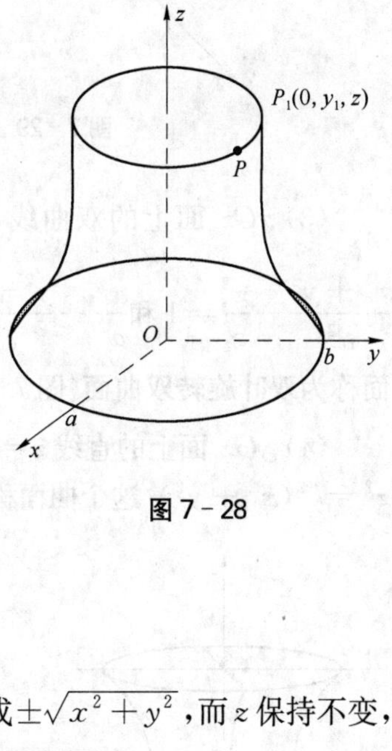

图 7－28

设 $P(x, y, z)$ 是旋转曲面上任意一点，则点 P 必须是曲线 C 上一点 $P_1(0, y_1, z)$ 绕 z 轴旋转而得，故点 P 与 P_1 到 z 轴的距离相等，因此有 $\sqrt{x^2+y^2}=|y_1|$，即 $y_1=\pm\sqrt{x^2+y^2}$. 又因点 $P_1(0, y_1, z)$ 是曲线 C 上的点，满足 $f(y_1, z)=0$，因此可得

$$f(\pm\sqrt{x^2+y^2}, z)=0,$$

这就是所求旋转曲面的方程.

由此可见，如果在曲线 C 的方程 $f(y, z)=0$ 中将 y 改写成 $\pm\sqrt{x^2+y^2}$，而 z 保持不变，就可得到曲线 C 绕 z 轴旋转而成的旋转曲面的方程为 $f(\pm\sqrt{x^2+y^2}, z)=0$.

同理可得曲线 C 绕 y 轴旋转而成的旋转曲面的方程为 $f(y, \pm\sqrt{x^2+z^2})=0$. 其他情况读者可自行推得.

例 4　试求下列坐标面上的曲线绕指定坐标轴旋转而成的旋转曲面方程：

(1) yOz 面上的抛物线 $y^2=2pz$ 绕 z 轴旋转；

(2) yOz 面上的椭圆 $\dfrac{y^2}{a^2}+\dfrac{z^2}{b^2}=1$ 绕 y 轴旋转；

(3) xOz 面上的双曲线 $\dfrac{x^2}{a^2}-\dfrac{z^2}{c^2}=1$ 分别绕 z 轴和 x 轴旋转；

(4) yOz 面上的直线 $z=ky(k>0)$ 绕 z 轴旋转.

解 (1) yOz 面上的抛物线 $y^2=2pz$ 绕 z 轴旋转而成的曲面的方程是 $x^2+y^2=2pz$,这个曲面称为**旋转抛物面**(图 7-29).

(2) yOz 面上的椭圆 $\dfrac{y^2}{a^2}+\dfrac{z^2}{b^2}=1$ 绕 y 轴旋转而成的曲面的方程是 $\dfrac{y^2}{a^2}+\dfrac{x^2+z^2}{b^2}=1$,这个曲面称为**旋转椭球面**(图 7-30).

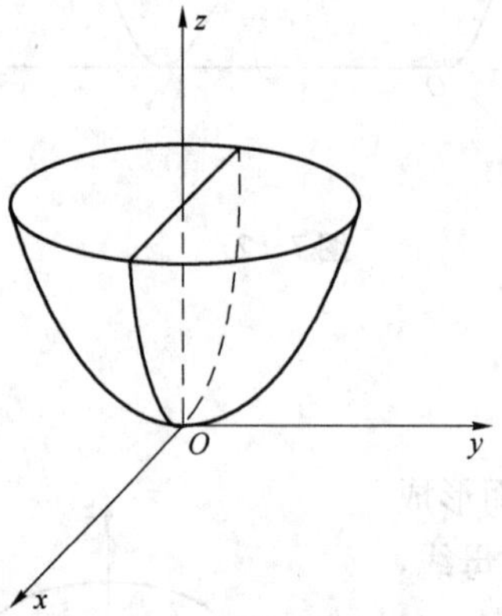

图 7-29

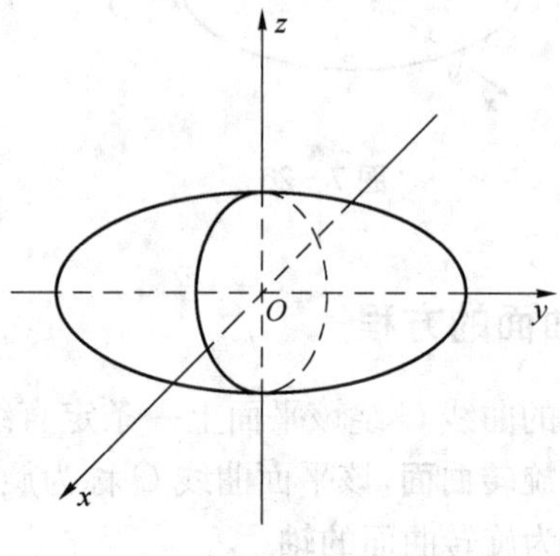

图 7-30

(3) xOz 面上的双曲线 $\dfrac{x^2}{a^2}-\dfrac{z^2}{c^2}=1$ 分别绕 z 轴和 x 轴旋转而成的曲面的方程是 $\dfrac{x^2+y^2}{a^2}-\dfrac{z^2}{c^2}=1$ 和 $\dfrac{x^2}{a^2}-\dfrac{y^2+z^2}{c^2}=1$. 前一个曲面称为**单叶旋转双曲面**(图 7-31),后一个曲面称为**双叶旋转双曲面**(图 7-32).

(4) yOz 面上的直线 $z=ky(k>0)$ 绕 z 轴旋转而成的曲面方程是 $z=\pm k\sqrt{x^2+y^2}$,即 $z^2=k^2(x^2+y^2)$. 这个曲面称为**圆锥面**(图 7-33).

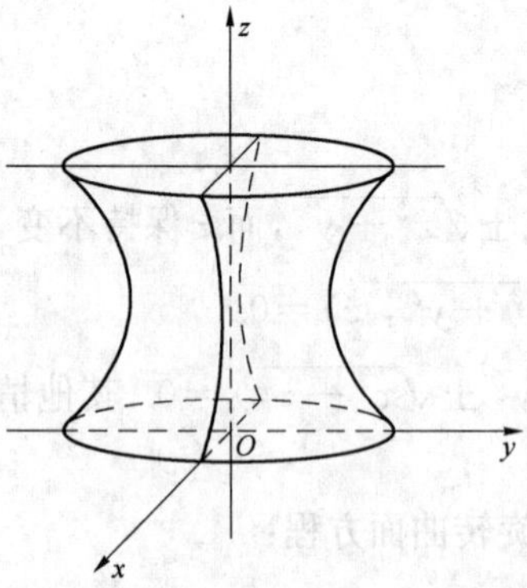

图 7-31

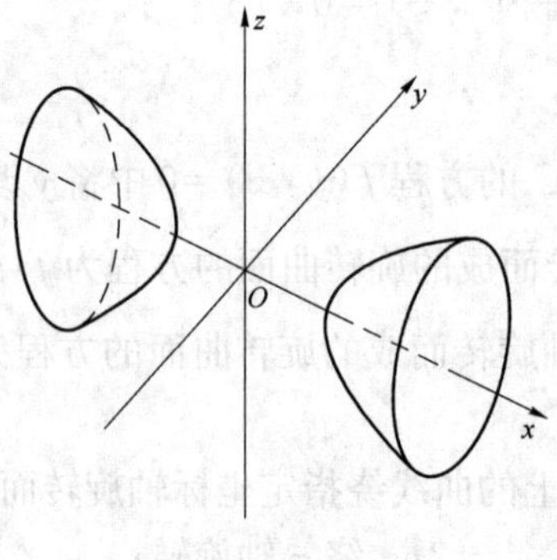

图 7-32

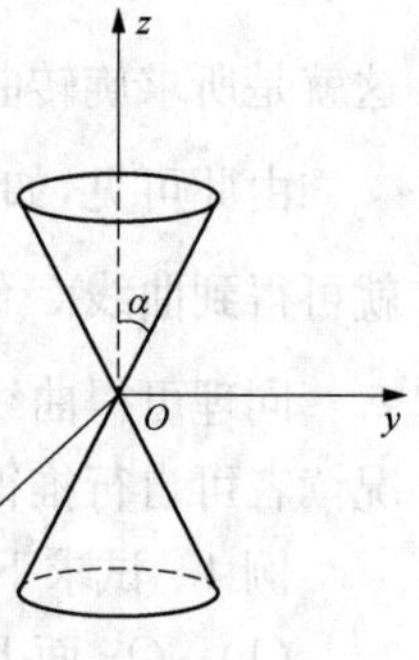

图 7-33

五、二次曲面

与平面解析几何中的二次曲线概念相类似,在空间解析几何中,变量 x, y, z 的三元二次方程所表示的曲面称为**二次曲面**. 由于二次曲面的形状比较简单且有较广泛的应用,因此这里主要讨论几个常用的二次曲面.

1. 椭球面

由方程

$$\frac{x^2}{a^2}+\frac{y^2}{b^2}+\frac{z^2}{c^2}=1 \tag{7-21}$$

表示的曲面称为**椭球面**(图 7-34).

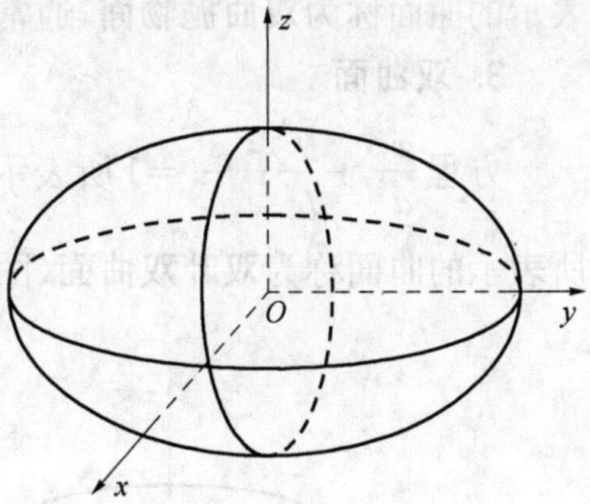

图 7-34

由方程(7-21)可知: $|x|\leqslant a$, $|y|\leqslant b$, $|z|\leqslant c$, 因此椭球面完全包含在一个以原点 O 为中心的长方体内,这长方体的六个面方程为 $x=\pm a$, $y=\pm b$, $z=\pm c$. a, b, c 称为**椭球面的半轴**.

如果 a, b, c 中有两个相等,若 $a=b$,则方程(7-21) 表示的是 yOz 平面上的椭圆 $\frac{y^2}{b^2}+\frac{z^2}{c^2}=1$ 绕 z 轴旋转而成的旋转椭球面.

如果 $a=b=c$,方程(7-21) 就变为 $x^2+y^2+z^2=a^2$,它表示球心在坐标原点,半径为 a 的球面.

2. 抛物面

方程

$$\frac{x^2}{p}+\frac{y^2}{q}=2z\ (p,\ q\ 同号) \tag{7-22}$$

所表示的曲面称为**椭圆抛物面**(图 7-35).

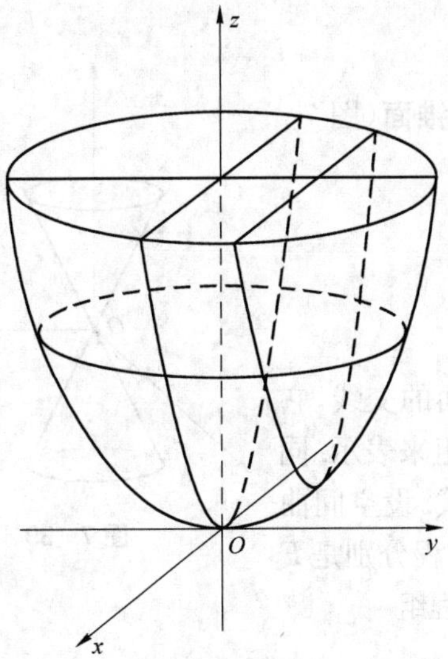

图 7-35

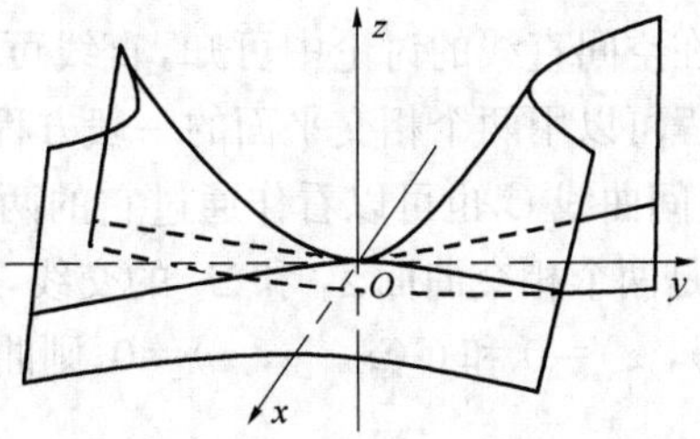

图 7-36

特别地，$p=q$ 时，方程(7-22)变为 $x^2+y^2=2pz$，它表示由 yOz 平面上的抛物线 $y^2=2pz$ 绕 z 轴旋转一周所生成的旋转抛物面.

由方程
$$-\frac{x^2}{p}+\frac{y^2}{q}=2z\ (p,\ q\ 同号)$$
表示的曲面称为**双曲抛物面**，通常也形象地称之为**马鞍面**(图 7-36).

3. 双曲面

方程 $\frac{x^2}{a^2}+\frac{y^2}{b^2}-\frac{z^2}{c^2}=1$ 所表示的曲面称为**单叶双曲面**(图 7-37)，方程 $\frac{x^2}{a^2}+\frac{y^2}{b^2}-\frac{z^2}{c^2}=-1$ 所表示的曲面称为**双叶双曲面**(图 7-38).

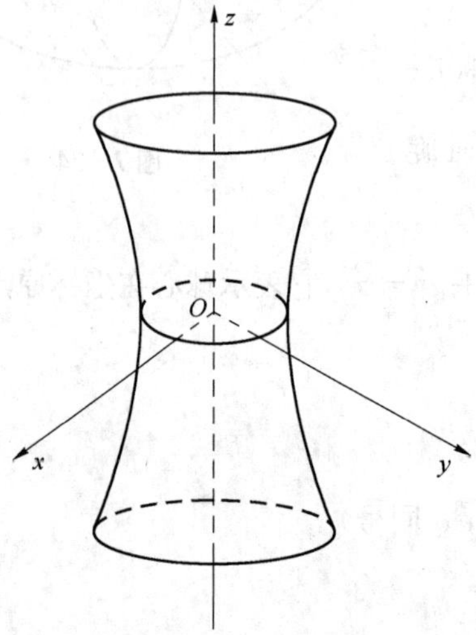

图 7-37

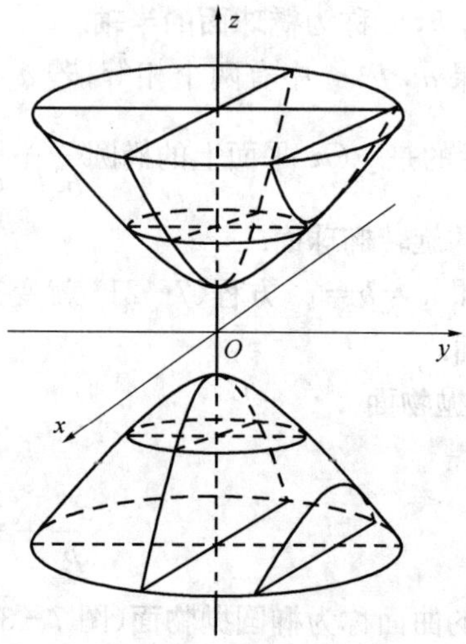

图 7-38

4. 椭圆锥面

方程 $\frac{x^2}{a^2}+\frac{y^2}{b^2}-\frac{z^2}{c^2}=0$ 所表示的曲面称为**椭圆锥面**(图 7-39).

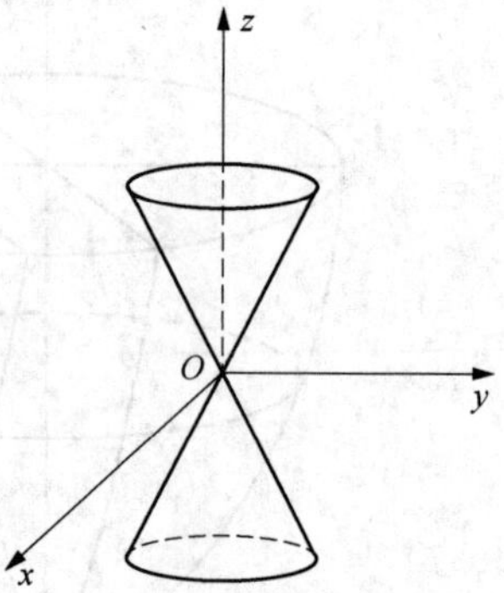

图 7-39

六、空间曲线的方程

1. 曲线的一般方程

在空间直线的讨论中可知，直线可看作两个平面的交线，它的方程可以用两个相交平面的一般方程的联立方程组来表示. 同样，空间曲线 C 也可以看作通过它的两个曲面的交线. 设空间曲线 Γ 是两个相交曲面 Σ_1 和 Σ_2 的交线，Σ_1 和 Σ_2 的方程分别是 $F(x,\ y,\ z)=0$ 和 $G(x,\ y,\ z)=0$，则曲线 Γ 可用方程组
$$\begin{cases}F(x,\ y,\ z)=0\\G(x,\ y,\ z)=0\end{cases}\tag{7-23}$$

表示. 方程组(7-23)称为**曲线 Γ 的一般方程**.

例 5　下列方程分别表示怎样的曲线:

(1) $\begin{cases} x^2+y^2=1, \\ 2x+3y+4z=1; \end{cases}$　　(2) $\begin{cases} z=\sqrt{a^2-x^2-y^2}, \\ \left(x-\dfrac{a}{2}\right)^2+y^2=\left(\dfrac{a}{2}\right)^2. \end{cases}$

解　(1) $x^2+y^2=1$ 表示母线平行于 z 轴,准线为 xOy 上以原点为圆心的单位圆的柱面; $2x+3y+4z=1$ 表示平面. 该方程组表示它们的交线,它为空间一椭圆,如图 7-40 所示.

(2) $z=\sqrt{a^2-x^2-y^2}$ 表示球心在原点,半径等于 a 的上半球面; $\left(x-\dfrac{a}{2}\right)^2+y^2=\left(\dfrac{a}{2}\right)^2$ 表示母线平行于 z 轴,准线为 xOy 平面上以点 $\left(\dfrac{a}{2},0\right)$ 为圆心,半径等于 $\dfrac{a}{2}$ 的圆的柱面. 该方程组表示它们的交线,如图 7-41 所示.

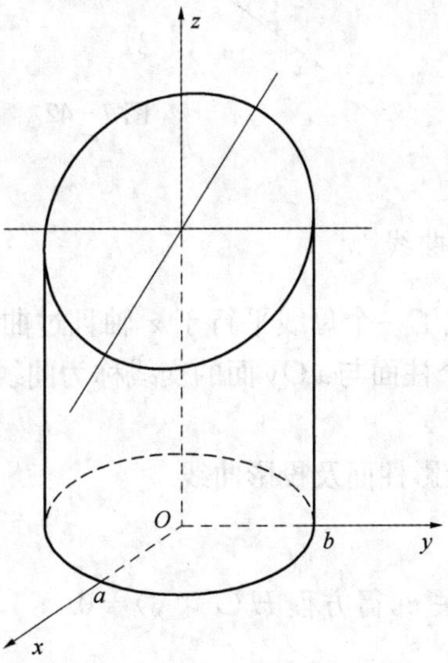

图 7-40

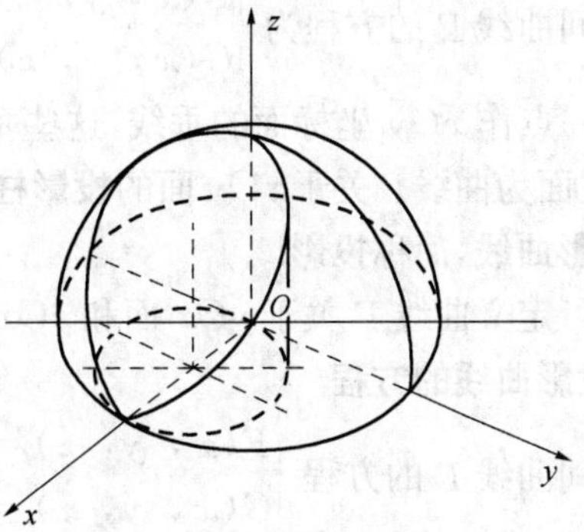

图 7-41

2. 曲线的参数方程

如果将空间曲线 Γ 上的动点的坐标 x, y, z 分别表示成参数 t 的函数

$$\begin{cases} x=x(t), \\ y=y(t), \\ z=z(t), \end{cases} \tag{7-24}$$

那么所得的方程组(7-24)就称为**曲线 Γ 的参数方程**. 当给定 $t=t_1$ 时,由方程组(7-24)就得到曲线上的一个点 $(x(t_1), y(t_1), z(t_1))$. 随着 t 的变动,就可以得到曲线上的全部点.

例 6　如果空间一点 M 在圆柱面 $x^2+y^2=a^2$ $(a>0)$ 上以角速率 ω 绕 z 轴旋转,同时又以线速率 v 沿平行于 z 轴的正方向上升(其中 ω, v 都是常数),那么点 M 的轨迹曲线称为**螺旋线**(图 7-42),其参数方程为

$$\begin{cases} x = a\cos\omega t, \\ y = a\sin\omega t, \\ z = vt. \end{cases}$$

如果令参数 $\theta=\omega t$,并记 $b=\dfrac{v}{\omega}$,则螺旋线的参数方程可写作

$$\begin{cases} x = a\cos\theta, \\ y = a\sin\theta, \\ z = b\theta. \end{cases}$$

螺旋线是一种常见的曲线. 比如机用螺丝的外缘曲线就是螺旋线.

当 θ 从 θ_0 变到 $\theta_0+2\pi$ 时,点 M 沿螺旋线上升了高度 $h=2\pi b$. 这一高度在工程技术上称为**螺距**.

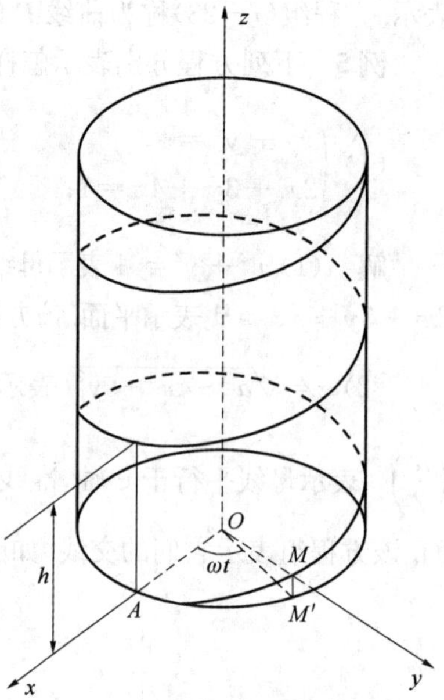

图 7-42

七、投影柱面与投影曲线

1. 投影柱面与投影曲线的定义

设空间曲线 Γ 的方程为 $\begin{cases} F(x, y, z)=0 \\ G(x, y, z)=0 \end{cases}$,过曲线 Γ 上的每一点作 xOy 坐标面的垂线,这些垂线形成了一个母线平行于 z 轴且过曲线 Γ 的柱面,称此柱面为曲线 Γ 关于 xOy 面的**投影柱面**. 这个柱面与 xOy 面的交线称为曲线 Γ 在 xOy 面上的**投影曲线**,简称**投影**.

类似可定义曲线 Γ 关于 yOz 面和 zOx 面的投影柱面及投影曲线.

2. 投影曲线的方程

在空间曲线 Γ 的方程 $\begin{cases} F(x, y, z)=0 \\ G(x, y, z)=0 \end{cases}$ 中消去 z,得方程 $H(x, y)=0$.

上述方程缺变量 z,所以它是一个母线平行于 z 轴的柱面. 又因为 Γ 上的点的坐标满足方程组 $\begin{cases} F(x, y, z)=0 \\ G(x, y, z)=0 \end{cases}$,当然也满足方程 $H(x, y)=0$,所以 Γ 上的点都在此柱面上. 方程 $H(x, y)=0$ 就是曲线 Γ 关于 xOy 面的投影柱面方程. 它与 xOy 面的交线 $\begin{cases} H(x, y)=0 \\ z=0 \end{cases}$ 就是 Γ 在 xOy 面上的投影曲线方程.

同理,若分别从方程组 $\begin{cases} F(x, y, z)=0 \\ G(x, y, z)=0 \end{cases}$ 中消去变量 x 或 y,分别得方程 $H_1(y, z)=0$ 或 $H_2(x, z)=0$,则曲线 Γ 在 yOz 面与 zOx 面的投影方程分别为 $\begin{cases} H_1(y, z)=0 \\ x=0 \end{cases}$ 与 $\begin{cases} H_2(x, z)=0 \\ y=0 \end{cases}$.

例7　求曲线 C：$\begin{cases} z=\sqrt{x^2+y^2} \\ x^2+y^2+z^2=1 \end{cases}$ 在 xOy 面上的投影方程，并问它在 xOy 面上是怎样一条曲线？

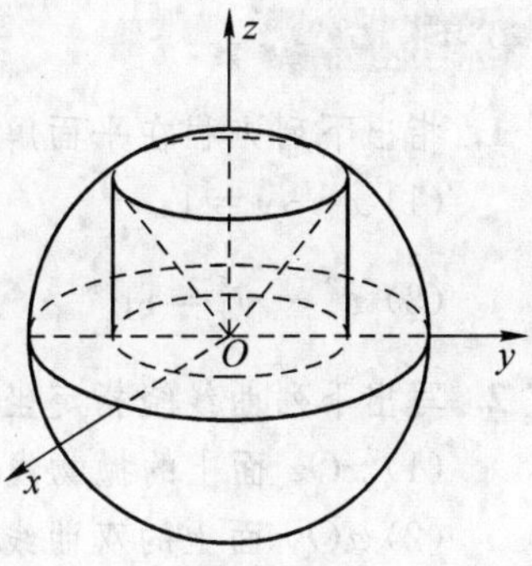

图 7-43

解　消去变量 z 得 $x^2+y^2=\frac{1}{2}$，这是曲线 C 关于 xOy 坐标面的投影柱面方程，所以曲线 C 在 xOy 坐标面上的投影方程为

$$\begin{cases} x^2+y^2=\frac{1}{2}, \\ z=0. \end{cases}$$

它是 xOy 坐标面上的一个圆(图 7-43).

例8　求空间曲线 C：$\begin{cases} z=x^2+y^2 \\ z=2-(x^2+y^2) \end{cases}$ 在 xOy 坐标面上的投影曲线方程.

解　由所给方程组消去变量 z，即得曲线 C 关于 xOy 坐标面的投影柱面方程为 $x^2+y^2=1$，此柱面与 xOy 坐标面的交线 $\begin{cases} x^2+y^2=1 \\ z=0 \end{cases}$，即为曲线 C 在 xOy 坐标面的投影曲线(图 7-44).

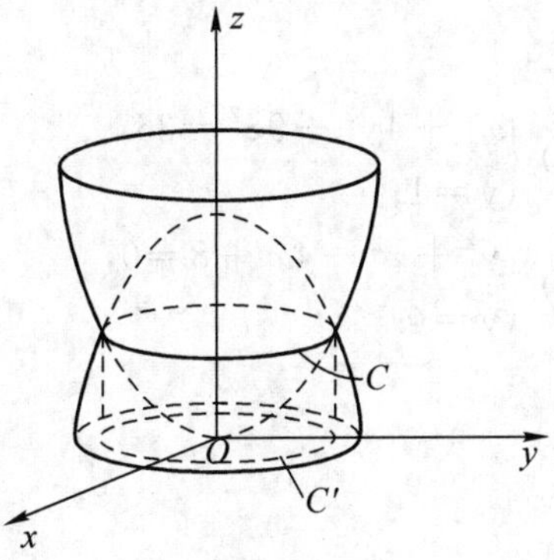

图 7-44

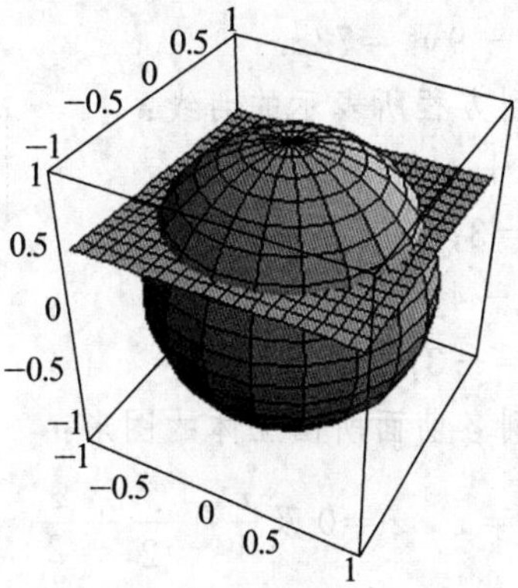

图 7-45

例9　求曲线 $\begin{cases} x^2+y^2+z^2=1 \\ z=\frac{1}{2} \end{cases}$ 在 xOy、yOz、zOx 坐标面上的投影(图 7-45).

解　(1) 消去变量 z 后，得 $x^2+y^2=\frac{3}{4}$，故曲线在 xOy 面上的投影为 $\begin{cases} x^2+y^2=\frac{3}{4} \\ z=0 \end{cases}$；

(2) 因为曲线在平面 $z=\frac{1}{2}$ 上，所以曲线在 yOz 面上的投影为线段 $\begin{cases} z=\frac{1}{2} \\ x=0 \end{cases}\left(|y|\leqslant\frac{\sqrt{3}}{2}\right)$；

(3) 同理在 zOx 面上的投影也为线段 $\begin{cases} z=\frac{1}{2} \\ y=0 \end{cases}\left(|x|\leqslant\frac{\sqrt{3}}{2}\right)$.

练习题 7-5

1. 指出下列方程在平面解析几何与空间解析几何中分别表示什么几何图形：

(1) $x-y=1$； (2) $y^2=2x$；

(3) $x^2-y^2=1$； (4) $\dfrac{x^2}{2}+y^2=1$.

2. 写出下列曲线绕指定坐标轴旋转而得的旋转曲面的方程：

(1) xOz 面上的抛物线 $z^2=5x$ 绕 x 轴旋转；

(2) xOy 面上的双曲线 $4x^2-9y^2=36$ 绕 y 轴旋转；

(3) yOz 面上的直线 $2y-3z+1=0$ 绕 z 轴旋转.

3. 说明下列旋转曲面是怎样形成的：

(1) $\dfrac{x^2}{4}+\dfrac{y^2}{9}+\dfrac{z^2}{9}=1$； (2) $x^2-\dfrac{y^2}{4}+z^2=1$；

(3) $x^2-y^2-z^2=1$.

4. 分别求出母线平行于 x 轴、y 轴且通过曲线 $\begin{cases}2x^2+y^2+z^2=16\\x^2-y^2+z^2=0\end{cases}$ 的柱面方程.

5. 指出下列各方程表示什么曲面：

(1) $16x^2+9y^2+16z^2=144$； (2) $4x^2-4y^2+9z^2=144$；

(3) $4x^2-9y^2=72z$.

6. 指出下列方程所表示的曲线：

(1) $\begin{cases}x^2+y^2+z^2=25,\\x=3;\end{cases}$ (2) $\begin{cases}x^2+4y^2+9z^2=36,\\y=1;\end{cases}$

(3) $\begin{cases}x^2-4y^2+z^2=25,\\x=-3;\end{cases}$ (4) $\begin{cases}y^2+z^2-4x+8=0,\\y=4.\end{cases}$

7. 画出下列各曲面所围立体的图形：

(1) $2y^2=x$，$z=0$ 及 $\dfrac{x}{4}+\dfrac{y}{2}+\dfrac{z}{2}=1$；

(2) $z=x^2+y^2$，$x=y^2$，$z=0$ 及 $x=1$.

8. 已知两球面的方程为 $x^2+y^2+z^2=1$ 和 $(x-1)^2+(y-1)^2+z^2=1$，求它们的交线在 xOy 面上的投影方程.

9. 求曲线 Γ：$\begin{cases}x^2+y^2+z^2=64\\x^2+y^2=8y\end{cases}$ 在 xOy 面上的投影曲线的方程.

第六节 演示与实验——用 MATLAB 做向量运算、绘制三维图形

一、用 MATLAB 做向量的运算

MATLAB 具有强大的空间向量的运算能力. 在 MATLAB 中，用数组格式表示空间向

量,可以对其进行加、减、数量积、向量积等运算,还可以求其向量的模、向量的夹角等.调用格式和功能说明见表 7-1.

表 7-1 向量运算的调用格式和功能说明

调用格式	功能说明
a=[x,y,z]	建立向量 $\boldsymbol{a}$,其中 x, y, z 为其坐标分量
a+b	向量 $\boldsymbol{a}$ 与 $\boldsymbol{b}$ 的和
a−b	向量 $\boldsymbol{a}$ 与 $\boldsymbol{b}$ 的差
dot(a,b)	向量 $\boldsymbol{a}$ 与 $\boldsymbol{b}$ 的数量积 $\boldsymbol{a}\cdot\boldsymbol{b}$
cross(a,b)	向量 $\boldsymbol{a}$ 与 $\boldsymbol{b}$ 的向量积 $\boldsymbol{a}\times\boldsymbol{b}$

例 1 设 $\boldsymbol{a}=3\boldsymbol{i}+\boldsymbol{j}-2\boldsymbol{k}$, $\boldsymbol{b}=2\boldsymbol{i}-3\boldsymbol{j}+4\boldsymbol{k}$,求 $\boldsymbol{a}+\boldsymbol{b}$, $\boldsymbol{a}-\boldsymbol{b}$, $\boldsymbol{a}\cdot\boldsymbol{b}$, $\boldsymbol{a}\times\boldsymbol{b}$.

解
```
>> clear
>> a=[3,1,-2];
>> b=[2,-3,4];
>> a+b
ans =
    5    -2    2
>> a-b
ans =
    1    4    -6
>> dot(a,b)
ans =
    -5
>> cross(a,b)
ans =
    -2    -16    -11
```

例 2 已知两点 $M_1(2, 2, \sqrt{2})$ 和 $M_2(1, 3, 0)$,计算向量 $\overrightarrow{M_1M_2}$ 的模、同方向的单位向量 $\overrightarrow{M_1M_2}^0$、方向余弦和方向角.

解
```
>> clear
>> OM1=[2 2 sqrt(2)];
>> OM2=[1 3 0];
>> M1M2=OM2-OM1                                   %求向量M1M2
M1M2 =
    -1.0000    1.0000    -1.4142
>> Unit_M1M2=M1M2/norm(M1M2)                      %求同方向的单位向量M1M2^0
Unit_M1M2 =
    -0.5000    0.5000    -0.7071
```

```
>> cos_abc=M1M2/NORM_M1M2                %求方向余弦
cos_abc =
    -0.5000    0.5000    -0.7071
>> abc=acos(cos_abc)                      %求方向角
abc =
    2.0944    1.0472    2.3562
```

例 3 求过点 $A(2, -1, 4)$, $B(-1, 3, -2)$和 $C(0, 2, 3)$的平面方程.

解

```
>> clear
>> syms x y z
>> D=[x,y,z];
>> A=[2,-1,4];
>> B=[-1,3,-2];
>> C=[0,2,3];
>> E=cross(A-B,A-C);
>> dot(E,D-A)
ans =
     14*x-15+9*y-z
>> fprintf('14x+9y-z-15=0')
    14x+9y-z-15=0
```

例 4 求直线 $\dfrac{x+3}{1}=\dfrac{y+2}{2}=\dfrac{z}{-2}$ 与平面 $2x+2y+z-1=0$ 的夹角.

解

```
>> clear
>> s=[1 2 -2];
>> n=[2 2 1];
>> theta=asin(abs(dot(s,n))/(norm(s)*norm(n)))
theta =
    0.4606
```

二、用 MATLAB 绘制三维图形

用 MATLAB 绘制空间曲线与曲面的图形是由 plot3()等命令来实现的，常用的绘制三维图形的调用格式和功能说明见表 7-2.

表 7-2 绘制三维图形的调用格式和功能说明

调用格式	功能说明
plot3(x,y,z)	绘制三维曲线图形，其中参数 x, y, z 分别定义曲线的三个坐标向量，它可以是向量也可以是矩阵. 若是向量，则表示绘制一条三维曲线，若是矩阵，则表示绘制多条曲线
plot3(x1,y1,z1,s1,x2,y2,z2,s2,…,xn,yn,zn,sn)	绘制多条三维曲线图形，其中参数 x_i, y_i, z_i 分别定义曲线的三个坐标，s_i 表示曲线的颜色和线型

（续表）

调用格式	功能说明
ezplot3('x(t)','y(t)','z(t)',[t1,t2])	在区间$[t_1, t_2]$上绘制参数方程$x=x(t)$, $y=y(t)$, $z=(t)$的图形
mesh(x,y,z)	绘制三维网线图
surf(x,y,z)	绘制三维网面图

例5　绘制螺旋线$\begin{cases}x=\sin t\\ y=\cos t\ (0\leqslant t\leqslant 10\pi).\\ z=t\end{cases}$

解

```
>> clear
>> t=0:0.001:10*pi;
>> x=sin(t);
>> y=cos(t);
>> z=t;
>> subplot(1,2,1)
>> plot3(x,y,z)
>> subplot(1,2,2)
>> ezplot3('sin(t)','cos(t)','t',[0,10*pi])
```

运行结果如图 7-46 所示.

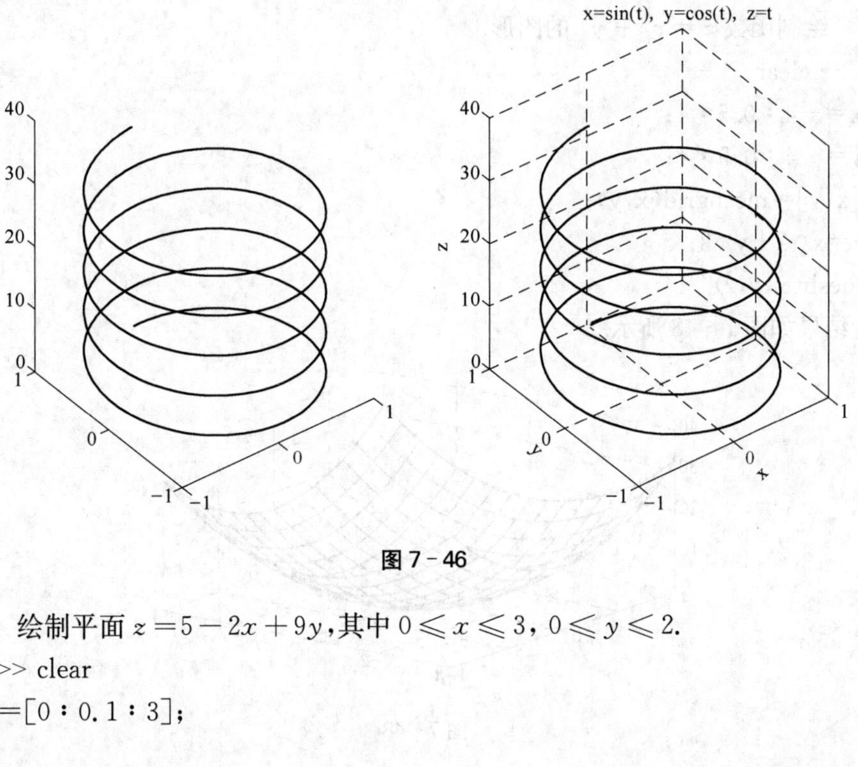

图 7-46

例6　绘制平面$z=5-2x+9y$,其中$0\leqslant x\leqslant 3$, $0\leqslant y\leqslant 2$.

解

```
>> clear
>> x=[0:0.1:3];
```

```
>> y=[0:0.1:2];
>> [x,y]=meshgrid(x,y);
>> z=5-2*x+9*y;
>> subplot(1,2,1)
>> mesh(x,y,z)
>> subplot(1,2,2)
>> surf(x,y,z)
```

运行结果如图 7-47 所示.

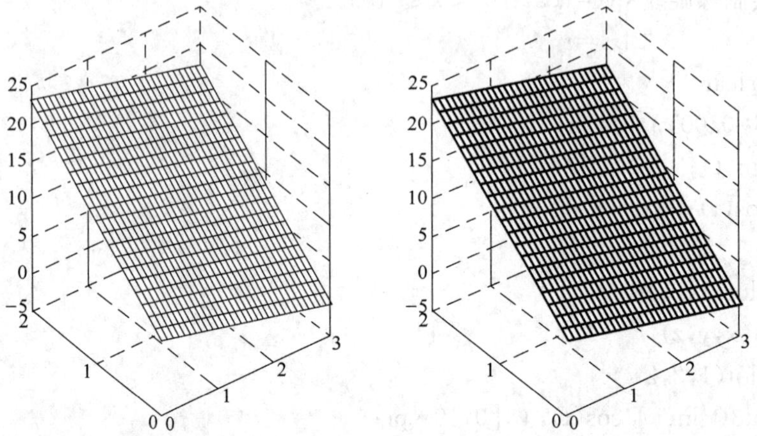

图 7-47

例 7 绘制函数 $z=x^2+y^2$ 的图形.

解

```
>> clear
>> x=-4:0.5:4;
>> y=-4:0.5:4;
>> [x,y]=meshgrid(x,y);
>> z=x^2+y^2;
>> mesh(x,y,z)
```

运行结果如图 7-48 所示.

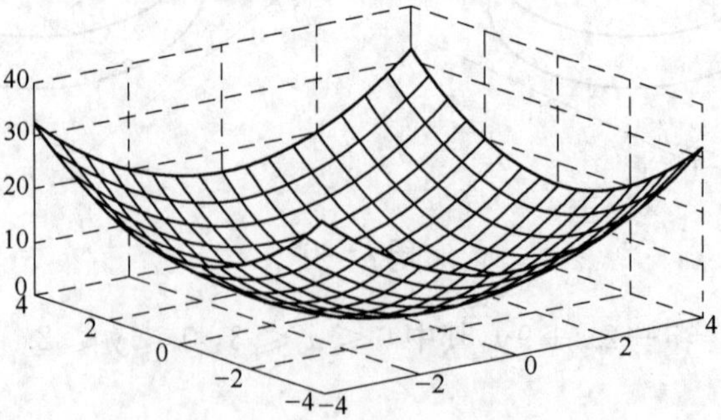

图 7-48

例 8　绘制椭球面$\frac{x^2}{25}+\frac{y^2}{16}+\frac{z^2}{1}=1$.

解　该曲线的参数方程为$\begin{cases}x=5\sin u\cos v\\ y=4\sin u\sin v\\ z=\cos u\end{cases}$ $(0\leqslant u\leqslant \pi,\ 0\leqslant v\leqslant 2\pi)$.

```
>> clear
>> u=0:0.1*pi:pi;
>> v=0:0.1*pi:2*pi;
>> [u,v]=meshgrid(u,v);
>> x=5*sin(u).*cos(v);
>> y=4*sin(u).*sin(v);
>> z=cos(u);
>> surf(x,y,z)
```

运行结果如图 7-49 所示.

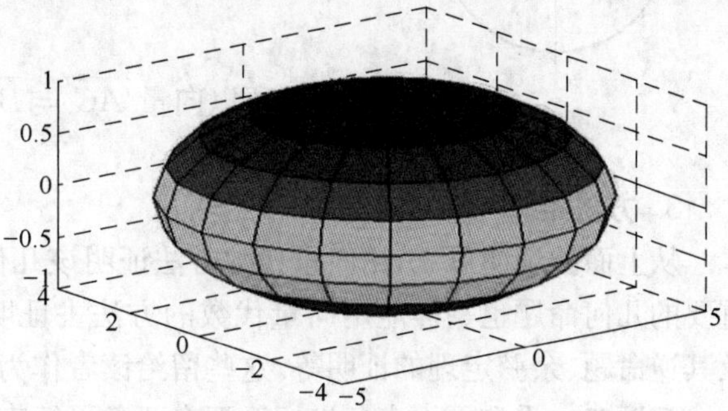

图 7-49

练习题 7-6

1. 已知 $\boldsymbol{a}=(1,1,-4)$, $\boldsymbol{b}=(1,-2,3)$, 求:
(1) $\boldsymbol{a}\cdot\boldsymbol{b}$;　　(2) $\boldsymbol{a}$ 与 $\boldsymbol{b}$ 的夹角θ;　　(3) $\boldsymbol{a}\times\boldsymbol{b}$.
2. 求过点 $A(1,-1,3)$, $B(1,0,2)$和 $C(-1,1,0)$的平面方程.
3. 绘制空间曲线$\begin{cases}x=\sin t\\ y=\cos t\\ z=t\sin t\cos t\end{cases}$ $(0\leqslant t\leqslant 10\pi)$.
4. 绘制球面 $x^2+y^2+z^2=9$.

第七节　向量与空间解析几何模型

向量代数与空间解析几何是学习多元函数微积分以及其他数学、物理课程的基础. 它有很多应用,有些问题的解决借助向量代数的性质会显得非常简洁. 本节介绍一些向量与空间解析几何模型,以进一步体会其实际应用.

一、几何问题的证明

问题一　用向量代数方法证明几何定理:直径所对的圆周角为直角.

1. 问题分析

本命题是定理"同弧所对的圆周角等于圆心角的一半"的推论. 而圆周角、圆心角定理的证明属于几何证明方法,这里用向量代数的方法证明该定理.

2. 命题证明

如图 7-50 所示,设圆的半径为 R,圆的直径 AB 所对的圆周角为$\angle ACB$,因为

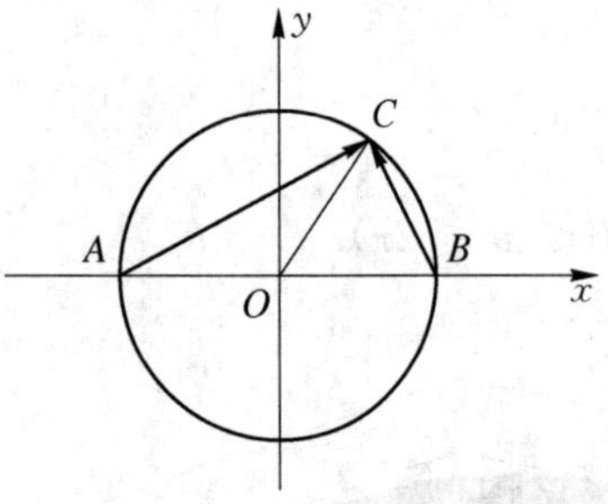

图 7-50

$$\overrightarrow{AC}=\overrightarrow{OC}-\overrightarrow{OA},\ \overrightarrow{BC}=\overrightarrow{OC}-\overrightarrow{OB},$$

且 $\overrightarrow{OA}=-\overrightarrow{OB}$,因而向量 $\overrightarrow{AC}$ 与 $\overrightarrow{BC}$ 的数量积(或内积)

$$\begin{aligned}\overrightarrow{AC}\cdot\overrightarrow{BC}&=(\overrightarrow{OC}-\overrightarrow{OA})\cdot(\overrightarrow{OC}-\overrightarrow{OB})\\&=(\overrightarrow{OC}+\overrightarrow{OB})\cdot(\overrightarrow{OC}-\overrightarrow{OB})\\&=\overrightarrow{OC}\cdot\overrightarrow{OC}-\overrightarrow{OB}\cdot\overrightarrow{OB}\\&=|\overrightarrow{OC}|^2-|\overrightarrow{OB}|^2=R^2-R^2=0.\end{aligned}$$

所以向量 $\overrightarrow{AC}$ 与 $\overrightarrow{BC}$ 垂直,即直径所对的圆周角为直角.证毕.

3. 方法推广

从上面的证明可见,用向量代数方法证明该几何命题,过程非常简单.实际上,还有不少重要的几何命题也一样能用向量代数的方法去证明,例如平行四边形对角线互相平分定理及其逆命题、余弦定理的证明等.这些留给读者作为课后练习.

问题二 设在平面直角坐标系下有两条平行直线方程为

$$2x-y=-3,\ 2x-y=2,$$

试求这两条直线之间的距离,并给出任意两条平行直线之间距离的一般公式.

1. 问题分析

设在平面直角坐标系下任意两条平行直线的方程为

$$ax+by=c_1,\ ax+by=c_2,$$

其中 $a^2+b^2\neq 0,\ c_1\neq c_2$.

如图 7-51 所示,不难理解,两平行直线的法向量即为直线的系数向量 $\boldsymbol{A}=(a,\ b)$,又不妨设 $b\neq 0$,则两直线在 y 轴上的截距分别为 $\frac{c_1}{b}$ 和 $\frac{c_2}{b}$.于是截距点之间的连线向量为 $\boldsymbol{B}=\left(0,\ \frac{c_2-c_1}{b}\right)$.两个平行直线之间距离的大小即为向量 $\boldsymbol{B}$ 在向量 $\boldsymbol{A}$ 方向上的投影.

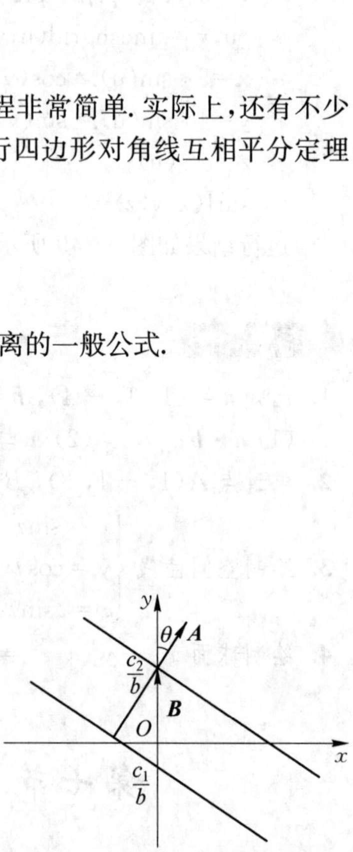

图 7-51

2. 模型建立与求解

因为数量积

$$\boldsymbol{A}\cdot\boldsymbol{B}=|\boldsymbol{A}|\,|\boldsymbol{B}|\cos\theta=|\boldsymbol{A}|\cdot\mathrm{Prj}_{\boldsymbol{A}}\boldsymbol{B},$$

其中 θ 是 $\boldsymbol{A}$、$\boldsymbol{B}$ 两向量的夹角,而 $\mathrm{Prj}_{\boldsymbol{A}}\boldsymbol{B}$ 表示向量 $\boldsymbol{B}$ 在向量 $\boldsymbol{A}$ 方向上的投影,所以

$$\mathrm{Prj}_{\boldsymbol{A}}\boldsymbol{B}=\frac{\boldsymbol{A}\cdot\boldsymbol{B}}{|\boldsymbol{A}|}=\frac{(a,b)\cdot\left(0,\ \dfrac{c_2-c_1}{b}\right)}{|\boldsymbol{A}|}=\frac{b\cdot\dfrac{c_2-c_1}{b}}{|\boldsymbol{A}|}=\frac{c_2-c_1}{\sqrt{a^2+b^2}},$$

这两条平行直线之间的距离即为

$$d=\frac{|c_2-c_1|}{\sqrt{a^2+b^2}},$$

并且当 $b=0$ 时，公式也成立.

将其运用到前面给定的两条平行直线上去，不难得到它们之间的距离

$$d=\frac{|2-(-3)|}{\sqrt{2^2+(-1)^2}}=\sqrt{5}.$$

3. 模型评价

平行直线之间的距离问题不仅仅是个数学问题，在其他领域也有着广泛应用.

至于该结论能否推广到三维或更高维空间中的两个平行平面或超平面之间的距离问题中去，留给读者自己思考.

二、飞机的速度

1. 问题提出

假设空气以每小时 32 km 的速度沿平行于 y 轴正向的方向流动，一架飞机在 xOy 平面沿与 x 轴正向成 $\frac{\pi}{6}$ 的方向飞行. 若飞机相对于空气的速度是每小时 840 km，问飞机相对于地面的速度是多少？

2. 模型建立与求解

如图 7-52 所示，设 $\overrightarrow{OA}$ 为飞机相对于空气的速度，$\overrightarrow{AB}$ 为空气的流动速度，那么 $\overrightarrow{OB}$ 就是飞机相对于地面的速度，则有

$$\overrightarrow{OA}=840\cdot\cos\frac{\pi}{6}\boldsymbol{i}+840\cdot\sin\frac{\pi}{6}\boldsymbol{j}=420\sqrt{3}\boldsymbol{i}+420\boldsymbol{j},\ \overrightarrow{AB}=32\boldsymbol{j},$$

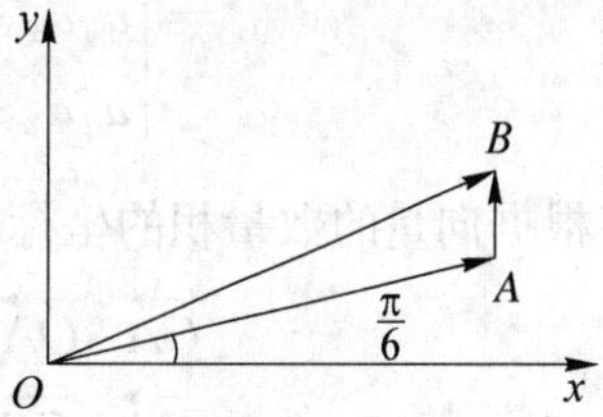

图 7-52

所以 $$\overrightarrow{OB}=\overrightarrow{OA}+\overrightarrow{AB}=420\sqrt{3}\boldsymbol{i}+452\boldsymbol{j}$$

$$|\overrightarrow{OB}|=\sqrt{(420\sqrt{3})^2+(452)^2}\approx 856.45(\text{km/h}).$$

三、欧拉的四面体问题

1. 问题提出

历史上欧拉(Euler)提出了这样一个问题：如何用四面体的六条棱长去表示它的体积？

2. 模型建立与求解

这个问题可以用向量代数的基本知识来解决，下面是求解过程.

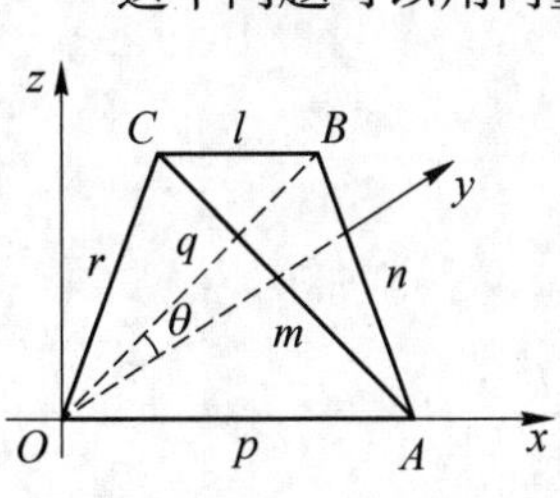

图 7-53

建立如图 7-53 所示坐标系，设 A、B、C 三点的坐标分别为 (a_1, b_1, c_1)、(a_2, b_2, c_2) 和 (a_3, b_3, c_3)，并设四面体 $OABC$ 的六条棱长分别为 l、m、n、p、q、r，由立体几何知道，该四面体的体积 V 等于以向量 $\overrightarrow{OA}$、$\overrightarrow{OB}$ 和 $\overrightarrow{OC}$ 为棱的平行六面体的体积(记作 V_6)的 $\frac{1}{6}$，而由空间解析几何可知，当 $\overrightarrow{OA}$、$\overrightarrow{OB}$、$\overrightarrow{OC}$ 组成右手系时，以它们为棱的平行六面体的体积

$$V_6=(\overrightarrow{OA}\times\overrightarrow{OB})\cdot\overrightarrow{OC}=\begin{vmatrix}a_1&b_1&c_1\\a_2&b_2&c_2\\a_3&b_3&c_3\end{vmatrix},$$

于是得

$$6V=\begin{vmatrix}a_1&b_1&c_1\\a_2&b_2&c_2\\a_3&b_3&c_3\end{vmatrix},$$

将上式平方,得

$$36V^2=\begin{vmatrix}a_1&b_1&c_1\\a_2&b_2&c_2\\a_3&b_3&c_3\end{vmatrix}\cdot\begin{vmatrix}a_1&b_1&c_1\\a_2&b_2&c_2\\a_3&b_3&c_3\end{vmatrix},$$

由于行列式转置后其值不变,将第二个行列式进行转置后再相乘,得

$$\begin{aligned}36V^2&=\begin{vmatrix}a_1&b_1&c_1\\a_2&b_2&c_2\\a_3&b_3&c_3\end{vmatrix}\cdot\begin{vmatrix}a_1&a_2&a_3\\b_1&b_2&b_3\\c_1&c_2&c_3\end{vmatrix}\\&=\begin{vmatrix}a_1^2+b_1^2+c_1^2&a_1a_2+b_1b_2+c_1c_2&a_1a_3+b_1b_3+c_1c_3\\a_1a_2+b_1b_2+c_1c_2&a_2^2+b_2^2+c_2^2&a_2a_3+b_2b_3+c_2c_3\\a_1a_3+b_1b_3+c_1c_3&a_2a_3+b_2b_3+c_2c_3&a_3^2+b_3^2+c_3^2\end{vmatrix}.\end{aligned}$$

根据向量的数量积的坐标表示,有

$$\overrightarrow{OA}\cdot\overrightarrow{OA}=a_1^2+b_1^2+c_1^2,\ \overrightarrow{OA}\cdot\overrightarrow{OB}=a_1a_2+b_1b_2+c_1c_2,$$
$$\overrightarrow{OA}\cdot\overrightarrow{OC}=a_1a_3+b_1b_3+c_1c_3,\ \overrightarrow{OB}\cdot\overrightarrow{OB}=a_2^2+b_2^2+c_2^2,$$
$$\overrightarrow{OB}\cdot\overrightarrow{OC}=a_2a_3+b_2b_3+c_2c_3,\ \overrightarrow{OC}\cdot\overrightarrow{OC}=a_3^2+b_3^2+c_3^2.$$

于是

$$36V^2=\begin{vmatrix}\overrightarrow{OA}\cdot\overrightarrow{OA}&\overrightarrow{OA}\cdot\overrightarrow{OB}&\overrightarrow{OA}\cdot\overrightarrow{OC}\\\overrightarrow{OA}\cdot\overrightarrow{OB}&\overrightarrow{OB}\cdot\overrightarrow{OB}&\overrightarrow{OB}\cdot\overrightarrow{OC}\\\overrightarrow{OA}\cdot\overrightarrow{OC}&\overrightarrow{OB}\cdot\overrightarrow{OC}&\overrightarrow{OC}\cdot\overrightarrow{OC}\end{vmatrix}.\tag{1}$$

由向量的数量积定义,又有

$$\overrightarrow{OA}\cdot\overrightarrow{OA}=|\overrightarrow{OA}|^2\cos 0=p^2,$$

同理 $\overrightarrow{OB}\cdot\overrightarrow{OB}=q^2,\ \overrightarrow{OC}\cdot\overrightarrow{OC}=r^2.$

再由余弦定理,可得 $\overrightarrow{OA}\cdot\overrightarrow{OB}=pq\cos\theta=\dfrac{p^2+q^2-n^2}{2},$

同理 $\overrightarrow{OA}\cdot\overrightarrow{OC}=\dfrac{p^2+r^2-m^2}{2},\ \overrightarrow{OB}\cdot\overrightarrow{OC}=\dfrac{q^2+r^2-l^2}{2}.$

将以上各式代入式(1),得

$$36V^2=\begin{vmatrix} p^2 & \frac{p^2+q^2-n^2}{2} & \frac{p^2+r^2-m^2}{2} \\ \frac{p^2+q^2-n^2}{2} & q^2 & \frac{q^2+r^2-l^2}{2} \\ \frac{p^2+r^2-m^2}{2} & \frac{q^2+r^2-l^2}{2} & r^2 \end{vmatrix}. \tag{2}$$

这就是欧拉的四面体求体积公式.

例　一块形状为四面体的花岗岩巨石,量得六条棱长分别为

$$l=10\,\mathrm{m},\ m=15\,\mathrm{m},\ n=12\,\mathrm{m},\ p=14\,\mathrm{m},\ q=13\,\mathrm{m},\ r=11\,\mathrm{m},$$

则
$$\frac{p^2+q^2-n^2}{2}=110.5,\ \frac{p^2+r^2-m^2}{2}=46,\ \frac{q^2+r^2-l^2}{2}=95,$$

代入式(2)得
$$36V^2=\begin{vmatrix} 196 & 110.5 & 46 \\ 110.5 & 169 & 95 \\ 46 & 95 & 121 \end{vmatrix}=1\,369\,829.75,$$

于是
$$V^2\approx 38\,050.826\,39,V\approx 195\,\mathrm{m}^3.$$

即花岗岩巨石的体积约为 $195\,\mathrm{m}^3$.

古埃及的金字塔形状为四面体,因而可通过测量其六条棱长去计算金字塔的体积.

练习题 7-7

1. 试推导空间一点到一已知直线的一般距离公式.

2. 当船以每小时 12.8 km 的速度向正北方向航行时,船上的风向标指向正东南方向;当船停泊时,风向标指向正东方向,求风速.

本章小结

一、本章主要内容与重点

本章主要内容有:向量的概念,向量的坐标表示,向量的加法、减法、数乘、数量积及向量积等运算,平面的一般式方程、点法式方程、截距式方程,空间直线的点向式方程、参数方程及一般方程,平面与平面、直线与直线、直线与平面的位置关系与夹角,球面、柱面、旋转曲面等曲面及曲线方程,空间曲线在坐标面上的投影.

重点　向量及其线性运算,向量的坐标表示式,数量积和向量积,平面与直线的方程.

二、学习指导

1. 用向量的坐标进行运算及求有关的量

首先,应熟记一些常用的公式,如向量的线性运算、数量积和向量积的定义及坐标表示式、两向量之间的夹角公式、向量的投影公式,两向量垂直、平行的充要条件及公式等.

其次,对有些概念、记号要严格区分,绝不能混淆.如点和向量的表示都是用符号"()"表示,但点的坐标间是不能进行运算的,给出向量的起点和终点的坐标,必须利用它们与向量坐标的关系,求出向量的坐标以后,才能进行运算.再如数量积和向量积是两个不同的概念,

它们的记号也不同.数量积是一个数,记号为“·”;而向量积是一个向量,记号为“×”,运算中绝不能把记号省略.

2. 求平面与直线的方程

首先,要记住它们方程的形式(注意平面是三元一次方程,而直线是三元一次方程组).

其次,经常采用平面的点法式方程或直线的对称式(点向式)方程,解题的关键往往是求平面的法向量或直线的方向向量,而向量积是解决这个问题的有用工具.一般地,如果直线和两个已知向量都垂直,那么这两个向量的向量积就是直线的一个方向向量;如果平面和两个已知向量都平行,那么这两个向量的向量积就是平面的一个法向量.如果采用直线的一般方程来求直线方程时,应根据几何条件,找出以此直线为交线的两个平面,先求出这两个平面的方程.

3. 平面与平面、直线与直线、直线与平面的位置与夹角

它们分别可转化为法向量与法向量、方向向量与方向向量、方向向量与法向量之间的关系及夹角.因此,公式不用死记,只要搞清向量间的关系,应用向量中的相关定理和公式就可以了.

4. 求曲面的方程

求曲面方程,一般要依照所给的几何条件,建立轨迹方程.记住各种曲面的方程、名称、特点.对于特殊曲面,如球面、柱面、旋转曲面等,要了解曲面方程形成的特点.

5. 向量与空间解析几何模型

会利用向量与空间解析几何知识建立数学模型,解决一些简单的实际问题,加深对本课程相关知识的进一步理解.

习题七

1. 填空题:

(1) 设 $\boldsymbol{a}, \boldsymbol{b}$ 为非零向量,若 $\boldsymbol{a}\cdot\boldsymbol{b}=0$,则必有________.

(2) 设 $\boldsymbol{a}, \boldsymbol{b}$ 为非零向量,若 $\boldsymbol{a}\times\boldsymbol{b}=\boldsymbol{0}$,则必有________.

(3) 若直线 l 的方向向量 $\boldsymbol{s}$ 与平面 Π 的法向量 $\boldsymbol{n}$ 互相垂直,则直线 l 与平面 Π 必________.

(4) 点 $P(3, 5, 1)$ 到平面 $3x+2y+6z+7=0$ 的距离为________.

(5) 若动点 $M(x, y, z)$ 到定点 $(0, 0, 5)$ 的距离等于它到 x 轴的距离,则动点的轨迹方程为________.

(6) 直线 $\begin{cases} x=2+t \\ y=-1-t \\ z=1+3t \end{cases}$ 与平面 $x-5y+6z-7=0$ 的关系是________.

2. 判断题:

(1) 设 $\boldsymbol{a}, \boldsymbol{b}, \boldsymbol{c}$ 为非零向量,若 $\boldsymbol{a}\cdot\boldsymbol{b}=\boldsymbol{a}\cdot\boldsymbol{c}$,则必有 $\boldsymbol{b}=\boldsymbol{c}$. (　　)

(2) 设 $\boldsymbol{a}, \boldsymbol{b}, \boldsymbol{c}$ 为非零向量,若 $\boldsymbol{a}\times\boldsymbol{b}=\boldsymbol{a}\times\boldsymbol{c}$,则必有 $\boldsymbol{b}=\boldsymbol{c}$. (　　)

(3) 设 $\boldsymbol{a}, \boldsymbol{b}, \boldsymbol{c}$ 为非零向量,若 $\boldsymbol{a}\cdot\boldsymbol{b}=\boldsymbol{a}\cdot\boldsymbol{c}$ 且 $\boldsymbol{a}\times\boldsymbol{b}=\boldsymbol{a}\times\boldsymbol{c}$,则必有 $\boldsymbol{b}=\boldsymbol{c}$. (　　)

(4) 设 $\boldsymbol{a}, \boldsymbol{b}$ 为非零向量,则必有 $\boldsymbol{a}\cdot\boldsymbol{b}=\boldsymbol{b}\cdot\boldsymbol{a}$. (　　)

(5) 设 $\boldsymbol{a}, \boldsymbol{b}$ 为非零向量,则必有 $\boldsymbol{a}\times\boldsymbol{b}=\boldsymbol{b}\times\boldsymbol{a}$. (　　)

3. 设 $\boldsymbol{u}=\boldsymbol{a}-\boldsymbol{b}+2\boldsymbol{c}$，$\boldsymbol{v}=-\boldsymbol{a}-3\boldsymbol{b}-\boldsymbol{c}$，试用 $\boldsymbol{a}$，$\boldsymbol{b}$，$\boldsymbol{c}$ 表示 $2\boldsymbol{u}-3\boldsymbol{v}$.

4. 设 C 为线段 AB 上一点且 $|CB|=2|AC|$，O 为 AB 外一点，记 $\boldsymbol{a}=\overrightarrow{OA}$，$\boldsymbol{b}=\overrightarrow{OB}$，$\boldsymbol{c}=\overrightarrow{OC}$，试用 $\boldsymbol{a}$，$\boldsymbol{b}$ 来表示 $\boldsymbol{c}$.

5. 已知向量 $\boldsymbol{a}=2\boldsymbol{i}-3\boldsymbol{j}+\boldsymbol{k}$，$\boldsymbol{b}=\boldsymbol{i}-\boldsymbol{j}+3\boldsymbol{k}$，$\boldsymbol{c}=\boldsymbol{i}-2\boldsymbol{j}$. 计算：

(1) $(\boldsymbol{a}\cdot\boldsymbol{b})\boldsymbol{c}-(\boldsymbol{a}\cdot\boldsymbol{c})\boldsymbol{b}$；　　(2) $(\boldsymbol{a}+\boldsymbol{b})\times(\boldsymbol{b}+\boldsymbol{c})$.

6. 已知向量 $\boldsymbol{a}=(2,1,2)$，$\boldsymbol{b}=(4,-1,10)$，$\boldsymbol{c}=\boldsymbol{b}-\lambda\boldsymbol{a}$，且 $\boldsymbol{a}\perp\boldsymbol{c}$，求 λ 的值.

7. 设 $\boldsymbol{a}=3\boldsymbol{i}+2\boldsymbol{j}-\boldsymbol{k}$，$\boldsymbol{b}=\boldsymbol{i}-\boldsymbol{j}+2\boldsymbol{k}$，求：$(2\boldsymbol{a})\times(7\boldsymbol{b})$，$\boldsymbol{a}\times\boldsymbol{i}$.

8. 设 $|\boldsymbol{a}|=\sqrt{3}$，$|\boldsymbol{b}|=1$，$\langle\boldsymbol{a},\boldsymbol{b}\rangle=\dfrac{\pi}{6}$，计算：

(1) $\boldsymbol{a}+\boldsymbol{b}$ 与 $\boldsymbol{a}-\boldsymbol{b}$ 之间的夹角；

(2) 以 $\boldsymbol{a}+2\boldsymbol{b}$ 与 $\boldsymbol{a}-3\boldsymbol{b}$ 为邻边的平行四边形的面积.

9. 已知点 $A(1,0,0)$ 及 $B(0,2,1)$，试在 z 轴上求一点 C，使 $\triangle ABC$ 的面积最小.

10. 求过点 $(3,-1,-2)$ 且与平面 $x-5y+3z-12=0$ 平行的平面方程.

11. 求过点 $(1,2,1)$ 且垂直于平面 $x+y=0$，$5y+z=0$ 的平面方程.

12. 求满足下列条件的平面方程：

(1) 过点 $M(1,-1,-2)$ 和 $N(3,1,1)$ 且垂直于平面 $x-2y+3z-5=0$；

(2) 过点 $M(2,-3,3)$ 且平行于 xOy 面.

13. 求过点 $(2,0,-3)$ 且与直线 $\begin{cases}x-2y+4z-7=0\\3x+5y-2z+1=0\end{cases}$ 垂直的平面方程.

14. 求过点 $(2,-3,1)$ 和直线 $\begin{cases}x-5y-16=0\\2y-z+6=0\end{cases}$ 垂直的平面方程.

15. 求过点 $(2,3,0)$，$(-2,-3,4)$ 和 $(0,6,0)$ 的平面方程.

16. 设直线 L：$\begin{cases}x+y+z=3\\3x-2y-5z=4,\end{cases}$ 求 L 的点向式方程和参数方程.

17. 求过点 $M(1,1,1)$ 且与直线 $\dfrac{x-5}{3}=\dfrac{y+1}{2}=\dfrac{z}{-4}$ 平行的直线方程.

18. 求过点 $(0,2,4)$ 且与两平面 $x+2z=1$ 和 $y-3z=2$ 平行的直线方程.

19. 求直线 $\begin{cases}x+y+3z=0\\x-y-z=0\end{cases}$ 与平面 $x-y-z+1=0$ 的夹角.

20. 求下列旋转曲面的方程：

(1) $\begin{cases}z^2=2y\\x=0\end{cases}$ 绕 y 轴旋转一周；　　(2) $\begin{cases}x^2+\dfrac{z^2}{4}=1\\y=0\end{cases}$ 绕 z 轴旋转一周.

21. 指出下列各方程表示的是什么曲面：

(1) $\dfrac{x^2}{4}+\dfrac{y^2}{9}+\dfrac{z^2}{16}=1$；　　(2) $\dfrac{z}{3}=\dfrac{x^2}{4}+\dfrac{z^2}{9}$；

(3) $16x^2+4y^2-z^2=64$；　　(4) $4x^2-y^2+9z^2=-36$.

22. 求曲线 $\begin{cases}x^2+y^2+4z^2=1\\3z=x^2+y^2\end{cases}$ 关于 xOy 面的投影柱面及在 xOy 面上的投影方程.

阅读材料

解析几何之父——笛卡儿

笛卡儿(Descartes, 1596—1650),法国著名的数学家、物理学家和哲学家,解析几何的创始人.他对现代数学的发展作出了重要的贡献,因将几何坐标体系公式化而被认为是解析几何之父.他还是西方现代哲学思想的奠基人,是近代唯物论的开拓者,他提出了"普遍怀疑"的主张.他的哲学思想深深影响了之后的几代欧洲人,开拓了所谓"欧陆理性主义"哲学.黑格尔称他为"现代哲学之父".笛卡儿自成体系,熔唯物主义与唯心主义于一炉,在哲学史上产生了深远的影响.同时,他又是一位勇于探索的科学家,他所建立的解析几何在数学史上具有划时代的意义.笛卡儿堪称17世纪的欧洲哲学界和科学界最有影响的巨匠之一,被誉为"近代科学的始祖".

笛卡儿出生于法国拉哈的律师家庭,他一出世母亲就病故了,依靠保姆照料长大.笛卡儿在当时欧洲最著名的拉夫雷士学校读书,他虽身体孱弱,但尊敬师长,勤奋刻苦.笛卡儿生活在资产阶级与封建领主、科学与神学进行激烈斗争的时代,他从读书始便对僵化的说教有强烈的怀疑批判精神,坚定不移地寻找真理.笛卡儿在获得法学博士学位后,为了"读世界这本大书",曾到荷兰服役,一边到各地旅行,一边和朋友讨论数学和科学问题.他探求正确的思想方法,创立为实践服务的哲学,"才能成为自然的主人".退伍以后,主要居住在荷兰,也曾回到法国,从事学术研究.1649年应邀去瑞典担任女王的教师,最后因肺炎病逝在异国.

笛卡儿生前因怀疑教会信条受到迫害,长年在国外避难.他的著作生前或被禁止出版或被烧毁,他死后多年还被列入"禁书目录".但在今天,法国首都巴黎安葬民族先贤的圣日耳曼圣心堂中,庄重的大理石墓碑上镌刻着"笛卡儿,欧洲文艺复兴以来,第一个为人类争取并保证理性权利的人".

笛卡儿最杰出的成就是在数学发展上创立了解析几何学.在笛卡儿时代,代数还是一个比较新的学科,几何学的思维还在数学家的头脑中占有统治地位.笛卡儿致力于代数和几何联系起来的研究,于1637年创立了坐标系后,成功地创立了解析几何学.

他的设想是:只要把几何图形看作动点的运动轨迹,就可以把几何图形看成是由具有某种共同特性的点组成的.把图形看成点的运动轨迹,这个想法很重要!它从指导思想上,改变了传统的几何方法.笛卡儿根据自己的这个想法,在《几何学》中,最早为运动着的点建立坐标,开创了几何和代数挂钩的解析几何.在解析几何中,动点的坐标就成了变数,这是数学第一次引进变数.

笛卡儿的这一成就为微积分的创立奠定了基础.解析几何直到现在仍是重要的数学方法之一.他不仅提出了解析几何学的主要思想方法,还指明了其发展方向.他在《几何学》中,将逻辑、几何、代数方法结合起来,通过讨论作图问题,勾勒出解析几何的新方法,从此,数和形就走到了一起,数轴是数和形的第一次接触.解析几何的创立是数学史上一次划时代的转折.而平面直角坐标系的建立正是解析几何得以创立的基础.直角坐标系的创建,在代数和几何上架起了一座桥梁,它使几何概念可以用代数形式来表示,几何图形也可以用代数形式来表示,于是代数和几何就这样合为一家人了.

恩格斯高度评价笛卡儿的工作,他说:"数学中的转折点是笛卡儿的变数.有了变数,运动进入了数学,有了变数,辩证法进入了数学."

第八章

多元函数微分学

天才在于积累，聪明在于勤奋.

——华罗庚

【学习目标】

1. 理解多元函数的概念，了解二元函数的极限和连续性的概念.
2. 掌握偏导数、全微分的概念，熟练掌握求多元函数的偏导数、全微分的方法，会求二阶偏导数.
3. 了解多元函数在某一点的偏导数存在与可微分的关系.
4. 熟练掌握复合函数的求导法则及应用，掌握隐函数的求导法则.
5. 会求曲线的切线和法平面及曲面的法线和切平面的方程.
6. 理解方向导数与梯度的概念，掌握方向导数与梯度的计算.
7. 理解多元函数极值和条件极值的概念，掌握二元函数极值存在的必要条件.
8. 了解二元函数极值的充分条件，会求二元函数的极值.
9. 会用拉格朗日乘数法求条件极值.
10. 会求简单函数的最大值和最小值，会解决一些简单的应用题.
11. 会用 MATLAB 求多元函数的偏导数、极值和最值.
12. 会用多元函数微分学建立数学建模，解决一些实际问题.

上册中,讨论的函数都只有一个自变量,这种函数称为**一元函数**. 然而,在实际问题中,遇到的函数往往不仅仅只依赖于一个自变量,而是依赖于多个自变量,这种函数称为**多元函数**. 本章在一元函数微分学的基础上,以二元函数为主要研究对象,重点讨论二元函数的微分法及其应用,这些概念和方法大多都能推广到二元以上的多元函数.

第一节 多元函数的极限与连续性

一、点集和区域

讨论一元函数时,经常用到区间和邻域概念. 由于讨论多元函数的需要,首先把区间和邻域概念加以推广,同时还涉及其他一些概念.

(一) 点集

一个二元有序数组(x, y)对应于平面内一个点,这种点的集合称为**平面点集**. 三元有序数组(x, y, z)的点集就称为**空间点集**.

例如,平面点集$A=\{(x, y) \mid x^2+y^2 \leqslant 1\}$表示$xOy$坐标平面上,以半径为 1 的圆的内部且包括圆周$x^2+y^2=1$(图 8-1 中阴影部分).

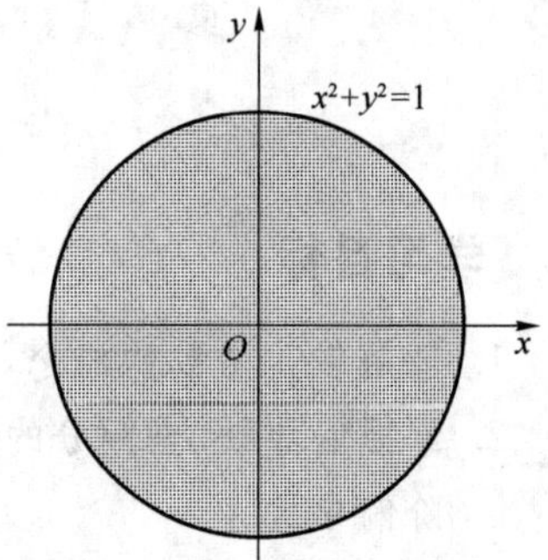

图 8-1

(二) 区域

区域分为平面区域和空间区域. **平面区域**是指平面上由一条或几条曲线围成的部分,而**空间区域**指空间上由一个或几个曲面围成的部分.

1. 邻域

设$\delta>0$,在平面上给定一个点$P_0(x_0, y_0)$,则以P_0为圆心、以δ为半径的圆区域

$$\{(x, y) \mid \sqrt{(x-x_0)^2+(y-y_0)^2}<\delta\}$$

称为点$P_0(x_0, y_0)$的δ **邻域**,记为$U(P_0, \delta)$. 有时,在讨论问题时,若不需要强调邻域的半径,点P_0的邻域可简记为$U(P_0)$.

点P_0的去心邻域,记作$\mathring{U}(P_0, \delta)$,即$\mathring{U}(P_0, \delta)=\{(x, y) \mid 0<\sqrt{(x-x_0)^2+(y-y_0)^2}<\delta\}$.

2. 内点

设E为平面上的一个点集,如果点P属于E,且存在点P的某个邻域,使这邻域中的所有点都属于E,则称点P为E的**内点**(图 8-2 中点P_1).

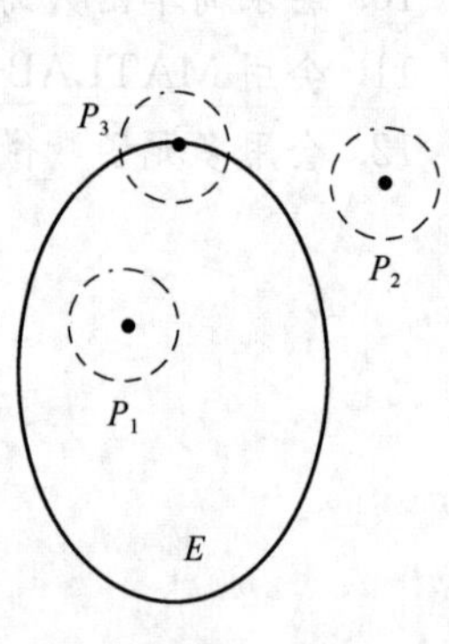

图 8-2

3. 外点

如果存在点 P 的某个邻域 $U(P)$，使得 $U(P)\cap E=\varnothing$，则称点 P 为 E 的**外点**(图 8-2 中点 P_2).

4. 边界点

若点 P 的任一邻域内既含有属于 E 的点，又含有不属于 E 的点，则称点 P 为 E 的**边界点**(图 8-2 中点 P_3). E 的边界点的全体称为**边界**，通常记作 ∂E.

5. 开集

如果点集 E 的点都是 E 的内点，则称 E 为**开集**. 例如，点集

$$E_1=\{(x,\ y)\mid 1<x^2+y^2<4\}$$

中每个点都是 E_1 的内点，故 E_1 为开集.

6. 闭集

开集连同它的边界构成的点集称为**闭集**. 例如，集合 $E_1=\{(x,\ y)\mid x^2+y^2\leqslant 1\}$ 就是一闭集.

7. 连通集

如果点集 D 内任意两点 P_1 和 P_2，都可以用折线将 P_1 和 P_2 连接起来，且折线上的点都在 D 内，则称 D 为**连通集**.

8. 区域

连通的开集称为**开区域**，简称为**区域**. 例如，$\{(x,\ y)|x>y^2\}$ 就是一区域.

9. 闭区域

开区域连同它的边界一起所构成的点集称为**闭区域**. 例如，点集 $D=\{(x,\ y)\mid x^2+y^2\leqslant 1\}$ 就是一闭区域.

10. 有界集、无界集

对于平面点集 E，如果存在某一正数 r，使得 $E\subset U(O,\ r)$，其中 O 为坐标原点，则称 E 为**有界集**，否则称为**无界集**. 例如，$\{(x,\ y)\mid 1\leqslant x^2+y^2\leqslant 4\}$ 为有界闭区域，$\{(x,\ y)\mid x+y>0\}$ 为无界开区域.

一般地，称点集 E 内两点间最大距离为该点集的**直径**. 若点集 E 的直径是有限值，称 E 为**有界点集**，否则称为**无界点集**.

注　(1) 闭区域虽然包含有边界，但它也有可能是无界的；开区域是不含有边界的，但它也可能为有界域.

(2) 开区域一定是开集，闭区域一定是闭集，而开集未必是开区域，闭集未必是闭区域.

上述关于平面点集的内点、邻域、开集、区域与闭区域等概念完全可以类推到多维空间点集的情形中.

二、多元函数的概念

在许多自然现象和实际问题中，往往是多种因素相互制约，若用函数反映它们之间的联系便表现为存在多个自变量.

例 1　圆柱体的体积 V 与其底面半径 r、高 h 之间的关系为

$$V=\pi r^2 h,$$

当变量 r, h 在一定范围内($r>0$, $h>0$)取一对定值(r, h)时,V 有确定的值与其对应,V 的值依赖于 r, h 两个变量.

例 2 一定量的理想气体,其体积 V,压强 p,热力学温度 T 之间具有下面的依赖关系:

$$p=\frac{RT}{V} \quad (R\text{ 是常数}).$$

这一问题中有三个变量 p, V, T. 当 V 和 T 每取一组值时,按照上面的关系,就有一确定的压强值 p 与之对应. 若考虑等温过程,即 T 保持不变,则 p 只随 V 的变化而变化,此时压强 p 是体积 V 的一元函数.

例 3 居民人均消费收入 Z 与国民收入总额 Y 和总人口数 P 有关系

$$Z=S_1 S_2\frac{Y}{P}.$$

其中,S_1 是消费率(国民收入总额中用于消费所占的比例),S_2 是居民消费率(消费总额中用于居民消费所占的比例).

显然,对每一组数(Y, P)值,按照上述的关系,就有一确定的 Z 与之对应. 如果国民收入总额不变时,总人口越多居民人均消费收入就越低;如果总人口数不变时,国民收入总额越多,居民人均消费收入就越高.

上述三个实例,虽然来自不同的实际问题,但都说明,在一定的条件下,三个变量之间存在着一种依赖关系,这种关系给出了一个变量与另两个变量之间的对应法则. 依照这个法则,当两个变量在允许的范围内取定一组数时,另一个变量有唯一确定的值与之对应. 这就是二元函数的实质所在.

归纳它们的共性,即可得出二元函数的定义.

1. 二元函数的定义

定义 1 设 x, y, z 为三个变量,D 为平面 xOy 上的一个非空点集,若对 D 内任一点 $P(x, y)$,按照某种对应法则 f,都有唯一确定的实数 z 与之对应,则称 z 是 x, y 的**二元函数**,它在点 $P(x, y)$的函数值记为 $f(x, y)$,即 $z=f(P)$ 或 $z=f(x, y)$. 其中 x, y 称为**自变量**,z 称为**因变量**,点集 D 称为该函数的**定义域**(通常为一平面区域),数集$\{z \mid z=f(x, y), (x, y)\in D\}$ 称为该函数的**值域**.

一般地,$z=f(P)$ 称为**点函数**,$z=f(x, y)$ 称为**二元函数**.

对二元函数,同样是由对应法则 f 和定义域 D 两要素确定的.

注 二元函数的定义域是使算式所表达的函数有意义的 x, y 所对应的点 $P(x, y)$的全体.

2. 多元函数的定义

类似地,可定义三元及三元以上的函数:$u=f(x, y, z)$, …, $u=f(x_1, x_2, \cdots, x_n)$,当 $n\geqslant 2$ 时,n 元函数统称**多元函数**.

例如,矩形的面积 S 和它的长 x、宽 y 之间具有关系式 $S=xy$,这是一个二元函数.

再如,长方体的体积 V 和它的长 x、宽 y、高 z 之间的函数 $V=xyz$,这是一个三元函数.

例 4　求 $f(x, y)=\dfrac{\arcsin(4-x^2-y^2)}{\sqrt{x-y^2}}$ 的定义域.

解　要使表达式有意义,必须满足

$$\begin{cases}|4-x^2-y^2|\leqslant 1,\\ x-y^2>0.\end{cases}$$

即
$$\begin{cases}3\leqslant x^2+y^2\leqslant 5,\\ x>y^2.\end{cases}$$

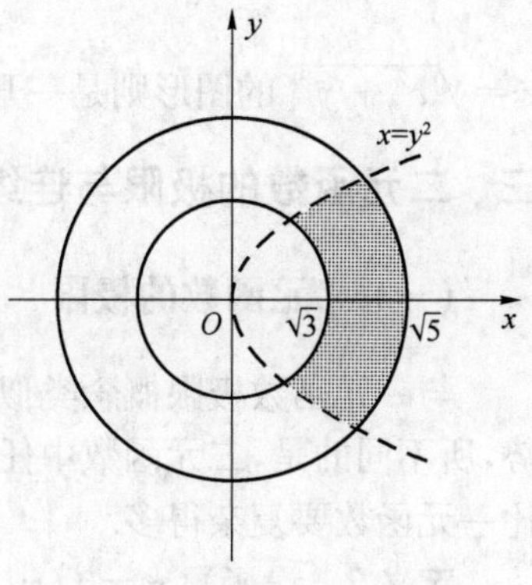

图 8-3

故所求函数的定义域为

$$D=\{(x, y)\mid 3\leqslant x^2+y^2\leqslant 5, x>y^2\}\quad(\text{图 8-3 中阴影部分}).$$

例如,函数 $z=\ln(x+y)$ 的定义域为 $\{(x, y)\mid x+y>0\}$(图 8-4),就是一个无界开区域.

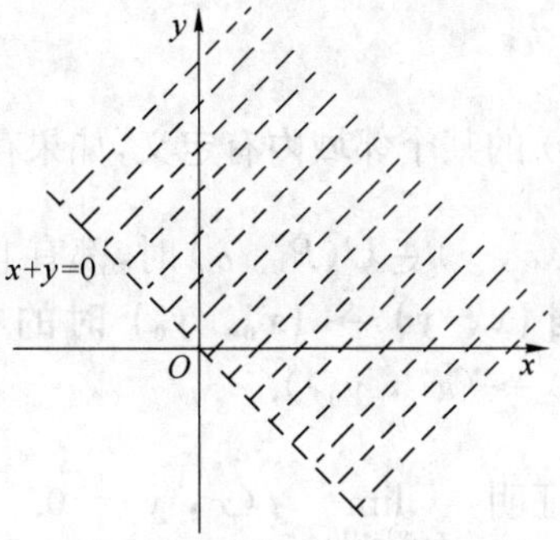

图 8-4

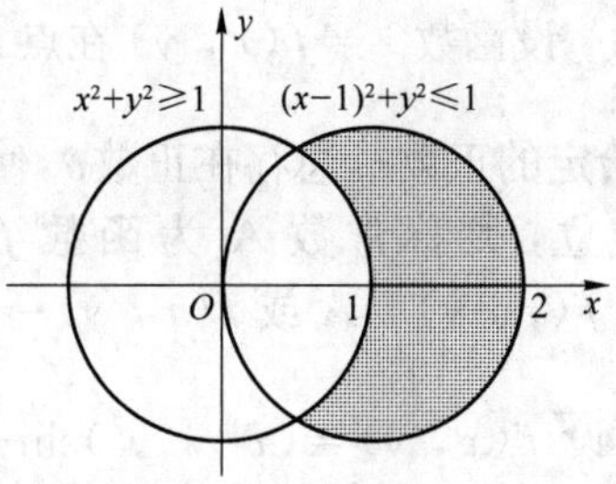

图 8-5

又如,函数 $z=\sqrt{2x-x^2-y^2}\cdot\sqrt{x^2+y^2-1}$ 的定义域为

$$\{(x, y)\mid(x-1)^2+y^2\leqslant 1\text{ 且 }x^2+y^2\geqslant 1\}\quad(\text{图 8-5 中阴影部分}),$$

这个月牙形有界点集是一个有界闭区域.

3. 二元函数的几何意义

设函数 $z=f(x, y)$ 的定义域为 D,对于任意取定的点 $P(x, y)\in D$,对应的函数值为 $z=f(x, y)$,于是在空间就可确定一个点 $M(x, y, z)$. 当 (x, y) 取遍 D 上所有的点时,便得到一个空间的点集

$$T=\{(x, y, z)\mid z=f(x, y),(x, y)\in D\}.$$

这个点集 T 就称为二元函数 $z=f(x, y)$ 的图形.

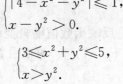

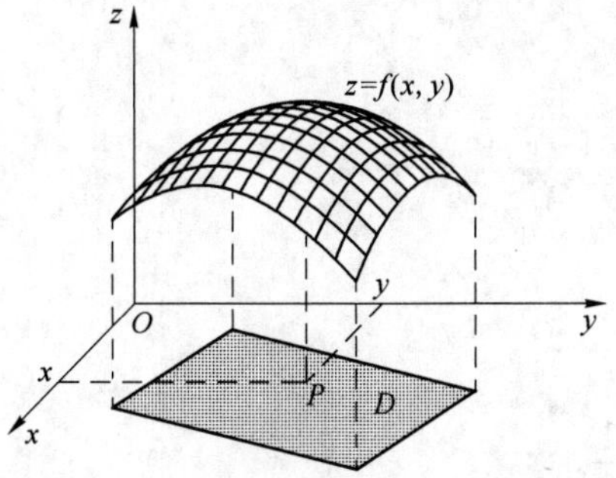

图 8-6

显然,属于点集 T 的点 $M(x, y, z)$ 一定满足三元方程 $F(x, y, z)=z-f(x, y)=0$,故二元函数 $z=f(x, y)$ 的图形就是空间中区域 D 上的一张曲面. 而定义域 D 就是该曲面在 xOy 面上的投影(图 8-6).

在空间解析几何中已经知道 $z=ax+by+c$ 的图形是一张平面,而 $z=x^2+y^2$ 的图形是旋转抛物面,

$z=\sqrt{x^2+y^2}$ 的图形则是一开口朝上顶点为坐标原点的圆锥面.

三、二元函数的极限与连续性

(一) 二元函数的极限

与一元函数极限概念类似,二元函数的极限也是反映函数值随自变量变化而变化的趋势,所不同的是,二元函数中任意点 $P(x, y)$ 趋近于 $P_0(x_0, y_0)$ 可以沿着各种不同的路径,比一元函数要复杂得多.

定义 2 设函数 $z=f(x, y)$ 在点 $P_0(x_0, y_0)$ 的某邻域内有定义(点 $P_0(x_0, y_0)$ 可以除外). 如果当动点 $P(x, y)$ 沿任意路径无限趋近于点 $P_0(x_0, y_0)$ 时,函数 $f(x, y)$ 总趋向于一个确定的常数 A,则称 A 为**函数 $z=f(x, y)$ 当 $(x, y)\to(x_0, y_0)$ 时的极限**,记为

$$\lim_{\substack{x\to x_0\\ y\to y_0}} f(x, y)=A \text{ 或 } \lim_{(x, y)\to(x_0, y_0)} f(x, y)=A \text{ 或 } f(x, y)\to A((x, y)\to(x_0, y_0)).$$

下面用"$\varepsilon-\delta$"语言描述这个极限概念.

定义 3 设函数 $z=f(x, y)$ 在点 $P_0(x_0, y_0)$ 的某个邻域内有定义,如果存在常数 A,对于任意给定的正数 ε,总存在正数 δ,使得当点 $P(x, y)\in \mathring{U}(P_0, \delta)$ 时,都有 $|f(x, y)-A|<\varepsilon$ 成立,则称常数 A 为**函数 $f(x, y)$ 当 $(x, y)\to(x_0, y_0)$ 时的极限**,记作 $\lim\limits_{(x, y)\to(x_0, y_0)} f(x, y)=A$ 或 $f(x, y)\to A((x, y)\to(x_0, y_0))$.

例 5 设 $f(x, y)=(x^2+y^2)\sin\dfrac{1}{x^2+y^2}$,证明: $\lim\limits_{(x, y)\to(0, 0)} f(x, y)=0$.

证 因为 $|f(x, y)-0|=\left|(x^2+y^2)\sin\dfrac{1}{x^2+y^2}-0\right|\leqslant x^2+y^2$,可见,$\forall\varepsilon>0$,取 $\delta=\sqrt{\varepsilon}$,则当 $0<\sqrt{(x-0)^2+(y-0)^2}<\delta$,即 $P\in\mathring{U}(0, \delta)$ 时,有 $|f(x, y)-0|<\varepsilon$ 成立,所以 $\lim\limits_{(x, y)\to(0, 0)} f(x, y)=0$.

注 (1) 定义中 $P\to P_0$ 的方式是任意的.

(2) 为区别于一元函数的极限,把二元函的极限称为**二重极限**.

(3) 二元函数极限的性质及运算法则与一元函数类似.

(4) 以上关于二元函数的极限定义,可相应地推广到 n 元函数上去.

例 6 求极限 $\lim\limits_{\substack{x\to 0\\ y\to 0}}\dfrac{1-\sqrt{xy+1}}{xy}$.

解
$$\lim_{\substack{x\to 0\\ y\to 0}}\frac{1-\sqrt{xy+1}}{xy}=\lim_{\substack{x\to 0\\ y\to 0}}\frac{1-(xy+1)}{xy(1+\sqrt{xy+1})}$$
$$=\lim_{\substack{x\to 0\\ y\to 0}}\frac{-xy}{xy(1+\sqrt{xy+1})}$$
$$=\lim_{\substack{x\to 0\\ y\to 0}}\frac{-1}{1+\sqrt{xy+1}}=-\frac{1}{2}.$$

例 7 求极限 $\lim\limits_{\substack{x\to 0\\ y\to 0}} \dfrac{\sin(xy)}{x}$.

解 $\lim\limits_{\substack{x\to 0\\ y\to 0}} \dfrac{\sin(xy)}{x}=\lim\limits_{\substack{x\to 0\\ y\to 0}} y\dfrac{\sin(xy)}{xy}=\lim\limits_{\substack{x\to 0\\ y\to 0}} y\cdot\lim\limits_{\substack{x\to 0\\ y\to 0}}\dfrac{\sin(xy)}{xy}=0\times 1=0.$

例 8 设二元函数 $f(x,\ y)=\begin{cases}\dfrac{xy}{x^2+y^2}, & x^2+y^2\neq 0\\ 0, & x^2+y^2=0\end{cases}$,试证二重极限 $\lim\limits_{(x,\ y)\to(0,\ 0)} f(x,\ y)$ 不存在.

证 当点 $P(x,\ y)$ 沿 x 轴趋于点 $(0,\ 0)$ 时,$y=0$, $f(x,\ y)=f(x,\ 0)=0(x\neq 0)$,所以,

$$\lim_{(x,\ y)\to(0,\ 0)}\frac{xy}{x^2+y^2}=\lim_{x\to 0}f(x,\ 0)=0;$$

又当点 $P(x,\ y)$ 沿 y 轴趋于点 $(0,\ 0)$ 时,$x=0$, $f(x,\ y)=f(0,\ y)=0(y\neq 0)$,所以,

$$\lim_{(x,\ y)\to(0,\ 0)}\frac{xy}{x^2+y^2}=\lim_{y\to 0}f(0,\ y)=0.$$

因此,点 $P(x,\ y)$ 沿上面的两条特殊路径趋于点 $(0,\ 0)$ 时,函数 $f(x,\ y)$ 都趋于 0. 但是,当点 $P(x,\ y)$ 沿直线 $y=kx$ 趋于点 $(0,\ 0)$ 时,有

$$\lim_{\substack{(x,\ y)\to(0,\ 0)\\ y=kx}} f(x,\ y)=\lim_{x\to 0}\frac{kx^2}{x^2+k^2x^2}=\frac{k}{1+k^2}.$$

显然,它是随着 k 的值的不同而改变的,故二重极限 $\lim\limits_{(x,\ y)\to(0,\ 0)} f(x,\ y)$ 不存在.

注 二重极限 $\lim\limits_{\substack{x\to x_0\\ y\to y_0}} f(x,\ y)$ 不能写作 $\lim\limits_{x\to x_0}\{\lim\limits_{y\to y_0} f(x,\ y)\}$ 或 $\lim\limits_{y\to y_0}\{\lim\limits_{x\to x_0} f(x,\ y)\}$,后两者称为累次极限(二次极限),易知

$$\lim_{x\to 0}\{\lim_{y\to 0}f(x,\ y)\}=\lim_{x\to 0}\left\{\lim_{y\to 0}\frac{xy}{x^2+y^2}\right\}=0;$$

$$\lim_{y\to 0}\{\lim_{x\to 0}f(x,\ y)\}=\lim_{y\to 0}\left\{\lim_{x\to 0}\frac{xy}{x^2+y^2}\right\}=0.$$

但本例中的二重极限 $\lim\limits_{\substack{x\to 0\\ y\to 0}} f(x,\ y)=\lim\limits_{\substack{x\to 0\\ y\to 0}}\dfrac{xy}{x^2+y^2}$ 并不存在.

此例表明二次极限与二重极限是两个完全不同的概念,二者没有必然的联系. 但是如果二次极限与二重极限都存在,可以证明极限值一定相等.

不难发现,二元函数的极限与一元函数的极限有类似的计算方法. 需要注意的是,所谓二重极限存在,是指当点 $P(x,\ y)$ 沿任意路径趋于定点 $P_0(x_0,\ y_0)$ 时,函数 $f(x,\ y)$ 都无限接近于常数 A. 如果点 $P(x,\ y)$ 只沿某些特殊路径,如沿着一条或几条定直线或定曲线趋于点 $P_0(x_0,\ y_0)$ 时,即使函数 $f(x,\ y)$ 趋于某一确定的值,也不能由此断定函数的极限存在. 但是,如果当点 $P(x,\ y)$ 沿不同路径趋于 $P_0(x_0,\ y_0)$ 时,函数 $f(x,\ y)$ 趋于不同的值,则可以断定该函数的极限不存在.

于是,可以得出证明极限不存在的方法:

(1) 令点 $P(x, y)$ 沿 $y=kx$ 趋向于点 $P_0(x_0, y_0)$,若极限值与 k 有关,则可证明极限不存在;

(2) 找两种不同路径趋近于点 $P_0(x_0, y_0)$,使得 $\lim\limits_{\substack{x\to x_0\\ y\to y_0}} f(x, y)$ 存在,但两者不相等,此时也可证明 $f(x, y)$ 在点 $P_0(x_0, y_0)$ 处极限不存在.

(二) 二元函数的连续性

有了二元函数的极限的概念,类似于一元函数,就不难说明二元函数的连续性.

定义 4 设二元函数 $z=f(x, y)$ 在点 $P_0(x_0, y_0)$ 的某一邻域内有定义(包括点 $P_0(x_0, y_0)$),如果

$$\lim_{\substack{x\to x_0\\ y\to y_0}} f(x, y)=f(x_0, y_0),$$

则称函数 $z=f(x, y)$ 在点 $P_0(x_0, y_0)$ 处**连续**. 否则,称函数 $z=f(x, y)$ 在点 $P_0(x_0, y_0)$ **间断**,点 $P_0(x_0, y_0)$ 称为该函数的**间断点**.

如果函数 $z=f(x, y)$ 在开区域(或闭区域)D 内每一点都连续,则称函数 $z=f(x, y)$ 在区域 D 内**连续**,此时也称 $z=f(x, y)$ 是区域 D 内的**连续函数**.

若 $f(x, y)$ 在点 (x_0, y_0) 处连续,令 $x=x_0+\Delta x$, $y=y_0+\Delta y$,则函数 $f(x, y)$ 在点 (x_0, y_0) 处的全增量为 $\Delta z=f(x_0+\Delta x, y_0+\Delta y)-f(x_0, y_0)$. 这时有

$$\lim_{\substack{\Delta x\to 0\\ \Delta y\to 0}} \Delta z=\lim_{\substack{\Delta x\to 0\\ \Delta y\to 0}} [f(x_0+\Delta x, y_0+\Delta y)-f(x_0, y_0)]=0.$$

因此,也可以利用全增量的极限为零,定义二元函数在某点的连续性.

以上关于二元函数的连续性定义,可相应地推广到 n 元函数上去.

由例 8,易知函数 $f(x, y)=\begin{cases}\dfrac{xy}{x^2+y^2}, & x^2+y^2\neq 0\\ 0, & x^2+y^2=0\end{cases}$ 在点 $(0, 0)$ 处间断.

例 9 求函数 $z=f(x, y)=\dfrac{1}{x^2+y^2-1}$ 的间断点.

解 很明显,函数 $z=f(x, y)$ 在 $x^2+y^2=1$ 处没有定义,所以圆周 $x^2+y^2=1$ 上的点都是函数的间断点.

与一元函数类似,二元连续函数的和、差、积、商(分母不等于零)及复合函数仍是二元连续函数.

二元初等函数是由自变量 x 及 y 的基本初等函数经过有限次的四则运算和复合运算所构成的可用一个式子表示的二元函数. 如 $\dfrac{x^2+x-y^2}{1+x^2}$, $\sin(x+y)$, e^{xy}, $\ln(1+x^2+y^2)$ 等都是二元初等函数.

一切二元初等函数在其定义区域内都是连续的. 定义区域是指包含在定义域内的区域或闭区域. 利用这个结论,当点 $P_0(x_0, y_0)$ 在二元初等函数 $f(x, y)$ 的定义域内时,就有

$$\lim_{(x,\,y)\to(x_0,\,y_0)} f(x,\,y)=f(x_0,\,y_0).$$

例 10　求 $\lim\limits_{\substack{x\to 0\\ y\to 1}} \dfrac{e^x+y}{x+y}$.

解　因初等函数 $f(x,\,y)=\dfrac{e^x+y}{x+y}$ 的定义域为$D=\{(x,\,y)\mid x+y\neq 0\}$，$(0,\,1)\in D$，所以它在$(0,\,1)$处连续，故 $\lim\limits_{\substack{x\to 0\\ y\to 1}} \dfrac{e^x+y}{x+y}=\dfrac{e^0+1}{0+1}=2$.

与闭区间上的一元连续函数的性质类似，在有界闭区域上连续的多元函数也具有以下性质：

性质 1(最值定理)　在有界闭区域 D 上的多元连续函数，在区域 D 上一定取得它的最大值和最小值.

性质 2(有界性定理)　在有界闭区域 D 上的多元连续函数在区域 D 上一定有界.

性质 3(介值定理)　在有界闭区域 D 上的多元连续函数，如果在区域 D 上取得两个不同的函数值，则它在区域 D 上必取得介于这两值之间的任何值.

练习题 8-1

1. 求下列函数的定义域，并作出其图形：

(1) $z=x+\sqrt{y}$；　(2) $z=\arcsin\dfrac{x^2+y^2}{9}+\sqrt{x^2+y^2-4}$；

(3) $z=\sqrt{x+y}+\dfrac{1}{\sqrt{x-y}}$；　(4) $z=\ln(y-x)+\dfrac{\sqrt{x}}{\sqrt{1-x^2-y^2}}$.

2. 已知函数 $f(x,\,y)=x^2+y^2+xy\tan\dfrac{x}{y}$，试求 $f(tx,\,ty)$ 及 $f\left(xy,\dfrac{x}{y}\right)$.

3. 求下列各极限：

(1) $\lim\limits_{(x,\,y)\to(1,\,2)} \dfrac{x\sqrt{x^2+y^2}}{x^2+y}$；　(2) $\lim\limits_{(x,\,y)\to(1,\,2)} \dfrac{xy}{\sqrt{xy+1}-1}$；

(3) $\lim\limits_{\substack{x\to 0\\ y\to 1}} \dfrac{1-xy}{x^2+y^2}$；　(4) $\lim\limits_{(x,\,y)\to(2,\,0)} \dfrac{\tan(xy)}{y}$.

4. 证明：

(1) 极限 $\lim\limits_{\substack{x\to 0\\ y\to 0}} \dfrac{\sqrt{xy+1}-1}{x^2+y^2}$ 不存在；　(2) 极限 $\lim\limits_{\substack{x\to 0\\ y\to 0}} \dfrac{x+y}{x-y}$ 不存在；

(3) 极限$\lim\limits_{\substack{x\to 0\\ y\to 0}} \dfrac{x^2y^2}{x^2y^2+(x-y)^2}$ 不存在；(4) $\lim\limits_{(x,\,y)\to(0,\,0)} \dfrac{xy}{x^2+y^2}$ 不存在.

5. 求下列二元函数的间断点：

(1) $z=\dfrac{1}{\ln(x^2+y^2)}$；　(2) $z=\dfrac{1}{(x^2+y^2)(2-\sin xy)}$；

(3) $z=\dfrac{y^2+2x}{y^2-2x}$；　　(4) $z=\dfrac{y^2+2x}{x(y-2)}$.

6. 证明 $\lim\limits_{(x,\,y)\to(0,\,0)}\dfrac{xy}{\sqrt{x^2+y^2}}=0$.

第二节 偏导数

一、偏导数

在一元函数微分学中，曾研究过函数 $y=f(x)$ 的导数，即函数 y 对于自变量 x 的变化率，且知道 $\dfrac{\mathrm{d}y}{\mathrm{d}x}=\lim\limits_{\Delta x\to 0}\dfrac{f(x+\Delta x)-f(x)}{\Delta x}$，即函数 $y=f(x)$ 在 x 处的导数是函数增量 $f(x+\Delta x)-f(x)$ 与自变量增量 Δx 之比当 $\Delta x\to 0$ 时的极限.

对于二元函数 $z=f(x,y)$，如果只有自变量 x 变化，而自变量 y 固定，则 z 就是 x 的一元函数，此函数对 x 的导数，就称为二元函数 $z=f(x,y)$ 对于 x 的**偏导数**.

1. 偏导数的定义

定义 1 设函数 $z=f(x,y)$ 在点 (x_0,y_0) 的某一邻域内有定义，当 y 固定在 y_0 而 x 在 x_0 处有增量 Δx 时，相应地函数有增量 $f(x_0+\Delta x,y_0)-f(x_0,y_0)$，如果极限

$$\lim_{\Delta x\to 0}\frac{f(x_0+\Delta x,y_0)-f(x_0,y_0)}{\Delta x}$$

存在，则称此极限为函数 $z=f(x,y)$ 在点 (x_0,y_0) 处**对 x 的偏导数**，记作

$$\left.\frac{\partial z}{\partial x}\right|_{\substack{x=x_0\\y=y_0}},\ \left.\frac{\partial f}{\partial x}\right|_{\substack{x=x_0\\y=y_0}},\ \left.z_x\right|_{\substack{x=x_0\\y=y_0}}\ \text{或}\ f_x(x_0,y_0).$$

即

$$f_x(x_0,y_0)=\lim_{\Delta x\to 0}\frac{f(x_0+\Delta x,y_0)-f(x_0,y_0)}{\Delta x}.$$

类似地，函数 $z=f(x,y)$ 在点 (x_0,y_0) 处**对 y 的偏导数**定义为

$$\lim_{\Delta y\to 0}\frac{f(x_0,y_0+\Delta y)-f(x_0,y_0)}{\Delta y}.$$

记作

$$\left.\frac{\partial z}{\partial y}\right|_{\substack{x=x_0\\y=y_0}},\ \left.\frac{\partial f}{\partial y}\right|_{\substack{x=x_0\\y=y_0}},\ \left.z_y\right|_{\substack{x=x_0\\y=y_0}}\ \text{或}\ f_y(x_0,y_0).$$

即

$$f_y(x_0,y_0)=\lim_{\Delta y\to 0}\frac{f(x_0,y_0+\Delta y)-f(x_0,y_0)}{\Delta y}.$$

如果函数 $z=f(x,y)$ 在平面区域 D 内任一点 (x,y) 处都存在对 x 的偏导数，则这个偏导数就是 x,y 的函数，称它为函数 $z=f(x,y)$ **对 x 的偏导函数**，简称函数 $f(x,y)$ 对 x

的**偏导数**，记作

$$\frac{\partial z}{\partial x},\ \frac{\partial f}{\partial x},\ z_x \text{ 或 } f_x(x,\ y).$$

即
$$f_x(x,\ y)=\lim_{\Delta x\to 0}\frac{f(x+\Delta x,\ y)-f(x,\ y)}{\Delta x}.$$

类似地，可定义函数 $z=f(x,\ y)$ **对 y 的偏导函数**，记作

$$\frac{\partial z}{\partial y},\ \frac{\partial f}{\partial y},\ z_y \text{ 或 } f_y(x,\ y).$$

即
$$f_y(x,\ y)=\lim_{\Delta y\to 0}\frac{f(x,\ y+\Delta y)-f(x,\ y)}{\Delta y}.$$

就像一元函数的导函数一样，以后在不至于混淆的情况下，偏导函数简称为**偏导数**.

由偏导函数的概念可知，$f(x,\ y)$在点$(x_0,\ y_0)$处对 x 的偏导数 $f_x(x_0,\ y_0)$显然就是偏导函数 $f_x(x,\ y)$在点$(x_0,\ y_0)$处的函数值，$f(x,\ y)$在点$(x_0,\ y_0)$处对 y 的偏导数 $f_y(x_0,\ y_0)$就是偏导函数 $f_y(x,\ y)$在点$(x_0,\ y_0)$处的函数值.

另外，偏导数的概念可相应地推广到二元以上的函数，这里不再一一叙述.

2. 偏导数的计算

由偏导数的定义可以看出，对某一个变量求偏导数，就是将其余变量看作常数，而对该变量求导，所以求多元函数的偏导数不需要建立新的运算方法，它们的求法仍旧是一元函数的微分法问题，一元函数的求导公式和求导方法对求偏导数仍然适用. 对 $z=f(x,\ y)$，求 $\frac{\partial f}{\partial x}$时，只须把 y 暂时看作常量而对 x 求导数；求$\frac{\partial f}{\partial y}$时，只须把 x 暂时看作常量而对 y 求导数.

例 1　求 $z=x^2+3xy+y^2$ 在点(1, 2) 处的偏导数.

解　由于 $\frac{\partial z}{\partial x}=2x+3y$，$\frac{\partial z}{\partial y}=3x+2y$，因此

$$\left.\frac{\partial z}{\partial x}\right|_{\substack{x=1\\ y=2}}=2\times1+3\times2=8,\ \left.\frac{\partial z}{\partial y}\right|_{\substack{x=1\\ y=2}}=3\times1+2\times2=7.$$

例 2　求 $z=x^2\sin 2y$ 的偏导数.

解　$\frac{\partial z}{\partial x}=2x\sin 2y$，$\frac{\partial z}{\partial y}=2x^2\cos 2y$.

例 3　设 $z=x^y(x>0,\ x\neq 1)$，求证：$\frac{x}{y}\frac{\partial z}{\partial x}+\frac{1}{\ln x}\frac{\partial z}{\partial y}=2z$.

证　因为 $\frac{\partial z}{\partial x}=yx^{y-1}$，$\frac{\partial z}{\partial y}=x^y\ln x$，所以

$$\frac{x}{y}\frac{\partial z}{\partial x}+\frac{1}{\ln x}\frac{\partial z}{\partial y}=\frac{x}{y}yx^{y-1}+\frac{1}{\ln x}x^y\ln x=x^y+x^y=2z.$$

例 4　求 $r=\sqrt{x^2+y^2+z^2}$ 的偏导数.

解　把 y 和 z 都看作常量，得

$$\frac{\partial r}{\partial x}=\frac{x}{\sqrt{x^2+y^2+z^2}}=\frac{x}{r};$$

把 x 和 z 都看作常量,得

$$\frac{\partial r}{\partial y}=\frac{y}{\sqrt{x^2+y^2+z^2}}=\frac{y}{r};$$

把 x 和 y 都看作常量,得

$$\frac{\partial r}{\partial z}=\frac{z}{\sqrt{x^2+y^2+z^2}}=\frac{z}{r}.$$

例5 已知理想气体的状态方程为 $pV=RT$(R 为常数),求证:$\frac{\partial p}{\partial V}\cdot\frac{\partial V}{\partial T}\cdot\frac{\partial T}{\partial p}=-1$.

证 因为

$$p=\frac{RT}{V},\ \frac{\partial p}{\partial V}=-\frac{RT}{V^2},$$

$$V=\frac{RT}{p},\ \frac{\partial V}{\partial T}=\frac{R}{p},$$

$$T=\frac{pV}{R},\ \frac{\partial T}{\partial p}=\frac{V}{R},$$

所以 $$\frac{\partial p}{\partial V}\cdot\frac{\partial V}{\partial T}\cdot\frac{\partial T}{\partial p}=-\frac{RT}{V^2}\cdot\frac{R}{p}\cdot\frac{V}{R}=-\frac{RT}{pV}=-1.$$

上式表明,偏导数的记号是一个整体记号,不能看作分子与分母之商.

3. 偏导数的几何意义

一元函数 $y=f(x)$ 在点 x_0 的导数的几何意义是曲线 $y=f(x)$ 在点(x_0, y_0)处的切线斜率,而二元函数 $z=f(x, y)$ 在点(x_0, y_0)的偏导数,实际上就是一元函数 $z=f(x, y_0)$ 及 $z=f(x_0, y)$ 分别在点 $x=x_0$ 及 $y=y_0$ 处的导数. 因此,二元函数 $z=f(x, y)$ 的偏导数的几何意义就是:

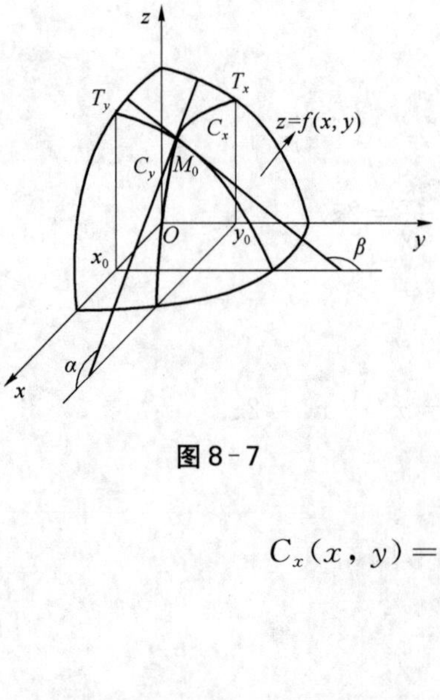

图 8-7

偏导数 $f_x(x_0, y_0)$就是曲面 $z=f(x, y)$ 被平面 $y=y_0$ 所截得的曲线 C_x 在点 M_0 处的切线 M_0T_x 对 x 轴的斜率,即 $f_x(x_0, y_0)=\tan\alpha$.

偏导数 $f_y(x_0, y_0)$就是曲面 $z=f(x, y)$ 被平面 $x=x_0$ 所截得的曲线 C_y 在点 M_0 处的切线 M_0T_y 对 y 轴的斜率,即 $f_y(x_0, y_0)=\tan\beta$(图 8-7).

例6 设某厂家生产 x 个单位的产品 A 与 y 个单位的产品 B 的成本为 $C(x, y)=20x^2+10xy+10y^2+300\,000$,式中 C 以元计,试求边际成本 $C_x(50, 70)$ 与 $C_y(50, 70)$,并解释所得结果的经济意义.

解 对成本函数求偏导数,得

$$C_x(x, y)=40x+10y,\ C_y(x, y)=10x+20y.$$

因此　　　　$C_x(50, 70)=2700$ 元，$C_y(50, 70)=1900$ 元.

也就是说，当产品 B 保持 70 个单位不变时，生产第 51 个单位产品 A 的成本为 2700 元；当产品 A 保持 50 个单位不变时，生产第 71 个单位产品 B 的成本为 1900 元.

4. 偏导数与连续性的关系

对多元函数来说，在某点处即使各偏导数都存在，也不能保证函数在该点处连续. 例如

$$f(x, y)=\begin{cases}\dfrac{xy}{x^2+y^2}, & x^2+y^2\neq 0,\\ 0, & x^2+y^2=0,\end{cases}$$

在点 $(0, 0)$ 处有 $f_x(0, 0)=0$，$f_y(0, 0)=0$，但函数在点 $(0, 0)$ 处并不连续.

因为　　　　$f(x, 0)=0$，$f(0, y)=0$；

所以，　$f_x(0, 0)=\dfrac{\mathrm{d}}{\mathrm{d}x}[f(x, 0)]\Big|_{x=0}=0$，$f_y(0, 0)=\dfrac{\mathrm{d}}{\mathrm{d}y}[f(0, y)]\Big|_{y=0}=0$.

当点 (x, y) 沿 x 轴趋于点 $(0, 0)$ 时，有

$$\lim_{(x, y)\to(0, 0)} f(x, y)=\lim_{x\to 0} f(x, 0)=\lim_{x\to 0} 0=0;$$

当点 (x, y) 沿直线 $y=kx$ 趋于点 $(0, 0)$ 时，有

$$\lim_{\substack{(x, y)\to(0, 0)\\ y=kx}} \frac{xy}{x^2+y^2}=\lim_{x\to 0}\frac{kx^2}{x^2+k^2x^2}=\frac{k}{1+k^2}.$$

因此，$\lim\limits_{(x, y)\to(0, 0)} f(x, y)$ 不存在，故函数 $f(x, y)$ 在 $(0, 0)$ 处不连续.

多元函数在某点连续，也不能保证它在该点的偏导数存在. 例如 $g(x, y)=\sqrt{x^2+y^2}$ 在原点连续，但 $\lim\limits_{\Delta x\to 0}\dfrac{g(0+\Delta x, 0)-g(0, 0)}{\Delta x}=\lim\limits_{\Delta x\to 0}\dfrac{|\Delta x|}{\Delta x}$ 不存在，即 $g_x(0, 0)$ 不存在. 同理 $g_y(0, 0)$ 也不存在.

二、高阶偏导数

定义 2　设二元函数 $z=f(x, y)$ 在区域 D 内具有偏导数

$$\frac{\partial z}{\partial x}=f_x(x, y),\ \frac{\partial z}{\partial y}=f_y(x, y),$$

那么在区域 D 内 $f_x(x, y)$ 与 $f_y(x, y)$ 都是关于 x，y 的函数. 如果这两个函数的偏导数也存在，即

$$\frac{\partial}{\partial x}\left(\frac{\partial z}{\partial x}\right),\ \frac{\partial}{\partial y}\left(\frac{\partial z}{\partial x}\right),\ \frac{\partial}{\partial x}\left(\frac{\partial z}{\partial y}\right),\ \frac{\partial}{\partial y}\left(\frac{\partial z}{\partial y}\right)$$

存在，则称这些偏导数是函数 $z=f(x, y)$ 的**二阶偏导数**，并按照对变量求导次序的不同，将它们分别记作

$$\frac{\partial}{\partial x}\left(\frac{\partial z}{\partial x}\right)=\frac{\partial^2 z}{\partial x^2}=f_{xx}(x, y),\ \frac{\partial}{\partial y}\left(\frac{\partial z}{\partial x}\right)=\frac{\partial^2 z}{\partial x\partial y}=f_{xy}(x, y),$$

$$\frac{\partial}{\partial x}\left(\frac{\partial z}{\partial y}\right)=\frac{\partial^2 z}{\partial y\partial x}=f_{yx}(x, y),\ \frac{\partial}{\partial y}\left(\frac{\partial z}{\partial y}\right)=\frac{\partial^2 z}{\partial y^2}=f_{yy}(x, y).$$

其中，$\frac{\partial^2 z}{\partial x^2}$，$\frac{\partial^2 z}{\partial y^2}$称为**对 x、对 y 的二阶偏导数**，$\frac{\partial^2 z}{\partial x\partial y}$，$\frac{\partial^2 z}{\partial y\partial x}$称为**二阶混合偏导数**.

类似地，可定义三阶、四阶、…以及 n 阶偏导数.

二阶及二阶以上的偏导数统称**高阶偏导数**.

例 7 设 $z=x^3y^2-3xy^3-xy+1$，求$\frac{\partial^2 z}{\partial x^2}$，$\frac{\partial^3 z}{\partial x^3}$，$\frac{\partial^2 z}{\partial y\partial x}$和$\frac{\partial^2 z}{\partial x\partial y}$.

解 先求一阶偏导数 $\frac{\partial z}{\partial x}=3x^2y^2-3y^3-y$，$\frac{\partial z}{\partial y}=2x^3y-9xy^2-x$.

再求高阶偏导数

$$\frac{\partial^2 z}{\partial x^2}=6xy^2,\ \frac{\partial^3 z}{\partial x^3}=6y^2,\ \frac{\partial^2 z}{\partial x\partial y}=6x^2y-9y^2-1,\ \frac{\partial^2 z}{\partial y\partial x}=6x^2y-9y^2-1.$$

由例 7 不难看出，$\frac{\partial^2 z}{\partial y\partial x}=\frac{\partial^2 z}{\partial x\partial y}$，即这两个二阶混合偏导数相等. 这并不是偶然的，事实上，有下面的定理.

定理 如果函数 $z=f(x,y)$ 的两个二阶混合偏导数$\frac{\partial^2 z}{\partial y\partial x}$及$\frac{\partial^2 z}{\partial x\partial y}$在区域 D 内连续，那么在该区域内这两个二阶混合偏导数必相等.

换句话说，二阶混合偏导数在连续的条件下与求导的次序无关.

同样，可以定义二元以上函数的高阶偏导数，而且高阶的混合偏导数在连续的条件下也与求导的次序无关.

例 8 验证函数 $z=\ln\sqrt{x^2+y^2}$ 满足方程$\frac{\partial^2 z}{\partial x^2}+\frac{\partial^2 z}{\partial y^2}=0$.

证 因为 $z=\ln\sqrt{x^2+y^2}=\frac{1}{2}\ln(x^2+y^2)$，所以

$$\frac{\partial z}{\partial x}=\frac{x}{x^2+y^2},\ \frac{\partial z}{\partial y}=\frac{y}{x^2+y^2},$$

$$\frac{\partial^2 z}{\partial x^2}=\frac{(x^2+y^2)-x\cdot 2x}{(x^2+y^2)^2}=\frac{y^2-x^2}{(x^2+y^2)^2},$$

$$\frac{\partial^2 z}{\partial y^2}=\frac{(x^2+y^2)-y\cdot 2y}{(x^2+y^2)^2}=\frac{x^2-y^2}{(x^2+y^2)^2}.$$

因此

$$\frac{\partial^2 z}{\partial x^2}+\frac{\partial^2 z}{\partial y^2}=\frac{y^2-x^2}{(x^2+y^2)^2}+\frac{x^2-y^2}{(x^2+y^2)^2}=0.$$

例 9 证明函数 $u=\frac{1}{r}$ 满足方程$\frac{\partial^2 u}{\partial x^2}+\frac{\partial^2 u}{\partial y^2}+\frac{\partial^2 u}{\partial z^2}=0$，其中 $r=\sqrt{x^2+y^2+z^2}$.

证 由于

$$\frac{\partial u}{\partial x}=-\frac{1}{r^2}\cdot\frac{\partial r}{\partial x}=-\frac{1}{r^2}\cdot\frac{x}{r}=-\frac{x}{r^3},$$

$$\frac{\partial^2 u}{\partial x^2}=-\frac{1}{r^3}+\frac{3x}{r^4}\cdot\frac{\partial r}{\partial x}=-\frac{1}{r^3}+\frac{3x^2}{r^5}.$$

同理
$$\frac{\partial^2 u}{\partial y^2}=-\frac{1}{r^3}+\frac{3y^2}{r^5},\quad \frac{\partial^2 u}{\partial z^2}=-\frac{1}{r^3}+\frac{3z^2}{r^5}.$$

因此
$$\frac{\partial^2 u}{\partial x^2}+\frac{\partial^2 u}{\partial y^2}+\frac{\partial^2 u}{\partial z^2}=\left(-\frac{1}{r^3}+\frac{3x^2}{r^5}\right)+\left(-\frac{1}{r^3}+\frac{3y^2}{r^5}\right)+\left(-\frac{1}{r^3}+\frac{3z^2}{r^5}\right)$$
$$=-\frac{3}{r^3}+\frac{3(x^2+y^2+z^2)}{r^5}=-\frac{3}{r^3}+\frac{3r^2}{r^5}=0.$$

例 8 与例 9 中的两个方程称为**拉普拉斯(Laplace)方程**，它是数学物理方程中一种很重要的方程，在热传导、流体运动等问题中有着重要的应用.

练习题 8－2

1. 与一元函数比较，说明二元函数连续性与偏导数之间的关系.
2. 设 $f(x,y)=2x+3y$，求 $f_x(1,0)$.
3. 设 $f(x,y)=x+y-\sqrt{x^2+y^2}$，求 $f_x(3,4)$，$f_y(3,4)$.
4. 求下列函数对各自变量的一阶偏导数：

   (1) $z=x^3y-y^3x$；　(2) $z=\ln xy$；　(3) $z=\mathrm{e}^x\sin xy$；

   (4) $z=\arctan\dfrac{y}{x}$；　(5) $z=(1+xy)^y$；　(6) $z=\dfrac{x\mathrm{e}^y}{y^2}$.
5. 求下列函数的所有二阶偏导数：

   (1) $z=\sin(2x+3y)$；　(2) $z=x^4-4x^2y^2+y^4$；

   (3) $z=\sqrt{2xy}$；　(4) $z=x^2\arctan\dfrac{y}{x}-y^2\arctan\dfrac{x}{y}$.
6. 验证下列等式：

   (1) 设 $z=x\mathrm{e}^{\frac{y}{x}}$，证明 $x\dfrac{\partial z}{\partial x}+y\dfrac{\partial z}{\partial y}=z$；

   (2) 证明函数 $r=\sqrt{x^2+y^2+z^2}$ 满足 $\dfrac{\partial^2 r}{\partial x^2}+\dfrac{\partial^2 r}{\partial y^2}+\dfrac{\partial^2 r}{\partial z^2}=\dfrac{2}{r}$；

   (3) 证明 $T(x,t)=\mathrm{e}^{-ab^2t}\sin bx$ 满足热传导方程 $\dfrac{\partial T}{\partial t}=a\dfrac{\partial^2 T}{\partial x^2}$，其中 a 为正常数，b 为任意常数；

   (4) 设 $z=\mathrm{e}^{-\left(\frac{1}{x}+\frac{1}{y}\right)}$，证明 $x^2\dfrac{\partial z}{\partial x}+y^2\dfrac{\partial z}{\partial y}=2z$.

第三节　全微分

一、全微分的定义

我们已经知道一元函数 $y=f(x)$ 的微分及多元函数的偏导数，然而偏导数仅是某一个自变量变化时函数的变化率,它并不能刻画函数的整体变化情况,下面讨论各变量同时变化的情况. 对于多元函数,这里以二元函数为例来介绍多元函数全微分.

1. 增量

设二元函数 $z=f(x, y)$ 在点 $P(x, y)$ 的某邻域内有定义,让自变量 x 和 y 在点 $P(x, y)$ 分别取得增量 Δx 和 Δy,则相应的函数 z 也取得增量,称 $\Delta_x z=f(x+\Delta x, y)-f(x, y)$ 为 z 在 $P(x, y)$ 点**对 x 的偏增量**;称 $\Delta_y z=f(x, y+\Delta y)-f(x, y)$ 为 z 在 $P(x, y)$ 点**对 y 的偏增量**;称 $\Delta z=f(x+\Delta x, y+\Delta y)-f(x, y)$ 为 z 在 $P(x, y)$ 点的**全增量**.

计算全增量 Δz 比较复杂,可用自变量的增量 Δx, Δy 的线性函数来近似代替它.

2. 全微分的定义

二元函数的全微分是一元函数微分的推广,因此类似地有二元函数全微分的定义.

定义 设函数 $z=f(x, y)$ 在点(x, y) 的某邻域内有定义,若 $z=f(x, y)$ 在点(x, y) 的全增量 $\Delta z=f(x+\Delta x, y+\Delta y)-f(x, y)$ 可表示为

$$\Delta z=A\Delta x+B\Delta y+o(\rho),$$

其中 A, B 仅与 x, y 有关,与 Δx, Δy 无关,$\rho=\sqrt{(\Delta x)^2+(\Delta y)^2}$, $o(\rho)$ 是当 $\rho\to 0$ 时比 ρ 高阶的无穷小,则称函数 z 在点(x, y) **可微**,并称 $A\Delta x+B\Delta y$ 为 z 在点(x, y) 的**全微分**. 记为 $\mathrm{d}z$, 即

$$\mathrm{d}z=A\Delta x+B\Delta y.$$

若 z 在区域 D 上各点处都可微,则称函数 $z=f(x, y)$ **在区域 D 上可微**.

与一元函数类似,二元函数有下面结论.

定理 1 若函数 $z=f(x, y)$ 在点(x, y) 可微,则 $z=f(x, y)$ 在点(x, y) 处一定连续.

证 若函数 $z=f(x, y)$ 在点(x, y) 可微,则

$$\Delta z=f(x+\Delta x, y+\Delta y)-f(x, y)=A\Delta x+B\Delta y+o(\rho),$$

于是
$$\lim_{\rho\to 0}\Delta z=0,$$

从而
$$\lim_{(\Delta x, \Delta y)\to(0, 0)} f(x+\Delta x, y+\Delta y)=\lim_{\rho\to 0}[f(x, y)+\Delta z]=f(x, y).$$

因此二元函数 $z=f(x, y)$ 在点(x, y)处连续.

对于一元函数,可微与可导是等价的,但对于二元函数,情形就不同了.

定理 2(可微的必要条件) 若函数 $z=f(x, y)$ 在点(x, y) 可微,则函数在该点的偏导数$\dfrac{\partial z}{\partial x}$, $\dfrac{\partial z}{\partial y}$ 必定存在,且函数 $z=f(x, y)$在点(x, y)的全微分为

$$\mathrm{d}z=\frac{\partial z}{\partial x}\Delta x+\frac{\partial z}{\partial y}\Delta y.$$

证 由函数 $z=f(x, y)$ 在点 $P(x, y)$ 可微,对于点 $P(x, y)$ 的某个邻域内的任一点 $P'(x+\Delta x, y+\Delta y)$,有 $\Delta z=A\Delta x+B\Delta y+o(\rho)$. 特别当 $\Delta y=0$ 时有

$$f(x+\Delta x, y)-f(x, y)=A\Delta x+o(|\Delta x|).$$

上式两边各除以 Δx，再令 $\Delta x \to 0$ 而取极限，就得

$$\lim_{\Delta x \to 0} \frac{f(x+\Delta x, y)-f(x, y)}{\Delta x}=A,$$

从而偏导数 $\frac{\partial z}{\partial x}$ 存在，且 $\frac{\partial z}{\partial x}=A$.

同理可证偏导数 $\frac{\partial z}{\partial y}$ 存在，且 $\frac{\partial z}{\partial y}=B$. 所以

$$\mathrm{d}z=\frac{\partial z}{\partial x}\Delta x+\frac{\partial z}{\partial y}\Delta y.$$

注　偏导数 $\frac{\partial z}{\partial x}, \frac{\partial z}{\partial y}$ 存在是 $z=f(x, y)$ 在点 (x, y) 可微的必要条件，但不是充分条件.

例如，函数 $f(x, y)=\begin{cases}\frac{xy}{\sqrt{x^2+y^2}}, & x^2+y^2 \neq 0 \\ 0, & x^2+y^2=0\end{cases}$ 在点 $(0, 0)$ 处虽然有 $f_x(0, 0)=0$ 及 $f_y(0, 0)=0$，但函数在点 $(0, 0)$ 不可微，即 $\Delta z-[f_x(0, 0)\Delta x+f_y(0, 0)\Delta y]$ 不是较 ρ 高阶的无穷小. 这是因为，当 $(\Delta x, \Delta y)$ 沿直线 $y=x$ 趋于 $(0, 0)$ 时，

$$\frac{\Delta z-[f_x(0, 0)\cdot\Delta x+f_y(0, 0)\cdot\Delta y]}{\rho}=\frac{\Delta x\cdot\Delta y}{(\Delta x)^2+(\Delta y)^2}=\frac{\Delta x\cdot\Delta x}{(\Delta x)^2+(\Delta x)^2}=\frac{1}{2}\neq 0.$$

两个偏导数存在只是函数可微的必要条件而不是充分条件，那么对于函数 $z=f(x, y)$ 全微分存在的充分条件又是什么呢？有下面的定理.

定理 3(可微的充分条件)　若函数 $z=f(x, y)$ 的偏导数 $\frac{\partial z}{\partial x}, \frac{\partial z}{\partial y}$ 存在且在点 (x, y) 连续，则函数在该点可微.

按照习惯，将 Δx，Δy 分别记作 $\mathrm{d}x$，$\mathrm{d}y$，并分别称为自变量 x，y 的微分，则函数 $z=f(x, y)$ 的全微分可写作

$$\mathrm{d}z=\frac{\partial z}{\partial x}\mathrm{d}x+\frac{\partial z}{\partial y}\mathrm{d}y.$$

其中，$\frac{\partial z}{\partial x}\mathrm{d}x$ 称为 $z=f(x, y)$ **对 x 的偏微分**，$\frac{\partial z}{\partial y}\mathrm{d}y$ 称为 $z=f(x, y)$ **对 y 的偏微分**.

通常把二元函数的全微分等于它的两个偏微分之和称为二元函数的微分符合**叠加原理**.

上述关于二元函数全微分的定义、可微的必要条件和充分条件叠加原理，可以完全类似地推广到三元及三元以上的多元函数中去. 如三元函数 $u=f(x, y, z)$ 的全微分可表示为

$$\mathrm{d}u=\frac{\partial u}{\partial x}\mathrm{d}x+\frac{\partial u}{\partial y}\mathrm{d}y+\frac{\partial u}{\partial z}\mathrm{d}z.$$

二、全微分的计算

全微分的计算关键在于求出偏导数.

例 1 计算函数 $z=x^2y+y^2$ 的全微分.

解 因为
$$\frac{\partial z}{\partial x}=2xy,\ \frac{\partial z}{\partial y}=x^2+2y,$$
所以
$$dz=2xy\,dx+(x^2+2y)dy.$$

例 2 计算函数 $z=e^{xy}$ 在点(2, 1)处的全微分.

解 因为
$$\frac{\partial z}{\partial x}=ye^{xy},\ \frac{\partial z}{\partial y}=xe^{xy},$$
$$\left.\frac{\partial z}{\partial x}\right|_{\substack{x=2\\y=1}}=e^2,\ \left.\frac{\partial z}{\partial y}\right|_{\substack{x=2\\y=1}}=2e^2,$$
所以
$$dz=e^2dx+2e^2dy.$$

例 3 求函数 $z=\ln\sqrt{x^2+y^2}$ 的全微分.

解 由 $\frac{\partial z}{\partial x}=\frac{x}{x^2+y^2}$, $\frac{\partial z}{\partial y}=\frac{y}{x^2+y^2}$,则
$$dz=\frac{\partial z}{\partial x}dx+\frac{\partial z}{\partial y}dy=\frac{x\,dx+y\,dy}{x^2+y^2}.$$

例 4 计算函数 $u=x+\sin\frac{y}{2}+e^{yz}$ 的全微分.

解 因为
$$\frac{\partial u}{\partial x}=1,\ \frac{\partial u}{\partial y}=\frac{1}{2}\cos\frac{y}{2}+ze^{yz},\ \frac{\partial u}{\partial z}=ye^{yz},$$
所以
$$du=dx+\left(\frac{1}{2}\cos\frac{y}{2}+ze^{yz}\right)dy+ye^{yz}dz.$$

三、全微分在近似计算中的应用

当二元函数 $z=f(x, y)$ 在点 $P(x, y)$ 的两个偏导数 $f_x(x, y)$, $f_y(x, y)$ 连续,并且$|\Delta x|$, $|\Delta y|$都较小时,有近似等式
$$\Delta z\approx dz=f_x(x, y)\Delta x+f_y(x, y)\Delta y,$$
即
$$f(x+\Delta x, y+\Delta y)\approx f(x, y)+f_x(x, y)\Delta x+f_y(x, y)\Delta y.$$

可以利用上述近似等式对二元函数作近似计算.

例 5 有一圆柱体,受压后发生形变,它的半径由 20 cm 增大到 20.05 cm,高度由 100 cm 减少到 99 cm. 求此圆柱体体积变化的近似值.

解 设圆柱体的半径、高和体积依次为 r、h 和 V,则有
$$V=\pi r^2h.$$
已知 $r=20$, $h=100$, $\Delta r=0.05$, $\Delta h=-1$. 根据近似公式,有
$$\begin{aligned}\Delta V\approx dV&=V_r\Delta r+V_h\Delta h=2\pi rh\Delta r+\pi r^2\Delta h\\&=2\pi\times 20\times 100\times 0.05+\pi\times 20^2\times(-1)=-200\pi(\text{cm}^3).\end{aligned}$$

即此圆柱体在受压后体积约减少了 $200\pi\,\text{cm}^3$.

例 6　计算 $(1.04)^{2.02}$ 的近似值.

解　设函数 $f(x, y)=x^y$. 显然,要计算的值就是函数在 $x=1.04$, $y=2.02$ 时的函数值 $f(1.04, 2.02)$. 取 $x=1$, $y=2$, $\Delta x=0.04$, $\Delta y=0.02$. 由于

$$f(x+\Delta x, y+\Delta y)\approx f(x, y)+f_x(x, y)\Delta x+f_y(x, y)\Delta y$$
$$=x^y+yx^{y-1}\Delta x+x^y\ln x\Delta y,$$

所以　$$(1.04)^{2.02}\approx 1^2+2\times 1^{2-1}\times 0.04+1^2\times\ln 1\times 0.02=1.08.$$

练习题 8-3

1. 求下列函数的全微分:

(1) $z=4x^2y+\dfrac{x}{y}$;　(2) $z=\tan(x+y^2)$;　(3) $u=x^{yz}$;　(4) $z=\sin(x\mathrm{e}^y)$.

2. 已知函数 $z=xy\mathrm{e}^{xy}+x^3y^4$,求 $\mathrm{d}z$.

3. 利用全微分求近似值:

(1) $\sqrt{(1.02)^3+(1.97)^3}$;　(2) $(1.01)^{2.99}$.

4. 已知边长为 $x=6\,\text{m}$ 与 $y=8\,\text{m}$ 的矩形,如果 x 边增加 $2\,\text{cm}$,而 y 边减少 $5\,\text{cm}$,问这个矩形的对角线的近似变化怎样?

第四节　多元复合函数与隐函数的微分法

一元复合函数导数的"链式法则"在一元函数微分学中起着重要作用. 现将其推广到多元复合函数.

一、多元复合函数的求导法则

在一元函数微分学中,介绍了一元函数的求导法则,这一方法在求导法中起着重要作用. 对于多元函数来讲,情形仍是如此. 对多元函数,仍以二元函数为例来进行研究.

1. 中间变量为一元函数的情形

设函数 $z=f(u, v)$, $u=\varphi(x)$, $v=\psi(x)$ 构成的复合函数 $z=f[\varphi(x), \psi(x)]$,其变量之间的相互依赖关系如图 8-8 所示,下述定理给出了这类复合函数的求导方法.

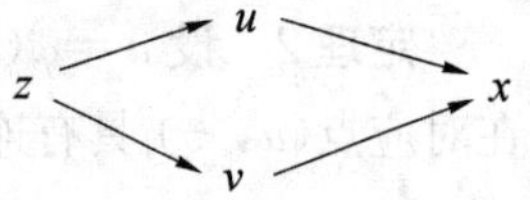

图 8-8

定理 1　如果函数 $u=\varphi(x)$ 及 $v=\psi(x)$ 在点 x 都可导,函数 $z=f(u, v)$ 在对应点 (u, v) 具有连续偏导数,则复合函数 $z=f[\varphi(x), \psi(x)]$ 在点 x 可导,且有

$$\frac{\mathrm{d}z}{\mathrm{d}x}=\frac{\partial z}{\partial u}\cdot\frac{\mathrm{d}u}{\mathrm{d}x}+\frac{\partial z}{\partial v}\cdot\frac{\mathrm{d}v}{\mathrm{d}x},$$

该导数 $\dfrac{\mathrm{d}z}{\mathrm{d}x}$ 也称为函数 z 对 x 的**全导数**.

证 因为 $z=f(u, v)$ 具有连续的偏导数,所以它是可微的,即有

$$dz=\frac{\partial z}{\partial u}du+\frac{\partial z}{\partial v}dv.$$

又因为 $u=\varphi(x)$ 及 $v=\psi(x)$ 都在点 x 可导,所以可微,即有

$$du=\frac{du}{dx}dx,\ dv=\frac{dv}{dx}dx.$$

代入上式得

$$dz=\frac{\partial z}{\partial u}\cdot\frac{du}{dx}dx+\frac{\partial z}{\partial v}\cdot\frac{dv}{dx}dx=\left(\frac{\partial z}{\partial u}\cdot\frac{du}{dx}+\frac{\partial z}{\partial v}\cdot\frac{dv}{dx}\right)dx.$$

从而

$$\frac{dz}{dx}=\frac{\partial z}{\partial u}\cdot\frac{du}{dx}+\frac{\partial z}{\partial v}\cdot\frac{dv}{dx}.$$

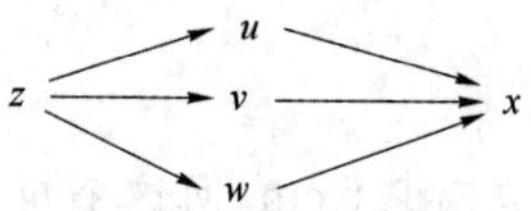

图 8-9

注 用同样的方法,可把定理 1 推广到复合函数的中间变量多于两个的情形(图 8-9).

例如,设 $z=f(u, v, w)$, $u=\varphi(x)$, $v=\psi(x)$, $w=\omega(x)$ 构成的复合函数 $z=f[\varphi(x), \psi(x), \omega(x)]$, 在与定理 1 相类似的条件下,则该复合函数 z 在点 x 可导,且有全导数

$$\frac{dz}{dx}=\frac{\partial z}{\partial u}\frac{du}{dx}+\frac{\partial z}{\partial v}\frac{dv}{dx}+\frac{\partial z}{\partial w}\frac{dw}{dx}.$$

例 1 设 $z=uv+\sin t$,而 $u=e^t$, $v=\cos t$,求全导数 $\frac{dz}{dt}$.

解 令 $w=\sin t$,则 $z=z(u, v, w)$, 因此有

$$\begin{aligned}\frac{dz}{dt}&=\frac{\partial z}{\partial u}\frac{du}{dt}+\frac{\partial z}{\partial v}\frac{dv}{dt}+\frac{\partial z}{\partial w}\frac{dw}{dt}=ve^t-u\sin t+1\cdot\cos t\\&=e^t\cos t-e^t\sin t+\cos t=e^t(\cos t-\sin t)+\cos t.\end{aligned}$$

2. 中间变量为多元函数的情形

定理 2 设 $u=\varphi(x, y)$, $v=\psi(x, y)$ 在点 (x, y) 都具有连续偏导数,而 $z=f(u, v)$ 在对应点 (u, v) 具有连续偏导数,则复合函数 $z=f[\varphi(x, y), \psi(x, y)]$ 在对应点 (x, y) 的两个偏导数 $\frac{\partial z}{\partial x}$, $\frac{\partial z}{\partial y}$ 均存在,且有(图 8-10)

$$\frac{\partial z}{\partial x}=\frac{\partial z}{\partial u}\frac{\partial u}{\partial x}+\frac{\partial z}{\partial v}\frac{\partial v}{\partial x},$$

$$\frac{\partial z}{\partial y}=\frac{\partial z}{\partial u}\frac{\partial u}{\partial y}+\frac{\partial z}{\partial v}\frac{\partial v}{\partial y}.$$

用类似的方法,也可把定理 2 推广到复合函数的中间变量多于两个的情形(图 8-11).

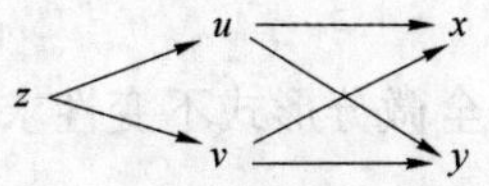

图 8-10

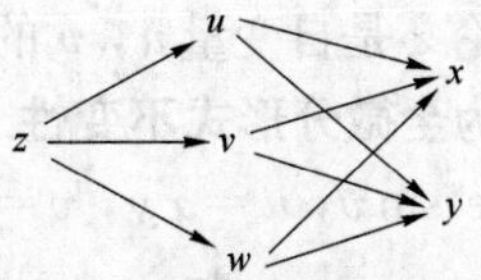

图 8-11

例如，设 $z=f(u, v, w)$，$u=\varphi(x, y)$，$v=\psi(x, y)$，$w=\omega(x, y)$ 构成的复合函数 $z=f[\varphi(x, y), \psi(x, y), \omega(x, y)]$，在与定理 2 相类似的条件下，则该复合函数 z 在点 (x, y) 的两个偏导数 $\frac{\partial z}{\partial x}$，$\frac{\partial z}{\partial y}$ 都存在，且有

$$\frac{\partial z}{\partial x}=\frac{\partial z}{\partial u}\frac{\partial u}{\partial x}+\frac{\partial z}{\partial v}\frac{\partial v}{\partial x}+\frac{\partial z}{\partial w}\frac{\partial w}{\partial x},$$

$$\frac{\partial z}{\partial y}=\frac{\partial z}{\partial u}\frac{\partial u}{\partial y}+\frac{\partial z}{\partial v}\frac{\partial v}{\partial y}+\frac{\partial z}{\partial w}\frac{\partial w}{\partial y}.$$

例 2　设 $z=e^u\sin v$，而 $u=xy$，$v=x+y$，求 $\frac{\partial z}{\partial x}$ 和 $\frac{\partial z}{\partial y}$.

解　$\frac{\partial z}{\partial x}=\frac{\partial z}{\partial u}\frac{\partial u}{\partial x}+\frac{\partial z}{\partial v}\frac{\partial v}{\partial x}=e^u\sin v\cdot y+e^u\cos v\cdot 1=e^{xy}[y\sin(x+y)+\cos(x+y)]$，

$\frac{\partial z}{\partial y}=\frac{\partial z}{\partial u}\frac{\partial u}{\partial y}+\frac{\partial z}{\partial v}\frac{\partial v}{\partial y}=e^u\sin v\cdot x+e^u\cos v\cdot 1=e^{xy}[x\sin(x+y)+\cos(x+y)]$.

例 3　设 $u=e^{x^2+y^2+z^2}$，而 $z=x^2\sin y$. 求 $\frac{\partial u}{\partial x}$ 和 $\frac{\partial u}{\partial y}$.

解　设 $w=x^2+y^2+z^2$，则 $u=e^w$，又 $z=x^2\sin y$，因此，

$$\begin{aligned}\frac{\partial u}{\partial x}&=\frac{du}{dw}\left(\frac{\partial w}{\partial x}+\frac{\partial w}{\partial z}\cdot\frac{\partial z}{\partial x}\right)=e^w(2x+2z\cdot 2x\sin y)\\&=2x(1+2x^2\sin^2 y)e^{x^2+y^2+x^4\sin^2 y},\\\frac{\partial u}{\partial y}&=\frac{du}{dw}\left(\frac{\partial w}{\partial y}+\frac{\partial w}{\partial z}\cdot\frac{\partial z}{\partial y}\right)=e^w(2y+2z\cdot x^2\cos y)\\&=(2y+x^4\sin 2y)e^{x^2+y^2+x^4\sin^2 y}.\end{aligned}$$

二、全微分形式不变性

设 $z=f(u, v)$ 具有连续偏导数，则有全微分

$$dz=\frac{\partial z}{\partial u}du+\frac{\partial z}{\partial v}dv.$$

如果 $z=f(u, v)$ 具有连续偏导数，而 $u=\varphi(x, y)$，$v=\psi(x, y)$ 也具有连续偏导数，则

$$\begin{aligned}dz&=\frac{\partial z}{\partial x}dx+\frac{\partial z}{\partial y}dy=\left(\frac{\partial z}{\partial u}\frac{\partial u}{\partial x}+\frac{\partial z}{\partial v}\frac{\partial v}{\partial x}\right)dx+\left(\frac{\partial z}{\partial u}\frac{\partial u}{\partial y}+\frac{\partial z}{\partial v}\frac{\partial v}{\partial y}\right)dy\\&=\frac{\partial z}{\partial u}\left(\frac{\partial u}{\partial x}dx+\frac{\partial u}{\partial y}dy\right)+\frac{\partial z}{\partial v}\left(\frac{\partial v}{\partial x}dx+\frac{\partial v}{\partial y}dy\right)=\frac{\partial z}{\partial u}du+\frac{\partial z}{\partial v}dv.\end{aligned}$$

由此可见,无论 z 是自变量 u, v 的函数或中间变量 u, v 的函数,它的全微分形式是一样的. 这个性质称为**全微分形式不变性**.

例 4 设 $z=e^u\sin v$, $u=xy$, $v=x+y$,利用全微分形式不变性求全微分 dz.

解 由
$$dz=\frac{\partial z}{\partial u}du+\frac{\partial z}{\partial v}dv=e^u\sin v du+e^u\cos v dv,$$
$$du=y dx+x dy,\ dv=dx+dy,$$
因此,
$$\begin{aligned}dz&=\frac{\partial z}{\partial u}du+\frac{\partial z}{\partial v}dv=e^u\sin v(y dx+x dy)+e^u\cos v(dx+dy)\\&=(e^u\sin v\cdot y+e^u\cos v)dx+(e^u\sin v\cdot x+e^u\cos v)dy\\&=[ye^{xy}\sin(x+y)+e^{xy}\cos(x+y)]dx+[xe^{xy}\sin(x+y)+e^{xy}\cos(x+y)]dy.\end{aligned}$$

另外,还可以利用多元函数的全微分形式不变性来求复合函数的偏导数及全微分,有时可得到意想不到的特殊功效.

例 5 由 $e^{-xy}-2z+e^z=0$ 确定二元隐函数 $z=z(x, y)$,求 $\frac{\partial z}{\partial x}$ 和 $\frac{\partial z}{\partial y}$.

解 利用多元函数的全微分形式不变性,两边求微分,得
$$d(e^{-xy}-2z+e^z)=0,$$
即
$$e^{-xy}d(-xy)-2dz+e^z dz=0.$$
整理,得
$$(e^z-2)dz=e^{-xy}(y dx+x dy),$$
即
$$dz=\frac{ye^{-xy}}{e^z-2}dx+\frac{xe^{-xy}}{e^z-2}dy.$$
所以
$$\frac{\partial z}{\partial x}=\frac{ye^{-xy}}{e^z-2},\ \frac{\partial z}{\partial y}=\frac{xe^{-xy}}{e^z-2}.$$

三、多元隐函数的微分法

在一元函数微分学中,已经介绍了由方程 $F(x, y)=0$ 所确定的隐函数的求导方法. 下面介绍通过多元复合函数的求导法则来导出多元隐函数的求导公式.

将由方程 $F(x, y)=0$ 所确定的隐函数 $y=f(x)$ 代入该方程,得
$$F(x, f(x))\equiv 0,$$
利用多元复合函数的求导法则,在上述方程两端对 x 求导,得
$$\frac{\partial F}{\partial x}+\frac{\partial F}{\partial y}\cdot\frac{dy}{dx}=0,$$
假设 $\frac{\partial F}{\partial y}\neq 0$,解出 $\frac{dy}{dx}$,得到一元隐函数的导数公式
$$\frac{dy}{dx}=-\frac{\frac{\partial F}{\partial x}}{\frac{\partial F}{\partial y}},\text{即}\frac{dy}{dx}=-\frac{F_x}{F_y}.$$

类似地，如果一个三元方程 $F(x, y, z)=0$ 确定了一个二元隐函数 $z=f(x, y)$，则有

$$F(x, y, f(x, y)) \equiv 0,$$

利用多元复合函数的求导法则，在上述方程两端分别对 x，y 求偏导，得

$$F_x + F_z \cdot \frac{\partial z}{\partial x}=0,\ F_y + F_z \cdot \frac{\partial z}{\partial y}=0,$$

如果 $F_z \neq 0$，则

$$\frac{\partial z}{\partial x}=-\frac{F_x}{F_z},\ \frac{\partial z}{\partial y}=-\frac{F_y}{F_z}.$$

因此，关于隐函数的求导有下面定理.

定理 3　设函数 $F(x, y)$ 在点 $P(x, y)$ 的某一邻域内具有连续的偏导数，且 $F_y(x, y) \neq 0$，则方程 $F(x, y)=0$ 在点 $P(x, y)$ 的某一邻域内恒能唯一确定具有连续导数的函数 $y=f(x)$，且

$$\frac{\mathrm{d}y}{\mathrm{d}x}=-\frac{F_x}{F_y}.$$

这就是一元隐函数的求导公式.

定理 4　设函数 $F(x, y, z)$ 在点 $P(x, y, z)$ 的某一邻域内具有连续的偏导数，且 $F_z(x, y, z) \neq 0$，则方程 $F(x, y, z)=0$ 在点 $P(x, y, z)$ 的某一邻域内恒能唯一确定具有连续偏导数的函数 $z=f(x, y)$，且

$$\frac{\partial z}{\partial x}=-\frac{F_x}{F_z},\ \frac{\partial z}{\partial y}=-\frac{F_y}{F_z}.$$

这就是二元隐函数的求导公式.

类似地，可得四元方程确定的三元隐函数的求导公式等.

例 6　求由方程 $\mathrm{e}^z - xyz=0$ 所确定的隐函数 $z=z(x, y)$ 的两个偏导数 $\frac{\partial z}{\partial x}$，$\frac{\partial z}{\partial y}$.

解法一　令 $F(x, y, z)=\mathrm{e}^z - xyz$. 则

$$F_x=-yz,\ F_y=-xz,\ F_z=\mathrm{e}^z - xy.$$

故

$$\frac{\partial z}{\partial x}=-\frac{F_x}{F_z}=\frac{yz}{\mathrm{e}^z - xy},\ \frac{\partial z}{\partial y}=-\frac{F_y}{F_z}=\frac{xz}{\mathrm{e}^z - xy}.$$

解法二　利用全微分形式不变性，方程两边求微分得

$$\mathrm{e}^z \mathrm{d}z - \mathrm{d}(xyz)=0,$$

即

$$\mathrm{e}^z \mathrm{d}z - xy\mathrm{d}z - yz\mathrm{d}x - xz\mathrm{d}y=0.$$

整理得

$$\mathrm{d}z=\frac{yz}{\mathrm{e}^z - xy}\mathrm{d}x + \frac{xz}{\mathrm{e}^z - xy}\mathrm{d}y.$$

所以

$$\frac{\partial z}{\partial x}=\frac{yz}{\mathrm{e}^z - xy},\ \frac{\partial z}{\partial y}=\frac{xz}{\mathrm{e}^z - xy}.$$

解法三 方程两边对变量 x 求偏导,但要注意 z 是 x, y 的二元函数,可得

$$e^z \frac{\partial z}{\partial x} - xy\frac{\partial z}{\partial x} - yz = 0,$$

所以
$$\frac{\partial z}{\partial x} = \frac{yz}{e^z - xy}.$$

类似可得
$$\frac{\partial z}{\partial y} = \frac{xz}{e^z - xy}.$$

例 7 设 $x^2 + y^2 + z^2 - 4z = 0$,求$\dfrac{\partial^2 z}{\partial x^2}$.

解 令 $F(x, y, z) = x^2 + y^2 + z^2 - 4z$,则 $F_x = 2x$, $F_z = 2z - 4$,所以

$$\frac{\partial z}{\partial x} = -\frac{F_x}{F_z} = \frac{x}{2 - z}.$$

故
$$\frac{\partial^2 z}{\partial x^2} = \frac{\partial}{\partial x}\left(\frac{x}{2-z}\right) = \frac{(2-z) + x\dfrac{\partial z}{\partial x}}{(2-z)^2} = \frac{(2-z) + x\dfrac{x}{2-z}}{(2-z)^2} = \frac{(2-z)^2 + x^2}{(2-z)^3}.$$

注 在求二阶偏导数时,先利用求商的导数法则,在求导时注意 z 是 x, y 的二元函数.

四、多元函数微分法的几何应用

1. 空间曲线的切线与法平面

设空间曲线 Γ 的参数方程为 $\begin{cases} x = \varphi(t) \\ y = \psi(t) \\ z = \omega(t) \end{cases}$,这里假定 $\varphi(t)$, $\psi(t)$, $\omega(t)$ 都在$[\alpha, \beta]$上可导,且三个导数不同时为零.

在曲线 Γ 上取对应于 $t = t_0$ 的一点 $M_0(x_0, y_0, z_0)$ 及对应于 $t = t_0 + \Delta t$ 的邻近一点 $M(x_0 + \Delta x, y_0 + \Delta y, z_0 + \Delta z)$. 作曲线的割线 MM_0,其方程为

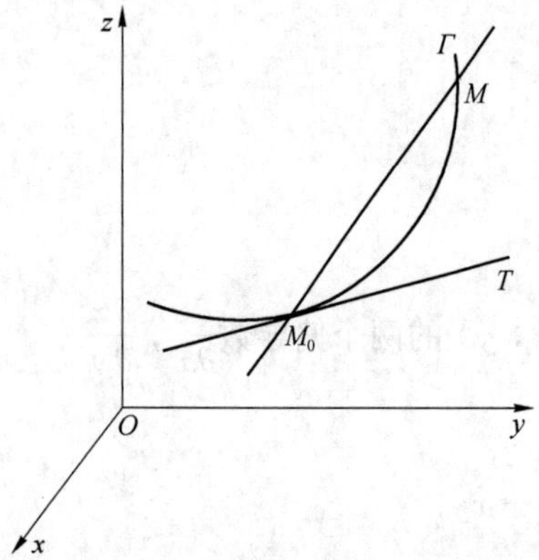

图 8-12

$$\frac{x - x_0}{\Delta x} = \frac{y - y_0}{\Delta y} = \frac{z - z_0}{\Delta z},$$

当点 M 沿着 Γ 趋于点 M_0 时,割线 MM_0 的极限位置 M_0T 就是曲线在点 M_0 处的切线(图 8-12). 用 Δt 除上式的各分母,得

$$\frac{x - x_0}{\dfrac{\Delta x}{\Delta t}} = \frac{y - y_0}{\dfrac{\Delta y}{\Delta t}} = \frac{z - z_0}{\dfrac{\Delta z}{\Delta t}}.$$

当 $M \to M_0$,即 $\Delta t \to 0$ 时,对上式取极限,得曲线 Γ 在点 M_0 处的切线方程为

$$\frac{x - x_0}{\varphi'(t_0)} = \frac{y - y_0}{\psi'(t_0)} = \frac{z - z_0}{\omega'(t_0)}.$$

曲线在某一点处的切线的方向向量称为**曲线的切向量**.

向量 $\boldsymbol{\tau}=(\varphi'(t_0),\ \psi'(t_0),\ \omega'(t_0))$ 就是曲线 Γ 在点 M_0 处的一个切向量.

通过点 M_0 且与切线垂直的平面称为曲线 Γ 在点 M_0 处的**法平面**,其法平面方程为

$$\varphi'(t_0)(x-x_0)+\psi'(t_0)(y-y_0)+\omega'(t_0)(z-z_0)=0.$$

例 8　求曲线 $x=t,\ y=t^2,\ z=t^3$ 在点(1, 1, 1) 处的切线及法平面方程.

解　因为 $x'_t=1,\ y'_t=2t,\ z'_t=3t^2$,而点(1, 1, 1) 所对应的参数 $t=1$,所以曲线在点(1, 1, 1) 处的切向量 $\boldsymbol{\tau}=(1,\ 2,\ 3)$. 于是,切线方程为

$$\frac{x-1}{1}=\frac{y-1}{2}=\frac{z-1}{3},$$

法平面方程为
$$(x-1)+2(y-1)+3(z-1)=0,$$

即
$$x+2y+3z=6.$$

例 9　求曲线 $x^2+y^2+z^2=6,\ x+y+z=0$ 在点(1, −2, 1) 处的切线及法平面方程.

解　为求切向量,将所给方程的两边对 x 求导数,得

$$\begin{cases}2x+2y\dfrac{\mathrm{d}y}{\mathrm{d}x}+2z\dfrac{\mathrm{d}z}{\mathrm{d}x}=0,\\[2mm]1+\dfrac{\mathrm{d}y}{\mathrm{d}x}+\dfrac{\mathrm{d}z}{\mathrm{d}x}=0.\end{cases}$$

解方程组得
$$\frac{\mathrm{d}y}{\mathrm{d}x}=\frac{z-x}{y-z},\ \frac{\mathrm{d}z}{\mathrm{d}x}=\frac{x-y}{y-z}.$$

在点(1, −2, 1)处,
$$\left.\frac{\mathrm{d}y}{\mathrm{d}x}\right|_{(1,-2,1)}=0,\ \left.\frac{\mathrm{d}z}{\mathrm{d}x}\right|_{(1,-2,1)}=-1.$$

从而
$$\boldsymbol{\tau}=(1,\ 0,\ -1).$$

所求切线方程为
$$\frac{x-1}{1}=\frac{y+2}{0}=\frac{z-1}{-1},$$

法平面方程为

$(x-1)+0\cdot(y+2)-(z-1)=0$,即 $x-z=0$.

2. 曲面的切平面与法线

设曲面 Σ 的方程为 $F(x,\ y,\ z)=0$, $M_0(x_0,\ y_0,\ z_0)$是曲面 Σ 上的一点,并设函数 $F(x,\ y,\ z)$的偏导数在该点连续且不同时为零. 在曲面 Σ 上,通过点 M_0 任意引一条曲线 Γ(图 8 - 13),假定曲线 Γ 的参数方程为

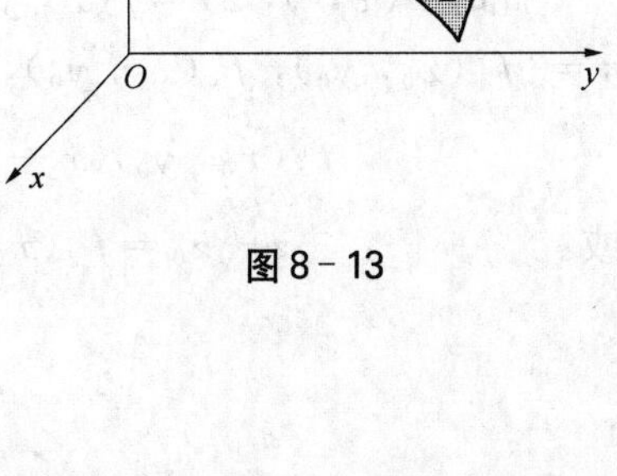

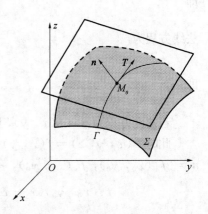

图 8 - 13

$$x=\varphi(t),\ y=\psi(t),\ z=\omega(t),$$

$t=t_0$ 对应于点 $M_0(x_0, y_0, z_0)$，且 $\varphi'(t_0)$，$\psi'(t_0)$，$\omega'(t_0)$不全为零. 曲线在点 M_0 的切向量为

$$\boldsymbol{\tau}=(\varphi'(t_0), \psi'(t_0), \omega'(t_0)).$$

考虑曲面方程 $F(x, y, z)=0$ 两端在 $t=t_0$ 的全导数

$$F_x(x_0, y_0, z_0)\varphi'(t_0)+F_y(x_0, y_0, z_0)\psi'(t_0)+F_z(x_0, y_0, z_0)\omega'(t_0)=0.$$

引入向量 $\boldsymbol{n}=(F_x(x_0, y_0, z_0), F_y(x_0, y_0, z_0), F_z(x_0, y_0, z_0))$，

易见，$\boldsymbol{\tau}$ 与 $\boldsymbol{n}$ 是垂直的，因为曲线 Γ 是曲面 Σ 上通过点 M_0 的任意一条曲线，它们在点 M_0 的切线都与同一向量 $\boldsymbol{n}$ 垂直，所以曲面上通过点 M_0 的一切曲线在点 M_0 的切线都在同一个平面上. 这个平面称为曲面 Σ 在点 M_0 的**切平面**. 该切平面的方程是

$$F_x(x_0, y_0, z_0)(x-x_0)+F_y(x_0, y_0, z_0)(y-y_0)+F_z(x_0, y_0, z_0)(z-z_0)=0.$$

通过点 $M_0(x_0, y_0, z_0)$且垂直于切平面的直线称为曲面在该点的**法线**. 法线方程为

$$\frac{x-x_0}{F_x(x_0, y_0, z_0)}=\frac{y-y_0}{F_y(x_0, y_0, z_0)}=\frac{z-z_0}{F_z(x_0, y_0, z_0)}.$$

垂直于曲面上切平面的向量称为**曲面的法向量**. 向量

$$\boldsymbol{n}=(F_x(x_0, y_0, z_0), F_y(x_0, y_0, z_0), F_z(x_0, y_0, z_0))$$

就是曲面 Σ 在点 M_0 处的一个法向量.

例 10 求球面 $x^2+y^2+z^2=14$ 在点(1, 2, 3) 处的切平面及法线方程.

解 由 $F(x, y, z)=x^2+y^2+z^2-14$，得

$$F_x=2x, F_y=2y, F_z=2z,$$
$$F_x(1, 2, 3)=2, F_y(1, 2, 3)=4, F_z(1, 2, 3)=6.$$

法向量为 $$\boldsymbol{n}=(2, 4, 6).$$

所求切平面方程为 $$2(x-1)+4(y-2)+6(z-3)=0,$$

即 $$x+2y+3z-14=0.$$

法线方程为 $$\frac{x-1}{1}=\frac{y-2}{2}=\frac{z-3}{3},$$

即 $$\frac{x}{1}=\frac{y}{2}=\frac{z}{3}.$$

若曲面方程为 $z=f(x, y)$，则曲面的切平面及法线方程式是什么形式?

此时 $F(x, y, z)=f(x, y)-z$，曲面 $z=f(x, y)$ 在点(x_0, y_0, z_0) 处的法向量为 $\boldsymbol{n}=(f_x(x_0, y_0), f_y(x_0, y_0), -1)$，切平面方程为

$$f_x(x_0, y_0)(x-x_0)+f_y(x_0, y_0)(y-y_0)-(z-z_0)=0$$

或 $$z-z_0=f_x(x_0, y_0)(x-x_0)+f_y(x_0, y_0)(y-y_0).$$

法线方程为 $\dfrac{x-x_0}{f_x(x_0, y_0)}=\dfrac{y-y_0}{f_y(x_0, y_0)}=\dfrac{z-z_0}{-1}$.

例 11　求旋转抛物面 $z=x^2+y^2-1$ 在点 $(2, 1, 4)$ 处的切平面及法线方程.

解　由 $f(x, y)=x^2+y^2-1$，得

$$\boldsymbol{n}=(f_x, f_y, -1)=(2x, 2y, -1),$$

$$\boldsymbol{n}\big|_{(2,1,4)}=(4, 2, -1).$$

所以在点 $(2, 1, 4)$ 处的切平面方程为

$$4(x-2)+2(y-1)-(z-4)=0,$$

即

$$4x+2y-z-6=0.$$

法线方程为

$$\frac{x-2}{4}=\frac{y-1}{2}=\frac{z-4}{-1}.$$

练习题 8-4

1. 求下列复合函数的偏导数和全导数：

(1) 设 $z=u^2\ln v$, $u=xy$, $v=3x-2y$，求 $\dfrac{\partial z}{\partial x}$, $\dfrac{\partial z}{\partial y}$.

(2) 设 $u=e^{2x-y+z}$, $x=3t^2$, $y=2t^3$, $z=\sin t$，求 $\dfrac{du}{dt}$.

(3) 设 $z=(\ln x)^{xy}$，求 $\dfrac{\partial z}{\partial x}$, $\dfrac{\partial z}{\partial y}$.

(4) 设 $z=f(x^2-y^2, e^{xy})$，求 $\dfrac{\partial z}{\partial x}$, $\dfrac{\partial z}{\partial y}$.

2. 求下列方程确定的隐函数 $z=z(x, y)$ 的偏导数 $\dfrac{\partial z}{\partial x}$, $\dfrac{\partial z}{\partial y}$：

(1) $y^z=x^y$；　(2) $\dfrac{x}{z}=\ln\dfrac{z}{y}$；

(3) $z=f(x-y^2+z)$；　(4) $e^{-xy}+2z-e^z=2$.

3. 求下列函数的全微分（其中 $f(u, v)$ 可微）：

(1) $z=f(2x+3y, e^{xy})$；　(2) $s=f\left(\dfrac{x}{y}, \dfrac{y}{z}\right)$；

(3) $z=f(e^x\sin y, x^2+y^2)$；　(4) $z=f\left(\sqrt{x^2+y^2}, e^{\frac{x}{y}}\right)$.

4. 设 $z=xy+x\varphi\left(\dfrac{y}{x}\right)$，其中 $\varphi(u)$ 是可微函数，证明 $x\dfrac{\partial z}{\partial x}+y\dfrac{\partial z}{\partial y}=z+xy$.

5. 求曲面 $z=xy$ 的平行于平面 $x+3y+z+9=0$ 的切平面方程.

6. 求空间曲线 $\begin{cases}x=t\\ y=2t^2\\ z=-3t^3\end{cases}$ $(1\leqslant t\leqslant 2)$ 在点 $(1, 2, -3)$ 处的切线方程与法平面方程.

第五节　方向导数与梯度

一、方向导数

通过前面的学习,已经知道偏导数反映的是函数沿坐标轴方向的变化率.但在实际问题中,只考虑函数沿坐标轴方向的变化率是不够的.比如讨论热量在空间流动的问题时,就需要确定温度、气压沿着某些方向的变化率;预报某地的风向和风力,就必须知道气压在该处沿着哪个方向的变化率.因此,有必要来讨论函数沿任一指定方向的变化率的问题,下面先就二元函数来讨论这个问题.

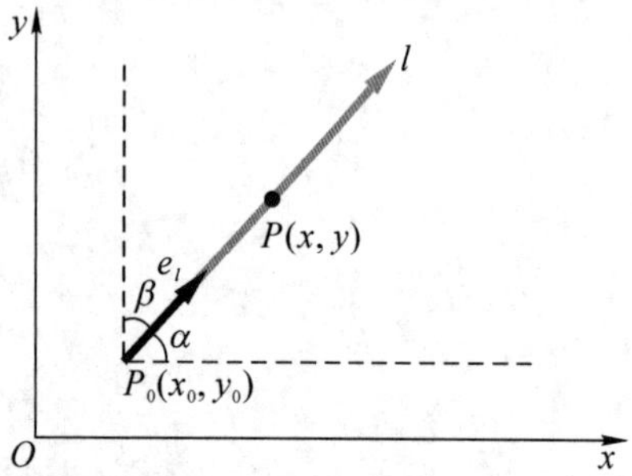

图 8-14

设函数 $z=f(x, y)$ 在点 $P_0(x_0, y_0)$ 的某个邻域 $U(P_0)$ 内有定义,l 是 xOy 平面上以 $P_0(x_0, y_0)$ 为始点的一条射线,$\boldsymbol{e}_l=(\cos\alpha, \cos\beta)$ 是与 l 同方向的单位向量(图 8-14),射线 l 的参数方程为

$$\begin{cases} x=x_0+t\cos\alpha \\ y=y_0+t\cos\beta \end{cases} \quad (t\geqslant 0).$$

为了研究函数 $z=f(x, y)$ 在点 $P_0(x_0, y_0)$ 处沿着方向 $\boldsymbol{e}_l$ 的变化情况,又设 $P(x, y)$ 是邻域 $U(P_0)$ 内位于 l 上的另一点,考虑函数的增量 $f(x_0+t\cos\alpha, y_0+t\cos\beta)-f(x_0, y_0)$ 与 P 到 P_0 的距离 $|PP_0|=t$ 的比值

$$\frac{f(x_0+t\cos\alpha, y_0+t\cos\beta)-f(x_0, y_0)}{t},$$

若当点 P 沿着射线 l 趋于点 P_0(即 $t\to 0^+$)时,上述比值的极限存在,那么该极限就表示函数 $z=f(x, y)$ 在点 $P_0(x_0, y_0)$ 处沿着方向 $\boldsymbol{e}_l$ 的变化率.

定义 1　设函数 $z=f(x, y)$ 在点 $P_0(x_0, y_0)$ 的某个邻域内有定义,l 是以 $P_0(x_0, y_0)$ 为始点的一条射线,$\boldsymbol{e}_l=(\cos\alpha, \cos\beta)$ 是与 l 同方向的单位向量,若极限

$$\lim_{t\to 0^+}\frac{f(x_0+t\cos\alpha, y_0+t\cos\beta)-f(x_0, y_0)}{t}$$

存在,则称此极限为函数 $z=f(x, y)$ 在点 $P_0(x_0, y_0)$ 处沿着方向 l 的**方向导数**,记作 $\left.\frac{\partial f}{\partial l}\right|_{(x_0, y_0)}$,即

$$\left.\frac{\partial f}{\partial l}\right|_{(x_0, y_0)}=\lim_{t\to 0^+}\frac{f(x_0+t\cos\alpha, y_0+t\cos\beta)-f(x_0, y_0)}{t}.$$

从方向导数的定义可知,方向导数 $\left.\frac{\partial f}{\partial l}\right|_{(x_0, y_0)}$ 就是函数 $z=f(x, y)$ 在点 $P_0(x_0, y_0)$ 处沿着方向 l 的变化率.

若函数 $f(x, y)$ 在点 (x_0, y_0) 处偏导数存在，且 $\boldsymbol{e}_l=\boldsymbol{i}=(1, 0)$，则

$$\left.\frac{\partial f}{\partial l}\right|_{(x_0, y_0)}=\lim_{t\to 0^+}\frac{f(x_0+t, y_0)-f(x_0, y_0)}{t}=\left.\frac{\partial f}{\partial x}\right|_{(x_0, y_0)}=f_x(x_0, y_0);$$

又若 $\boldsymbol{e}_l=\boldsymbol{j}=(0, 1)$，则

$$\left.\frac{\partial f}{\partial l}\right|_{(x_0, y_0)}=\lim_{t\to 0^+}\frac{f(x_0, y_0+t)-f(x_0, y_0)}{t}=\left.\frac{\partial f}{\partial y}\right|_{(x_0, y_0)}=f_y(x_0, y_0).$$

反之，若 $\boldsymbol{e}_l=\boldsymbol{i}$ 且 $\left.\frac{\partial f}{\partial l}\right|_{(x_0, y_0)}$ 存在，则 $\left.\frac{\partial f}{\partial x}\right|_{(x_0, y_0)}$ 未必存在. 例如，$z=\sqrt{x^2+y^2}$ 在点 $O(0, 0)$ 处沿 $\boldsymbol{e}_l=\boldsymbol{i}$ 方向的方向导数 $\left.\frac{\partial f}{\partial l}\right|_{(0, 0)}=1$，但偏导数 $\left.\frac{\partial f}{\partial x}\right|_{(0, 0)}$ 却不存在.

那么，函数具备什么条件才能保证在点 $P_0(x_0, y_0)$ 沿任一方向的方向导数存在？它和该点偏导数又有什么关系？

关于方向导数的存在及计算，有以下定理.

定理 1 若函数 $z=f(x, y)$ 在点 (x_0, y_0) 可微，则函数在该点沿任一方向 l 的方向导数存在，且有

$$\left.\frac{\partial f}{\partial l}\right|_{(x_0, y_0)}=f_x(x_0, y_0)\cos\alpha+f_y(x_0, y_0)\cos\beta,$$

其中 $\cos\alpha$，$\cos\beta$ 是方向 l 的方向余弦.

证 由假设，$z=f(x, y)$ 在点 (x_0, y_0) 可微，故有

$$f(x_0+\Delta x, y_0+\Delta y)-f(x_0, y_0)=f_x(x_0, y_0)\Delta x+f_y(x_0, y_0)\Delta y+o\left(\sqrt{(\Delta x)^2+(\Delta y)^2}\right)$$

当点 $(x_0+\Delta x, y_0+\Delta y)$ 在以 (x_0, y_0) 为始点的射线 l 上时，应有

$$\Delta x=t\cos\alpha, \ \Delta y=t\cos\beta, \ \sqrt{(\Delta x)^2+(\Delta y)^2}=t.$$

则

$$f(x_0+\Delta x, y_0+\Delta y)-f(x_0, y_0)=f_x(x_0, y_0)t\cos\alpha+f_y(x_0, y_0)t\cos\beta+o(t).$$

将等式的两边同除以 t，并令 $t\to 0^+$，可得

$$\lim_{t\to 0^+}\frac{f(x_0+t\cos\alpha, y_0+t\cos\beta)-f(x_0, y_0)}{t}=f_x(x_0, y_0)\cos\alpha+f_y(x_0, y_0)\cos\beta,$$

这就证明了方向导数存在，且其值为

$$\left.\frac{\partial f}{\partial l}\right|_{(x_0, y_0)}=f_x(x_0, y_0)\cos\alpha+f_y(x_0, y_0)\cos\beta.$$

类似地，对三元函数 $u=f(x, y, z)$ 来说，它在空间一点 $P_0(x_0, y_0, z_0)$ 沿方向 $\boldsymbol{e}_l=(\cos\alpha, \cos\beta, \cos\gamma)$ 的方向导数为

$$\left.\frac{\partial f}{\partial l}\right|_{(x_0, y_0, z_0)}=\lim_{t\to 0^+}\frac{f(x_0+t\cos\alpha, y_0+t\cos\beta, z_0+t\cos\gamma)-f(x_0, y_0, z_0)}{t}.$$

同样可以证明:如果函数 $u=f(x, y, z)$ 在点 (x_0, y_0, z_0) 可微,那么函数在该点沿方向 $\boldsymbol{e}_l=(\cos\alpha, \cos\beta, \cos\gamma)$ 的方向导数为

$$\left.\frac{\partial f}{\partial l}\right|_{(x_0, y_0, z_0)}=f_x(x_0, y_0, z_0)\cos\alpha+f_y(x_0, y_0, z_0)\cos\beta+f_z(x_0, y_0, z_0)\cos\gamma.$$

例1 求 $z=x\mathrm{e}^{2y}$ 在点 $P(1, 0)$ 处沿从点 $P(1, 0)$ 到点 $Q(2, -1)$ 的方向的方向导数.

解 因为方向 l 即向量 $\overrightarrow{PQ}=(1, -1)$ 的方向,与 l 同向的单位向量为 $\boldsymbol{e}_l=\left(\frac{1}{\sqrt{2}}, -\frac{1}{\sqrt{2}}\right)$. 由函数可微,且

$$\left.\frac{\partial z}{\partial x}\right|_{(1, 0)}=\mathrm{e}^{2y}\big|_{(1, 0)}=1, \quad \left.\frac{\partial z}{\partial y}\right|_{(1, 0)}=2x\mathrm{e}^{2y}\big|_{(1, 0)}=2,$$

故所求方向导数为

$$\left.\frac{\partial z}{\partial l}\right|_{(1, 0)}=1\cdot\frac{1}{\sqrt{2}}+2\cdot\left(-\frac{1}{\sqrt{2}}\right)=-\frac{1}{\sqrt{2}}.$$

例2 求 $f(x, y)=xy+\sin(x+y)$ 在点 $\left(0, \frac{\pi}{2}\right)$ 处沿方向 $\boldsymbol{l}=(1, 2)$ 的方向导数.

解 与 $\boldsymbol{l}$ 同方向的单位向量为 $\boldsymbol{e}_l=\left(\frac{1}{\sqrt{5}}, \frac{2}{\sqrt{5}}\right)$,由于函数可微,所以

$$\begin{aligned}\left.\frac{\partial z}{\partial l}\right|_{\left(0, \frac{\pi}{2}\right)}&=f_x\left(0, \frac{\pi}{2}\right)\cdot\frac{1}{\sqrt{5}}+f_y\left(0, \frac{\pi}{2}\right)\cdot\frac{2}{\sqrt{5}}\\&=[y+\cos(x+y)]\big|_{\left(0, \frac{\pi}{2}\right)}\cdot\frac{1}{\sqrt{5}}+[x+\cos(x+y)]\big|_{\left(0, \frac{\pi}{2}\right)}\cdot\frac{2}{\sqrt{5}}\\&=\frac{\pi}{2\sqrt{5}}\end{aligned}$$

例3 求 $f(x, y, z)=xy+yz+xz$ 在点 $(1, 1, 2)$ 处沿方向 $\boldsymbol{l}$ 的方向导数,其中 $\boldsymbol{l}$ 的方向角分别为 $\frac{\pi}{3}, \frac{\pi}{4}, \frac{\pi}{3}$.

解 与 $\boldsymbol{l}$ 同方向的单位向量为

$$\boldsymbol{e}_l=\left(\cos\frac{\pi}{3}, \cos\frac{\pi}{4}, \cos\frac{\pi}{3}\right)=\left(\frac{1}{2}, \frac{\sqrt{2}}{2}, \frac{1}{2}\right).$$

因为函数可微,且

$$f_x(1, 1, 2)=(y+z)\big|_{(1, 1, 2)}=3, \quad f_y(1, 1, 2)=(x+z)\big|_{(1, 1, 2)}=3,$$
$$f_z(1, 1, 2)=(y+x)\big|_{(1, 1, 2)}=2.$$

故所求方向导数为

$$\left.\frac{\partial z}{\partial l}\right|_{(1,1,2)}=3\cdot\frac{1}{2}+3\cdot\frac{\sqrt{2}}{2}+2\cdot\frac{1}{2}=\frac{1}{2}(5+3\sqrt{2}).$$

二、梯度

一般来说,一个二元函数在给定的点(x_0, y_0)处沿不同方向的方向导数是不一样的. 在许多实际问题中,往往需要讨论函数在该点处沿什么方向的方向导数最大. 为此,引入下面的梯度概念.

定义 2　设函数 $z=f(x, y)$在平面区域 D 内具有一阶连续偏导数,则对于每一点$(x_0, y_0)\in D$,都可定出一个向量 $f_x(x_0, y_0)\boldsymbol{i}+f_y(x_0, y_0)\boldsymbol{j}$,称该向量为函数 $z=f(x, y)$在点(x_0, y_0)的**梯度(gradient)**,记作 $\mathbf{grad}f(x_0, y_0)$或$\nabla f(x_0, y_0)$,即

$$\mathbf{grad}f(x_0, y_0)=f_x(x_0, y_0)\boldsymbol{i}+f_y(x_0, y_0)\boldsymbol{j}=(f_x(x_0, y_0), f_y(x_0, y_0)).$$

注　(1) 符号"∇"读作"**nabla**";

(2) 其中 $\nabla=\dfrac{\partial}{\partial x}\boldsymbol{i}+\dfrac{\partial}{\partial y}\boldsymbol{j}$ 称为(二维) **向量微分算子或 Nabla 算子**,$\nabla f=\dfrac{\partial f}{\partial x}\boldsymbol{i}+\dfrac{\partial f}{\partial y}\boldsymbol{j}$.

利用梯度的概念,若函数 $z=f(x, y)$ 在点(x_0, y_0) 可微,$\boldsymbol{e}_l=(\cos\alpha, \cos\beta)$ 是与 l 同方向的单位向量,则

$$\begin{aligned}\left.\frac{\partial f}{\partial l}\right|_{(x_0, y_0)}&=f_x(x_0, y_0)\cos\alpha+f_y(x_0, y_0)\cos\beta\\&=\mathbf{grad}f(x_0, y_0)\cdot\boldsymbol{e}_l=|\mathbf{grad}f(x_0, y_0)|\cos\theta,\end{aligned}$$

其中 $\theta=\langle\mathbf{grad}f(x_0, y_0), \boldsymbol{e}_l\rangle$.

上式表明,函数 $f(x, y)$在点(x_0, y_0)处沿方向 l 的方向导数等于函数在该点处的梯度与单位向量 $\boldsymbol{e}_l$ 的数量积,也就是方向导数$\dfrac{\partial f}{\partial l}$是梯度 $\mathbf{grad}f$ 在方向 l 上的投影.

可以看出,若函数 $f(x, y)$ 在点(x_0, y_0) 可微,当 l 与 $\mathbf{grad}f(x_0, y_0)$ 方向一致时,就有$\left.\dfrac{\partial f}{\partial l}\right|_{(x_0, y_0)}=|\mathbf{grad}f(x_0, y_0)|$;而当 l 沿其他方向时,有$\left.\dfrac{\partial f}{\partial l}\right|_{(x_0, y_0)}=|\mathbf{grad}f(x_0, y_0)|\cos\theta$. 于是有下述结论.

若函数 $f(x, y)$ 在点(x_0, y_0) 可微,且 $\mathbf{grad}f(x_0, y_0)$ 不是零向量,则有:

(1) $f(x, y)$在点(x_0, y_0)处沿梯度 $\mathbf{grad}f(x_0, y_0)$方向的方向导数最大,其最大值等于 $|\mathbf{grad}f(x_0, y_0)|$;而沿梯度反方向的方向导数最小,其最小值为 $-|\mathbf{grad}f(x_0, y_0)|$.

这个结果也表明,函数 $f(x, y)$在一点的梯度 $\mathbf{grad}f$ 是这样一个向量:它的方向是方向导数取得最大值的方向,它的模就等于方向导数的最大值.

(2) $f(x, y)$ 在点(x_0, y_0) 处沿与梯度 $\mathbf{grad}f(x_0, y_0)$ 垂直方向的方向导数为零. 也就是说,当 $\boldsymbol{e}_l$ 与 $\mathbf{grad}f(x_0, y_0)$ 的方向正交时,函数 $f(x, y)$ 的变化率为零.

简单地说,**可微函数在一点处沿着梯度的方向具有最大的增长率,其最大增长率等于梯度的模.**

梯度的概念也可以推广到二元以上的函数. 对于三元函数而言,若函数 $u=f(x, y, z)$ 在点(x_0, y_0, z_0) 可微, 则向量

$$f_x(x_0, y_0, z_0)\boldsymbol{i}+f_y(x_0, y_0, z_0)\boldsymbol{j}+f_z(x_0, y_0, z_0)\boldsymbol{k}$$

就称为函数 $u=f(x, y, z)$ 在点(x_0, y_0, z_0)处的**梯度**,记作 $\mathbf{grad}f(x_0, y_0, z_0)$ 或 $\nabla f(x_0, y_0, z_0)$. 并且有 $u=f(x, y, z)$ 在点(x_0, y_0, z_0)处沿 l 方向的方向导数为

$$\left.\frac{\partial f}{\partial l}\right|_{(x_0, y_0, z_0)}=\mathbf{grad}f(x_0, y_0, z_0)\cdot \boldsymbol{e}_l.$$

类似于二元函数,此梯度也是一个向量,其方向与取得最大方向导数的方向一致,其模为方向导数的最大值.

下面举一个实际例子来说明梯度的概念.

假设在平面的原点 $O(0, 0)$处有一个点热源,于是在平面的每一点 $P(x, y)$处都对应了确定的温度. 设温度 T 与该点到热源的距离 r 成反比,比例系数为 $k>0$,即

$$T(x, y)=\frac{k}{r}, \quad r=\sqrt{x^2+y^2}.$$

由 $T_x=-\dfrac{kx}{r^3}$, $T_y=-\dfrac{ky}{r^3}$,可得

$$\mathbf{grad}T(x, y)=(T_x, T_y)=-\frac{k}{r^3}(x, y).$$

可见,$\mathbf{grad}T(x, y)$ 与向径 $\boldsymbol{r}=(x, y)$ 的方向相反,即梯度指向原点. 根据梯度的意义可知,温度沿着指向原点的方向上升得最快;反之,沿着背离原点的方向下降得最快. 因此,如果在点 $P(x, y)$ 处有一只蚂蚁,它会朝着背离原点的方向爬去,绝不会"团团转".

定理 2 设 $u=u(x, y)$, $v=v(x, y)$ 都可微,则梯度的运算满足以下规律:

(1) $\mathbf{grad}(C)=0$(C 为常数);

(2) $\mathbf{grad}(ku)=k\mathbf{grad}(u)$($k$ 为常数);

(3) $\mathbf{grad}(u\pm v)=\mathbf{grad}(u)\pm\mathbf{grad}(v)$;

(4) $\mathbf{grad}(uv)=u\mathbf{grad}(v)+v\mathbf{grad}(u)$;

(5) $\mathbf{grad}\left(\dfrac{u}{v}\right)=\dfrac{v\mathbf{grad}(u)-u\mathbf{grad}(v)}{v^2}$;

(6) $\mathbf{grad}(f(u))=f'(u)\mathbf{grad}(u)$;

(7) $\mathbf{grad}(f(u, v))=f_u(u, v)\mathbf{grad}(u)+f_v(u, v)\mathbf{grad}(v)$.

证 由假设 $u=u(x, y)$, $v=v(x, y)$ 都可微,此处以(5)式为例,则有

$$\left(\frac{u}{v}\right)_x=\frac{u_xv-v_xu}{v^2}, \left(\frac{u}{v}\right)_y=\frac{u_yv-v_yu}{v^2},$$

从而

$$\mathbf{grad}\left(\frac{u}{v}\right)=\frac{1}{v^2}(u_xv-v_xu, u_yv-v_yu)=\frac{1}{v^2}[(u_xv, u_yv)-(v_xu, uv_y)]$$

$$=\frac{1}{v^2}[v(u_x, u_y)-u(v_x, v_y)]=\frac{v\mathbf{grad}u-u\mathbf{grad}v}{v^2}.$$

其他证明由读者自己完成.

例 4 求函数 $u=x^2+2y^2+3z^2+3x-2y$ 在点(1, 1, 2)处的梯度,并问在哪些点处梯度为零向量?

解 由梯度计算公式得

$$\mathbf{grad}u(x, y, z)=\frac{\partial u}{\partial x}\boldsymbol{i}+\frac{\partial u}{\partial y}\boldsymbol{j}+\frac{\partial u}{\partial z}\boldsymbol{k}=(2x+3)\boldsymbol{i}+(4y-2)\boldsymbol{j}+6z\boldsymbol{k},$$

那么有 $$\mathbf{grad}u(1, 1, 2)=5\boldsymbol{i}+2\boldsymbol{j}+12\boldsymbol{k}=(5, 2, 12).$$

若要使得 $\mathbf{grad}u(x, y, z)=(2x+3)\boldsymbol{i}+(4y-2)\boldsymbol{j}+6z\boldsymbol{k}$ 为零向量，则必有 $\begin{cases}2x+3=0\\4y-2=0\\6z=0\end{cases}$，解方程组，得所求点为 $\left(-\frac{3}{2}, \frac{1}{2}, 0\right)$.

例5 设 $z=f(x, y)=xe^y$.

(1) 求 $z=f(x, y)$ 在点 $P(2, 0)$ 处沿从 P 到 $Q\left(\frac{1}{2}, 2\right)$ 方向的变化率；

(2) $z=f(x, y)$ 在点 $P(2, 0)$ 处沿什么方向具有最大的增长率？最大增长率为多少？

解 (1) 设 $\boldsymbol{e}_l$ 是与 $\overrightarrow{PQ}$ 同方向的单位向量，即 $\boldsymbol{e}_l=\left(-\frac{3}{5}, \frac{4}{5}\right)$，又 $\mathbf{grad}f(x, y)=(e^y, xe^y)$，所以

$$\left.\frac{\partial f}{\partial l}\right|_{(2, 0)}=\mathbf{grad}f(2, 0)\cdot\boldsymbol{e}_l=(1, 2)\cdot\left(-\frac{3}{5}, \frac{4}{5}\right)=1.$$

(2) $z=f(x, y)$ 在点 $P(2, 0)$ 处沿梯度 $\mathbf{grad}f(2, 0)=(1, 2)$ 的方向具有最大的增长率，最大增长率为

$$|\mathbf{grad}f(2, 0)|=\sqrt{5}.$$

练习题 8-5

1. 求函数 $u=xyz$ 在点 $(1, 1, 1)$ 处沿从点 $(1, 1, 1)$ 到 $(2, 2, 2)$ 的方向导数.

2. 求函数 $f(x, y)=x^2-xy+y^2$ 在点 $(1, 1)$ 沿与 x 轴方向夹角为 α 的方向射线 l 的方向导数. 并问在怎样的方向上此方向导数：(1)有最大值？(2)有最小值？(3)等于零？

3. 设 $f(x, y, z)=x+y^2+z^3$，求 f 在点 $P_0(1, 1, 1)$ 处沿方向 l 的方向导数，其中：(1) l 为方向 $(2, -2, 1)$；(2) l 为从点 $(1, 1, 1)$ 到点 $(2, -2, 1)$ 的方向.

4. 设由原点到点 (x, y) 的向径为 $\boldsymbol{r}$，x 轴到 $\boldsymbol{r}$ 的转角为 θ，x 轴到射线 l 的转角为 φ，求 $\frac{\partial r}{\partial l}$，其中 $r=|\boldsymbol{r}|=\sqrt{x^2+y^2}\,(r\neq 0)$.

5. 求函数 $u=x^2+y^2-z^2$ 在点 $M(1, 0, 1)$ 及 $P(0, 1, 0)$ 的梯度之间的夹角.

6. 求函数 $f(x, y, z)=xy^2+yz^3$ 在点 $P_0(2, -1, 1)$ 处的梯度及梯度的模.

7. 设 $f(x, y, z)=x^2+y^2+z^2$，求 $\mathbf{grad}f(1, -1, 2)$.

8. 求函数 $u=xy^2z$ 在点 $P_0(1, -1, 2)$ 处变化最快的方向，并求沿这个方向的方向导数.

9. 求函数 $u=\frac{x^2}{a^2}+\frac{y^2}{b^2}+\frac{z^2}{c^2}$ 在点 $M(x, y, z)$ 处沿该点向径 $\boldsymbol{r}=\overrightarrow{OM}$ 方向的方向导数，并且当 a, b, c 满足什么条件时，有 $\left.\frac{\partial u}{\partial r}\right|_M=|\mathbf{grad}u(M)|$？

10. 设某金属板上的电压分布为 $V=50-2x^2-4y^2$，问：

(1) 在点(1, −2)处，沿哪个方向电压升高得最快？沿哪个方向电压下降得最快？

(2) 上升和下降的速率为多少？

第六节　二元函数的极值与条件极值

在一元函数中，利用函数的导数求得函数的极值，进一步解决了有关实际问题的最优化问题. 但在工程技术、管理技术、经济分析等实际问题中，往往涉及多元函数的极值和最值问题. 本节重点讨论二元函数的极值问题，进而可相应类推到多元函数的极值问题.

一、二元函数的极值

引例 1　某商店卖两种牌子的果汁，本地牌子每瓶进价 1 元，外地牌子每瓶进价 1.2 元，店主估计，如果本地牌子的每瓶卖 x 元，外地牌子的每瓶卖 y 元，则每天可卖出 $70-5x+4y$ 瓶本地牌子的果汁、$80+6x-7y$ 瓶外地牌子的果汁，问：店主每天以什么价格卖两种牌子的果汁可获得最大收益？

每天收益的目标函数为

$$f(x, y)=(x-1)(70-5x+4y)+(y-1.2)(80+6x-7y).$$

求最大收益问题就是求此二元函数的最大值问题. 要解决此问题，必须首先来讨论二元函数的极值问题.

1. 二元函数极值的概念

定义 1　设函数 $z=f(x, y)$ 在点 (x_0, y_0) 的某个邻域内有定义，如果对于该邻域内任何异于 (x_0, y_0) 的点 (x, y)，都有

$$f(x, y)<f(x_0, y_0)\quad (\text{或 } f(x, y)>f(x_0, y_0)),$$

则称函数 $f(x, y)$ 在点 (x_0, y_0) 有**极大值**(或**极小值**) $f(x_0, y_0)$，点 (x_0, y_0) 称为函数 $f(x, y)$ 的**极大值点**(或**极小值点**). 极大值、极小值统称**极值**. 使函数取得极值的点统称**极值点**.

例 1　讨论下列函数在原点(0, 0)处是否取得极值：

(1) $z=3x^2+4y^2$；　　(2) $z=-\sqrt{x^2+y^2}$；　　(3) $z=xy$.

解　(1) 从函数 $z=3x^2+4y^2$ 的特点看出：在(0, 0)的去心邻域内，函数值均大于 0，即 $f(x, y)>f(0, 0)$. 故在(0, 0)处此函数取得极小值 $f(0, 0)=0$.

(2) 从函数 $z=-\sqrt{x^2+y^2}$ 的特点看出：在(0, 0)的去心邻域内，函数值均小于 0，即 $f(x, y)<f(0, 0)$. 故在(0, 0)处此函数取得极大值 $f(0, 0)=0$.

(3) 函数 $z=xy$ 在(0, 0)的去心邻域内，显然有大于 $f(0, 0)=0$ 的函数值，也有小于 $f(0, 0)=0$ 的函数值. 故 $f(0, 0)=0$ 不是函数的极值.

以上关于二元函数的极值概念，可推广到 n 元函数. 设 n 元函数 $u=f(P)$ 在点 P_0 的某一邻域内有定义，如果对于该邻域内任何异于 P_0 的点 P，都有

$$f(P)<f(P_0)\quad (\text{或 } f(P)>f(P_0)),$$

则称函数 $f(P)$ 在点 P_0 有**极大值**(或**极小值**) $f(P_0)$.

2. 二元函数取得极值的条件

一元可导函数 $y=f(x)$ 若在 x_0 处取得极值,则一定有导数 $f'(x_0)=0$. 对于二元函数 $z=f(x, y)$,若在 (x_0, y_0) 取得极值,那么固定 $y=y_0$,函数 $z=f(x, y_0)$ 就是一元函数,在 $x=x_0$ 一定也取得极值,从而有 $f_x(x_0, y_0)=0$. 同理可得 $f_y(x_0, y_0)=0$. 这就是下面二元函数取得极值的必要条件.

定理 1(极值的必要条件) 设函数 $z=f(x, y)$ 在点 (x_0, y_0) 具有偏导数,且在点 (x_0, y_0) 处有极值,则它在该点的偏导数必然为零,即

$$f_x(x_0, y_0)=0,\ f_y(x_0, y_0)=0.$$

证 因为点 (x_0, y_0) 是函数 $f(x, y)$ 的极值点,若固定 $f(x, y)$ 中的变量 $y=y_0$,则 $z=f(x, y_0)$ 是一个一元函数,且在点 $x=x_0$ 处取得极值.

由一元函数极值的必要条件知 $f_x(x_0, y_0)=0$.

同理可得 $f_y(x_0, y_0)=0$.

类似地可推得,若三元函数 $u=f(x, y, z)$ 在点 (x_0, y_0, z_0) 具有偏导数,且在点 (x_0, y_0, z_0) 具有极值,则它在该点的偏导数必然为零,即

$$f_x(x_0, y_0, z_0)=0,\ f_y(x_0, y_0, z_0)=0,\ f_z(x_0, y_0, z_0)=0.$$

定义 2 使得 $f_x(x, y)=0$, $f_y(x, y)=0$ 同时成立的点 (x_0, y_0),称为函数 $z=f(x, y)$ 的**驻点**.

从定理 1 可知,具有偏导数的函数的极值点必定是驻点. 但函数的驻点不一定是极值点. 如例 1 中函数 $z=xy$,点 $(0, 0)$ 是函数的驻点,但不是极值点;函数 $z=-\sqrt{x^2+y^2}$,点 $(0, 0)$ 是函数的极值点,但不是驻点. 事实上,

$$\left.\frac{\partial z}{\partial x}\right|_{\substack{x=0\\y=0}}=\lim_{\Delta x\to 0}\frac{-\sqrt{(\Delta x)^2}}{\Delta x}=-\lim_{\Delta x\to 0}\frac{|\Delta x|}{\Delta x},\left.\frac{\partial z}{\partial y}\right|_{\substack{x=0\\y=0}}=\lim_{\Delta y\to 0}\frac{-\sqrt{(\Delta y)^2}}{\Delta y}=-\lim_{\Delta y\to 0}\frac{|\Delta y|}{\Delta y}.$$

显然这两个极限都是不存在的,即 $(0, 0)$ 不是此函数的驻点.

二元函数可能取得极值的点是驻点或偏导数不存在的点.

判定驻点是否为极值点,有下面定理.

定理 2(极值存在的充分条件) 设函数 $z=f(x, y)$ 在点 (x_0, y_0) 的某邻域内具有连续的二阶偏导数,且点 (x_0, y_0) 是函数的驻点,即 $f_x(x_0, y_0)=0$, $f_y(x_0, y_0)=0$. 若记 $f_{xx}(x_0, y_0)=A$, $f_{xy}(x_0, y_0)=B$, $f_{yy}(x_0, y_0)=C$,则:

(1) 当 $B^2-AC<0$ 时,点 (x_0, y_0) 是函数 $z=f(x, y)$ 的极值点,且若 $A<0$,点 (x_0, y_0) 是极大值点;若 $A>0$,点 (x_0, y_0) 是极小值点.

(2) 当 $B^2-AC>0$ 时,点 (x_0, y_0) 不是函数 $z=f(x, y)$ 的极值点.

(3) 当 $B^2-AC=0$ 时,不能确定点 (x_0, y_0) 是否为函数 $z=f(x, y)$ 的极值点,还须另做讨论.

根据定理 1 与定理 2,如果二元函数 $f(x, y)$ 具有二阶连续偏导数,则求 $z=f(x, y)$ 的极值的一般步骤为:

第一步　求 $f_x(x, y)$，$f_y(x, y)$，并解方程组 $\begin{cases} f_x(x, y)=0 \\ f_y(x, y)=0 \end{cases}$，求出 $f(x, y)$的所有驻点.

第二步　求出 $f(x, y)$的二阶偏导数，依次确定各驻点处二阶偏导数的值 A，B，C.

第三步　根据 B^2-AC 的正负号，判定驻点是否为极值点，如果是，是极大值点，还是极小值点，最后求出函数 $f(x, y)$在极值点处的极值.

例 2　求函数 $f(x, y)=x^3-y^3+3x^2+3y^2-9x$ 的极值.

解　由于函数 $f(x, y)$具有二阶连续偏导数，且有

$$f_x(x, y)=3x^2+6x-9,\ f_y(x, y)=-3y^2+6y,$$

联立方程组 $\begin{cases} 3x^2+6x-9=0 \\ -3y^2+6y=0 \end{cases}$，求得驻点(1, 0)，(1, 2)，(−3, 0)，(−3, 2).

再求出二阶偏导数

$$f_{xx}(x, y)=6x+6,\ f_{xy}(x, y)=0,\ f_{yy}(x, y)=-6y+6.$$

列表如下：

驻点	$A=6x+6$	$B=0$	$C=-6y+6$	B^2-AC	结论
(1, 0)	$12>0$	0	6	$-72<0$	极小值点
(1, 2)	$12>0$	0	-6	$72>0$	非极值点
(−3, 0)	$-12<0$	0	6	$72>0$	非极值点
(−3, 2)	$-12<0$	0	-6	$-72<0$	极大值点

故函数 $f(x, y)$在点(1, 0)处取得极小值 $f(1, 0)=-5$，在点(−3, 2)处取得极大值 $f(-3, 2)=31$.

二、二元函数的最值

与一元函数类似，对于有界闭区域 D 上连续的二元函数 $f(x, y)$，一定能在该区域上取得最大值和最小值. 使函数取得最值的点既可能在区域 D 的内部，也可能在区域 D 的边界上.

若函数的最值在区域 D 的内部取得，这个最值也是函数的极值，它必在函数的驻点或偏导数不存在的点处取得.

若函数的最值在区域 D 的边界上取得，可根据区域 D 的边界方程，将 $f(x, y)$转化为定义在某个闭区间上的一元函数，进而利用一元函数求最值的方法进行.

综上所述，求有界闭区域 D 上的连续函数 $f(x, y)$的最值的方法和步骤为：

(1) 求出在区域 D 的内部的所有可能的极值点；

(2) 计算出在这些点处的函数值；

(3) 求出 $f(x, y)$在区域 D 的边界上的最值；

(4) 比较上述函数值的大小，最大者就是函数的最大值，最小者就是函数的最小值.

例 3　求二元函数 $f(x, y)=x^2y(4-x-y)$ 在直线 $x+y=6$，x 轴和 y 轴所围成的闭区域 D 上的最大值与最小值.

解 区域 D 如图 8-15 所示，函数 $f(x, y)$ 在区域 D 内可导.

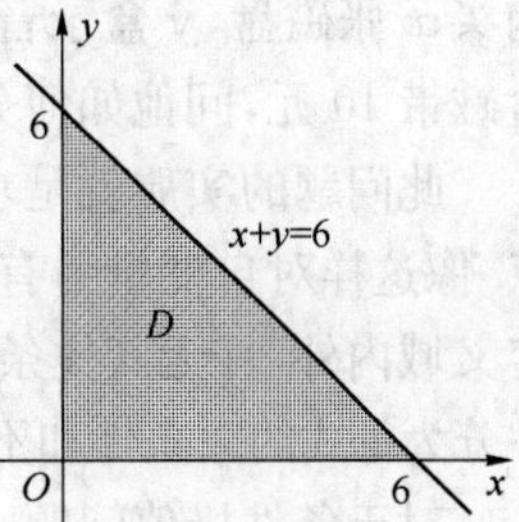

图 8-15

先求函数在区域 D 内的驻点，解方程组

$$\begin{cases} f_x(x, y)=2xy(4-x-y)-x^2y=0, \\ f_y(x, y)=x^2(4-x-y)-x^2y=0 \end{cases}$$

得区域 D 内唯一驻点 $(2, 1)$，且 $f(2, 1)=4$.

再求 $f(x, y)$ 在区域 D 边界上的最值.

在边界 $x=0$，$y=0$ 上，$f(x, y)=0$；

在边界 $x+y=6$ 上，即 $y=6-x$，于是

$$f(x, y)=g(x)=-2x^2(6-x),\ 0\leqslant x\leqslant 6.$$

由 $\dfrac{\mathrm{d}g}{\mathrm{d}x}=6x(x-4)=0$，得 $x_1=0$，$x_2=4$. 再加上区间端点有

$$f(0, 6)=g(0)=0,\ f(4, 2)=g(4)=-64,\ f(6, 0)=0.$$

比较这些函数值，得 $f(2, 1)=4$ 为最大值，$f(4, 2)=-64$ 为最小值.

在通常遇到的实际问题中，如果根据问题的性质，知道函数 $f(x, y)$ 的最大值(最小值)一定在区域 D 的内部取得，而函数在 D 内只有一个驻点，那么可以肯定该驻点处的函数值就是函数 $f(x, y)$ 在 D 上的最大值(最小值).

例 4 某厂要用铁板做成一个体积为 $8\,\mathrm{m}^3$ 的有盖长方体水箱. 若不计厚度，问当长、宽、高各取多少时，才能使用料最省？

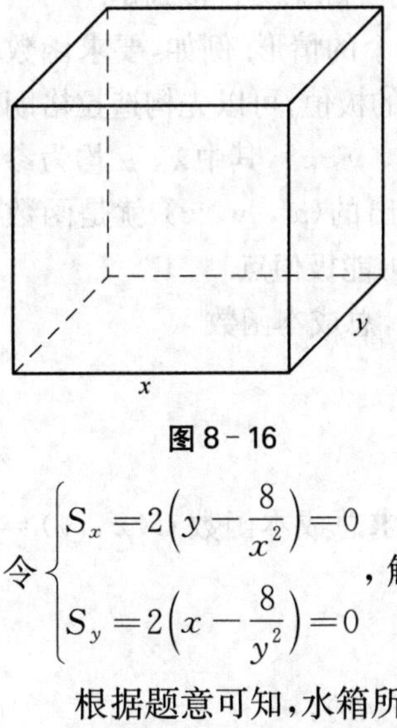

图 8-16

解 设水箱的长为 x m，宽为 y m，则其高应为 $\dfrac{8}{xy}$ m(图 8-16). 目标函数为此水箱所用材料的面积

$$\begin{aligned} S&=2\left(xy+y\cdot\frac{8}{xy}+x\cdot\frac{8}{xy}\right) \\ &=2\left(xy+\frac{8}{x}+\frac{8}{y}\right) \quad (x>0,\ y>0). \end{aligned}$$

令 $\begin{cases} S_x=2\left(y-\dfrac{8}{x^2}\right)=0 \\ S_y=2\left(x-\dfrac{8}{y^2}\right)=0 \end{cases}$，解得唯一驻点为 $(x, y)=(2, 2)$.

根据题意可知，水箱所用材料面积的最小值一定存在，并在开区域 $D=\{(x, y)\mid x>0, y>0\}$ 内取得. 又因为函数 S 在区域 D 内只有唯一的驻点 $(2, 2)$，所以，此驻点一定是函数 S 的最小值点，即当水箱的长为 2 m、宽为 2 m、高为 $\dfrac{8}{2\times 2}=2$ m 时，水箱所用的材料最省.

从这个例子还可看出，在体积一定的长方体中，以立方体的表面积为最小.

三、条件极值、拉格朗日乘数法

引例 2 小王有 200 元钱，他决定用来购买两种急需物品：计算机磁盘和录音磁带，设他

购买 x 张磁盘，y 盒录音磁带，达到的效果函数为 $U(x, y)=\ln x+\ln y$. 设每张磁盘 8 元，每盒磁带 10 元，问他如何分配这 200 元以达到最佳效果？

此问题的实质就是求目标函数 $U(x, y)=\ln x+\ln y$ 在条件 $8x+10y=200$ 下的极值点. 像这样对自变量另有附加条件的极值问题，称为**条件极值问题**；而对自变量除了限制在定义域内外，并无其他条件的极值问题称为**无条件极值问题**. 一般地，条件极值问题的约束条件分为等式约束条件和不等式约束条件两类，本书仅讨论等式约束条件下的条件极值问题.

对于条件极值问题，如果能从条件中表示出一个变量，代入目标函数，就把有条件的极值问题转化为无条件极值问题了. 但在许多情形，并不能由条件解得这样的表达式，因此须研究直接求解条件极值问题的方法——**拉格朗日乘数法**.

求函数 $z=f(x, y)$ 在约束条件 $\varphi(x, y)=0$ 下的极值的步骤为：

(1) 构造辅助函数(称为**拉格朗日函数**)

$$L(x, y, \lambda)=f(x, y)+\lambda\varphi(x, y),$$

其中 λ 为待定常数，称为**拉格朗日乘数**；

(2) 求解方程组 $\begin{cases}L_x=f_x(x, y)+\lambda\varphi_x(x, y)=0\\ L_y=f_y(x, y)+\lambda\varphi_y(x, y)=0\\ L_\lambda=\varphi(x, y)=0\end{cases}$，得出所有可能的极值点$(x, y)$和乘数 λ；

(3) 判别求出的点(x, y)是否为极值点，通常可以根据问题的实际意义直接判定.

拉格朗日乘数法可推广到自变量多于两个或约束条件多于一个的情形. 例如，要求函数 $u=f(x, y, z)$ 在附加条件 $\varphi(x, y, z)=0$, $\psi(x, y, z)=0$ 下的极值，可以先构造拉格朗日函数 $L(x, y, z, \lambda, \mu)=f(x, y, z)+\lambda\varphi(x, y, z)+\mu\psi(x, y, z)$，其中 λ, μ 均为参数，求其一阶偏导数，并使之为零，然后联立方程组求解，这样得出的(x, y, z)就是函数 $f(x, y, z)$ 在附加条件 $\varphi(x, y, z)=0$, $\psi(x, y, z)=0$ 下的可能极值点.

例 5 某工厂生产两种商品的日产量分别为 x 和 y(单位:件)，总成本函数

$$C(x, y)=8x^2-xy+12y^2\text{(元)},$$

商品的限额为 $x+y=42$，求最小成本.

解 该问题是在约束条件为 $\varphi(x, y)=x+y-42=0$ 下，求总成本函数 $C(x, y)=8x^2-xy+12y^2$ 的最小值.

构造拉格朗日函数

$$L(x, y, \lambda)=8x^2-xy+12y^2+\lambda(x+y-42),$$

解方程组 $\begin{cases}L_x=16x-y+\lambda=0\\ L_y=-x+24y+\lambda=0,\\ L_\lambda=x+y-42=0\end{cases}$

得唯一驻点$(x, y)=(25, 17)$，由问题本身可知最小值一定存在，故唯一驻点$(x, y)=(25, 17)$就是使总成本最小的点，最小成本为 $C(25, 17)=8\,043$ 元.

例 6 将正数 12 分成三个正数 x, y, z 之和，如何分才能使得 $u=x^3y^2z$ 为最大？

解　该问题的约束条件为 $x+y+z=12$，因此，由拉格朗日乘数法，构造辅助函数

$$L(x,y,z,\lambda)=x^3y^2z+\lambda(x+y+z-12),$$

解方程组 $\begin{cases}L_x=3x^2y^2z+\lambda=0\\L_y=2x^3yz+\lambda=0\\L_z=x^3y^2+\lambda=0\\L_\lambda=x+y+z=12\end{cases}$，得唯一驻点(6, 4, 2).

由题意可知，$u=x^3y^2z$ 一定有最大值.故唯一驻点 $(x,y,z)=(6,4,2)$ 就是最大值点，其最大值为 $u_{\max}=6^3\times4^2\times2=6\,912$.

练习题 8－6

1. 求下列函数的极值：

(1) $z=x^3-4x^2+2xy-y^2$；　(2) $z=(6x-x^2)(4y-y^2)$；

(3) $z=\sin x+\cos y+\cos(x-y)$，$\left(0\leqslant x\leqslant\dfrac{\pi}{2},\ 0\leqslant y\leqslant\dfrac{\pi}{2}\right)$；

(4) $z=e^{2x}(x+y^2+2y)$.

2. 求函数 $z=x^2+2y^2$ 在闭区域 $x^2+y^2\leqslant1$ 上的最大值和最小值.

3. 求函数 $z=x+y$ 在条件 $x^2+y^2=1$ 约束下的极值.

4. 某工厂要用钢板制作一个容积为 $100\,\mathrm{m}^3$ 的有盖长方体容器，若不计钢板的厚度，怎样制作材料最省？

5. 有一宽为 24 cm 的长方形铁板，把它两边折起来做成一断面为等腰梯形的水槽.问怎样折法才能使断面的面积最大？

6. 某工厂生产两种产品甲和乙，出售单价分别为 10 元与 9 元，生产 x 件产品甲与生产 y 件产品乙的总费用是 $400+2x+3y+0.01(3x^2+xy+3y^2)$ 元，求取得最大利润时，两种产品的产量各为多少？

7. 某工厂生产甲种产品 x(百个)和乙种产品 y(百个)的总成本函数

$$C(x,y)=x^2+2xy+y^2+100(\text{万元}),$$

甲、乙两种产品的需求函数为 $x=26-P_{甲}$，$y=10-\dfrac{1}{4}P_{乙}$，其中 $P_{甲}$，$P_{乙}$ 分别为产品甲、乙相应的售价(万元/百个)，求两种产品产量 x，y 各为多少时，可获得最大利润，最大利润是多少？

第七节　演示与实验——用 MATLAB 做多元函数微分运算

一、用 MATLAB 求多元函数的偏导数

用 MATLAB 求多元函数的偏导数也是由函数 diff()实现的，其调用格式和功能说明见

表 8-1.

表 8-1 求多元函数的偏导数的调用格式和功能说明

调用格式	功能说明
diff(f,x)	求多元函数 f 关于变量 x 的一阶偏导数
diff(f,x,n)	求多元函数 f 关于变量 x 的 n 阶偏导数
diff(f,y)	求多元函数 f 关于变量 y 的一阶偏导数
diff(f,y,n)	求多元函数 f 关于变量 y 的 n 阶偏导数
maple('implicitdiff(f(x,y,z)=0,z,x)')	求隐函数 $f(x, y, z)=0$ 的偏导数$\frac{\partial z}{\partial x}$

例 1 设 $z=x^y(x>0, x\neq 1, y$ 为任意实数),求$\frac{\partial z}{\partial x}$ 和$\frac{\partial z}{\partial y}$.

解
```
>> clear
>> syms x y
>> z=x^y;
>> zx=diff(z,x)
zx =
   x^y*y/x
>> zy=diff(z,y)
zy =
   x^y*log(x)
```

例 2 设 $z=\sin(ax)+\cos(by)$ (a, b 为任意实数),求$\frac{\partial z}{\partial x}$ 和$\frac{\partial z}{\partial y}$.

解
```
>> clear
>> syms x y a b
>> z=sin(a*x)+cos(b*y);
>> zx=diff(z,x)
zx =
   cos(a*x)*a
>> zy=diff(z,y)
zy =
   -sin(b*y)*b
```

例 3 设 $z=e^u\sin v$,而 $u=x^2+y^2, v=x^3-y^3$,求$\frac{\partial z}{\partial x}$ 和$\frac{\partial z}{\partial y}$.

解
```
>> clear
>> syms x y
>> z=exp(x^2+y^2)*sin(x^3-y^3);
>> zx=diff(z,x)
zx =
```

```
    2*x*exp(x^2+y^2)*sin(x^3-y^3)+3*exp(x^2+y^2)*cos(x^3-y^3)*
x^2
>> zy=diff(z, y)
zy =
    2*y*exp(x^2+y^2)*sin(x^3-y^3)-3*exp(x^2+y^2)*cos(x^3-y^3)
*y^2
```

例 4　设 $z=\sqrt{x^2+y^2}$，求二阶偏导数.

解

```
>> clear
>> syms x y
>> z=sqrt(x^2+y^2);
>> zxx= simplify(diff(z,x,2))
zxx =
    y^2/(x^2+y^2)^(3/2)
>> zxy=diff(diff(z,x),y)
zxy =
    -1/(x^2+y^2)^(3/2)*x*y
>> zyx=diff(diff(z,y),x)
zyx =
    -1/(x^2+y^2)^(3/2)*x*y
zyy= simplify(diff(z,y,2))
zyy =
    1/(x^2+y^2)^(3/2)*x^2
```

例 5　设 $z=(1+xy)^y$，求 $\left.\frac{\partial z}{\partial x}\right|_{(1,1)}$，$\left.\frac{\partial z}{\partial y}\right|_{(1,1)}$.

解

```
>> clear
>> syms x y
>> z=(1+x*y)^y;
>> zx=diff(z,x);
>> zy=diff(z,y);
>> fzx=inline(zx);
>> fzy=inline(zy);
>> fzx11=fzx(1,1);
>> fzy11=fzy(1,1)
fzx 11 =
    1
>> fzy11=fzy(1,1)
fzy 11 =
    2.3863
```

例 6 求由方程 $\frac{x}{z}=\ln\frac{z}{y}$ 所确定的函数 $z=f(x,y)$ 的偏导数 $\frac{\partial z}{\partial x}$ 和 $\frac{\partial z}{\partial y}$.

解
```
>> clear
>> maple('implicitdiff(x/z-log(z/y), z, x)')
ans =
   z/(x+z)
>> maple('implicitdiff(x/z-log(z/y), z, y)')
ans =
   z^2/y/(x+z)
```

二、用 MATLAB 求二元函数的极值与最值

结合二元函数的极值判定定理,可以用 MATLAB 求二元函数的极值.

例 7 求函数 $f(x,y)=x^3-4x^2+2xy-y^2+3$ 的极值.

解
```
>> clear
>> syms x y
>> f=x^3-4*x^2+2*x*y-y^2+3;
>> fx=diff(f,x);
>> fy=diff(f,y);
>> [X,Y]=solve(fx,x,fy,y);
>> fprintf('驻点:\n')
>> points=[X Y]
```
运行结果如下:
```
驻点:
points =
      [ 0,0]
      [ 2,2]
```
下面利用二元函数的极值判定定理验证驻点是否为极值点.
```
>> A=diff(fx,x);
>> B=diff(fx,y);
>> C=diff(fy,y);
>> D=A*C-B^2;
>> f1=subs(subs(D,x,0),y,0);
>> a1=subs(subs(A,x,0),y,0);
>> f2=subs(subs(D,x,2),y,2);
>> a2=subs(subs(A,x,2),y,2);
>> if f1<0
fprintf('(0,0)不是极值点;')
elseif a1>0
fprintf('(0,0)是极小值点;')
```

```
else
fprintf('(0,0)是极大值点;')
end
>> if f2<0
fprintf('(2,2)不是极值点.')
elseif a2>0
fprintf('(2,2)是极小值点.')
else
fprintf('(2,2)是极大值点.')
end
```

运行结果如下：

(0,0)不是极值点；(2,2)是极小值点.

例8　用钢板制作一个容积为 $8\,m^3$ 的无盖长方体容器，问怎样选取长、宽、高，才能使用料最省？

解　设容器的长为 x m，宽为 y m，则高为 $\frac{8}{xy}$ m，容器的表面积（即所用的钢板材料）为

$$S = xy + 2x \cdot \frac{8}{xy} + 2x \cdot \frac{8}{xy},$$

S 的定义域为 $D=\{(x, y): x>0, y>0\}$. 现在的问题变为：求目标函数 S 在定义域 D 上的最小值点. 下面应用 MATLAB 求解该问题.

```
>> clear
>> syms x y
>> f=x*y+16/x+16/y;
>> fx=diff(f,x);
>> fy=diff(f,y);
>> [X,Y]=solve(fx,x,fy,y);
>> fprintf('驻点: \n')
>> points=[X Y]
```

运行结果是：

```
驻点:
points =
    [                    2*2^(1/3),                    2*2^(1/3)]
    [ -2^(1/3)+i*3^(1/2)*2^(1/3), -2^(1/3)+i*3^(1/2)*2^(1/3)]
    [ -2^(1/3)-i*3^(1/2)*2^(1/3), -2^(1/3)-i*3^(1/2)*2^(1/3)]
```

由上可知，(2*2^(1/3), 2*2^(1/3))为目标函数 S 在定义域 D 内的唯一驻点. 由该问题的实际性质可知，目标函数 S 在定义域 D 内必有最小值. 因此，函数 S 在(2*2^(1/3), 2*2^(1/3))处取得最小值.

练习题 8-7

1. 求 $z=\arctan\dfrac{y}{x}$ 的二阶偏导数.

2. 求由方程 $x^2+y^2+z^2=xyz$ 所确定的函数 $z=f(x, y)$ 的偏导数 $\dfrac{\partial z}{\partial x}$ 和 $\dfrac{\partial z}{\partial y}$.

3. 求函数 $f(x, y)=x^3-y^3+3x^2+3y^2-9x$ 的极值.

第八节 多元函数微分模型

在前面几节中,已经学习了多元函数微分学的基本概念、理论和方法,接下来,我们将通过案例建立数学模型,加深对多元函数微分学等相关知识的进一步理解. 数学建模对于许多实际问题的解决都是一种极有效的手段,本节主要介绍几个简单的多元函数微分模型,以便读者了解多元函数微分学的应用.

一、竞争性产品生产中的利润最大化

一家计算机制造公司计划生产两种产品:一种使用 27 英寸 (1 英寸 $=0.0254$ m) 显示器的计算机,而另一种使用31英寸显示器的计算机. 除了400000美元的固定费用外,每台27英寸显示器的计算机成本为1950美元,而31英寸的计算机成本为2250美元. 制造商建议每台27英寸显示器的零售价格为3390美元,而31英寸的零售价格为3990美元. 营销人员估计,在销售这些计算机的市场上,一种类型的计算机每多卖出一台,它的价格就下降0.1美元. 此外,一种类型的计算机的销售也会影响另一种类型计算机的销售:每销售一台31英寸显示器的计算机,估计27英寸显示器的零售价格下降0.03美元;每销售一台27英寸显示器的计算机,估计31英寸显示器的计算机零售价格下降0.04美元. 那么该公司应该生产每种计算机多少台,才能使利润最大?

1. 问题分析

利润=销售收入-成本-固定费用,其中:

销售收入:27英寸销售收入、27英寸销售数量与市场价格;

31英寸销售收入、31英寸销售数量与市场价格.

成本:27英寸生产成本、27英寸生产数量,31英寸生产成本、31英寸生产数量.

关键:确定两种产品的生产数量、销售数量以及市场价格.

2. 模型假设及符号说明

(1) 制造的所有计算机都可以售出.

(2) 对这两类计算机,定义如下变量:

x_1 为27英寸显示器的计算机台数;

x_2 为31英寸显示器的计算机台数;

p_i 为 x_i ($i=1$ 或 2) 的零售价格;

R 为计算机零售收入;

C 为计算机的制造成本;

L 为计算机零售的总利润.

3. 模型建立

由分析可知，$x_1 \geqslant 0, x_2 \geqslant 0$ 且：

27 英寸显示器计算机的零售价 $P_1 = 3\,390 - 0.1x_1 - 0.03x_2$；

31 英寸显示器计算机的零售价 $P_2 = 3\,990 - 0.04x_1 - 0.1x_2$.

计算机的零售收入与制造成本分别为

$$R = P_1x_1 + P_2x_2,\ C = 400\,000 + 1\,950x_1 + 2\,250x_2,$$

则计算机的零售利润函数为

$$\begin{aligned} L &= R - C \\ &= -0.1x_1^2 - 0.1x_2^2 - 0.07x_1x_2 + 1\,440x_1 + 1\,740x_2 - 400\,000 \end{aligned}$$

4. 模型求解

上述计算机的零售利润函数模型是一个二元函数，目的是寻找 x_1、x_2，使得该函数取得最大值.

根据二元函数求极值的必要条件，有

$$\begin{cases} \dfrac{\partial L}{\partial x_1} = 1\,440 - 0.2x_1 - 0.07x_2 = 0 \\ \dfrac{\partial L}{\partial x_2} = 1\,740 - 0.07x_1 - 0.2x_2 = 0 \end{cases},$$

解方程组得到 $$x_1 = 4\,736,\ x_2 = 7\,043.$$

根据问题实际，该函数存在最大值，因此 $x_1 = 4\,736$、$x_2 = 7\,043$ 就是其最大值点. 也就是说，公司应该制造 4 736 台 27 英寸显示器的计算机和 7 043 台 31 英寸显示器的计算机，总利润最大值为

$$L(4\,736,\ 7\,043) = 9\,136\,410.25 \text{ 美元}.$$

二、绿地喷浇设施的节水构想

城市水资源问题正随着城市现代化的加速变得日益突出，亟待采取措施进行综合治理. 缓解缺水状况无外乎两种方式，一是开源，二是节流. 开源是一个巨大而又复杂的整体工程；节流则须从小处着眼，汇细流而成大海. 公共绿地的浇灌是一个长期而又大量的用水项目，目前有移动水车浇灌和固定喷水龙头旋转喷浇两种方式. 移动水车主要用于道路两侧狭长绿地的浇灌，固定喷水龙头主要用于公园、小区、广场等观赏性绿地. 观赏性绿地的草根很短，根系寻水性能差，不能蓄水，故喷水龙头的喷浇区域要保证对绿地的全面覆盖. 据观察，绿地喷水龙头分布方式和喷射半径的设定具有较大的随意性. 本例考虑将龙头的喷射半径设定为可变量，通过对各喷头喷射半径的优化设定，可使有效覆盖率更高.

1. 问题分析

绿地的浇灌是一个长期而又大量的用水项目，城市水资源问题正随着城市现代化的加速变得日益突出，本例拟通过节流缓解缺水状况. 通过合理假设，对龙头喷射半径优化设定，

建立函数关系模型,目标是使绿地面积与受水面积的比达到最大,让有效覆盖率更高.

2. 模型假设及符号说明

(1) 喷水龙头对喷射半径内的绿地做均匀喷浇.

(2) 喷射半径可取任意值.

(3) 绿地区域为正方形区域.

(4) 绿地区域记为 S.

(5) 绿地内放置 n 个水龙头,第 i 个水龙头的喷射半径为r_i($i=1, 2, 3, \cdots, n$),旋转角度为θ_i(弧度),所形成区域为S_i.

3. 模型建立

要使有效覆盖率(绿地面积与受水面积的比)达到最大,相当于求受水面积

$$\sum_{i=1}^{n} S_i = \frac{1}{2}\sum_{i=1}^{n}\theta_i r_i^2$$

在约束条件 $\bigcup_{i=1}^{n} S_i \supseteq S$ 下的最小值.

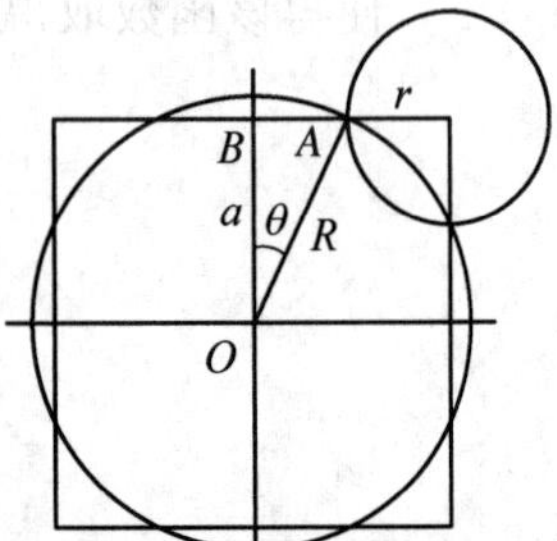

图 8-17

设正方形边长为 $2a$,以正方形的中心 O 为圆心、R 为半径作圆,称之为大圆,再分别以四个顶点为圆心,作半径为 r 的 1/4 圆,称之为小圆,使正方形被覆盖,如图 8-17 所示.

为了使绿地面积与受水面积的比达到最大,就要选择适当的半径 R 和 r,使大圆与小圆的面积和达到最小.

问题转变为求目标函数 $\pi(R^2+r^2)$ 在约束条件$\sqrt{R^2-a^2}+r=a$ 下的最小值.

显然最优解使大圆与小圆交于正方形的边界上或边界外,且边界上的解优于边界外的解,故在大圆与小圆交于正方形边界上的条件下,求最优解.

4. 模型求解

(1) 用拉格朗日(Lagrange)乘数法来求解,构造拉格朗日函数

$$L(R, r, \lambda)=\pi(R^2+r^2)+\lambda(\sqrt{R^2-a^2}+r-a),$$

令
$$\begin{cases} \dfrac{\partial L}{\partial R}=2\pi R+\dfrac{\lambda R}{\sqrt{R^2-a^2}}=0, \\ \dfrac{\partial L}{\partial r}=2\pi r+\lambda=0, \\ \dfrac{\partial L}{\partial \lambda}=\sqrt{R^2-a^2}+r-a=0, \end{cases}$$

解得当 $R=\dfrac{\sqrt{5}}{2}a$、$r=\dfrac{1}{2}a$ 时,绿地达到最佳喷浇效果.

(2) 利用一元函数求最值方法. 设 $\angle AOB=\theta$,则 $R=\dfrac{a}{\cos\theta}$、$r=a-a\tan\theta$,则两圆面积之和

$$S(\theta)=\pi(R^2+r^2)=\pi\left[\frac{a^2}{\cos^2\theta}+a^2(1-\tan\theta)^2\right]$$
$$=2\pi a^2(\tan^2\theta-\tan\theta+1)=2\pi a^2\left(\tan\theta-\frac{1}{2}\right)^2+\frac{3}{2}\pi a^2.$$

当 $\tan\theta=\frac{1}{2}$ 时，上式的最小值为 $\frac{3}{2}\pi a^2$，也就是当 $R=\frac{\sqrt{5}}{2}a$、$r=\frac{1}{2}a$ 时，绿地达到最佳喷浇效果.

用正方形的面积与这个最小面积之比，即求出有效覆盖率为

$$\frac{4a^2}{\frac{3}{2}\pi a^2}=\frac{8}{3\pi}\approx 84.88\%.$$

思考题

(1) 如果把模型假设条件(3)修改为“绿地区域为长方形区域或三角形区域”，又该如何设计建立该模型并求解？

(2) 若将小圆的圆心建立在正方形绿地某点上，又该如何调整水龙头的旋转角度，使浪费的面积最小？

三、催化剂的配方问题

在化学反应中，使用不使用催化剂，使用什么样的催化剂，对化学反应的生成物浓度有着很大的关系，寻找合适的催化剂一直是化学家最关心的主要问题之一.

1. 问题提出

某橡胶厂利用某种化学原料合成人造橡胶，需要一种催化剂，这种催化剂含有的两种成分 A 和 B 对生成橡胶的强度有着较大的影响. 该厂原有的配方是：A 2.5 g、B 1.5 g，相应的强度为 $8\,\text{kg/cm}^2$. 现在想提高橡胶的强度 10%左右，应如何调整催化剂的配方？

2. 问题分析

这事实上是一个“试验设计”问题，即尽可能少地安排试验点(即配方)，以获得较强的强度. 由于橡胶的强度与催化剂中成分 A 和 B 之间的函数关系未知，因此寻常的求最大值的方法这里是无法使用的.

由于知道原配方，不妨在原配方附近搜索，以获得较强的强度配方. 如何搜索呢？我们知道，梯度方向是函数值上升最快的方向，故选择原配方(2.5, 1.5)处的梯度方向为初始搜索方向. 由于函数关系未知，故无法求得梯度的精确值，因此考虑用差商代替偏导数，进而找到近似的梯度方向，并在此方向上寻找满足生产需要的催化剂配方.

3. 模型假设及符号说明

(1) x 表示催化剂中成分 A 的重量，单位为 g.

(2) y 表示催化剂中成分 B 的重量，单位为 g.

(3) $f(x,y)$表示催化剂中成分 A 为 x g，B 为 y g 下的橡胶强度.

(4) h、k 分别为变量 x、y 的改变量.

4. 模型建立与求解

由于函数 $f(x, y)$ 未知，故无法求得梯度的精确值 $\left(\frac{\partial f}{\partial x}, \frac{\partial f}{\partial y}\right)\Big|_{(2.5,\ 1.5)}$，因此用差商代替

偏导数,即以向量

$$\left(\frac{f(x_0+h,\ y_0)-f(x_0,\ y_0)}{h},\ \frac{f(x_0,\ y_0+k)-f(x_0,\ y_0)}{k}\right)$$

(其中 $x_0=2.5$, $y_0=1.5$) 的方向为近似的梯度方向,在此方向上选择试验点,取 $x_0+h=1.5$、$y_0+k=1.0$ 做两次试验,结果见表 8-2.

表 8-2 强度配方试验数据

强度配方	A/g	B/g	强度/(kg/cm^2)
原配方	2.5	1.5	8.0
试验点 1	1.5	1.5	8.4
试验点 2	2.5	1	8.3

由此试验结果得到搜索的梯度方向为

$$\left(\frac{8.4-8.0}{1.5-2.5},\ \frac{8.3-8.0}{1.0-1.5}\right)=(-0.4,\ -0.6)=-0.2(2,\ 3).$$

在(2.5, 1.5)处沿方向(2, 3)寻找试验点,经试验,发现在点(2, 0.75)处强度为 8.7 kg/cm^2. 由于这个结果已满足生产需要,故就不再试验下去了,这样就得到了较好的催化剂配方:A 2 g, B 0.75 g.

5. 模型评价

利用差商代替偏导数当 h 与 k 的绝对值都较小时效果才好,因此 h、k 的不同选法就会得到不同的近似梯度方向. 当然作为试验设计的方法,还可能有更好的安排试验的方法,(2, 0.75)不一定是最好的,但相对于原配方来讲是较好的.

思考题 一工厂的工人分为技术工人和非技术工人,工厂每天生产产品的产量与技术工人人数的平方成正比、与非技术工人人数成正比,且当只有 1 名技术工人和 1 名非技术工人时每天只能生产一件产品. 该工厂现有 16 名技术工人和 32 名非技术工人,而厂长计划再招聘 1 名技术工人,试问:厂长如何调整非技术工人的人数才能保持产品产量不变?

四、广告策略问题

推销商品的重要手段之一是做广告,做广告可使销售量增加,但做广告要出钱,利弊得失如何估计,需要管理者做定量研究.

1. 问题提出

某公司的一大批绿豆需要出售,根据以往统计资料,零售价提高,则销售量减少,具体数据见表 8-3. 如果做广告,可使销售量增加,具体增加幅度以销售量提高因子 λ 表示,λ 与广告费的关系列于表 8-4 中,它是以往的统计或经验结果. 现在,已知绿豆的进价为每斤(1 斤 =500 g)2 元,问:如何确定绿豆的价格和花多少广告费,可使公司获利最大?

表 8-3 绿豆预期销售量与价格的关系

单价/元	2.0	2.5	3.0	3.5	4.0	4.5	5.0	5.5	6.0
销售量/千斤	41	38	34	32	29	28	25	22	20

表 8-4 销售量提高因子与广告费的关系

广告费/万元	0	1	2	3	4	5	6	7
提高因子 λ	1.0	1.4	1.7	1.85	1.95	2.0	1.95	1.8

2. 问题分析

根据利润为收入与支出的差,借助最小二乘法及多元函数求极值的方法,求出最大利润.

3. 模型假设及符号说明

(1) x 表示预期销量.

(2) y 表示销售单价.

(3) z 表示广告费.

(4) c 表示成本单价.

(5) W 表示利润.

(6) 销售量与单价为线性关系.

4. 模型建立与求解

由表 8-3 可以看出,销售量与单价近似成线性关系,因此可设 $x=ky+b$,根据表 8-3,借助最小二乘法可确定系数 k、b,显然 $k<0$.

由表 8-4 可以看出,销售量提高因子与广告费近似成二次关系,因此可设 $\lambda=dz^2+ez+f$,同样利用最小二乘法确定系数 d, e, f,这里显然 $d<0$,即抛物线开口向下.

设实际销售量为 S,它等于预期销售量乘以销售提高因子,即 $S=\lambda x$,于是利润 W 可以表示为

$$W=\text{收入}-\text{支出}=\text{销售收入}-\text{成本支出}-\text{广告费}=Sy-Sc-z=\lambda x(y-c)-z.$$

利用 $x=ky+b$, $\lambda=dz^2+ez+f$,消去 x 及 λ,得到 W 是 y、z 的函数,即

$$W=(dz^2+ez+f)(ky+b)(y-c)-z.$$

要想求出最大利润,只须利用二元函数求极值的方法,容易计算

$$\begin{cases} \dfrac{\partial W}{\partial y}=(dz^2+ez+f)(2ky+b-kc), \\ \dfrac{\partial W}{\partial z}=(2dz+e)(ky+b)(y-c)-1. \end{cases}$$

令 $\dfrac{\partial W}{\partial y}=0$,解得 $dz^2+ez+f=0$,或 $2ky+b-kc=0$,若 $dz^2+ez+f=0$,则 $\lambda=0$,所以 z 的取值没有实际意义,舍去,因此有 $y_0=\dfrac{kc-b}{2k}$.

令 $\dfrac{\partial W}{\partial z}=0$,解得 $z=\dfrac{1}{2d(ky+b)(y-c)}-\dfrac{e}{2d}$,因此 $W(y, z)$ 可能的极值点为

$$y_0=\frac{kc-b}{2k},\ z_0=\frac{1}{2d(ky_0+b)(y_0-c)}-\frac{e}{2d}.$$

进一步求 $W(y, z)$ 的二阶偏导数得

$$\frac{\partial^2 W}{\partial y^2}=2k(dz^2+ez+f),$$

$$\frac{\partial^2 W}{\partial y\partial z}=(2dz+e)(2ky+b-ac),$$

$$\frac{\partial^2 W}{\partial z^2}=2d(ky+b)(y-c).$$

在 (y_0, z_0) 处有 $A=\frac{\partial^2 W}{\partial y^2}<0$, $B=\frac{\partial^2 W}{\partial y\partial z}=0$, $C=\frac{\partial^2 W}{\partial z^2}<0$,故由二元函数极值存在的充分条件知,在点 (y_0, z_0) 处利润 W 取得极大值.

为了得到具体的计算值,首先利用最小二乘法求出各系数的值 $k=-5\,133$, $b=50\,420$, $c=2$, $d=-4.256\times10^{-10}$, $e=4.092\times10^{-5}$, $f=1.019$,再将以上数值分别代入式子

$$x=ky+b,\ \lambda=dz^2+ez+f,\ W=(dz^2+ez+f)(ky+b)(y-c)-z,$$

$$y_0=\frac{kc-b}{2k},\ z_0=\frac{1}{2d(ky_0+b)(y_0-c)}-\frac{e}{2d},$$

可得

$$x=20\,084,\ y=5.91,\ z=33\,113,\ \lambda=1.91.$$

即按该方案制定销售计划,预计实际销售量可达到 $S=\lambda x=38\,360$ 斤,获得利润 116 876 元.

5. 模型评价

本案例利用二元函数极值的方法很好地解决了广告的投入与产出问题,具有一定的实用价值. 但其缺点是销售量与销售单价的线性关系及提高因子与广告费的二次关系都是人为设定的.

思考题 甲、乙两公司通过做广告来竞争商品销售量,广告费分别是 x 和 y,两公司商品销售量在市场上占有的比例是其广告费在总广告费中所占比例的函数 $f\left(\frac{x}{x+y}\right)$ 和 $f\left(\frac{y}{x+y}\right)$. 公司收入与销售量成正比,从收入中扣除广告费是公司的利润. 问:甲公司如何确定广告费可使其利润最大?

五、算术与几何平均不等式

在初等数学中经常会用到算术与几何平均不等式,甚至在工程技术问题中也会用到. 设 a, b, c 均为非负数,则该不等式的两个基本形式为

$$\sqrt{ab}\leqslant\frac{a+b}{2},\ \sqrt[3]{abc}\leqslant\frac{a+b+c}{3}$$

并且当且仅当 $a=b$,或 $a=b=c$ 时等号成立.

前一个不等式易于证明,而后一个的证明就要稍微复杂一些. 更一般地,推广到有 n 个参数的情形,证明就变得较为抽象和困难.

1. 问题提出

设 $x_1, x_2, \cdots, x_n$ 均为非负数,证明有算术与几何平均不等式

$$\sqrt[n]{x_1x_2\cdot\cdots\cdot x_n}\leqslant\frac{x_1+x_2+\cdots+x_n}{n}.$$

并且当且仅当 $x_1=x_2=\cdots=x_n$ 时等号成立.

2. 问题求解

对任意一组非负数 $x_1, x_2, \cdots, x_n$,现在假设 $\frac{x_1+x_2+\cdots+x_n}{n}=a$($a$ 是任意确定的非负数),并在此条件下求函数 $f(x_1, x_2, \cdots, x_n)=\sqrt[n]{x_1x_2\cdot\cdots\cdot x_n}$ 或者等价的 $f(x_1, x_2, \cdots, x_n)=x_1x_2\cdot\cdots\cdot x_n$ 的最大值(因为 n 是确定的正整数).

这可以归结为多元函数的条件极值问题,因而作拉格朗日函数

$$F(x_1, x_2, \cdots, x_n, \lambda)=x_1x_2\cdot\cdots\cdot x_n+\lambda\left(\frac{x_1+x_2+\cdots+x_n}{n}-a\right),$$

并令

$$\begin{cases}\dfrac{\partial F}{\partial x_1}=x_2x_3\cdot\cdots\cdot x_n+\dfrac{\lambda}{n}=0\\ \dfrac{\partial F}{\partial x_2}=x_1x_3\cdot\cdots\cdot x_n+\dfrac{\lambda}{n}=0\\ \qquad\cdots\\ \dfrac{\partial F}{\partial x_n}=x_1x_2\cdot\cdots\cdot x_{n-1}+\dfrac{\lambda}{n}=0\\ \dfrac{\partial F}{\partial\lambda}=\dfrac{x_1+x_2+\cdots+x_n}{n}-a=0\end{cases},$$

由于该方程组对变量 $x_1, x_2, \cdots, x_n$ 是对称的,不难得到其唯一解,即拉格朗日函数的唯一驻点为

$$x_1=x_2=\cdots=x_n=a.$$

由问题的实际意义可知,在 $\frac{x_1+x_2+\cdots+x_n}{n}=a$ 的条件下,函数 $f(x_1, x_2, \cdots, x_n)=x_1x_2\cdot\cdots\cdot x_n$ 一定有最大值,又拉格朗日函数的驻点 $x_1=x_2=\cdots=x_n=a$ 是唯一的,这个唯一的驻点即为函数 f 的最大值点,即

$$f_{\max}=x_1x_2\cdot\cdots\cdot x_n\big|_{x_1=x_2=\cdots=x_n=a}=a^n.$$

因此,对任意一组非负数 $x_1, x_2, \cdots, x_n$ 及任意非负定常数 a,在条件 $\frac{x_1+x_2+\cdots+x_n}{n}=a$ 下都有

$$f(x_1, x_2, \cdots, x_n)=x_1x_2\cdot\cdots\cdot x_n\leqslant a^n=\left(\frac{x_1+x_2\cdots+x_n}{n}\right)^n.$$

注意到在证明过程中,非负常数 a 具有任意性,所以对所有非负数 $x_1, x_2, \cdots, x_n$ 均有

$$x_1x_2\cdot\cdots\cdot x_n\leqslant\left(\frac{x_1+x_2+\cdots+x_n}{n}\right)^n$$

即
$$\sqrt[n]{x_1x_2\cdot\cdots\cdot x_n}\leqslant\frac{x_1+x_2+\cdots+x_n}{n},$$
并且从证明过程易见,当且仅当 $x_1=x_2=\cdots=x_n$ 时不等式中的等号成立.

思考题 利用条件极值的方法,证明下面结论.

设有 $p_i\geqslant 0(i=1, 2, \cdots, n)$ 和 $\sum\limits_{i=1}^{n}p_i=1$,而 $x_1, x_2, \cdots, x_n$ 均为非负数,则有不等式
$${x_1}^{p_1}{x_2}^{p_2}\cdot\cdots\cdot{x_n}^{p_n}\leqslant p_1x_1+p_2x_2+\cdots+p_nx_n$$
并且当且仅当 $x_1=x_2=\cdots=x_n$ 时等号成立.

上面不等式右端 $p_1x_1+p_2x_2+\cdots+p_nx_n$[满足 $p_i\geqslant 0(i=1, 2, \cdots, n)$ 和 $\sum\limits_{i=1}^{n}p_i=1$],通常称为 $x_1, x_2, \cdots, x_n$ 这一组参数的一个"加权平均值",它是算术平均数的推广.

练习题 8-8

1. 公司通过电台及报纸两种方式做销售某种商品的广告,根据统计资料,销售收入 R(万元)与电台广告费用 x_1(万元)及报纸广告 x_2(万元)之间的关系有如下经验公式:
$$R=15+14x_1+32x_2-8x_1x_2-2x_1^2-10x_2^2.$$
(1) 在广告费用不限的情况下,求最优广告策略;
(2) 若提供的广告费用是 1.5 万元,求相应的最优广告策略.

2. 某厂家生产的一种产品同时在两个市场销售,售价分别为 P_1 和 P_2,销售量分别为 Q_1 和 Q_2,需求函数分别为 $Q_1=24-0.2P_1$, $Q_2=10-0.5P_2$,总成本函数为 $C=35+40(Q_1+Q_2)$,问厂家如何确定两个市场的售价,能使其获得的总利润最大?

3. 设某企业在两个相互分割的市场上出售同一种产品,两个市场的需求函数分别是 $P_1=18-2Q_1$, $P_2=12-Q_2$,其中 P_1 和 P_2 分别表示该产品在两个市场的价格(单位:万元/吨),Q_1 和 Q_2 分别表示该产品在两个市场的销售量(即需求量,单位:吨),并且该企业生产这种产品的总成本函数是 $C=2Q+5$,其中 Q 表示该产品在两个市场的销售总量,即 $Q=Q_1+Q_2$.
(1) 如果该企业实行价格差别策略,试确定两个市场上该产品的销售量和价格,使该企业获得最大利润;
(2) 如果该企业实行价格无差别策略,试确定两个市场上该产品的销售量及其统一的价格,使该企业的总利润最大,并比较两种价格策略下的总利润大小.

4. 从含 A、B 两种物质的溶液中,我们想提取出物质 A,可以采用这样的方法:在 A、B 的溶液中加入第三种物质 C,而 C 与 B 不互溶,利用 A 在 C 中的溶解度较大的特点,将 A 提取出来. 这种方法就是化工中的萃取过程. 现在有稀水溶液的醋酸,利用苯作为溶剂,设苯的总体积为 m. 进行 3 次萃取来回收醋酸. 问每次应取多少苯量,方使从水溶液中萃取的醋酸最多?

5. 航天员在航天飞行器上的生活处于失重状态,他们的饮水通常是靠固定在墙壁上的水箱来提供. 水箱形状为在直圆锥顶上加装一个球体(像蛋卷冰激凌的形状). 由于航天器内

部空间所限，设计要求水箱既要达到足够的容积，同时又不能占有太大的空间. 如果设计要求球体的半径限定为 $r=6\,\mathrm{ft}(1\,\mathrm{ft}=0.3048\,\mathrm{m})$，水箱的表面积为 $450\,\mathrm{ft}^2$，并设圆锥的高为 h，球冠的高为 l，那么 h 和 l 的尺寸如何选择可使水箱的容积最大？

6. 海面上一个血源的周围血浓度（每百万份水中含有血的份数）为 $c=c_0\mathrm{e}^{-\frac{x^2+2y^2}{10\,000}}$，这里 x 和 y 分别是在以血源为坐标原点的平面直角坐标系中点的横坐标和纵坐标，现在有一条位于点 $(x_0,\ y_0)$ $[\neq(0,\ 0)]$ 处的鲨鱼，在闻到血腥味后，将会向着血腥味浓度更高的方向连续前进，求鲨鱼的进击路线 L.

7. 攀岩运动是一项惊险刺激的运动，同时也是锻炼人的意志品质的运动，它要求每一个参加者必须按最陡峭的路线攀登，以尽可能快地升高其高度. 现在有一个攀岩爱好者，要攀登一个表面曲面方程为 $z=125-2x^2-3y^2$ 的山岩，已知他的出发地点是山岩脚下的点 $P_0=(5,\ 5,\ 0)$，请求出其攀登路线 Γ.

8. 在经济学中有个 Cobb-Douglas 生产函数的模型 $f(x,\ y)=cx^a y^{1-a}$，式中 x 代表劳动力的数量，y 为资本数量（确切地说是 y 个单位资本），c 与 $a(0<a<1)$ 是常数，由各工厂的具体情形而定. 函数值表示生产量. 现在已知某制造商 Cobb-Douglas 生产函数是 $f(x,\ y)=100x^{\frac{3}{4}}y^{\frac{1}{4}}$，每个劳动力与每单位资本的成本分别是 150 元及 250 元. 该制造商的总预算是 50 000 元. 问他该如何分配这笔钱于雇用劳动力与资本投入，以使生产量最高？

本章小结

一、本章主要内容与重点

本章主要内容有：点集和区域，多元函数的概念，二元函数的极限与连续性，二元函数的偏导数与全微分，复合函数和隐函数的偏导数，空间曲线的切线、法平面及空间曲面的切平面、法线方程，方向导数与梯度，二元函数的极值的概念和求法，条件极值.

重点　多元函数的极限、连续概念，偏导数，全微分，多元复合函数的求导法则，隐函数的偏导数和二元函数极值.

二、学习指导

1. 二元函数的极限与连续

(1) 二元函数的定义与一元函数的定义类似，但更应注意它们之间的差异. 一元函数的定义域是数轴上的点集，二元函数的定义域一般是平面上的点集.

(2) 在讨论一元函数在 x_0 处的极限和连续性时，点 x 趋于 x_0 的方式仅有从点 x_0 的左、右两个方向沿数轴趋于 x_0；但在讨论二元函数在点 $(x_0,\ y_0)$ 处的极限和连续性时，点 $(x,\ y)$ 趋于 $(x_0,\ y_0)$，则可以有无穷多种方式和路径在平面上趋于 $(x_0,\ y_0)$. 因此，对二元函数极限和连续问题的讨论要比一元函数复杂得多.

(3) 求二元函数的极限方法通常有两种：

方法一　利用变换，化二元函数的极限为一元函数的极限而求之.

方法二　利用极限的性质求之.

2. 偏导数和全微分

(1) 求二元函数偏导数时,只须将一个自变量看作常数,对另一个自变量运用一元函数求导公式和运算法则即可.但是,二元函数偏导数的存在不能保证二元函数连续.这与一元函数可导必连续是完全不同的.

二元函数偏导数求法可以推广到高阶,在求高阶偏导数时,应清楚高阶偏导数的记号,按要求的求导次序求导若干阶.

(2) 二元函数的全微分概念类似于一元函数.在一元函数微分学中,可导即可微.但是,在二元函数中,两个偏导数 $f_x(x, y)$, $f_y(x, y)$ 存在,也不能保证函数 $f(x, y)$ 在点 (x, y) 处可微.

(3) 求二元函数全微分方法通常有两种:

方法一 先求函数 $z=f(x, y)$ 的两个偏导数 $\frac{\partial z}{\partial x}$, $\frac{\partial z}{\partial y}$,在 $\frac{\partial z}{\partial x}$, $\frac{\partial z}{\partial y}$ 连续的条件下可得到函数的全微分 $\mathrm{d}z=\frac{\partial z}{\partial x}\mathrm{d}x+\frac{\partial z}{\partial y}\mathrm{d}y$.

方法二 利用微分公式、微分四则运算及复合函数微分法,对函数 $z=f(x, y)$ 求微分即可.

(4) 二元函数的连续、偏导数及全微分之间的关系:

若函数 $z=f(x, y)$ 可微,则函数 $z=f(x, y)$ 必连续.反之不一定成立.

若函数 $z=f(x, y)$ 可微,则偏导数 $\frac{\partial z}{\partial x}$, $\frac{\partial z}{\partial y}$ 必存在.反之不一定成立.但若加强条件,即若偏导数 $\frac{\partial z}{\partial x}$, $\frac{\partial z}{\partial y}$ 存在且连续,则函数 $z=f(x, y)$ 一定可微.

函数 $z=f(x, y)$ 的偏导数存在与否,与函数 $z=f(x, y)$ 是否连续毫无关系.

3. 多元复合函数、隐函数的偏导数

(1) 复合函数求偏导数时,首先画出复合关系的示意图,弄清从函数到自变量有几条路径、而每条路径上按复合函数的链式法则求导,然后把所有路径的偏导数相加即可.

(2) 求隐函数的导数或偏导数,一般有三种方法:

方法一 把方程化为 $F(x, y)=0$ 或 $F(x, y, z)=0$,然后套用隐函数的求导公式求导数或偏导数.

方法二 利用复合函数求导法则求导数或偏导数.对于方程 $F(x, y, z)=0$ 所确定的二元隐函数,在求 $\frac{\partial z}{\partial x}$ 时,可对方程两边同时关于 x 求偏导数,遇到 z 把它看作 x, y 的函数,按复合函数求导法则求导,把 y 视为常量,然后从中解出 $\frac{\partial z}{\partial x}$ 的表达式.类似可求 $\frac{\partial z}{\partial y}$(视 x 为常量).

方法三 利用一阶微分形式的不变性求导数或偏导数.方程两边同时微分,遇到哪个变量就对哪个变量微分,从中求出函数的微分.在函数的微分表达式中,$\mathrm{d}x$ 的系数就是函数关于 x 的导数或偏导数,$\mathrm{d}y$ 的系数就是函数关于 y 的导数或偏导数.

4. 偏导数的几何应用

在求曲线切线时,看曲线是否以参数方程形式给出.若不是,看其是否能化为参数方程.若不易化成参数方程,可视某一变量为参变量,其余两个变量看作函数,然后求导便可得到切线的方向向量,进而得到切线方程.

求曲面的切平面时,先把曲面方程写成隐函数的形式,即 $F(x, y, z)=0$, 然后 F 分别对 x, y, z 求偏导,向量 (F_x, F_y, F_z) 为曲面的切平面的法向量,最后用点法式可得切平面方程.

5. 方向导数与梯度

(1) 方向导数是函数沿任一给定方向 l 的变化率,而偏导数则是函数沿坐标轴方向的变化率,因此方向导数是偏导数的推广. 但是,在函数可微的条件下,沿任一方向的方向导数都可用偏导数进行计算.

(2) 梯度是场论中的一个重要概念. 设函数 $f(x, y)$ 有连续偏导数,梯度 $\mathbf{grad} f(x, y)=f_x(x, y)\boldsymbol{i}+f_y(x, y)\boldsymbol{j}$ 是这样一个向量:它的方向是 $f(x, y)$ 在点 (x, y) 处增长得最快的一个方向,它的模等于最大增长率,它在任一方向 l 上的投影等于 $f(x, y)$ 沿方向 l 的变化率.

6. 求二元函数的无条件极值

求二元函数 $z=f(x, y)$ 的无条件极值,可以按以下步骤进行:

第一步　求 $f_x(x, y)$, $f_y(x, y)$,并求解方程组 $\begin{cases} f_x(x, y)=0 \\ f_y(x, y)=0 \end{cases}$,求出 $f(x, y)$ 的所有驻点;

第二步　求出 $f(x, y)$ 的二阶偏导数,依次确定各驻点处 A, B, C 的值,其中

$$f_{xx}(x_0, y_0)=A,\ f_{xy}(x_0, y_0)=B,\ f_{yy}(x_0, y_0)=C;$$

第三步　根据 B^2-AC 的正负号,判定驻点是否为极值点,是极大值点还是极小值点,最后求出函数 $f(x, y)$ 在极值点处的极值.

7. 求二元函数 $z=f(x, y)$ 在条件 $\varphi(x, y)=0$ 下的极值方法与步骤

(1) 方法一. 化条件极值为无条件极值,其一般步骤如下:

① 从条件 $\varphi(x, y)=0$ 中求出 $y=\varphi(x)$;

② 将 $y=\varphi(x)$ 代入二元函数 $z=f(x, y)$ 中,化为一元函数 $z=f(x, \varphi(x))$;

③ 求出一元函数 $z=f(x, \varphi(x))$ 的极值即可.

(2) 方法二. 拉格朗日乘数法,其一般步骤如下:

① 构造辅助函数(称为拉格朗日函数)

$$L(x, y, \lambda)=f(x, y)+\lambda\varphi(x, y),$$

其中 λ 为待定常数,称为拉格朗日乘数;

② 求解方程组 $\begin{cases} L_x=f_x(x, y)+\lambda\varphi_x(x, y)=0 \\ L_y=f_y(x, y)+\lambda\varphi_y(x, y)=0 \\ L_\lambda=\varphi(x, y)=0 \end{cases}$,得出所有可能的极值点 (x, y) 和乘数 λ;

③ 判别求出的点 (x, y) 是否为极值点,若是,判断它是极大值点还是极小值点,通常可以根据问题的实际意义直接判定.

拉格朗日乘数法可推广到自变量多于两个或约束条件多于一个的情形.

条件极值一般都是解决某些最大值、最小值问题. 在实际问题中,往往根据问题本身就可以判定最大(最小)值是否存在,并不需要比较复杂的条件(充分条件)去判断.

8. 多元函数微分学模型

多元函数微分学是微积分学的重要组成部分,也是积分学和级数理论的必要基础,其本身具有重要的实际应用价值.

多元函数微分法比一元函数微分法复杂且内容丰富,由于它不是一元函数微分法的简单推广,因此应用广泛. 由于现实世界中,只受一个因素决定的事物很少,大多数是受到多个因素影响的事物,因此多元函数能为更多的应用提供数学模型.

希望读者注意不断增强应用意识,培养应用能力,会利用多元函数微分学的知识建立数学模型,解决一些实际问题.

习题八

1. 设函数 $f(x,y)=\dfrac{xy}{x^2+y^2}$, 求 $f\left(1,\dfrac{y}{x}\right)$.

2. 设函数 $f(x,y)=x^2-y^2+xy\tan\dfrac{x}{y}$, 求 $f(tx,ty)$.

3. 求下列函数的定义域:

(1) $z=\ln(y^2-2x+1)$;　　(2) $z=\dfrac{\sqrt{4x-y^2}}{\ln(1-x^2-y^2)}$;

(3) $z=\sqrt{x-\sqrt{y}}$;　　(4) $z=\ln(y-x)+\arcsin\left(\dfrac{y}{x}\right)$.

4. 求下列函数的偏导数:

(1) $u=(x+2y+3z)^2$;　(2) $z=e^{xy}\cos xy$;　(3) $z=(1+x)^{xy}$;

(4) $z=xy\ln y$;　(5) $z=\ln\sin(x-2y)$;　(6) $u=\arctan(x-y)^z$.

5. 求下列函数的所有二阶偏导数:

(1) $z=e^{x+2y}$;　　(2) $z=\arctan\dfrac{2y}{x}$;

(3) $f(x,y)=x+y-\sqrt{x^2+y^2}$;　　(4) $z=x\ln(x+y)$.

6. 证明: $u=x^3-3xy^2$, $v=3x^2y-y^3$ 满足柯西-黎曼方程 $\begin{cases}\dfrac{\partial u}{\partial x}=\dfrac{\partial v}{\partial y}\\ \dfrac{\partial u}{\partial y}=-\dfrac{\partial v}{\partial x}\end{cases}$.

7. 证明: $z=\ln(x^2+y^2)$ 满足拉普拉斯方程 $\dfrac{\partial^2 z}{\partial x^2}+\dfrac{\partial^2 z}{\partial y^2}=0$.

8. 质量为 m, 速率为 v 的物体的动能为 $E=\dfrac{1}{2}mv^2$, 证明 $\dfrac{\partial E}{\partial m}\cdot\dfrac{\partial^2 E}{\partial v^2}=E$.

9. 设 $u=f(x,y)$, $x=r\cos\theta$, $y=r\sin\theta$, 证明 $\dfrac{\partial^2 u}{\partial r^2}+\dfrac{1}{r}\dfrac{\partial u}{\partial r}+\dfrac{1}{r^2}\dfrac{\partial^2 u}{\partial \theta^2}=\dfrac{\partial^2 u}{\partial x^2}+\dfrac{\partial^2 u}{\partial y^2}$.

10. 求下列函数的全微分：

(1) $z=\dfrac{xy}{\sqrt{x^2+y^2}}$；　　(2) $z=2x\cos(x-y)$；

(3) $u=x\sin(yz)$；　　(4) $z=xy+\dfrac{x}{y}$.

11. 利用全微分求近似值：

(1) $1.002\times2.003^2\times3.004^3$；　(2) $\sin29^\circ\tan46^\circ$.

12. 求下列复合函数的偏导数：

(1) 设 $z=u^2v-uv^2$，而 $u=x\cos y$，$v=x\sin y$，求 $\dfrac{\partial z}{\partial x}$，$\dfrac{\partial z}{\partial y}$.

(2) 设 $z=\mathrm{e}^{x-2y}$，而 $x=\sin t$，$y=t^3$，求 $\dfrac{\mathrm{d}z}{\mathrm{d}t}$.

13. 设方程 $x\mathrm{e}^{2y}-y\mathrm{e}^{2x}=1$ 确定函数 $y=f(x)$，求 $\dfrac{\mathrm{d}y}{\mathrm{d}x}$.

14. 计算方向导数和梯度：

(1) 求函数 $u=\ln(x^2+y^2+z^2)$ 在点 $M(1,\ 2,\ -2)$ 处的梯度 $\mathbf{grad}u\big|_M$；

(2) 求函数 $u=\ln(x+\sqrt{y^2+z^2})$ 在点 $A(1,\ 0,\ 1)$ 处沿点 A 指向 $B(3,\ -2,\ 2)$ 方向的方向导数.

15. 求下列各函数的极值：

(1) $z=4(x-y)-x^2-y^2$；　　(2) $z=(x^2+y^2)\mathrm{e}^{-(x^2+y^2)}$；

(3) $z=3axy-x^3-y^3(a>0)$；　　(4) $z=x^2+5y^2-6x+10y+6$.

16. 求螺旋线 $x=a\cos\theta$，$y=a\sin\theta$，$z=b\theta$ 在点 $(a,\ 0,\ 0)$ 处的切线及法平面方程.

17. 求曲面 $ax^2+by^2+cz^2=1$ 在点 $(x_0,\ y_0,\ z_0)$ 处的切平面及法线方程.

18. 求由方程 $\cos^2x+\cos^2y+\cos^2z=1$ 所确定的函数 $z=f(x,\ y)$ 的全微分 $\mathrm{d}z$.

19. 周长为 $2p$ 的三角形中，边长为多少时，其面积最大？

20. 制作一个体积为 V 的长方体无盖盒子，问长、宽、高应为多少，使得材料最省？

21. 某工厂生产某产品需要两种原料 A，B，且产品的产量 z 与所需 A 原料数量 x 及 B 原料数量 y 的关系式为 $z=x^2+8xy+7y^2$，已知 A 原料的单价为 1 万元/t，B 原料的单价为 2 万元/t，现有 100 万元，如何购买原料才能使该产品的产量最大？

22. 在平面 $2x-y+z=2$ 上求一点，使该点到原点和 $(-1,\ 0,\ 2)$ 的距离平方和最小.

阅读材料

伟大的数学家——拉格朗日

拉格朗日(Lagrange，1736—1813)，法国数学家、力学家和天文学家.他在数学、力学和天文学三个学科领域中都有历史性的贡献，其中尤以数学方面的成就最为突出.

拉格朗日 1736 年 1 月 25 日生于意大利西北部的都灵.父亲是法国陆军骑兵里的一名军官，后由于经商破产，家道中落.据拉格朗日本人回忆，如果幼年时家境富裕，他也就不会做数学研究了，因为父亲

一心想把他培养成为一名律师.拉格朗日个人却对法律毫无兴趣.

到了青年时代,在数学家雷维里的教导下,拉格朗日喜爱上了几何学.17岁时,他读了英国天文学家哈雷的介绍牛顿微积分成就的短文《论分析方法的优点》后,感觉到"分析才是自己最热爱的学科",从此他迷上了数学分析,开始专攻当时迅速发展的数学分析.

18岁时,拉格朗日用意大利语写了第一篇论文,是用牛顿二项式定理处理两函数乘积的高阶微商,他又将论文用拉丁语写出寄给了当时在柏林科学院任职的数学家欧拉.不久后,他获知这一成果早在半个世纪前就被莱布尼茨取得了.这个并不幸运的开端并未使拉格朗日灰心,相反,更坚定了他投身数学分析领域的信心.

1755年拉格朗日19岁时,在探讨数学难题"等周问题"的过程中,他以欧拉的思路和结果为依据,用纯分析的方法求变分极值.第一篇论文"极大和极小的方法研究",发展了欧拉所开创的变分法,为变分法奠定了理论基础.变分法的创立,使拉格朗日在都灵声名大震,并使他在19岁时就当上了都灵皇家炮兵学校的教授,成为当时欧洲公认的第一流数学家.1756年,受欧拉的举荐,拉格朗日被任命为普鲁士科学院通信院士.

1764年,法国科学院悬赏征文,要求用万有引力解释月球天平动问题,拉格朗日的研究获奖.接着他又成功地运用微分方程理论和近似解法研究了科学院提出的一个复杂的六体问题(木星的四个卫星的运动问题),为此又一次于1766年获奖.

1766年德国的腓特烈大帝向拉格朗日发出邀请时说,在"欧洲最大的王"的宫廷中应有"欧洲最大的数学家".于是拉格朗日应邀前往柏林,任普鲁士科学院数学部主任,居住达20年之久,开始了他一生科学研究的鼎盛时期.在此期间,他完成了《分析力学》一书,这是牛顿之后的一部重要的经典力学著作.书中运用变分原理和分析的方法,建立起完整和谐的力学体系,使力学分析化了.他在序言中宣称:力学已经成为分析的一个分支.

1783年,拉格朗日的故乡建立了"都灵科学院",他被任命为名誉院长.1786年腓特烈大帝去世以后,他接受了法王路易十六的邀请,离开柏林,定居巴黎.

这期间他参加了巴黎科学院成立的研究法国度量衡统一问题的委员会,并出任法国米制委员会主任.1799年,法国完成统一度量衡工作,制定了被世界公认的长度、面积、体积、质量的单位,拉格朗日为此作出了巨大的努力.

1791年,拉格朗日被选为英国皇家学会会员,又先后在巴黎高等师范学院和巴黎综合工科学校任数学教授.1795年法国最高学术机构——法兰西研究院建立后,拉格朗日被选为科学院数理委员会主席.此后,他才重新进行研究工作,编写了一批重要著作:《论任意阶数值方程的解法》《解析函数论》和《函数计算讲义》,总结了那一时期的特别是他自己的一系列研究工作.

1813年4月3日,拿破仑授予他帝国大十字勋章,但此时的拉格朗日已卧床不起,4月11日早晨,拉格朗日逝世.

拉格朗日是18世纪的伟大科学家,他最突出的贡献是在把数学分析的基础脱离几何与力学方面起了决定性的作用.使数学的独立性更为清楚,而不仅是其他学科的工具.同时在使天文学力学化、力学分析化上也起了历史性作用,促使力学和天文学(天体力学)更深入发展.但由于历史的局限,严密性不够妨碍着他取得更多的成果.

拉格朗日的著作非常多,未能全部收集.他去世后,法兰西研究院集中了他留在学院内的全部著作,编辑出版了十四卷《拉格朗日文集》,由J.A.塞雷(Serret)主编,1867年出第一卷,到1892年才印出第十四卷.还计划出第十五卷,但未出版.

第九章

重积分

如果说我所看得比笛卡儿更远一点,那是因为站在巨人肩上的缘故.

——牛顿

学习目标

1. 掌握二重积分的概念和性质.
2. 熟练掌握利用直角坐标和极坐标计算二重积分的方法.
3. 能应用二重积分解决简单的几何问题(立体体积、曲面面积)和物理问题(重心、转动惯量).
4. 了解三重积分的概念,会利用直角坐标、柱面坐标和球面坐标计算三重积分.
5. 会用 MATLAB 求重积分.
6. 会利用重积分建立数学模型,解决一些实际问题.

在一元函数积分学中已经知道,定积分是某种特定形式的和式的极限,把这种和式的极限的概念推广到定义在某个区域上的多元函数的情形,便得到重积分的概念.本章将介绍重积分(包括二重积分、三重积分)的概念、性质、计算方法以及它们的一些应用.

第一节　二重积分的概念与性质

一、二重积分的概念

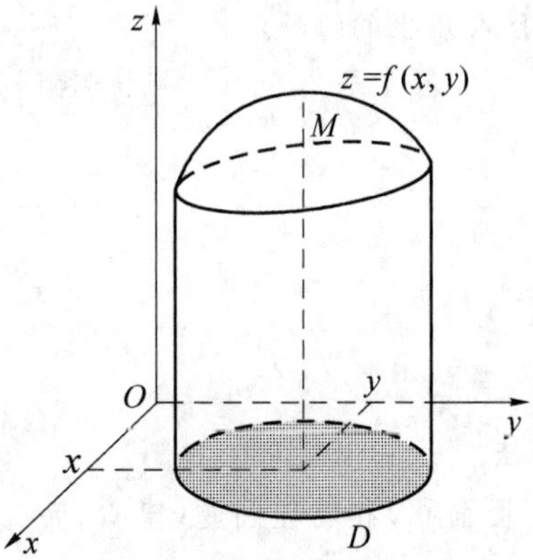

图 9-1

设有一立体,它的底是 xOy 面上的闭区域 D,它的侧面是以 D 的边界曲线为准线而母线平行于 z 轴的柱面,它的顶是曲面 $z=f(x, y)$,这里 $f(x, y)\geqslant 0$ 且在区域 D 上连续(图 9-1).这种立体称为**曲顶柱体**.现在来讨论如何计算曲顶柱体的体积 V.

平顶柱体的高是不变的,它的体积可以用公式"体积=高×底面积"来计算.对于曲顶柱体,当点 (x, y) 在区域 D 上变动时,高 $f(x, y)$ 是个变量,因此它的体积不能用上述公式来计算.在定积分一章中讨论过求曲边梯形的面积问题,不难想到,那里所采用的办法,可以用来解决目前的问题.

首先,用一组曲线网把区域 D 分成 n 个小闭区域

$$\Delta\sigma_1, \Delta\sigma_2, \cdots, \Delta\sigma_n.$$

小闭区域 $\Delta\sigma_i$ 的面积也记作 $\Delta\sigma_i$,分别以这些小闭区域的边界曲线为准线,作母线平行于 z 轴的柱面,这些柱面把原来的曲顶柱体分为 n 个细曲顶柱体.在每个 $\Delta\sigma_i$ 中任取一点 (ξ_i, η_i),以 $f(\xi_i, \eta_i)$ 为高而底为 $\Delta\sigma_i$ 的平顶柱体(图 9-2)的体积为 $f(\xi_i, \eta_i)\Delta\sigma_i (i=1, 2, \cdots, n)$.这 n 个平顶柱体体积之和为

$$\sum_{i=1}^{n} f(\xi_i, \eta_i)\Delta\sigma_i.$$

可以认为是整个曲顶柱体体积的近似值.为求得曲顶柱体体积的精确值,将分割加密,只须取极限,即

$$V=\lim_{\lambda\to 0}\sum_{i=1}^{n} f(\xi_i, \eta_i)\Delta\sigma_i.$$

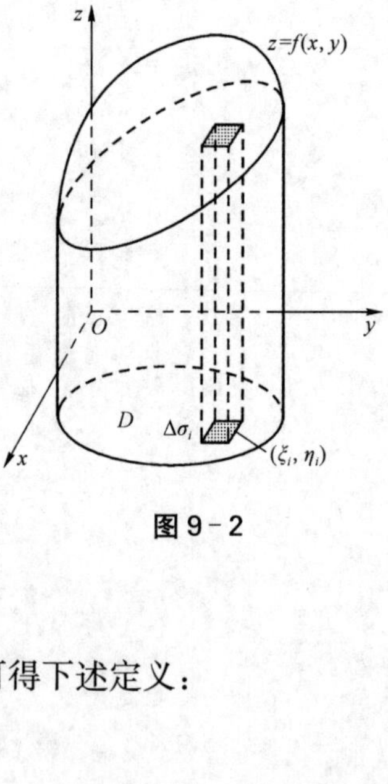

图 9-2

其中 λ 是 n 个小闭区域的直径中的最大值.

撇开上述问题中的几何特性,一般地研究这种和式的极限,可得下述定义:

定义 设 $f(x, y)$是有界闭区域 D 上的有界函数,将闭区域 D 任意分成 n 个小闭区域

$$\Delta\sigma_1, \Delta\sigma_2, \cdots, \Delta\sigma_n,$$

其中 $\Delta\sigma_i$ 表示第 i 个小闭区域,也表示它的面积. 在每个 $\Delta\sigma_i$ 上任取一点(ξ_i, η_i),作乘积 $f(\xi_i, \eta_i)\Delta\sigma_i(i=1, 2, \cdots, n)$,并作和$\sum\limits_{i=1}^{n} f(\xi_i, \eta_i)\Delta\sigma_i$. 如果当各小闭区域的直径中的最大值$\lambda$ 趋于零时,这和的极限总存在,则称此极限为函数 $f(x, y)$在闭区域 D 上的**二重积分**,记作$\iint\limits_D f(x, y)\mathrm{d}\sigma$,即

$$\iint\limits_D f(x, y)\mathrm{d}\sigma = \lim_{\lambda\to 0}\sum_{i=1}^{n} f(\xi_i, \eta_i)\Delta\sigma_i.$$

其中 $f(x, y)$称为**被积函数**,$f(x, y)\mathrm{d}\sigma$ 称为**被积表达式**,$\mathrm{d}\sigma$ 称为**面积元素**,x, y 称为**积分变量**,D 称为**积分区域**, $\sum\limits_{i=1}^{n} f(\xi_i, \eta_i)\Delta\sigma_i$ 称为**积分和**.

1. 直角坐标系中的面积元素

在二重积分记号$\iint\limits_D f(x, y)\mathrm{d}\sigma$ 中的面积元素 $\mathrm{d}\sigma$ 象征着和式中的 $\Delta\sigma_i$. 因为二重积分定义中对区域 D 的划分是任意的,如果在直角坐标系中用平行于坐标轴的直线网来划分区域 D,那么除了包含边界点的一些小闭区域外,其余的小闭区域都是矩形闭区域. 设矩形闭区域 $\Delta\sigma_i$ 的边长为 Δx_i 和 Δy_i,则 $\Delta\sigma_i = \Delta x_i\Delta y_i$. 因此在直角坐标系中,也把面积元素 $\mathrm{d}\sigma$ 记作 $\mathrm{d}x\mathrm{d}y$,而把二重积分记作

$$\iint\limits_D f(x, y)\mathrm{d}x\mathrm{d}y,$$

其中 $\mathrm{d}x\mathrm{d}y$ 称为**直角坐标系中的面积元素**.

2. 二重积分的存在性

我们不加证明地给出,当 $f(x, y)$ 在闭区域 D 上连续时,和式极限$\lim\limits_{\lambda\to 0}\sum\limits_{i=1}^{n} f(\xi_i, \eta_i)\Delta\sigma_i$ 是存在的,即函数 $f(x, y)$ 在闭区域 D 上的二重积分存在.

3. 二重积分的几何意义

由二重积分的定义可知,曲顶柱体的体积 V 是曲顶上的竖坐标 $f(x, y)$在底 D 上的二重积分,即

$$V = \iint\limits_D f(x, y)\mathrm{d}\sigma.$$

一般地,如果 $f(x, y)\geqslant 0$,被积函数 $f(x, y)$可解释为曲顶柱体的顶在点(x, y)的竖坐标,所以二重积分的几何意义就是曲顶柱体的体积. 如果 $f(x, y)<0$,柱体就在 xOy 面的下方,二重积分的值就等于柱体体积的负值. 如果 $f(x, y)$在区域 D 的某些部分区域上是正的,而在其余部分区域上是负的,那么二重积分$\iint\limits_D f(x, y)\mathrm{d}\sigma$ 就等于xOy 面上方的柱体体

积与 xOy 面下方的柱体体积的负值的代数和.

例 1 设 D 为 xOy 面上的扇形区域:$x^2+y^2\leqslant R^2$, $x\geqslant 0$, $y\geqslant 0$,求二重积分 $\iint\limits_D \sqrt{R^2-x^2-y^2}\,\mathrm{d}\sigma$.

解 $z=\sqrt{R^2-x^2-y^2}$ 为上半球面的方程,积分区域 D 位于第一象限,由二重积分的几何意义可知,二重积分表示球体体积的 $\frac{1}{8}$,故原式 $=\frac{1}{8}V=\frac{1}{6}\pi R^3$.

二、二重积分的性质

比较定积分与二重积分的定义可以得到,二重积分与定积分有类似的性质.

性质 1 被积函数的常数因子可以提到二重积分号的外面,即

$$\iint\limits_D kf(x,y)\,\mathrm{d}\sigma=k\iint\limits_D f(x,y)\,\mathrm{d}\sigma\quad(k\text{ 为常数}).$$

性质 2 函数的和(或差)的二重积分等于各个函数的二重积分的和(或差),即

$$\iint\limits_D [f(x,y)\pm g(x,y)]\,\mathrm{d}\sigma=\iint\limits_D f(x,y)\,\mathrm{d}\sigma\pm\iint\limits_D g(x,y)\,\mathrm{d}\sigma.$$

性质 3 如果闭区域 D 被有限条曲线分为有限个部分闭区域,则在闭区域 D 上的二重积分等于在各部分闭区域上的二重积分的和. 例如闭区域 D 分为两个闭区域 D_1 与 D_2,则

$$\iint\limits_D f(x,y)\,\mathrm{d}\sigma=\iint\limits_{D_1} f(x,y)\,\mathrm{d}\sigma+\iint\limits_{D_2} f(x,y)\,\mathrm{d}\sigma.$$

这个性质表示二重积分对于积分区域具有可加性.

性质 4 如果在区域 D 上 $f(x,y)=1$,σ 为区域 D 的面积,那么

$$\iint\limits_D 1\cdot\mathrm{d}\sigma=\iint\limits_D \mathrm{d}\sigma=\sigma.$$

这个性质的几何意义是很明显的,因为高为 1 的平顶柱体的体积在数值上就等于柱体的底面积.

性质 5 如果在区域 D 上,$f(x,y)\leqslant g(x,y)$,则有不等式

$$\iint\limits_D f(x,y)\,\mathrm{d}\sigma\leqslant\iint\limits_D g(x,y)\,\mathrm{d}\sigma.$$

特殊地,由于 $-|f(x,y)|\leqslant f(x,y)\leqslant|f(x,y)|$,有

$$\left|\iint\limits_D f(x,y)\,\mathrm{d}\sigma\right|\leqslant\iint\limits_D |f(x,y)|\,\mathrm{d}\sigma.$$

例 2 比较二重积分 $\iint\limits_D (x+y)^2\,\mathrm{d}\sigma$ 和 $\iint\limits_D (x+y)\,\mathrm{d}\sigma$ 的大小,其中 D 是由直线 $x=0$, $y=0$ 及 $x+y=1$ 所围成的闭区域.

解 对任意的 $(x,y)\in D$,有 $x+y\leqslant 1$,故有 $(x+y)^2\leqslant x+y$. 因此

$$\iint_D (x+y)^2 \mathrm{d}\sigma \leqslant \iint_D (x+y) \mathrm{d}\sigma.$$

性质 6　设 M, m 分别是 $f(x, y)$ 在闭区域 D 上的最大值和最小值，σ 为闭区域 D 的面积，则有

$$m\sigma \leqslant \iint_D f(x, y) \mathrm{d}\sigma \leqslant M\sigma.$$

上述不等式是对于二重积分的估值不等式.

因为 $m \leqslant f(x, y) \leqslant M$，所以由性质 5 有 $\iint_D m \mathrm{d}\sigma \leqslant \iint_D f(x, y) \mathrm{d}\sigma \leqslant \iint_D M \mathrm{d}\sigma$，再应用性质 1 和性质 4，便得此估值不等式.

例 3　估计二重积分 $\iint_D \mathrm{e}^{\sin x \cos y} \mathrm{d}\sigma$ 的值，其中 D 为圆形区域 $x^2+y^2 \leqslant 4$.

解　对任意的 $(x, y) \in D$，因 $-1 \leqslant \sin x \cos y \leqslant 1$，故有 $\frac{1}{\mathrm{e}} \leqslant \mathrm{e}^{\sin x \cos y} \leqslant \mathrm{e}$. 又区域 D 的面积 $\sigma = 4\pi$，所以 $\frac{4\pi}{\mathrm{e}} \leqslant \iint_D \mathrm{e}^{\sin x \cos y} \mathrm{d}\sigma \leqslant 4\pi \mathrm{e}$.

性质 7(二重积分的中值定理)　设函数 $f(x, y)$ 在闭区域 D 上连续，σ 为闭区域 D 的面积，则在闭区域 D 上至少存在一点 (ξ, η)，使得

$$\iint_D f(x, y) \mathrm{d}\sigma = f(\xi, \eta)\sigma.$$

证　显然 $\sigma \neq 0$. 把性质 6 中不等式两边各除以 σ，有

$$m \leqslant \frac{1}{\sigma} \iint_D f(x, y) \mathrm{d}\sigma \leqslant M.$$

这就是说，确定的数值 $\frac{1}{\sigma} \iint_D f(x, y) \mathrm{d}\sigma$ 介于函数 $f(x, y)$ 的最大值 M 与最小值 m 之间.

根据在闭区域上连续函数的介值定理，在 D 上至少存在一点 (ξ, η)，使得函数在该点的值与这个确定的数值相等，即

$$\frac{1}{\sigma} \iint_D f(x, y) \mathrm{d}\sigma = f(\xi, \eta).$$

上式两端各乘以 σ，就得到所要证明的公式.

练习题 9-1

1. 选择题：

(1) 设积分区域 D 是圆环域：$1 \leqslant x^2+y^2 \leqslant 4$，则 $\iint_D \mathrm{d}x \mathrm{d}y =$ (　　).

A. 15π　　B. 2π　　C. 3π　　D. 4π

(2) 设积分区域 D 是由曲线 $y=0$, $y=\sqrt{2-x^2}$ 围成的平面闭区域，则 $\iint_D 2\mathrm{d}\sigma =$

(　　).

A. π　　B. 2π　　C. $\frac{\pi}{2}$　　D. 3π

(3) 设区域 D 是由直线 $y=x$, $y=1$, $x=-1$ 围成的平面闭区域,则 $\iint\limits_D \mathrm{d}\sigma=$(　　).

A. 1　　B. 2　　C. 3　　D. 4

(4) 设区域 D 是圆域 $x^2+y^2\leqslant 1$,则二重积分 $I_1=\iint\limits_D x\mathrm{e}^{x^2+y^2}\mathrm{d}x\mathrm{d}y$ 与 $I_2=\iint\limits_D \mathrm{e}^{x^2+y^2}\mathrm{d}x\mathrm{d}y$ 的大小关系为(　　).

A. $I_1\leqslant I_2$　　B. $I_1\geqslant I_2$　　C. $I_1=I_2$　　D. 以上都不对

2. 设 $I_1=\iint\limits_{D_1}(x^2+y^2)^3\mathrm{d}\sigma$,其中 D_1 是矩形区域:$-1\leqslant x\leqslant 1$, $-2\leqslant y\leqslant 2$;又 $I_2=\iint\limits_{D_2}(x^2+y^2)^3\mathrm{d}\sigma$,其中 D_2 是矩形区域:$0\leqslant x\leqslant 1$, $0\leqslant y\leqslant 2$,试利用二重积分的几何意义说明 I_1 与 I_2 之间的关系.

3. 比较下列二重积分的大小:

(1) $\iint\limits_D(x+y)^2\mathrm{d}\sigma$ 与 $\iint\limits_D(x+y)^3\mathrm{d}\sigma$,其中区域 D 由 x 轴、y 轴及直线 $x+y=1$ 围成;

(2) $\iint\limits_D(x+y)^2\mathrm{d}\sigma$ 与 $\iint\limits_D(x+y)^3\mathrm{d}\sigma$,其中区域 D 是由圆周 $(x-2)^2+(y-1)^2=2$ 围成.

4. 估计下列二重积分的值:

(1) $I=\iint\limits_D xy(x+y)\mathrm{d}\sigma$,其中区域 D 是矩形区域:$0\leqslant x\leqslant 1$, $0\leqslant y\leqslant 1$;

(2) $I=\iint\limits_D \sin^2 x\sin^2 y\mathrm{d}\sigma$,其中区域 D 是矩形区域:$0\leqslant x\leqslant \pi$, $0\leqslant y\leqslant \pi$.

第二节　二重积分的计算

相对于重积分来说,定积分也可称为单积分.本节介绍二重积分的计算方法,这种方法是把二重积分化为两次单积分(即两次定积分)来计算.

一、直角坐标系下计算二重积分

下面用几何观点来讨论二重积分 $\iint\limits_D f(x, y)\mathrm{d}\sigma$ 的计算问题.在讨论中假定 $f(x, y)\geqslant 0$.

设积分区域 D 可以用不等式 $\varphi_1(x)\leqslant y\leqslant \varphi_2(x)$, $a\leqslant x\leqslant b$ 来表示(图 9-3),其中 $\varphi_1(x)$ 及 $\varphi_2(x)$ 在 $[a, b]$ 上连续.按照二重积分的几何意义,$\iint\limits_D f(x, y)\mathrm{d}\sigma$ 的值等于以曲面 $z=f(x, y)$ 为顶,以区域 D 为底的曲顶柱体的体积.

先计算截面面积.为此,在区间 $[a, b]$ 中任意取一点 x_0,作平行于 yOz 面的平面 $x=$

x_0，此平面截曲顶柱体所得截面是一个以区间 $[\varphi_1(x_0),\ \varphi_2(x_0)]$ 为底、以曲线 $z=f(x_0,\ y)$ 为曲边的曲边梯形，所以这截面的面积为

$$A(x_0)=\int_{\varphi_1(x_0)}^{\varphi_2(x_0)} f(x_0,\ y)\mathrm{d}y.$$

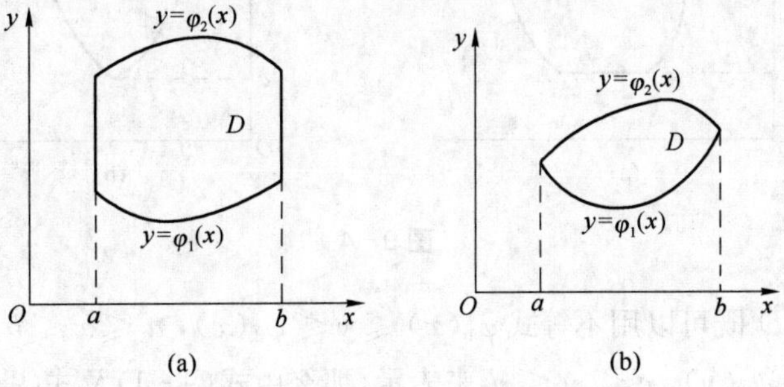

图 9-3

一般地，过区间 $[a,\ b]$ 上任一点 x 且平行于 yOz 面的平面截曲顶柱体所得截面的面积为

$$A(x)=\int_{\varphi_1(x)}^{\varphi_2(x)} f(x,\ y)\mathrm{d}y,$$

根据计算平行截面面积为已知的立体体积的方法，得曲顶柱体体积为

$$V=\int_a^b A(x)\mathrm{d}x=\int_a^b\left[\int_{\varphi_1(x)}^{\varphi_2(x)} f(x,\ y)\mathrm{d}y\right]\mathrm{d}x.$$

这个体积也就是所求的二重积分，从而有

$$\iint_D f(x,\ y)\mathrm{d}\sigma=\int_a^b\left[\int_{\varphi_1(x)}^{\varphi_2(x)} f(x,\ y)\mathrm{d}y\right]\mathrm{d}x.$$

上式右端是一个先对 y、再对 x 的二次积分. 就是说，先把 x 看作常数，把 $f(x,\ y)$ 只看作 y 的函数，并对 y 计算从 $\varphi_1(x)$ 到 $\varphi_2(x)$ 的定积分；然后把算得的结果（是 x 的函数）再对 x 计算从 a 到 b 的定积分. 这个先对 y 再对 x 的二次积分也常记作

$$\int_a^b \mathrm{d}x\int_{\varphi_1(x)}^{\varphi_2(x)} f(x,\ y)\mathrm{d}y.$$

从而把二重积分化为先对 y 再对 x 的二次积分的公式写作

$$\iint_D f(x,\ y)\mathrm{d}\sigma=\int_a^b \mathrm{d}x\int_{\varphi_1(x)}^{\varphi_2(x)} f(x,\ y)\mathrm{d}y. \tag{9-1}$$

类似地，如果积分区域 D 可以用不等式 $\psi_1(y)\leqslant x\leqslant \psi_2(y),\ c\leqslant y\leqslant d$ 来表示（图 9-4），其中 $\psi_1(y)$ 及 $\psi_2(y)$ 在 $[c,\ d]$ 上连续，那么就有

$$\iint_D f(x,\ y)\mathrm{d}x\mathrm{d}y=\int_c^d \mathrm{d}y\int_{\psi_1(y)}^{\psi_2(y)} f(x,\ y)\mathrm{d}x. \tag{9-2}$$

这就是把二重积分化为先对 x 再对 y 的二次积分的公式.

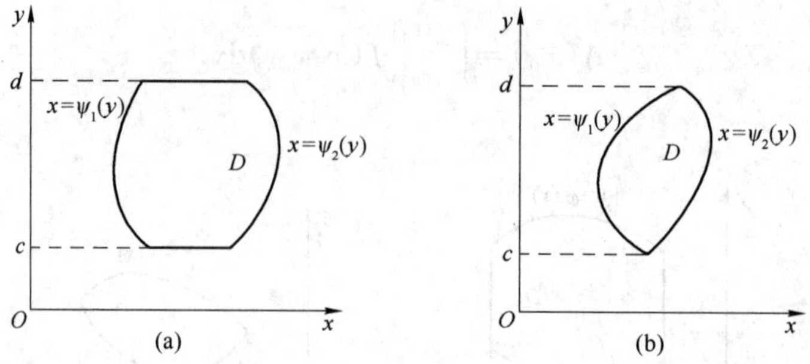

图 9-4

如果积分区域 D 既可以用不等式 $\varphi_1(x)\leqslant y\leqslant\varphi_2(x)$, $a\leqslant x\leqslant b$ 来表示,也可以用不等式 $\psi_1(y)\leqslant x\leqslant\psi_2(y)$, $c\leqslant y\leqslant d$ 来表示,那么由式(9-1)及式(9-2)有

$$\int_a^b \mathrm{d}x\int_{\varphi_1(x)}^{\varphi_2(x)} f(x, y)\mathrm{d}y=\int_c^d \mathrm{d}y\int_{\psi_1(y)}^{\psi_2(y)} f(x, y)\mathrm{d}x, \tag{9-3}$$

这是因为上式左右两端等于同一个二重积分 $\iint\limits_D f(x, y)\mathrm{d}x\mathrm{d}y$.

以后称图 9-3 所示的积分区域为 X 型区域,图 9-4 所示的积分区域为 Y 型区域. 应用式(9-1)时,积分区域必须是 X 型区域, X 型区域 D 的特点是:穿过区域 D 内部且平行于 y 轴的直线与区域 D 的边界相交不多于两点;而用式(9-2)时,积分区域必须是 Y 型区域, Y 型区域 D 的特点是:穿过区域 D 内部且平行于 x 轴的直线与区域 D 的边界相交不多于两点.

二重积分化为二次积分时,确定积分限是一个关键. 积分限是根据积分区域 D 来确定的,先画出积分区域 D 的图形. 假如积分区域 D 是 X 型的,如图 9-3 所示,在区间 $[a, b]$ 上任意取定一个 x 值,积分区域上以这个 x 值为横坐标的点在一段直线上,这段直线平行于 y 轴,该线段上点的纵坐标从 $\varphi_1(x)$ 变到 $\varphi_2(x)$,这就是式(9-1)中先把 x 看作常量而对 y 积分时的下限和上限. 因为上面的 x 值是在 $[a, b]$ 上任意取定的,所以再把 x 看作变量而对 x 积分时,积分区间就是 $[a, b]$.

例 1 计算 $\iint\limits_D xy\,\mathrm{d}\sigma$,其中区域 D 是由直线 $y=1$, $x=2$ 及 $y=x$ 所围成的闭区域.

解法一 先画出积分区域 D(图 9-5),可把区域 D 看作 X 型区域: $1\leqslant x\leqslant 2$, $1\leqslant y\leqslant x$. 于是

$$\iint\limits_D xy\,\mathrm{d}\sigma=\int_1^2\left[\int_1^x xy\,\mathrm{d}y\right]\mathrm{d}x=\int_1^2\left[x\cdot\frac{y^2}{2}\right]_1^x\mathrm{d}x=\frac{1}{2}\int_1^2(x^3-x)\mathrm{d}x=\frac{1}{2}\left[\frac{x^4}{4}-\frac{x^2}{2}\right]_1^2=\frac{9}{8}.$$

注 积分还可以写成 $\iint\limits_D xy\,\mathrm{d}\sigma=\int_1^2\mathrm{d}x\int_1^x xy\,\mathrm{d}y=\int_1^2 x\,\mathrm{d}x\int_1^x y\,\mathrm{d}y$.

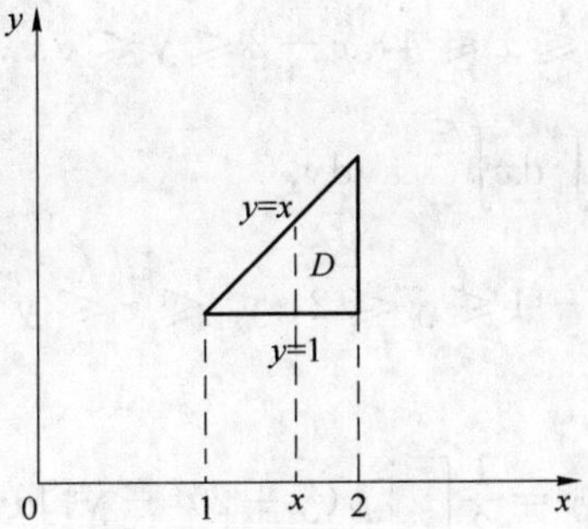

图 9-5

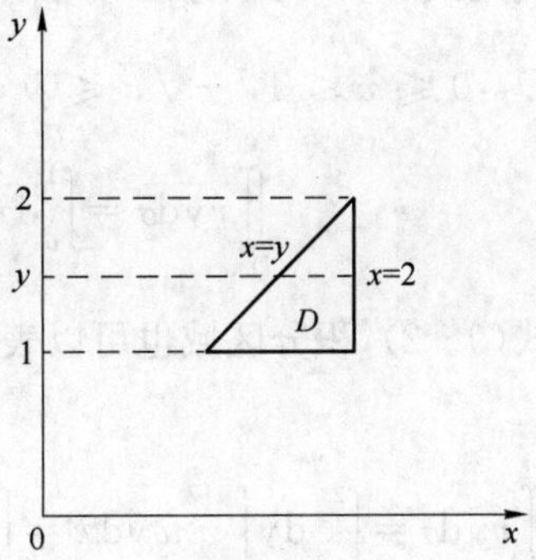

图 9-6

解法二　也可把区域 D 看作 Y 型区域：$1\leqslant y\leqslant 2$，$y\leqslant x\leqslant 2$(图 9-6). 于是

$$\iint\limits_D xy\,\mathrm{d}\sigma=\int_1^2\left[\int_y^2 xy\,\mathrm{d}x\right]\mathrm{d}y=\int_1^2\left[y\cdot\frac{x^2}{2}\right]_y^2\mathrm{d}y=\int_1^2\left(2y-\frac{y^3}{2}\right)\mathrm{d}y=\left[y^2-\frac{y^4}{8}\right]_1^2=\frac{9}{8}.$$

例 2　计算 $\iint\limits_D 3x^2y^2\,\mathrm{d}\sigma$，其中区域 D 是由直线 x 轴、y 轴及抛物线 $y=1-x^2$ 所围成的在第一象限内的区域.

解　画出积分区域 D(图 9-7)，可把区域 D 看作 X 型区域：$0\leqslant y\leqslant 1-x^2$，$0\leqslant x\leqslant 1$. 利用式(9-1)得

$$\iint\limits_D 3x^2y^2\,\mathrm{d}\sigma=\int_0^1\mathrm{d}x\int_0^{1-x^2}3x^2y^2\,\mathrm{d}y=\int_0^1[x^2y^3]_0^{1-x^2}\mathrm{d}y$$

$$=\int_0^1 x^2(1-x^2)^3\,\mathrm{d}x=\frac{16}{315}.$$

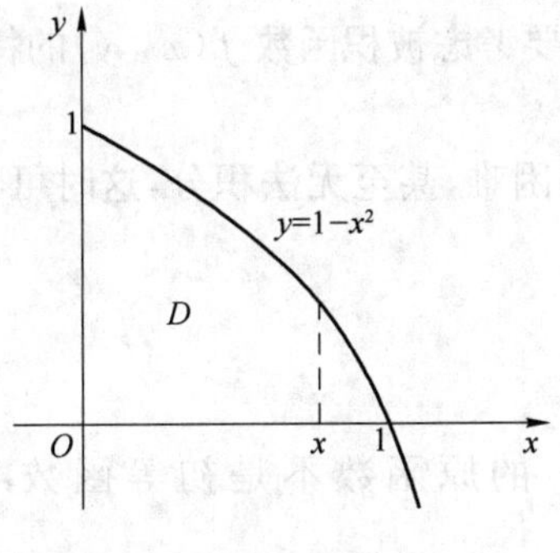

图 9-7

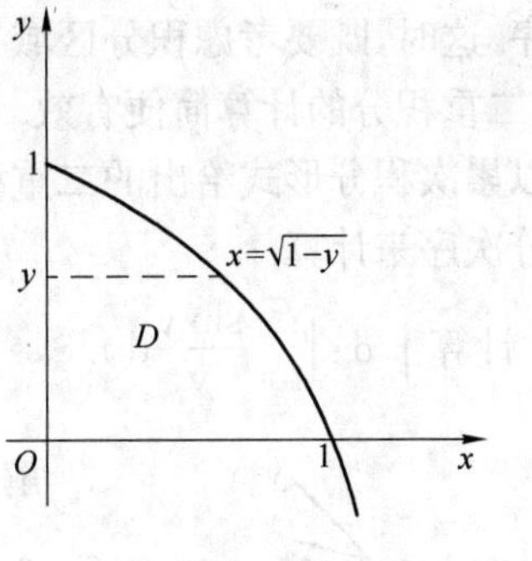

图 9-8

如果用式(9-2)，则区域 D 为 $0\leqslant x\leqslant\sqrt{1-y}$，$0\leqslant y\leqslant 1$(图 9-8). 于是有

$$\iint\limits_D 3x^2y^2\,\mathrm{d}\sigma=\int_0^1\mathrm{d}y\int_0^{\sqrt{1-y}}3x^2y^2\,\mathrm{d}x=\int_0^1 y^2(1-y)^{\frac{3}{2}}\,\mathrm{d}y.$$

接下去的计算比较麻烦，所以这里用式(9-1)比较方便.

例 3　计算 $\iint\limits_D xy\,\mathrm{d}\sigma$，其中区域 D 是由直线 $y=x-2$ 及抛物线 $y^2=x$ 所围成的闭区域.

解 利用式(9-1),积分区域可以表示为 $D=D_1+D_2$(图 9-9),其中

$$D_1: 0\leqslant x\leqslant 1,\ -\sqrt{x}\leqslant y\leqslant \sqrt{x};\ D_2: 1\leqslant x\leqslant 4,\ x-2\leqslant y\leqslant \sqrt{x}.$$

于是
$$\iint\limits_D xy\,\mathrm{d}\sigma=\int_0^1\mathrm{d}x\int_{-\sqrt{x}}^{\sqrt{x}}xy\,\mathrm{d}y+\int_1^4\mathrm{d}x\int_{x-2}^{\sqrt{x}}xy\,\mathrm{d}y.$$

利用式(9-2),积分区域也可以表示为区域 D: $-1\leqslant y\leqslant 2,\ y^2\leqslant x\leqslant y+2$(图 9-10). 于是

$$\iint\limits_D xy\,\mathrm{d}\sigma=\int_{-1}^2\mathrm{d}y\int_{y^2}^{y+2}xy\,\mathrm{d}x=\int_{-1}^2\left[\frac{x^2}{2}y\right]_{y^2}^{y+2}\mathrm{d}y=\frac{1}{2}\int_{-1}^2[y(y+2)^2-y^5]\mathrm{d}y$$
$$=\frac{1}{2}\left[\frac{y^4}{4}+\frac{4}{3}y^3+2y^2-\frac{y^6}{6}\right]_{-1}^2=5\frac{5}{8}.$$

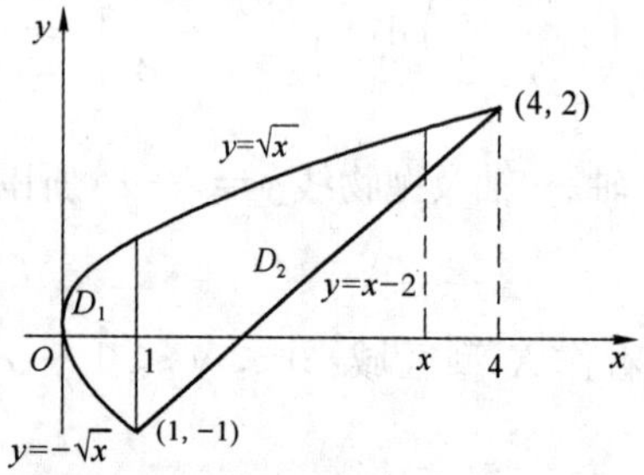

图 9-9

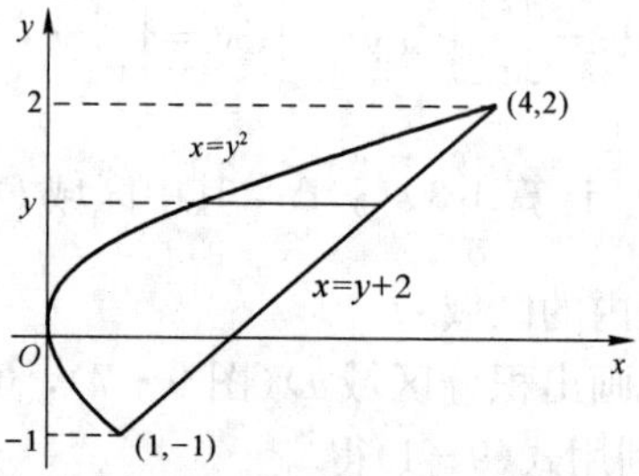

图 9-10

显然,此题用式(9-2)来计算比较方便.

上述几个例子说明,在化二重积分为二次积分时,为了计算简便,需要选择恰当的二次积分的次序. 这时,既要考虑积分区域 D 的形状,又要考虑被积函数 $f(x, y)$的特性. 只有这样,才能使二重积分的计算简便有效.

有时以累次积分形式给出的二重积分计算会很困难,甚至无法积分,这时可以考虑交换所给的积分次序来计算.

例 4 计算 $\int_0^1\mathrm{d}x\int_x^{\sqrt{x}}\frac{\sin y}{y}\mathrm{d}y$.

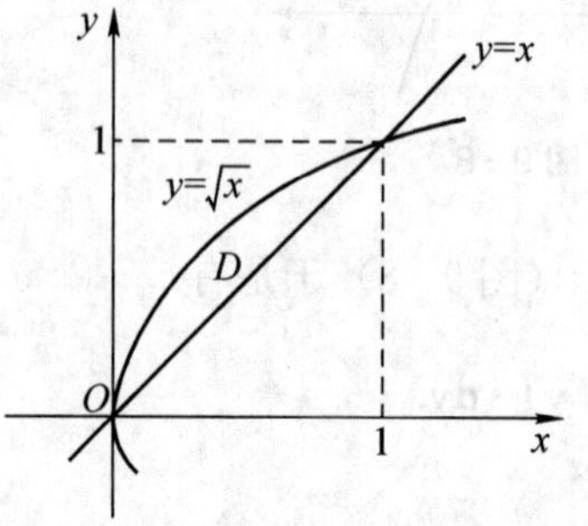

图 9-11

解 由于 $\frac{\sin y}{y}$ 的原函数不是初等函数,因此积分 $\int_x^{\sqrt{x}}\frac{\sin y}{y}\mathrm{d}y$ 无法用 Newton-Leibniz 公式算出. 所以考虑交换积分次序.

由已知积分次序,积分区域 D 由直线 $y=x$ 及曲线 $y=\sqrt{x}$ 所围成.

作出此区域 D 的图形(图 9-11),再将 D 表示为 Y 型区域:$D=\{(x, y)\mid y^2\leqslant x\leqslant y,\ 0\leqslant y\leqslant 1\}$,于是

$$\int_0^1 dx\int_x^{\sqrt{x}}\frac{\sin y}{y}dy=\int_0^1 dy\int_{y^2}^{y}\frac{\sin y}{y}dx=\int_0^1(\sin y-y\sin y)dy$$
$$=(-\cos y+y\cos y-\sin y)\big|_0^1=1-\sin 1.$$

例 5　交换二次积分 $\int_0^1 dy\int_0^{1-\sqrt{1-y^2}}f(x,\ y)dx+\int_1^2 dy\int_0^{2-y}f(x,\ y)dx$ 的积分次序.

解　首先作出积分区域如图 9-12,由此可知 $D=D_1\cup D_2$,且 D 可表示为 X 型区域:$D=\{(x,\ y)\mid\sqrt{1-(x-1)^2}\leqslant y\leqslant 2-x,\ 0\leqslant x\leqslant 1\}$,于是

$$\int_0^1 dy\int_0^{1-\sqrt{1-y^2}}f(x,\ y)dx+\int_1^2 dy\int_0^{2-y}f(x,\ y)dx=\int_0^1 dx\int_{\sqrt{1-(x-1)^2}}^{2-x}f(x,\ y)dy.$$

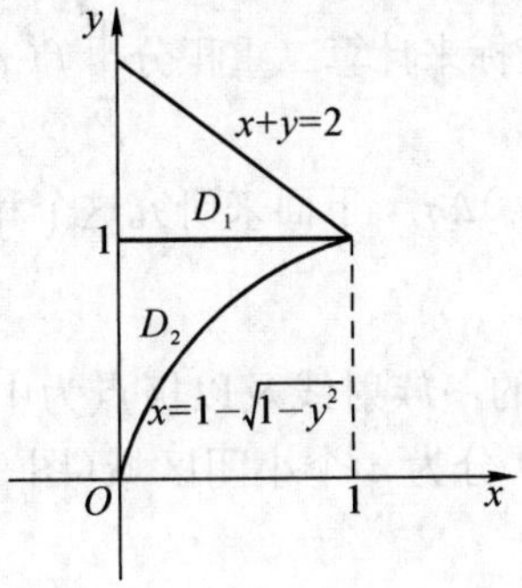

图 9-12

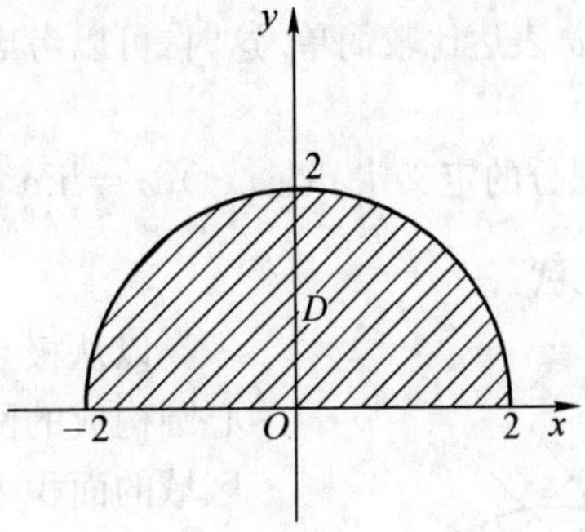

图 9-13

例 6　计算二重积分 $\iint\limits_D(y+x^3y^2)d\sigma$,其中积分区域 D 是上半圆域(图 9-13),$D=\{(x,\ y)\mid x^2+y^2\leqslant 4,\ y\geqslant 0\}$.

解　注意积分区域是关于 y 轴对称的,所以选择先关于变量 x 作积分,此时被积函数中的 y 视为常数,故 y 是偶函数,而 x^3y^2 是奇函数,所以

$$\iint\limits_D x^3y^2d\sigma=0,$$

因此积分可以仅在区域 $D_1=\{(x,\ y)\mid 0\leqslant x\leqslant\sqrt{4-y^2},\ 0\leqslant y\leqslant 2\}$ 上进行,即有

$$\iint\limits_D(y+x^3y^2)d\sigma=2\iint\limits_{D_1}y\,dx\,dy=2\int_0^2 dy\int_0^{\sqrt{4-y^2}}y\,dx$$
$$=2\int_0^2 y\sqrt{4-y^2}\,dy=-\frac{2}{3}(4-y^2)^{\frac{3}{2}}\big|_0^2=\frac{16}{3}.$$

下面给出利用被积函数奇偶性计算对称区域上二重记分的一般结论:

(1) 当积分区域 D 关于 x 轴对称时,若 $f(x,\ -y)=-f(x,\ y)$,则 $\iint\limits_D f(x,\ y)d\sigma=0$;若 $f(x,\ -y)=f(x,\ y)$,则 $\iint\limits_D f(x,\ y)d\sigma=2\iint\limits_{D_1}f(x,\ y)d\sigma$,其中 D_1 是区域 D 在 x 轴

上侧(或下侧)的部分.

(2) 当积分区域 D 关于 y 轴对称时,若 $f(-x, y)=-f(x, y)$,则$\iint\limits_D f(x, y)\mathrm{d}\sigma=0$;

若 $f(-x, y)=f(x, y)$,则$\iint\limits_D f(x, y)\mathrm{d}\sigma=2\iint\limits_{D_1} f(x, y)\mathrm{d}\sigma$,其中 D_1 是区域 D 在 y 轴右侧(或左侧)的部分.

(3) 当积分区域 D 关于原点对称时,若 $f(-x, -y)=-f(x, y)$,则$\iint\limits_D f(x, y)\mathrm{d}\sigma=0$.

二、极坐标系下计算二重积分

有些二重积分,积分区域 D 的边界曲线用极坐标方程来表示比较方便,且被积函数用极坐标变量 r, θ 表达比较简单. 这时,可以考虑利用极坐标来计算二重积分 $\iint\limits_D f(x, y)\mathrm{d}\sigma$.

按二重积分的定义 $\iint\limits_D f(x, y)\mathrm{d}\sigma=\lim\limits_{\lambda\to 0}\sum\limits_{i=1}^{n} f(\xi_i, \eta_i)\Delta\sigma_i$,下面来研究这个和的极限在极坐标系中的形式.

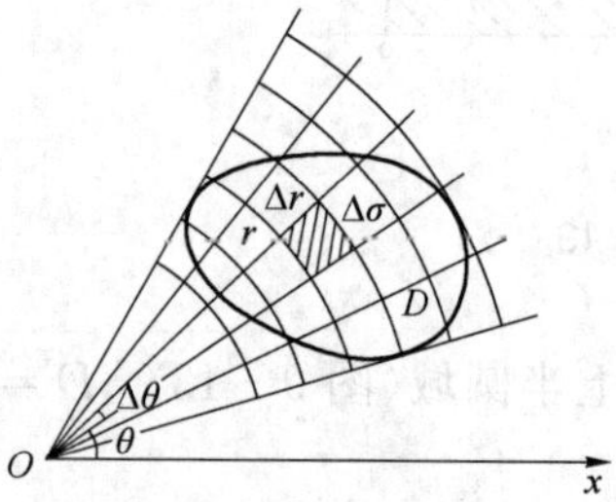

图 9-14

以从极点 O 出发的一族射线及以极点为中心的一族同心圆构成的网将区域 D 分为 n 个小闭区域(图 9-14),小闭区域的面积为

$$\begin{aligned}\Delta\sigma_i&=\frac{1}{2}(r_i+\Delta r_i)^2\cdot\Delta\theta_i-\frac{1}{2}r_i^2\cdot\Delta\theta_i\\&=\frac{1}{2}(2r_i+\Delta r_i)\Delta r_i\cdot\Delta\theta_i\\&=\frac{r_i+(r_i+\Delta r_i)}{2}\cdot\Delta r_i\cdot\Delta\theta_i=\bar{r}_i\Delta r_i\Delta\theta_i,\end{aligned}$$

其中 $\bar{r}_i=\left(r_i+\frac{1}{2}\Delta r_i\right)$ 表示相邻两圆弧的半径的平均值.

在小闭区域 $\Delta\sigma_i$ 内取圆周上的一点$(\bar{r}_i, \bar{\theta}_i)$,设该点的直角坐标为$(\xi_i, \eta_i)$,则有

$$\xi_i=\bar{r}_i\cos\bar{\theta}_i,\ \eta_i=\bar{r}_i\sin\bar{\theta}_i.$$

于是
$$\lim_{\lambda\to 0}\sum_{i=1}^{n} f(\xi_i, \eta_i)\Delta\sigma_i=\lim_{\lambda\to 0}\sum_{i=1}^{n} f(\bar{r}_i\cos\bar{\theta}_i, \bar{r}_i\sin\bar{\theta}_i)\bar{r}_i\Delta r_i\Delta\theta_i,$$

即
$$\iint\limits_D f(x, y)\mathrm{d}\sigma=\iint\limits_D f(r\cos\theta, r\sin\theta)r\mathrm{d}r\mathrm{d}\theta.$$

由于在直角坐标系中$\iint\limits_D f(x, y)\mathrm{d}\sigma$ 常记作$\iint\limits_D f(x, y)\mathrm{d}x\mathrm{d}y$,所以上式又可写成

$$\iint\limits_D f(x, y)\mathrm{d}x\mathrm{d}y=\iint\limits_D f(r\cos\theta, r\sin\theta)r\mathrm{d}r\mathrm{d}\theta \qquad (9-4)$$

这就是二重积分的变量从直角坐标变换为极坐标的变换公式,其中 $r\mathrm{d}r\mathrm{d}\theta$ 称为**极坐标系中的面积元素**.

式(9-4)表明,要把二重积分中的变量从直角坐标变换成极坐标,只要把被积函数中的 x, y 分别换成 $r\cos\theta$, $r\sin\theta$,并且把直角坐标系中的面积元素 $dxdy$ 换成极坐标系中的面积元素 $rdrd\theta$ 就行了.

极坐标系中的二重积分,同样可以化为二次积分来计算.

若积分区域 D 可表示为 $\varphi_1(\theta)\leqslant r\leqslant\varphi_2(\theta)$, $\alpha\leqslant\theta\leqslant\beta$,其中 $\varphi_1(\theta)$, $\varphi_2(\theta)$ 在区间 $[\alpha, \beta]$ 上连续(图 9-15),则

$$\iint\limits_D f(r\cos\theta, r\sin\theta)rdrd\theta=\int_\alpha^\beta d\theta\int_{\varphi_1(\theta)}^{\varphi_2(\theta)}f(r\cos\theta, r\sin\theta)rdr. \tag{9-5}$$

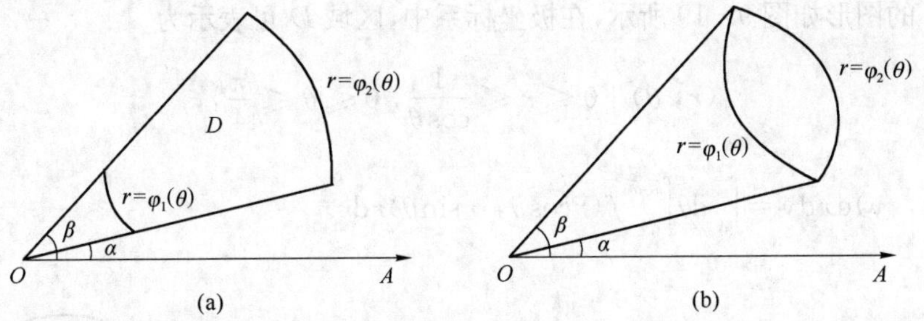

图 9-15

如果积分区域 D 是曲边扇形,那么可以把它看作当 $\varphi_1(\theta)\equiv 0$, $\varphi_2(\theta)=\varphi(\theta)$ 时的特例(图 9-16).这时区域 D 可以用不等式 $0\leqslant r\leqslant\varphi(\theta)$, $\alpha\leqslant\theta\leqslant\beta$ 来表示,而式(9-5)成为

$$\iint\limits_D f(r\cos\theta, r\sin\theta)rdrd\theta=\int_\alpha^\beta d\theta\int_0^{\varphi(\theta)}f(r\cos\theta, r\sin\theta)rdr.$$

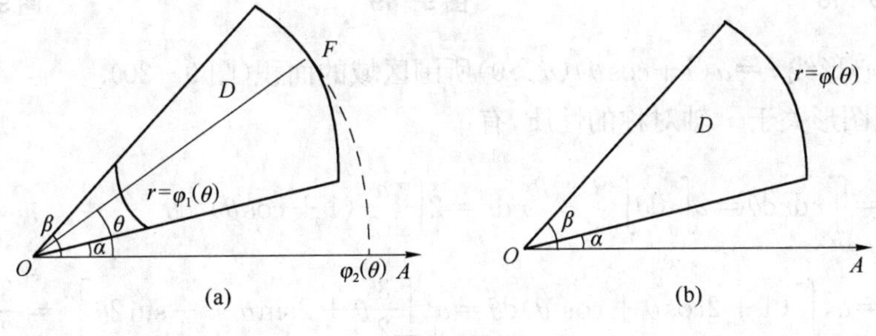

图 9-16

如果极点在积分区域 D 的内部(图 9-17),那么可以把它看作当 $\alpha=0$, $\beta=2\pi$ 时的特例.这时区域 D 可以用不等式 $0\leqslant r\leqslant\varphi(\theta)$, $0\leqslant\theta\leqslant 2\pi$ 来表示,而式(9-5)成为

$$\iint\limits_D f(r\cos\theta, r\sin\theta)rdrd\theta=\int_0^{2\pi}d\theta\int_0^{\varphi(\theta)}f(r\cos\theta, r\sin\theta)rdr.$$

在将二重积分由直角坐标化为极坐标来计算时,正确地用极坐标表示积分区域是十分重要的.

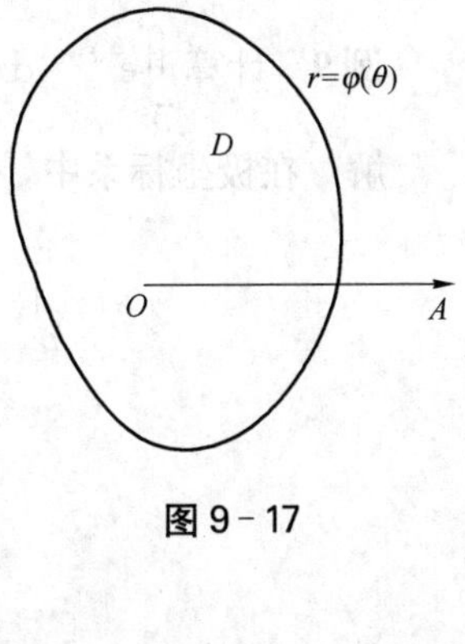

图 9-17

例 7 将二重积分 $\iint\limits_D f(x, y)\mathrm{d}x\mathrm{d}y$ 在极坐标系下化为累次积分,其中 D 是:

(1) 由直线 $y=x$, $y=2x$ 及曲线 $x^2+y^2=4x$, $x^2+y^2=8x$ 所围成;

(2) 由直线 $y=x$, $y=0$ 及 $x=1$ 所围成.

解 (1) D 的图形如图 9-18 所示,在极坐标系中,区域 D 可表示为

$$\{(r, \theta) \mid 4\cos\theta \leqslant r \leqslant 8\cos\theta, \frac{\pi}{4} \leqslant \theta \leqslant \arctan 2\},$$

所以 $\iint\limits_D f(x, y)\mathrm{d}x\mathrm{d}y = \int_{\frac{\pi}{4}}^{\arctan 2}\mathrm{d}\theta\int_{4\cos\theta}^{8\cos\theta} f(r\cos\theta, r\sin\theta)r\mathrm{d}r.$

(2) D 的图形如图 9-19 所示,在极坐标系中,区域 D 可表示为

$$\{(r, \theta) \mid 0 \leqslant r \leqslant \frac{1}{\cos\theta}, 0 \leqslant \theta \leqslant \frac{\pi}{4}\},$$

所以 $\iint\limits_D f(x, y)\mathrm{d}x\mathrm{d}y = \int_0^{\frac{\pi}{4}}\mathrm{d}\theta\int_0^{\frac{1}{\cos\theta}} f(r\cos\theta, r\sin\theta)r\mathrm{d}r.$

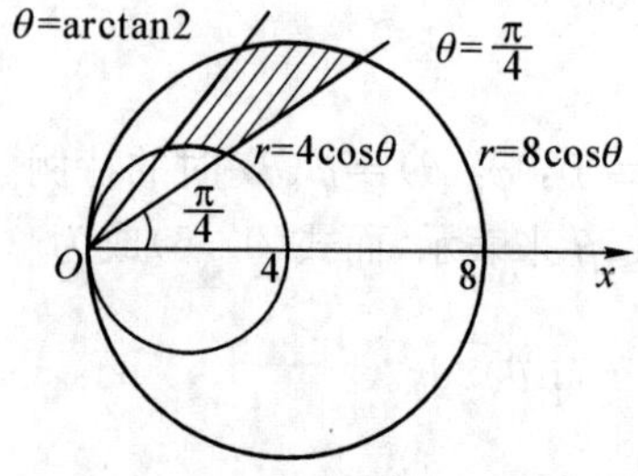

图 9-18

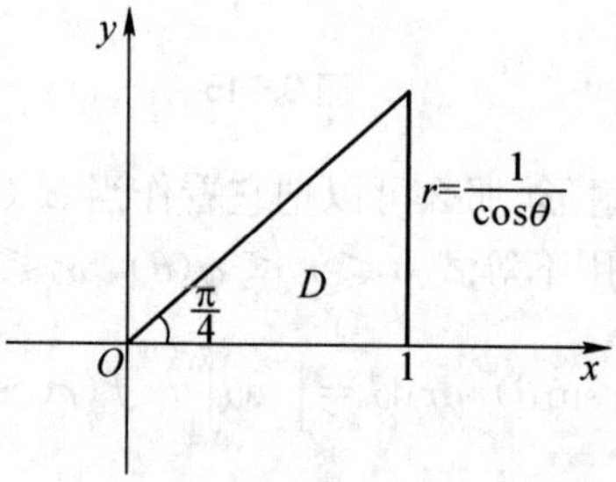

图 9-19

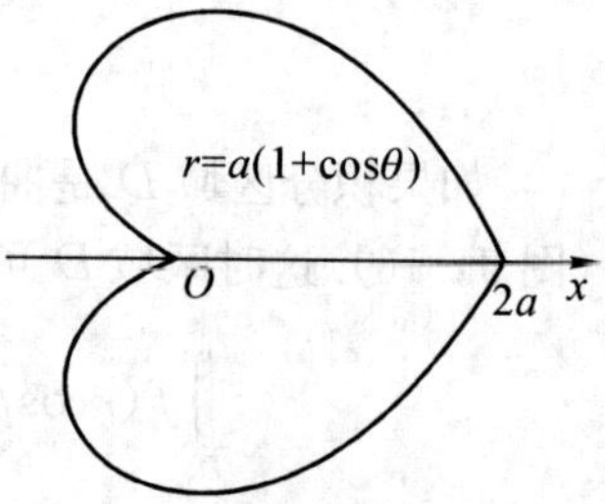

图 9-20

例 8 求心形线 $r=a(1+\cos\theta)(a>0)$ 所围区域的面积(图 9-20).

解 利用图形关于 x 轴对称的性质,有

$$\sigma = \iint\limits_D r\mathrm{d}r\mathrm{d}\theta = 2\int_0^{\pi}\mathrm{d}\theta\int_0^{a(1+\cos\theta)} r\mathrm{d}r = 2\int_0^{\pi}\frac{a^2}{2}(1+\cos\theta)^2\mathrm{d}\theta$$

$$= a^2\int_0^{\pi}(1+2\cos\theta+\cos^2\theta)\mathrm{d}\theta = a^2\left[\frac{3}{2}\theta+2\sin\theta+\frac{1}{4}\sin 2\theta\right]_0^{\pi} = \frac{3}{2}\pi a^2.$$

例 9 计算 $\iint\limits_D \mathrm{e}^{-x^2-y^2}\mathrm{d}x\mathrm{d}y$,其中区域 D 是由中心在原点、半径为 a 的圆周所围成的闭区域.

解 在极坐标系中,闭区域 D 可表示为 $0 \leqslant r \leqslant a$, $0 \leqslant \theta \leqslant 2\pi$. 于是

$$\iint\limits_D \mathrm{e}^{-x^2-y^2}\mathrm{d}x\mathrm{d}y = \iint\limits_D \mathrm{e}^{-r^2}r\mathrm{d}r\mathrm{d}\theta = \int_0^{2\pi}\left[\int_0^a \mathrm{e}^{-r^2}r\mathrm{d}r\right]\mathrm{d}\theta$$

$$= \int_0^{2\pi}\left[-\frac{1}{2}\mathrm{e}^{-r^2}\right]_0^a\mathrm{d}\theta$$

$$= \frac{1}{2}(1-\mathrm{e}^{-a^2})\int_0^{2\pi}\mathrm{d}\theta = \pi(1-\mathrm{e}^{-a^2}).$$

注　此处积分 $\iint\limits_{D} e^{-x^2-y^2}dxdy$ 也常写成 $\iint\limits_{x^2+y^2\leqslant a^2} e^{-x^2-y^2}dxdy$.

本例如果用直角坐标计算，由于 e^{-x^2} 的原函数不是初等函数，所以化为二次积分后的计算无法进行.

例 10　求球体 $x^2+y^2+z^2\leqslant 4a^2$ 被圆柱面 $x^2+y^2=2ax\ (a>0)$ 所截得的(含在圆柱面内的部分)立体的体积(图 9 - 21).

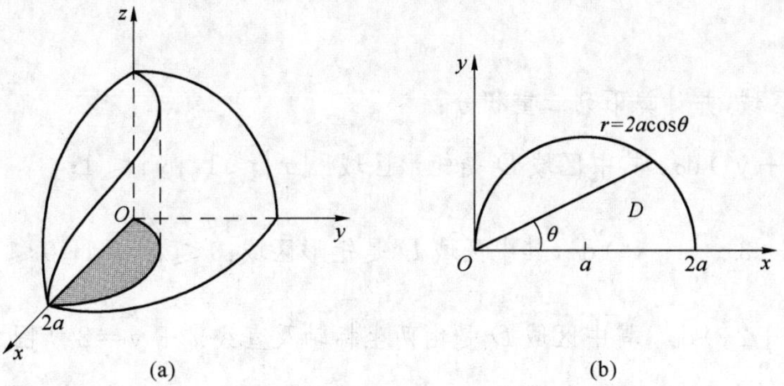

图 9 - 21

解　由对称性，立体体积为第一卦限部分的 4 倍，即

$$V=4\iint\limits_{D}\sqrt{4a^2-x^2-y^2}\,dxdy,$$

其中区域 D 为半圆周 $y=\sqrt{2ax-x^2}$ 及 x 轴所围成的闭区域. 在极坐标系中，区域 D 可表示为

$$0\leqslant r\leqslant 2a\cos\theta,\ 0\leqslant\theta\leqslant\frac{\pi}{2}.$$

于是

$$V=4\iint\limits_{D}\sqrt{4a^2-r^2}\,r\,dr\,d\theta=4\int_0^{\frac{\pi}{2}}d\theta\int_0^{2a\cos\theta}\sqrt{4a^2-r^2}\,r\,dr$$

$$=\frac{32}{3}a^3\int_0^{\frac{\pi}{2}}(1-\sin^3\theta)d\theta=\frac{32}{3}a^3\left(\frac{\pi}{2}-\frac{2}{3}\right).$$

例 11　求球体 $x^2+y^2+z^2\leqslant R^2$ 的体积.

解　由对称性，球体体积是其在第一卦限体积的 8 倍.

由二重积分的几何意义可知，第一卦限的体积是以 $z=\sqrt{R^2-x^2-y^2}$ 为曲顶，以其在 xOy 面投影 D 为底的曲顶柱体体积，所以 $V=8\iint\limits_{D}\sqrt{R^2-x^2-y^2}\,d\sigma$.

用极坐标计算，$\sqrt{R^2-x^2-y^2}$ 变为 $\sqrt{R^2-r^2}$，$d\sigma$ 变为 $r\,dr\,d\theta$，边界曲线 $x^2+y^2=R^2$ 变为 $r=R$，θ 的范围为 0 到 $\pi/2$. 于是

$$V=8\iint\limits_{D}\sqrt{R^2-x^2-y^2}\,d\sigma=8\int_0^{\frac{\pi}{2}}d\theta\int_0^R\sqrt{R^2-r^2}\,r\,dr$$

$$=2\pi\int_0^R\sqrt{R^2-r^2}\,dr^2=-\frac{4\pi}{3}(R^2-r^2)^{\frac{3}{2}}\Big|_0^R=\frac{4}{3}\pi R^3.$$

从以上各例可以看到,在计算某些二重积分时,采用极坐标可以带来很大方便,有时甚至可计算出直角坐标下无法算出的积分. 当然,也不是所有的重积分都适宜用极坐标计算. 那么,在决定是否采用极坐标时,要考虑哪些因素呢? 首先要看积分区域 D 的形状,看其边界曲线用极坐标方程表示是否比较简单. 一般说当 D 为圆域、圆环或扇形区域时,可考虑采用极坐标计算. 其次要看被积函数的特点,看使用极坐标后函数表达式能否简化并易于积分. 通常当被积函数中含有 x^2+y^2 时,可考虑使用极坐标.

练习题 9-2

1. 画出积分区域,并计算下列二重积分:

(1) $\iint\limits_D (x^2+y^2)\,d\sigma$,其中区域 D 是矩形区域:$|x|\leqslant 1, |y|\leqslant 1$;

(2) $\iint\limits_D (x^3+3x^2y+y^3)\,d\sigma$,其中区域 D 是矩形区域:$0\leqslant x\leqslant 1,\ 0\leqslant y\leqslant 1$;

(3) $\iint\limits_D (3x+2y)\,d\sigma$,其中区域 D 是由两坐标轴及直线 $x+y=2$ 所围成的区域;

(4) $\iint\limits_D x\cos(x+y)\,d\sigma$,其中区域 D 是顶点分别为 $(0,0)$,$(\pi,0)$,(π,π) 的三角形区域;

(5) $\iint\limits_D (1+x)\sin y\,d\sigma$,其中区域 D 是顶点分别为 $(0,0)$,$(1,0)$,$(1,2)$,$(0,1)$ 的梯形区域;

(6) $\iint\limits_D (x^2+y^2-x)\,d\sigma$,其中区域 D 是由直线 $y=2$,$y=x$ 及 $y=2x$ 所围成的区域.

2. 化二重积分 $I=\iint\limits_D f(x,y)\,d\sigma$ 为二次积分(分别列出对两个变量积分次序不同的两个二次积分),其中积分区域 D 是:

(1) 由直线 $y=x$ 及抛物线 $y^2=4x$ 所围成的区域;

(2) 半圆形区域 $x^2+y^2\leqslant r^2$,$y\geqslant 0$.

3. 交换下列二次积分的积分次序:

(1) $\int_0^1 dy\int_0^y f(x,y)\,dx$; (2) $\int_0^2 dy\int_{y^2}^{2y} f(x,y)\,dx$;

(3) $\int_1^2 dx\int_{2-x}^{\sqrt{2x-x^2}} f(x,y)\,dy$; (4) $\int_1^e dx\int_0^{\ln x} f(x,y)\,dy$.

4. 计算由四个平面 $x=0$,$y=0$,$x=1$ 及 $y=1$ 所围成的柱体被平面 $z=0$ 及 $2x+3y+z=6$ 截得的立体的体积.

5. 求由平面 $x=0$,$y=0$ 及 $x+y=1$ 所围成的柱体被平面 $z=0$ 及抛物面 $x^2+y^2=6-z$ 截得的立体的体积.

6. 画出积分区域,把积分 $\iint\limits_D f(x,y)\,dx\,dy$ 化为极坐标形式的二次积分,其中积分区域 D 是:

(1) $x^2+y^2\leqslant a^2\ (a>0)$; (2) $x^2+y^2\leqslant 2x$;

(3) $a^2 \leqslant x^2+y^2 \leqslant b^2 (0<a<b)$； (4) $0 \leqslant y \leqslant 1-x, 0 \leqslant x \leqslant 1$；

(5) $x^2 \leqslant y \leqslant 1, 0 \leqslant x \leqslant 1$.

7. 化下列二次积分为极坐标形式的二次积分：

(1) $\int_0^1 dx \int_0^1 f(x, y) dy$； (2) $\int_0^2 dx \int_x^{\sqrt{3}x} f(\sqrt{x^2+y^2}) dy$；

(3) $\int_0^1 dx \int_{1-x}^{\sqrt{1-x^2}} f(x, y) dy$； (4) $\int_0^1 dx \int_0^{x^2} f(x, y) dy$；

8. 把下列积分化为极坐标形式,并计算积分值：

(1) $\int_0^a dy \int_0^{\sqrt{a^2-y^2}} (x^2+y^2) dx$； (2) $\int_0^{2a} dx \int_0^{\sqrt{2ax-x^2}} (x^2+y^2) dy$；

(3) $\int_0^a dx \int_0^x \sqrt{x^2+y^2} dy$； (4) $\int_0^1 dx \int_{x^2}^x \sqrt{x^2+y^2} dy$.

9. 利用极坐标计算下列各题：

(1) $\iint\limits_D e^{x^2+y^2} d\sigma$，其中区域 D 是圆形区域 $x^2+y^2 \leqslant 4$；

(2) $\iint\limits_D \ln(1+x^2+y^2) d\sigma$，其中区域 D 是由圆周 $x^2+y^2=1$ 及坐标轴所围成的在第一象限内的区域；

(3) $\iint\limits_D \arctan \frac{y}{x} d\sigma$，其中区域 D 是由圆周 $x^2+y^2=1$，$x^2+y^2=4$ 及直线 $y=0$，$y=x$ 所围成的在第一象限内的区域.

10. 选用适当的坐标计算下列各题：

(1) $\iint\limits_D \frac{x^2}{y^2} d\sigma$，其中区域 D 是由直线 $x=2$，$y=x$ 及曲线 $xy=1$ 所围成的区域；

(2) $\iint\limits_D \sqrt{\frac{1-x^2-y^2}{1+x^2+y^2}} d\sigma$，其中区域 D 是由圆周 $x^2+y^2=1$ 及坐标轴所围成的在第一象限内的区域；

(3) $\iint\limits_D (x^2+y^2) d\sigma$，其中区域 D 是由直线 $y=x$，$y=x+a$，$y=a$ 及 $y=3a (a>0)$ 所围成的区域.

第三节 三重积分的概念及其计算

二重积分作为和的极限的概念,可以很自然地推广到三重积分.

一、三重积分的概念

定义 设 Ω 为空间有界闭区域，函数 $f(x, y, z)$ 在 Ω 上有界,将 Ω 任意分成 n 个小闭区域

$$\Delta v_1, \Delta v_2, \cdots, \Delta v_n,$$

其中 Δv_i 表示第 i 个小闭区域,也表示它的体积. 在每个 Δv_i 上任取一点 (ξ_i, η_i, ζ_i), 作乘积 $f(\xi_i, \eta_i, \zeta_i)\Delta v_i (i=1, 2, \cdots, n)$, 并作和 $\sum\limits_{i=1}^{n} f(\xi_i, \eta_i, \zeta_i)\Delta v_i$. 如果当各小闭区域直径中的最大值 λ 趋于零时,和的极限总存在,则称此极限为函数 $f(x, y, z)$ 在闭区域 Ω 上的**三重积分**,记作 $\iiint\limits_{\Omega} f(x, y, z)\mathrm{d}v$, 即

$$\iiint\limits_{\Omega} f(x, y, z)\mathrm{d}v = \lim_{\lambda \to 0}\sum_{i=1}^{n} f(\xi_i, \eta_i, \zeta_i)\Delta v_i. \tag{9-6}$$

其中, $\iiint\limits_{\Omega}$ 称为**积分号**, $f(x, y, z)$ 称为**被积函数**, $f(x, y, z)\mathrm{d}v$ 称为**被积表达式**, $\mathrm{d}v$ 称为**体积元素**, x, y, z 称为**积分变量**, Ω 称为**积分区域**.

在直角坐标系中,如果用平行于坐标面的平面来划分 Ω, 则 $\Delta v_i = \Delta x_i \Delta y_i \Delta z_i$. 因此也把体积元素 $\mathrm{d}v$ 记作 $\mathrm{d}x\mathrm{d}y\mathrm{d}z$, 即 $\mathrm{d}v = \mathrm{d}x\mathrm{d}y\mathrm{d}z$, 三重积分记作 $\iiint\limits_{\Omega} f(x, y, z)\mathrm{d}x\mathrm{d}y\mathrm{d}z$, 即

$$\iiint\limits_{\Omega} f(x, y, z)\mathrm{d}v = \iiint\limits_{\Omega} f(x, y, z)\mathrm{d}x\mathrm{d}y\mathrm{d}z.$$

当 $f(x, y, z)$ 在闭区域 Ω 上连续时,和式极限 $\lim\limits_{\lambda \to 0}\sum\limits_{i=1}^{n} f(\xi_i, \eta_i, \zeta_i)\Delta v_i$ 是存在的,即函数 $f(x, y, z)$ 在闭区域 Ω 上的三重积分存在.

三重积分的性质与二重积分的性质类似. 例如,

$$\iiint\limits_{\Omega}[c_1 f(x, y, z) \pm c_2 g(x, y, z)]\mathrm{d}v = c_1\iiint\limits_{\Omega} f(x, y, z)\mathrm{d}v \pm c_2\iiint\limits_{\Omega} g(x, y, z)\mathrm{d}v;$$

$$\iiint\limits_{\Omega_1+\Omega_2} f(x, y, z)\mathrm{d}v = \iiint\limits_{\Omega_1} f(x, y, z)\mathrm{d}v + \iiint\limits_{\Omega_2} f(x, y, z)\mathrm{d}v;$$

$\iiint\limits_{\Omega}\mathrm{d}v = V$, 其中 V 为区域 Ω 的体积.

二、三重积分的计算

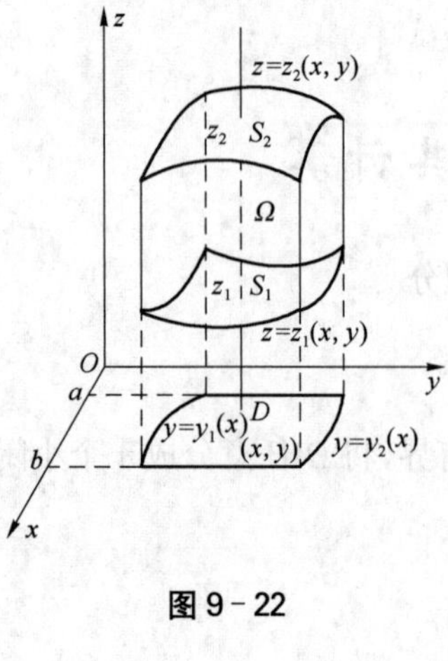

图 9-22

1. 利用直角坐标计算三重积分

三重积分也可化为三次积分来计算. 设空间闭区域 Ω 可表示为

$$z_1(x, y) \leqslant z \leqslant z_2(x, y),\ y_1(x) \leqslant y \leqslant y_2(x),\ a \leqslant x \leqslant b,$$

计算 $\iiint\limits_{\Omega} f(x, y, z)\mathrm{d}v$ (图 9-22).

对于平面区域 $D: y_1(x) \leqslant y \leqslant y_2(x), a \leqslant x \leqslant b$ 内任意一点 (x, y), 将 $f(x, y, z)$ 只看作 z 的函数,在区间 $[z_1(x, y), z_2(x, y)]$ 上对 z 积分,得到一个二元函数 $F(x, y)$,

$$F(x, y)=\int_{z_1(x, y)}^{z_2(x, y)} f(x, y, z)\mathrm{d}z.$$

然后计算 $F(x, y)$ 在闭区域 D 上的二重积分，这就完成了 $f(x, y, z)$ 在空间闭区域 Ω 上的三重积分，即

$$\iint_D F(x, y)\mathrm{d}\sigma=\iint_D\left[\int_{z_1(x, y)}^{z_2(x, y)} f(x, y, z)\mathrm{d}z\right]\mathrm{d}\sigma$$
$$=\int_a^b \mathrm{d}x\int_{y_1(x)}^{y_2(x)}\left[\int_{z_1(x, y)}^{z_2(x, y)} f(x, y, z)\mathrm{d}z\right]\mathrm{d}y.$$

于是，得到三重积分的计算公式

$$\iiint_\Omega f(x, y, z)\mathrm{d}v=\iint_D\left[\int_{z_1(x, y)}^{z_2(x, y)} f(x, y, z)\mathrm{d}z\right]\mathrm{d}\sigma$$
$$=\int_a^b \mathrm{d}x\int_{y_1(x)}^{y_2(x)}\left[\int_{z_1(x, y)}^{z_2(x, y)} f(x, y, z)\mathrm{d}z\right]\mathrm{d}y$$
$$=\int_a^b \mathrm{d}x\int_{y_1(x)}^{y_2(x)}\mathrm{d}y\int_{z_1(x, y)}^{z_2(x, y)} f(x, y, z)\mathrm{d}z.$$

即

$$\iiint_\Omega f(x, y, z)\mathrm{d}v=\int_a^b \mathrm{d}x\int_{y_1(x)}^{y_2(x)}\mathrm{d}y\int_{z_1(x, y)}^{z_2(x, y)} f(x, y, z)\mathrm{d}z. \tag{9-7}$$

其中 $D: y_1(x)\leqslant y\leqslant y_2(x), a\leqslant x\leqslant b$. 它是闭区域 Ω 在 xOy 面上的投影区域.

例1　计算三重积分 $\iiint_\Omega x\mathrm{d}x\mathrm{d}y\mathrm{d}z$，其中 Ω 为三个坐标面及平面 $x+2y+z=1$ 所围成的闭区域(图9-23).

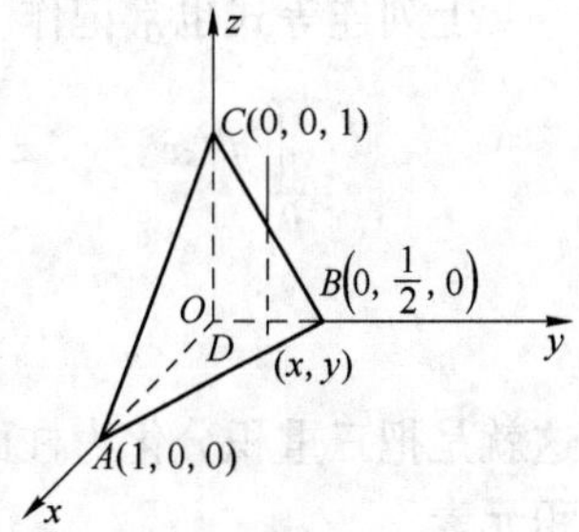

图9-23

解　作图，将闭区域 Ω 投影到 xOy 面上，得投影区域 D 为三角形闭区域 OAB. 直线 OA，OB 及 AB 的方程依次为 $y=0$, $x=0$ 及 $x+2y=1$. 于是区域 D 可表示为

$$0\leqslant y\leqslant\frac{1}{2}(1-x), 0\leqslant x\leqslant 1.$$

在 D 内任取一点 (x, y)，过此点作平行于 z 轴的直线，该直线通过平面 $z=0$ 穿入 Ω 内，再通过平面 $z=1-x-2y$ 穿出 Ω. 于是，区域 Ω 可表示为

$$0\leqslant z\leqslant 1-x-2y, 0\leqslant y\leqslant\frac{1}{2}(1-x), 0\leqslant x\leqslant 1.$$

由式(9-7)得

$$\iiint_\Omega x\mathrm{d}x\mathrm{d}y\mathrm{d}z=\int_0^1\mathrm{d}x\int_0^{\frac{1-x}{2}}\mathrm{d}y\int_0^{1-x-2y}x\mathrm{d}z$$
$$=\int_0^1 x\mathrm{d}x\int_0^{\frac{1-x}{2}}(1-x-2y)\mathrm{d}y$$
$$=\int_0^1 x\left[\frac{(1-x)^2}{2}-\left(\frac{1-x}{2}\right)^2\right]\mathrm{d}x$$
$$=\frac{1}{4}\int_0^1(x-2x^2+x^3)\mathrm{d}x=\frac{1}{48}.$$

2. 利用柱面坐标计算三重积分

对于式(9-7)中的三重积分,可利用极坐标来计算. 设 xOy 面上点 $P(x, y)$ 的极坐标为 (r, θ),则空间点 $M(x, y, z)$ 也可用坐标 r, θ, z 表示,r, θ, z 称为点 M 的**柱面坐标**.

直角坐标与柱面坐标的关系为 $\begin{cases} x = r\cos\theta, \\ y = r\sin\theta, \\ z = z. \end{cases}$ $(0 \leqslant r < +\infty,\ 0 \leqslant \theta \leqslant 2\pi,\ -\infty < z < +\infty)$

设区域 D 用极坐标表示为 $r_1(\theta) \leqslant r \leqslant r_2(\theta)$, $\alpha \leqslant \theta \leqslant \beta$, 区域 Ω 的下曲面 S_1 及上曲面 S_2 的方程用柱面坐标表示为

$$z = z_1(x, y) = z_1(r\cos\theta, r\sin\theta) = \varphi_1(r, \theta),$$
$$z = z_2(x, y) = z_2(r\cos\theta, r\sin\theta) = \varphi_2(r, \theta).$$

则区域 Ω 可用柱面坐标表示为

$$\varphi_1(r, \theta) \leqslant z \leqslant \varphi_2(r, \theta),\ r_1(\theta) \leqslant r \leqslant r_2(\theta), \alpha \leqslant \theta \leqslant \beta,$$

于是,
$$\begin{aligned}\iiint_\Omega f(x, y, z)\mathrm{d}x\mathrm{d}y\mathrm{d}z &= \iint_D \mathrm{d}x\mathrm{d}y\int_{z_1(x, y)}^{z_2(x, y)} f(x, y, z)\mathrm{d}z \\ &= \iint_D r\mathrm{d}r\mathrm{d}\theta\int_{\varphi_1(r, \theta)}^{\varphi_2(r, \theta)} f(r\cos\theta, r\sin\theta, z)\mathrm{d}z \\ &= \int_\alpha^\beta \mathrm{d}\theta\int_{r_1(\theta)}^{r_2(\theta)} r\mathrm{d}r\int_{\varphi_1(r, \theta)}^{\varphi_2(r, \theta)} f(r\cos\theta, r\sin\theta, z)\mathrm{d}z.\end{aligned}$$

上列连等式也常记作

$$\begin{aligned}\iiint_\Omega f(x, y, z)\mathrm{d}x\mathrm{d}y\mathrm{d}z &= \iiint_\Omega f(r\cos\theta, r\sin\theta, z) r\mathrm{d}r\mathrm{d}\theta\mathrm{d}z \\ &= \int_\alpha^\beta \mathrm{d}\theta\int_{r_1(\theta)}^{r_2(\theta)} r\mathrm{d}r\int_{\varphi_1(r, \theta)}^{\varphi_2(r, \theta)} f(r\cos\theta, r\sin\theta, z)\mathrm{d}z.\end{aligned}$$

这就是把三重积分化为柱面坐标的三次积分的公式. 其中,$r\mathrm{d}r\mathrm{d}\theta\mathrm{d}z$ 称为**柱面坐标系中的体积元素**.

使用柱面坐标计算三重积分,实际上就是先关于 z 作单积分,然后在 Ω 关于 xOy 面上的投影区域 D 上利用极坐标作二重积分.

例 2 利用柱面坐标计算三重积分 $\iiint_\Omega z\mathrm{d}x\mathrm{d}y\mathrm{d}z$,其中区域 Ω 为半球体 $x^2 + y^2 + z^2 \leqslant a^2$, $z \geqslant 0$.

解 把区域 Ω 投影到 xOy 面上,得投影区域为半径等于 a 的圆形区域 D:$0 \leqslant r \leqslant a$, $0 \leqslant \theta \leqslant 2\pi$. 在 D 内任取一点 (r, θ),过此点作平行于 z 轴的直线,该直线通过平面 $z=0$ 穿入 Ω 内,然后通过上半球面 $z = \sqrt{a^2 - x^2 - y^2} = \sqrt{a^2 - r^2}$ 穿出 Ω. 因此区域 Ω 可用柱面坐标表示为

$$0 \leqslant z \leqslant \sqrt{a^2 - r^2},\ 0 \leqslant r \leqslant a,\ 0 \leqslant \theta \leqslant 2\pi.$$

于是
$$\iiint_\Omega z\mathrm{d}x\mathrm{d}y\mathrm{d}z = \iiint_\Omega zr\mathrm{d}r\mathrm{d}\theta\mathrm{d}z = \int_0^{2\pi}\mathrm{d}\theta\int_0^a r\mathrm{d}r\int_0^{\sqrt{a^2-r^2}} z\mathrm{d}z$$

$$=2\pi\cdot\frac{1}{2}\int_0^a r(a^2-r^2)\,dr=\frac{\pi}{4}a^4.$$

3. 利用球面坐标计算三重积分

设 $M(x, y, z)$ 为空间内一点，则点 M 也可用这样三个有序的数 r, θ, φ 来确定，其中 r 为原点 O 与点 M 间的距离即向径 $\overrightarrow{OM}$ 的长度，θ 为 $\overrightarrow{OM}$ 与 z 轴正向所夹的角，φ 为从 z 轴正向来看，自 x 轴按逆时针方向转到 $\overrightarrow{OM}$ 在 xOy 面上的投影向量 $\overrightarrow{OP}$ 的角(图 9-24). 这样的三个数 r, θ, φ 叫作点 M 的**球面坐标**.

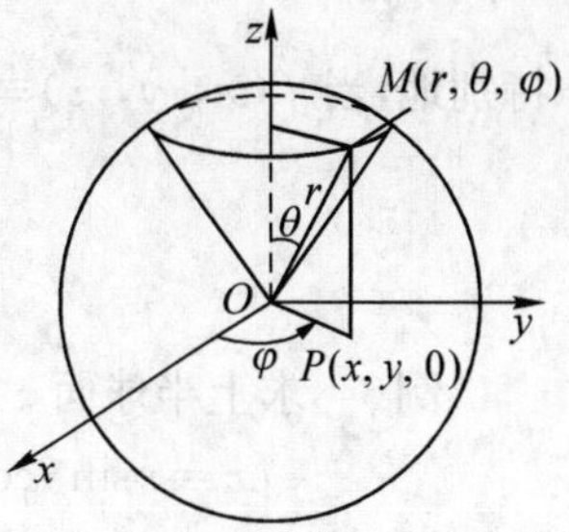

图 9-24

直角坐标与球面坐标的关系为

$$\begin{cases}x=r\sin\theta\cos\varphi,\\ y=r\sin\theta\sin\varphi, \quad (0\leqslant r<+\infty,\ 0\leqslant\theta\leqslant\pi,\ 0\leqslant\varphi\leqslant 2\pi)\\ z=r\cos\theta.\end{cases}$$

三重积分从直角坐标变换为球面坐标的公式为

$$\iiint_\Omega f(x, y, z)\,dx\,dy\,dz$$
$$=\iiint_\Omega f(r\sin\theta\cos\varphi, r\sin\theta\sin\varphi, r\cos\theta)r^2\sin\theta\,dr\,d\theta\,d\varphi.$$

其中，$r^2\sin\theta\,dr\,d\theta\,d\varphi$ 称为**球面坐标系中的体积元素**. 它的几何意义可做如下说明：当用球面坐标系中的坐标平面 $r=$常数(同心球面)，$\theta=$常数(锥面)，$\varphi=$常数(半平面)把 Ω 分成几个小的闭区域后，其中一个代表性的小区域为如图 9-25 所示的六面体，不计高阶无穷小，这个六面体可看成一个长方体，它的三棱长分别为 dr，$r\,d\theta$ 和 $r\sin\theta\,d\varphi$，故其体积近似为 $dv=r^2\sin\theta\,dr\,d\theta\,d\varphi$.

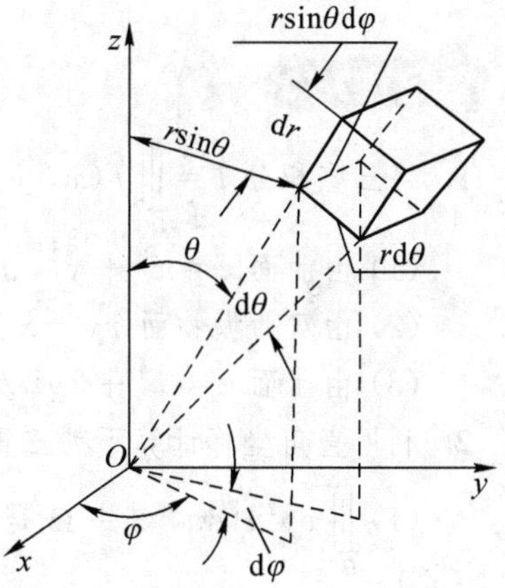

图 9-25

如果区域 Ω 在球面坐标下可表示为

$r_1(\theta, \varphi)\leqslant r\leqslant r_2(\theta, \varphi)$, $\theta_1(\varphi)\leqslant\theta\leqslant\theta_2(\varphi)$, $\alpha\leqslant\varphi\leqslant\beta$,

则

$$\iiint_\Omega f(x, y, z)\,dx\,dy\,dz$$
$$=\iiint_\Omega f(r\sin\theta\cos\varphi, r\sin\theta\sin\varphi, r\cos\theta)r^2\sin\theta\,dr\,d\theta\,d\varphi$$
$$=\int_\alpha^\beta d\varphi\int_{\theta_1(\varphi)}^{\theta_2(\varphi)}d\theta\int_{r_1(\theta,\varphi)}^{r_2(\theta,\varphi)}f(r\sin\theta\cos\varphi, r\sin\theta\sin\varphi, r\cos\theta)r^2\sin\theta\,dr.$$

例如，当积分区域 Ω 是球 $x^2+y^2+z^2\leqslant a^2$ 时，由于球可表示为

$$0\leqslant r\leqslant a,\ 0\leqslant\theta\leqslant\pi,\ 0\leqslant\varphi\leqslant 2\pi,$$

因此有

$$\iiint f(x, y, z)\mathrm{d}v=\int_0^{2\pi}\mathrm{d}\varphi\int_0^{\pi}\mathrm{d}\theta\int_0^a f(r\sin\theta\cos\varphi, r\sin\theta\sin\varphi, r\cos\theta)r^2\sin\theta\mathrm{d}r.$$

特别地,当 $f(x, y, z)\equiv 1$ 时,由上式即得球的体积

$$V=\int_0^{2\pi}\mathrm{d}\varphi\int_0^{\pi}\mathrm{d}\theta\int_0^a r^2\sin\theta\mathrm{d}r=\frac{4}{3}\pi a^3.$$

例3 求上半球面 $z=\sqrt{1-x^2-y^2}$ 与圆锥面 $x^2+y^2=z^2$ 所围成的立体的体积.

解 把 $\begin{cases}x=r\sin\theta\cos\varphi\\ y=r\sin\theta\sin\varphi\\ z=r\cos\theta\end{cases}$ 代入圆锥面方程 $x^2+y^2=z^2$,即得此圆锥面的球面坐标方程为 $\theta=\frac{\pi}{4}$,因此立体在空间所占的区域 Ω 在球面坐标下可表示为

$$0\leqslant r\leqslant 1, 0\leqslant\theta\leqslant\frac{\pi}{4}, 0\leqslant\varphi\leqslant 2\pi.$$

于是所求体积为

$$V=\iiint_{\Omega}\mathrm{d}x\mathrm{d}y\mathrm{d}z=\int_0^{2\pi}\mathrm{d}\varphi\int_0^{\frac{\pi}{4}}\mathrm{d}\theta\int_0^1 r^2\sin\theta\mathrm{d}r=\frac{\pi}{3}(2-\sqrt{2}).$$

练习题 9-3

1. 将三重积分 $I=\iiint_{\Omega} f(x, y, z)\mathrm{d}x\mathrm{d}y\mathrm{d}z$ 化为三次积分,其中区域分别是:

(1) 由曲面 $z=x^2+y^2$, $x=0$, $y=0$, $z=1$ 所围成的在第一卦限内的区域;

(2) 由双曲抛物面 $xy=z$ 及平面 $x+y-1=0$, $z=0$ 所围成的区域;

(3) 由曲面 $z=x^2+2y^2$ 及 $z=2-x^2$ 所围成的区域.

2. 利用直角坐标计算下列三重积分:

(1) $\iiint_{\Omega} xy^2z^3\mathrm{d}v$, 其中 Ω 是由平面 $y=x$, $x=1$, $z=0$ 及曲面 $z=xy$ 所围成的区域;

(2) $\iiint_{\Omega}\frac{\mathrm{d}v}{(1+x+y+z)^3}$, 其中 Ω 是由平面 $x=0$, $y=0$, $z=0$ 及 $x+y+z=1$ 所围成的四面体.

3. 利用柱面坐标计算下列三重积分:

(1) $\iiint_{\Omega}(x^2+y^2)\mathrm{d}v$, 其中 Ω 是由曲面 $x^2+y^2=2z$ 及平面 $z=2$ 所围成的区域;

(2) $\iiint_{\Omega}(x^2+y^2)\mathrm{d}v$, 其中 Ω 是由曲面 $4z^2=25(x^2+y^2)$ 及平面 $z=5$ 所围成的区域;

(3) $\iiint_{\Omega} xyz\mathrm{d}v$, 其中 Ω 是由球面 $x^2+y^2+z^2=1$ 及三个坐标面所围成的第一卦限内的区

域.

4. 利用球面坐标计算下列三重积分：

(1) $\iiint\limits_{\Omega} y^2 \mathrm{d}v$，其中 Ω 是由球面 $x^2+y^2+z^2=1$ 及球面 $x^2+y^2+z^2=4$ 所围成的区域；

(2) $\iiint\limits_{\Omega}(x^2+y^2)\mathrm{d}v$，其中 Ω 是由曲面 $z=\sqrt{x^2+y^2}$ 及 $z=\sqrt{1-x^2-y^2}$ 所围成的区域.

第四节 重积分的应用

在上册第五章定积分的应用中，曾介绍过微元法. 这种微元法也可推广到重积分的应用中. 如果所要计算的某个量 U 对于闭区域 D 具有可加性(就是说，当闭区域 D 分成许多小区域时，所求量 U 相应地分成许多部分量，且 U 等于这些部分量之和)，并且在闭区域 D 内任取一个直径很小的闭区域 $\mathrm{d}\sigma$ 时，相应的部分量可近似地表示为 $f(x,y)\mathrm{d}\sigma$ 的形式，其中 (x,y) 在 $\mathrm{d}\sigma$ 内. 称 $f(x,y)\mathrm{d}\sigma$ 为所求量 U 的**元素**，记为 $\mathrm{d}U$，以它为被积表达式，在闭区域 D 上积分 $\iint\limits_{D} f(x,y)\mathrm{d}\sigma$，这就是所求量的**积分表达式**. 即 $U=\iint\limits_{D} f(x,y)\mathrm{d}\sigma$.

一、曲面的面积

设曲面 S 由方程 $z=f(x,y)$ 给出，D 为曲面 S 在 xOy 面上的投影区域，函数 $f(x,y)$ 在 D 上具有连续偏导数 $f_x(x,y)$ 和 $f_y(x,y)$. 现求曲面 S 的面积 A.

在区域 D 内任取一直径很小的区域 $\mathrm{d}\sigma$(其面积也记为 $\mathrm{d}\sigma$)，在小区域 $\mathrm{d}\sigma$ 内取一点 $P(x,y)$，对应地曲面 S 上有一点 $M(x,y,f(x,y))$，曲面 S 在点 M 的切平面为 T. 以小区域 $\mathrm{d}\sigma$ 的边界曲线为准线作母线平行于 z 轴的柱面，这柱面在曲面 S 上截下一小片曲面，在切平面 T 上截下一小片平面. 由于 $\mathrm{d}\sigma$ 的直径很小，小片切平面的面积 $\mathrm{d}A$ 可近似代替相应那小片曲面的面积. 设曲面 S 在点 M 处的法向量(指向朝上)与 z 轴正向所成的夹角为 γ，则

$$\mathrm{d}A=\frac{\mathrm{d}\sigma}{|\cos\gamma|}=\sqrt{1+f_x^2(x,y)+f_y^2(x,y)}\,\mathrm{d}\sigma.$$

这就是**曲面 S 的面积元素**，以它为被积表达式在区域 D 上积分，得

$$A=\iint\limits_{D}\sqrt{1+f_x^2(x,y)+f_y^2(x,y)}\,\mathrm{d}\sigma$$

或

$$A=\iint\limits_{D}\sqrt{1+\left(\frac{\partial z}{\partial x}\right)^2+\left(\frac{\partial z}{\partial y}\right)^2}\,\mathrm{d}x\,\mathrm{d}y.$$

这就是计算曲面面积的公式.

若曲面方程为 $x=g(y,z)$ 或 $y=h(z,x)$，则如何求曲面的面积?

可分别把曲面投影到 yOz 面上(投影区域记为 D_{yz})或 zOx 面上(投影区域记为 D_{zx})，类似地可得

$$A=\iint\limits_{D_{yz}}\sqrt{1+\left(\frac{\partial x}{\partial y}\right)^2+\left(\frac{\partial x}{\partial z}\right)^2}\,\mathrm{d}y\mathrm{d}z$$

或
$$A=\iint\limits_{D_{zx}}\sqrt{1+\left(\frac{\partial y}{\partial z}\right)^2+\left(\frac{\partial y}{\partial x}\right)^2}\,\mathrm{d}z\mathrm{d}x.$$

例 1 求半径为 R 的球的表面积.

解法一 上半球面方程为 $z=\sqrt{R^2-x^2-y^2}$，它在 xOy 面上的投影区域 D 可表示为 $x^2+y^2\leqslant R^2$,则

$$\frac{\partial z}{\partial x}=\frac{-x}{\sqrt{R^2-x^2-y^2}},\ \frac{\partial z}{\partial y}=\frac{-y}{\sqrt{R^2-x^2-y^2}},\ \sqrt{1+\left(\frac{\partial z}{\partial x}\right)^2+\left(\frac{\partial z}{\partial y}\right)^2}=\frac{R}{\sqrt{R^2-x^2-y^2}}.$$

因为 z 对 x 和对 y 的偏导数在区域 $D:x^2+y^2\leqslant R^2$ 上无界,所以上半球面面积不能直接求出.因此先求在区域 $D_1:x^2+y^2\leqslant a^2(0<a<R)$ 上的部分球面面积,然后取极限.则有

$$\iint\limits_{x^2+y^2\leqslant a^2}\frac{R}{\sqrt{R^2-x^2-y^2}}\mathrm{d}x\,\mathrm{d}y=R\int_0^{2\pi}\mathrm{d}\theta\int_0^a\frac{r\,\mathrm{d}r}{\sqrt{R^2-r^2}}$$
$$=2\pi R(R-\sqrt{R^2-a^2}).$$

于是,上半球面面积为 $\lim\limits_{a\to R}2\pi R(R-\sqrt{R^2-a^2})=2\pi R^2$.

整个球面面积为 $A=2A_1=4\pi R^2$.

解法二 球面的面积 A 为上半球面面积的两倍.

上半球面的方程为 $z=\sqrt{R^2-x^2-y^2}$，而

$$\frac{\partial z}{\partial x}=\frac{-x}{\sqrt{R^2-x^2-y^2}},\ \frac{\partial z}{\partial y}=\frac{y}{\sqrt{R^2-x^2-y^2}},$$

所以
$$A=2\iint\limits_{x^2+y^2\leqslant R^2}\sqrt{1+\left(\frac{\partial z}{\partial x}\right)^2+\left(\frac{\partial z}{\partial y}\right)^2}\,\mathrm{d}x\,\mathrm{d}y$$
$$=2\iint\limits_{x^2+y^2\leqslant R^2}\frac{R}{\sqrt{R^2-x^2-y^2}}\mathrm{d}x\,\mathrm{d}y$$
$$=2R\int_0^{2\pi}\mathrm{d}\theta\int_0^R\frac{r\,\mathrm{d}r}{\sqrt{R^2-r^2}}$$
$$=-4\pi R\sqrt{R^2-r^2}\Big|_0^R=4\pi R^2.$$

二、重心(质心)

设 xOy 平面上有 n 个质点,分别位于 (x_1,y_1)，(x_2,y_2)，…，(x_n,y_n) 处,质量分别为 m_1，m_2，…，m_n. 由力学知道,该质点系的重心坐标为

$$\overline{x}=\frac{M_y}{M}=\frac{\sum_{i=1}^{n}m_ix_i}{\sum_{i=1}^{n}m_i},\ \overline{y}=\frac{M_x}{M}=\frac{\sum_{i=1}^{n}m_iy_i}{\sum_{i=1}^{n}m_i}.$$

其中 $M=\sum_{i=1}^{n}m_i$ 为该质点系的总质量，$M_y=\sum_{i=1}^{n}m_ix_i$、$M_x=\sum_{i=1}^{n}m_iy_i$ 分别为该质点系对 y 轴和 x 轴的**静矩**.

设有一平面薄片，占有 xOy 面上的区域 D，在点 $P(x, y)$处的面密度为 $\rho(x, y)$，假定 $\rho(x, y)$在 D 上连续. 现在要求该薄片的重心坐标.

在区域 D 上任取一点 $P(x, y)$及包含点 $P(x, y)$的一直径很小的区域 $d\sigma$(其面积也记为 $d\sigma$)，而 $\rho(x, y)$在 D 上连续，所以薄片中相应于小区域 $d\sigma$ 的部分的质量 dM 近似等于 $\rho(x, y)d\sigma$，这部分质量又可近似地看作集中在点(x, y)处，于是利用质点静矩公式，可写出 M_x 及 M_y 的元素 dM_x 及 dM_y 为

$$dM_x=y\,dM=y\rho(x, y)d\sigma,\ dM_y=x\,dM=x\rho(x, y)d\sigma.$$

以这些元素为被积表达式，在区域 D 上积分，便得薄片的质量

$$M=\iint_D\rho(x, y)d\sigma,$$

关于 x 轴和 y 轴的静矩

$$M_x=\iint_D y\rho(x, y)d\sigma,\ M_y=\iint_D x\rho(x, y)d\sigma.$$

设平面薄片的重心坐标为$(\overline{x}, \overline{y})$，平面薄片的质量为 M，则有

$$\overline{x}\cdot M=M_y,\ \overline{y}\cdot M=M_x.$$

于是

$$\overline{x}=\frac{M_y}{M}=\frac{\iint_D x\rho(x, y)d\sigma}{\iint_D\rho(x, y)d\sigma},\ \overline{y}=\frac{M_x}{M}=\frac{\iint_D y\rho(x, y)d\sigma}{\iint_D\rho(x, y)d\sigma}.$$

如果平面薄片是均匀的，即面密度 ρ 是常数，那么上式中可把 ρ 提到积分号外面并从分子、分母中约去，这样便得均匀薄片的质心坐标为

$$\overline{x}=\frac{\iint_D x\,d\sigma}{\iint_D d\sigma},\ \overline{y}=\frac{\iint_D y\,d\sigma}{\iint_D d\sigma}.$$

这时，平面薄片的质心坐标与密度无关而完全由闭区域 D 的几何形状所决定. 把均匀平面薄片的质心称作平面薄片所占的平面图形的**形心**.

例 2 求位于两圆 $r=2\sin\theta$ 和 $r=4\sin\theta$ 之间的均匀薄片的重心.

解 因为闭区域 D 对称于 y 轴，所以重心 $C(\overline{x}, \overline{y})$必位于 y 轴上，于是 $\overline{x}=0$.

因为

$$\iint_D y\,d\sigma=\iint_D r^2\sin\theta\,d\rho\,d\theta=\int_0^{\pi}\sin\theta\,d\theta\int_{2\sin\theta}^{4\sin\theta}r^2\,dr=\frac{56}{3}\int_0^{\pi}\sin^4\theta\,d\theta=7\pi,$$

$$\iint_D d\sigma=\pi\cdot 2^2-\pi\cdot 1^2=3\pi,$$

所以
$$\overline{y}=\frac{\iint\limits_D y\,d\sigma}{\iint\limits_D d\sigma}=\frac{7\pi}{3\pi}=\frac{7}{3}.$$

所求重心是 $C\left(0,\ \frac{7}{3}\right)$.

类似地,占有空间闭区域 Ω、在点 $(x,\ y,\ z)$ 处的密度为 $\rho(x,\ y,\ z)$(假定 $\rho(x,\ y,\ z)$ 在 Ω 上连续)的物体的重心坐标是

$$\overline{x}=\frac{1}{M}\iiint_\Omega x\rho(x,\ y,\ z)\,dv,$$
$$\overline{y}=\frac{1}{M}\iiint_\Omega y\rho(x,\ y,\ z)\,dv,$$
$$\overline{z}=\frac{1}{M}\iiint_\Omega z\rho(x,\ y,\ z)\,dv,$$

其中 $M=\iiint\limits_\Omega \rho(x,\ y,\ z)\,dv$ 为物体的质量.

例 3 求均匀半球体的重心.

解 取半球体的对称轴为 z 轴,原点取在球心上,又设球半径为 R,则半球体所占空间区域可用不等式 $x^2+y^2+z^2\leqslant R^2$, $z\geqslant 0$ 来表示.

显然,重心在 z 轴上,于是

$$\overline{x}=\overline{y}=0,\ \overline{z}=\frac{1}{M}\iiint_\Omega z\rho\,dv=\frac{1}{V}\iiint_\Omega z\,dv,$$

其中 $V=\frac{2}{3}\pi R^3$ 为半球体的体积. 由于

$$\iiint_\Omega z\,dv=\iiint_\Omega zr\,dr\,d\theta\,dz=\int_0^{2\pi}d\theta\int_0^R r\,dr\int_0^{\sqrt{R^2-r^2}}z\,dz$$
$$=2\pi\int_0^R\frac{1}{2}r(R^2-r^2)\,dr=\pi\left[\frac{R^2r^2}{2}-\frac{r^4}{4}\right]_0^R=\frac{\pi R^4}{4},$$

因此,$\overline{z}=\frac{3}{8}R$,重心为 $\left(0,\ 0,\ \frac{3}{8}R\right)$.

三、转动惯量

设 xOy 平面上有 n 个质点,分别位于 $(x_1,\ y_1)$, $(x_2,\ y_2)$, $\cdots$, $(x_n,\ y_n)$ 处,质量分别

为 m_1, m_2, $\cdots$, m_n. 由力学知道,该质点系对于 x 轴的转动惯量和对于 y 轴的**转动惯量**依次为

$$I_x=\sum_{i=1}^{n} y_i^2 m_i,\ I_y=\sum_{i=1}^{n} x_i^2 m_i.$$

设有一平面薄片,占有 xOy 面上的区域 D,在点 $P(x, y)$ 处的面密度为 $\rho(x, y)$,假定 $\rho(x, y)$ 在区域 D 上连续. 现在要求该薄片对于 x 轴的转动惯量和对于 y 轴的转动惯量.

应用元素法,在区域 D 上任取一点 $P(x, y)$ 及包含点 $P(x, y)$ 的一直径很小的闭区域 $d\sigma$(其面积也记为 $d\sigma$),则平面薄片对于 x 轴的转动惯量和对于 y 轴的转动惯量的元素分别为

$$dI_x=y^2\rho(x, y)d\sigma,\ dI_y=x^2\rho(x, y)d\sigma.$$

以这些元素为被积表达式,在区域 D 上积分,便得整个平面薄片对于 x 轴的转动惯量和对于 y 轴的转动惯量分别为

$$I_x=\iint_D y^2\rho(x, y)d\sigma,\ I_y=\iint_D x^2\rho(x, y)d\sigma.$$

例 4 求半径为 a 的均匀半圆薄片(面密度为常量 ρ)对于其直径边的转动惯量.

解 取坐标系如图 9-26 所示,则薄片所占闭区域 D 可表示为

$$D=\{(x, y)\mid x^2+y^2\leqslant a^2,\ y\geqslant 0\}.$$

而所求转动惯量即半圆薄片对于 x 轴的转动惯量 I_x 可表示为

$$\begin{aligned}I_x&=\iint_D \rho y^2 d\sigma=\rho\iint_D r^2\sin^2\theta\cdot r dr d\theta\\&=\rho\int_0^{\pi}\sin^2\theta d\theta\int_0^a r^3 dr=\rho\cdot\frac{a^4}{4}\int_0^{\pi}\sin^2\theta d\theta\\&=\frac{1}{4}\rho a^4\cdot\frac{\pi}{2}=\frac{1}{4}Ma^2,\end{aligned}$$

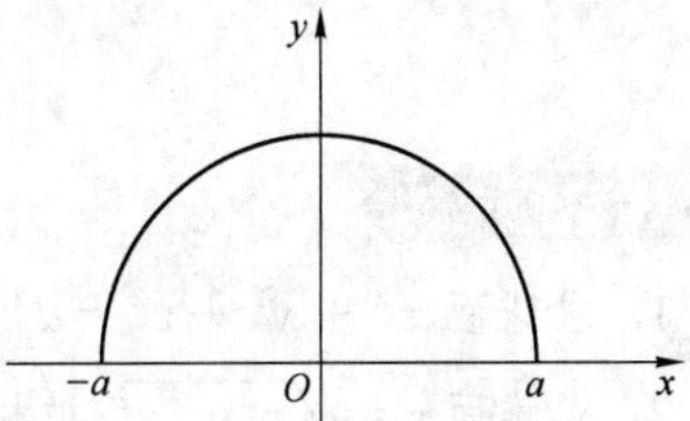

图 9-26

其中 $M=\frac{1}{2}\pi a^2\rho$ 为半圆薄片的质量.

类似地,占有空间有界闭区域 Ω,在点 (x, y, z) 处的密度为 $\rho(x, y, z)$(假定 $\rho(x, y, z)$ 在 Ω 上连续)的物体对于 x, y, z 轴的转动惯量为

$$I_x=\iiint_\Omega (y^2+z^2)\rho(x, y, z)dv,$$

$$I_y=\iiint_\Omega (z^2+x^2)\rho(x, y, z)dv,$$

$$I_z=\iiint_\Omega (x^2+y^2)\rho(x, y, z)dv.$$

例 5 求密度为 ρ 的均匀球体对于过球心的一条轴 l 的转动惯量.

解 取球心为坐标原点,z 轴与轴 l 重合,又设球的半径为 a,则球体所占空间闭区域

$$\Omega=\{(x,\ y,\ z)\mid x^2+y^2+z^2\leqslant a^2\}.$$

所求转动惯量即球体对于 z 轴的转动惯量 I_z 为

$$\begin{aligned}I_z&=\iiint\limits_{\Omega}(x^2+y^2)\rho\mathrm{d}v=\rho\iiint\limits_{\Omega}r^2\cdot r\mathrm{d}r\mathrm{d}\theta\mathrm{d}z\\&=\rho\int_0^{2\pi}\mathrm{d}\theta\int_0^a\mathrm{d}r\int_{-\sqrt{a^2-r^2}}^{\sqrt{a^2-r^2}}r^3\mathrm{d}z=\rho\cdot2\pi\cdot2\int_0^a r^3\sqrt{a^2-r^2}\,\mathrm{d}r.\end{aligned}$$

对上式中最后一个定积分进行换元,令 $r=a\sin u$,则 $u=\arcsin\dfrac{r}{a}$. 从而有

$$\begin{aligned}I_z&=4\pi\rho\int_0^{\frac{\pi}{2}}a^5\sin^3u\cos^2u\mathrm{d}u=4\pi\rho a^5\int_0^{\frac{\pi}{2}}(\cos^2u-1)\cos^2u\mathrm{d}\cos u\\&=4\pi\rho a^5\left[\frac{1}{5}\cos^5u-\frac{1}{3}\cos^3u\right]_0^{\frac{\pi}{2}}=\frac{8}{15}\pi a^5\rho=\frac{2}{5}a^2M,\end{aligned}$$

其中 $M=\dfrac{4}{3}\pi a^3\rho$ 为球体的质量.

练习题 9-4

1. 求球面 $x^2+y^2+z^2=a^2$ 含在圆柱面 $x^2+y^2=ax$ 内部的那部分面积.
2. 求锥面 $z=\sqrt{x^2+y^2}$ 被柱面 $z^2=2x$ 所割下部分的曲面面积.
3. 求半径相等的两个直交圆柱面 $x^2+y^2=R^2$ 及 $x^2+z^2=R^2$ 所围立体的表面积.
4. 设平面薄片所占的区域 D 由抛物线 $y=x^2$ 及直线 $y=x$ 所围成,它在点 $(x,\ y)$ 处的面密度 $\rho(x,\ y)=x^2y$,求此薄片的重心.
5. 设一等腰直角三角形薄片的腰长为 a,各点处的面密度等于该点到直角顶点的距离的平方,求这薄片的重心.
6. 设均匀薄片(面密度为常数 1)所占的区域 D 如下,求指定的转动惯量:

(1) D:$\dfrac{x^2}{a^2}+\dfrac{y^2}{b^2}\leqslant1$,求 I_x;

(2) D:$0\leqslant x\leqslant a$,$0\leqslant y\leqslant b$,求 I_x 和 I_y.

第五节 演示与实验——用 MATLAB 求二重积分

用 MATLAB 求二重积分也是由函数 int()实现的,其调用格式和功能说明见表 9-1.

表 9-1 求二重积分的调用格式和功能说明

调用格式	功能说明
int(int(f,y,ymin,ymax),x,a,b)	求二次积分 $\int_a^b\int_{\varphi_1(x)}^{\varphi_2(x)} f(x,y)\mathrm{d}y\mathrm{d}x$
int(int(f,x,xmin,xmax),y,c,d)	求二次积分 $\int_c^d\int_{\psi_1(y)}^{\psi_2(y)} f(x,y)\mathrm{d}x\mathrm{d}y$

注 用 MATLAB 求解二重积分的方法是将二重积分先转化为二次积分,然后利用函数 int( )来求解.

例 1 计算二重积分 $\iint\limits_D \mathrm{e}^{x+y}\mathrm{d}x\mathrm{d}y$,其中积分区域为

$$D=\{(x,y)\mid 0\leqslant x\leqslant 1,\ 0\leqslant y\leqslant 1\}.$$

解
```
>> clear
>> syms x y
>> f=exp(x+y);
>> Ix=int(int(f,y,0,1),x,0,1)
Ix=
  exp(2)-2*exp(1)+1
>> Iy=int(int(f,x,0,1),y,0,1)
Iy=
  exp(2)-2*exp(1)+1
```

例 2 计算二重积分 $\iint\limits_D xy\mathrm{d}x\mathrm{d}y$,其中积分区域 D 是由抛物线 $x=y^2$ 和 $y=x^2$ 所围成的闭区域.

解
```
>> clear
>> syms x y
>> E1=x-y^2;
>> E2=y-x^2;
>> p=solve(E1,E2);
>> p0=double([p.x p.y])                %求积分区域的边界曲线的交点
p0=
         0                  0
    1.0000             1.0000
  -0.5000-0.8660i    -0.5000+0.8660i
  -0.5000+0.8660i    -0.5000-0.8660i
%绘制积分区域的图形
>> ezplot(E1,[0,1,0,1])
>> hold on
>> ezplot(E2,[0,1,0,1])
```

```
>> gtext('x=y^2')          %或 text(0.4,0.7,'y^2=x')
>> gtext('y=x^2')
>> gtext('(0,0)')
>> gtext('(1,1)')
>> title('积分区域')
```

运行结果如图 9-27 所示.

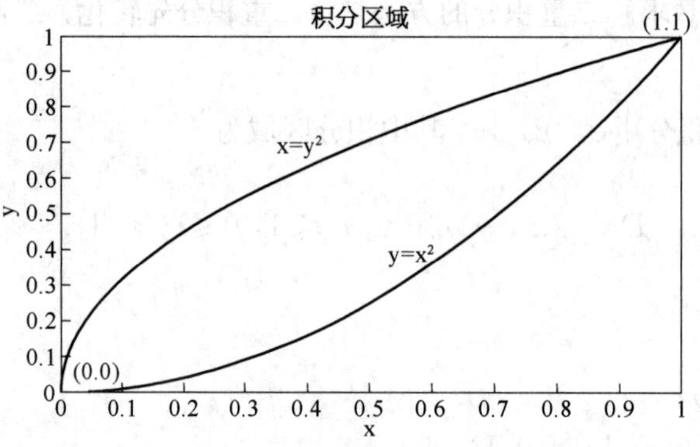

图 9-27

```
>> Ix=int(int(x*y, y, x^2, sqrt(x)), x, 0, 1)
Ix=
  1/12
>> Iy=int(int(x*y, x, y^2, sqrt(y)), y, 0, 1)
Iy=
  1/12
```

练习题 9-5

1. 计算二重积分 $\iint\limits_D (x^2+y^2)\mathrm{d}x\mathrm{d}y$,其中积分区域为

$$D=\{(x,\ y)\mid 0\leqslant x\leqslant 1,\ -1\leqslant y\leqslant 1\}.$$

2. 计算二重积分 $\iint\limits_D xy\mathrm{d}x\mathrm{d}y$,其中积分区域 D 是由抛物线 $y^2=x$ 及直线 $y=x-2$ 所围成的闭区域.

第六节　重积分模型

由前面的讨论可知,曲顶柱体的体积、平面薄片的质量可用二重积分计算,空间物体的质量可用三重积分计算.本节将把定积分应用中的元素法推广到重积分的应用中,利用重积分的元素法来讨论重积分在几何、物理上的一些其他应用，建立有关重积分模型.

一、飓风的能量计算问题

1. 问题提出

在一个简化的飓风模型中，假定速度只取单纯的圆周方向，其大小为 $v(r,\ z)=\Omega r\mathrm{e}^{-\frac{z}{h}-\frac{r}{a}}$，其中 $r,\ z$ 是柱坐标的两个坐标变量，Ω 为角速度，a 为风眼半径（一般为 15～25 km，大的可达 30～50 km），h 为等温大气高度. $\Omega,\ h,\ a$ 为常量，以海平面飓风中心处作为坐标原点，如果大气密度 $\rho(z)=\rho_0\mathrm{e}^{-\frac{z}{h}}$，$\rho_0$ 为地面大气密度. 求运动的全部动能，并问在哪一位置速度具有最大值？

2. 模型建立与求解

先求动能 E. 因为 $E=\frac{1}{2}mv^2$，$\mathrm{d}E=\frac{1}{2}v^2\mathrm{d}m=\frac{1}{2}v^2\rho\mathrm{d}V$，所以

$$E=\frac{1}{2}\iiint_V v^2\rho\mathrm{d}V.$$

因为飓风活动空间很大，所以在选用柱坐标计算中，$z,\ r$ 由零趋于无穷大，所以

$$E=\frac{1}{2}\rho_0\Omega^2\int_0^{2\pi}\mathrm{d}\theta\int_0^{+\infty}r^2\mathrm{e}^{-\frac{2r}{a}}r\mathrm{d}r\int_0^{+\infty}\mathrm{e}^{-\frac{3z}{h}}\mathrm{d}z,$$

其中 $\int_0^{+\infty}r^2\mathrm{e}^{-\frac{2r}{a}}r\mathrm{d}r$ 用分部积分法算得 $\frac{3}{8}a^4$，$\int_0^{+\infty}r^3\mathrm{e}^{-\frac{3z}{h}}\mathrm{d}z=-\frac{h}{3}\cdot\mathrm{e}^{-\frac{3z}{h}}\Big|_0^{+\infty}=\frac{h}{3}$，最后有 $E=\frac{h\rho_0\pi}{8}\Omega^2a^4$.

下面计算何处速度最大.

由 $v(r,\ z)=\Omega r\mathrm{e}^{-\frac{z}{h}-\frac{r}{a}}$，有

$$\frac{\partial v}{\partial z}=\Omega r\left(-\frac{1}{h}\right)\mathrm{e}^{-\frac{z}{h}-\frac{r}{a}}=0,\ \frac{\partial v}{\partial r}=\Omega\left[\mathrm{e}^{-\frac{z}{h}-\frac{r}{a}}+r\cdot\left(-\frac{1}{a}\right)\cdot\mathrm{e}^{-\frac{z}{h}-\frac{r}{a}}\right]=0.$$

由第一式得 $r=0$，显然，当 $r=0$ 时，$v=0$，不是最大值（实际上是最小值），舍去；由第二式解得 $r=a$，此时 $v(a,\ z)=\Omega a\mathrm{e}^{-1}\mathrm{e}^{-\frac{z}{h}}$，它是 z 的单调下降函数. 故 $r=a$、$z=0$ 处速度最大，也即海平面上风眼边缘处速度最大.

二、礼堂顶部金箔装饰问题

1. 问题提出

某礼堂顶部是金色拱形圆顶（图 9-28、图 9-29），现因年久失修，重新贴金箔装饰.

礼堂中央大厅的顶部形状为半球面，其半径为 30 m. 考虑到可能的损耗和其他技术因素，实际用量将会比礼堂顶部面积多 1.5%. 因为顶部面积预计为

$$S=2\pi R^2=2\pi\cdot 30^2=1\,800\pi(\mathrm{m}^2)$$

从而 $(1+1.5\%)S\approx 5\,736.78(\mathrm{m}^2)$. 据此，礼堂管理方下拨了可制作 $5\,750\ \mathrm{m}^2$ 有规定厚度金箔的黄金.

图 9-28

图 9-29

某建筑商略通数学，他计算了一下，觉得黄金会有盈余. 于是，他以较低的承包价得到了这项装饰工程. 但在施工前的测量中，工程师发现礼堂顶部实际上并非一个精确的半球面而是半椭球面，其半立轴恰是 30 m，而半长轴和半短轴分别是 30.6 m 和 29.6 m. 这样一来建筑商犯了愁，他担心黄金是否还有盈余，甚至可能短缺，最后的结果究竟如何？

2. 模型建立与求解

由于礼堂顶部实际上并不是一个精确的半球面而是半椭圆面，所以其面积就要重新来计算.

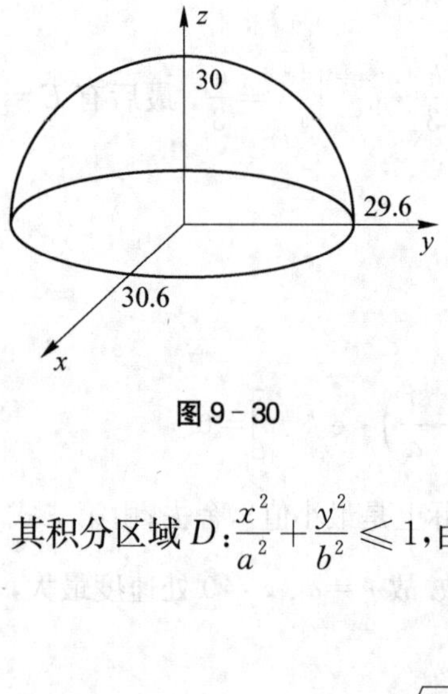

图 9-30

这个问题的本质就是求一个半椭球体的表面积. 取椭球面中心为坐标原点，建立如图 9-30 所示的直角坐标系，则礼堂圆顶(上)半椭球曲面方程为

$$z=R\sqrt{1-\frac{x^2}{a^2}-\frac{y^2}{b^2}},$$

其中 $R=30\text{ m}$，$a=30.6\text{ m}$，$b=29.6\text{ m}$.

利用空间曲面面积的计算公式

$$S=\iint_D\sqrt{1+z_x^2+z_y^2}\,\mathrm{d}x\mathrm{d}y,$$

其积分区域 $D:\frac{x^2}{a^2}+\frac{y^2}{b^2}\leqslant 1$，由于

$$\sqrt{1+z_x^2+z_y^2}=\sqrt{1+\frac{\frac{R^2x^2}{a^4}+\frac{R^2y^2}{b^4}}{1-\frac{x^2}{a^2}-\frac{y^2}{b^2}}},$$

所以半椭球面积为

$$S=\iint_D\sqrt{1+\frac{\frac{R^2x^2}{a^4}+\frac{R^2y^2}{b^4}}{1-\frac{x^2}{a^2}-\frac{y^2}{b^2}}}\,\mathrm{d}x\mathrm{d}y. \tag{1}$$

为计算这个积分，先作广义的极坐标变换，令 $x=ar\cos\theta$，$y=br\sin\theta$，则 $\mathrm{d}x\mathrm{d}y=$

$abr\,dr\,d\theta$，一并代入式(1) 中，有

$$S=ab\int_0^{2\pi}d\theta\int_0^1\sqrt{1+\frac{R^2r^2\left(\frac{\cos^2\theta}{a^2}+\frac{\sin^2\theta}{b^2}\right)}{1-r^2}}\,r\,dr. \tag{2}$$

记 $\mu=R^2\left(\frac{\cos^2\theta}{a^2}+\frac{\sin^2\theta}{b^2}\right)$，上述积分中后一个积分可以求出来，它是

$$\int_0^1\sqrt{1+\frac{\mu r^2}{1-r^2}}\,r\,dr=\begin{cases}\frac{1}{2}+\frac{\mu[\ln(1+\sqrt{1-\mu})-\ln\sqrt{\mu}]}{2\sqrt{1-\mu}}, & \mu<1\\ \frac{1}{2}+\frac{\mu}{2\sqrt{1-\mu}}\arcsin\sqrt{\frac{\mu-1}{\mu}}, & \mu>1\end{cases}$$

继续关于 θ 的积分实在太复杂了，无法求出结果.

对此，可以借助于数值积分思想求出其结果. 二重积分的数值计算其意义很大，应用同样广泛.

对于一般的二重积分 $I=\iint\limits_D f(s,t)\,ds\,dt$，积分区域 D：$0\leqslant s\leqslant c$，$0\leqslant t\leqslant d$.

现将 D 分成 $m\times n$ 个相等的小矩形(图 9-31).

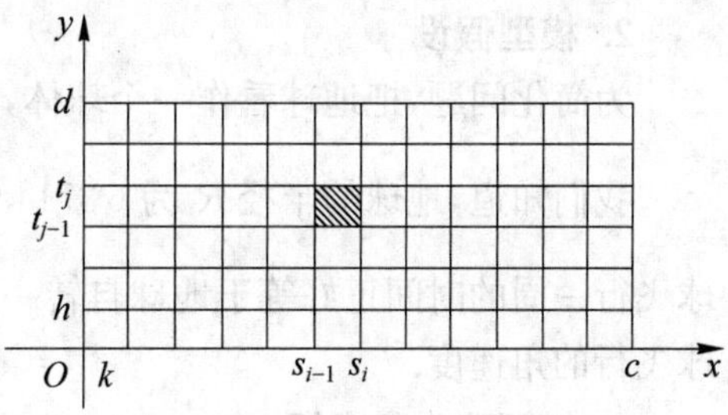

图 9-31

这里 $s_i=ik$，$t_j=jh$，$i=1,\cdots,m$；$j=1,\cdots,n$；k，h 是分割步长. 在其中第 $i\times j$ 个小块上的积分值近似为

$$I_{ij}\approx\frac{kh}{4}[f(s_{i-1},t_{j-1})+f(s_i,t_{j-1})+f(s_{i-1},t_j)+f(s_i,t_j)]$$

从而整个矩形区域上的积分为

$$I=\iint\limits_D f(s,t)\,ds\,dt\approx\sum_{i=1}^m\sum_{j=1}^n\frac{kh}{4}[f(s_{i-1},t_{j-1})+f(s_i,t_{j-1})+f(s_{i-1},t_j)+f(s_i,t_j)] \tag{3}$$

在前面的式(2)中，积分还是一个广义积分（$r=1$ 是积分的瑕点)，为此作一次换元化简，令 $t=\sqrt{1-r^2}$，则积分式(2) 可变形为

$$S=ab\int_0^{2\pi}d\theta\int_0^1\sqrt{t^2+R^2(1-t^2)\left(\frac{\cos^2\theta}{a^2}+\frac{\sin^2\theta}{b^2}\right)}\,dt$$

其中 θ，t 的积分范围分别为 $0\leqslant\theta\leqslant 2\pi$，$0\leqslant t\leqslant 1$. 被积函数

$$f(\theta,t)=\sqrt{t^2+R^2(1-t^2)\left(\frac{\cos^2\theta}{a^2}+\frac{\sin^2\theta}{b^2}\right)}$$

并取 $h=\frac{1}{100}$, $k=\frac{2\pi}{100}$ 和 $m=n=100$,以及 $R=30\,\mathrm{m}$, $a=30.6\,\mathrm{m}$, $b=29.6\,\mathrm{m}$,代入式(3)中,利用编程计算得到

$$S\approx 5\,679.81\,\mathrm{m}^2$$

再加上 1.5%的损耗,

$$\bar{S}=(1+1.5\%)S\approx 5\,765.0\,\mathrm{m}^2$$

大于礼堂管理方下拨的 $5\,750\,\mathrm{m}^2$ 金箔.

因此可以得出结论,由于事先数据测量的错误,建筑商将会亏损.

三、通信卫星电波覆盖地球面积计算问题

1. 问题提出

将通信卫星发射到赤道的上空,使它位于赤道所在的平面内.如果卫星自西向东地绕地球飞行一周的时间正好等于地球自转一周的时间,那么它始终在地球某一个位置的上空,即相对静止的.这样的卫星称为地球同步卫星.

现在来计算该卫星的电波所能覆盖的地球的表面积.

2. 模型假设

为简化问题,把地球看作一个球体,且不考虑其他天体对卫星的影响.

我们知道,地球的半径 R 为 $6\,371\,\mathrm{km}$,地球自转的角速度 $\omega=\frac{2\pi}{24\times 3\,600}$,由于卫星绕地球飞行一周的时间正好等于地球自转一周的时间,因此地球自转的角速度 ω 也就是卫星绕地球飞行的角速度.

3. 模型建立与求解

先确定卫星离地面的高度 h.要使卫星不会脱离其预定轨道,卫星所受地球的引力必须与它绕地球飞行所受的离心力相等,即

$$\frac{GMm}{(R+h)^2}=m\omega^2(R+h),$$

其中 M 为地球的质量,m 为卫星的质量,G 为引力常数.由于重力加速度(即在地面的单位质量所受的引力)$g=\frac{GM}{R^2}$,那么从上式得到

$$(R+h)^3=\frac{GM}{\omega^2}=\frac{GM}{R^2}\cdot\frac{R^2}{\omega^2}=g\frac{R^2}{\omega^2},$$

于是

$$h=\sqrt[3]{g\frac{R^2}{\omega^2}}-R.$$

将 $R=6\,371\,000$、$\omega=\frac{2\pi}{24\times 3\,600}$、$g=9.8$ 代入上式,就得到卫星离地面的高度为

$$h=\sqrt[3]{9.8\times\frac{6\,371\,000^2\times 24^2\times 3\,600^2}{4\pi^2}}-6\,371\,000$$

$$\approx 36\,000\,000(\mathrm{m})=36\,000(\mathrm{km}).$$

为了计算卫星的电波所覆盖的地球表面的面积，取地心为坐标原点，取过地心与卫星中心、方向从地心到卫星中心的有向直线为 z 轴（见图 9-32，为简明起见，只画出了 xOz 平面），则卫星的电波所覆盖的地球表面的面积为

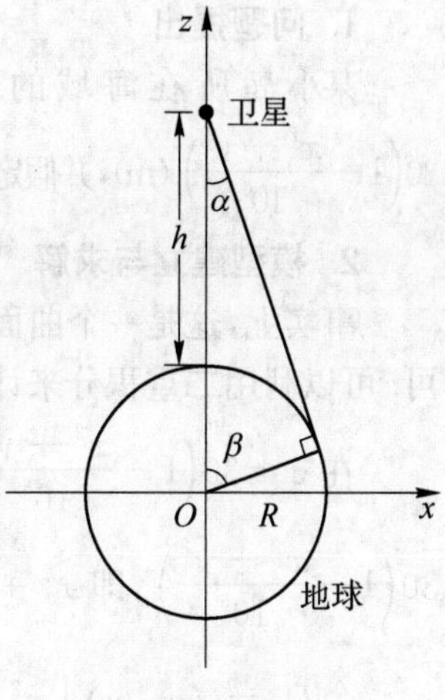

图 9-32

$$S=\iint_{\Sigma}\mathrm{d}S,$$

其中 Σ 是上半球面 $x^2+y^2+z^2=R^2\ (z\geqslant 0)$ 上满足 $z\geqslant R\sin\alpha$ 的部分，即 $\Sigma: z=\sqrt{R^2-x^2-y^2},\ x^2+y^2\leqslant R^2\cos^2\alpha$.

利用曲面面积的计算公式得

$$S=\iint_{D}\sqrt{1+\left(\frac{\partial z}{\partial x}\right)^2+\left(\frac{\partial z}{\partial y}\right)^2}\,\mathrm{d}x\,\mathrm{d}y=\iint_{D}\frac{R}{\sqrt{R^2-x^2-y^2}}\mathrm{d}x\,\mathrm{d}y,$$

这里 D 为 xOy 平面上区域 $\{(x,\ y)\mid x^2+y^2\leqslant R^2\cos^2\alpha\}$. 利用极坐标变换得

$$S=\int_0^{2\pi}\mathrm{d}\theta\int_0^{R\cos\alpha}\frac{R}{\sqrt{R^2-r^2}}r\,\mathrm{d}r$$

$$=2\pi R\left(-\sqrt{R^2-r^2}\right)\Big|_0^{R\cos\alpha}=2\pi R^2(1-\sin\alpha).$$

因为 $\sin\alpha=\dfrac{R}{R+h}$，所以

$$S=2\pi R^2\,\frac{h}{R+h}=2\pi\times 6\,371\,000^2\times\frac{36\,000\,000}{6\,371\,000+36\,000\,000}$$

$$=2.165\,75\times 10^{14}(\mathrm{m}^2)=2.165\,75\times 10^{8}(\mathrm{km}^2).$$

由于

$$S=2\pi R^2\,\frac{h}{R+h}=4\pi R^2\,\frac{h}{2(R+h)},$$

且 $4\pi R^2$ 正是地球的表面积，而

$$\frac{h}{2(R+h)}=\frac{36\,000\,000}{2(6\,371\,000+36\,000\,000)}\approx 0.424\,8,$$

因此卫星的电波覆盖了地球表面 1/3 以上的面积. 从理论上说，只要在赤道上空使用三颗相间 $\dfrac{2\pi}{3}$ 的通信卫星，它们的电波就可以覆盖几乎整个地球表面.

四、海面小岛在涨潮与落潮之间的面积变化问题

大海中分布着很多小岛，潮起潮落之间，小岛露出海平面的面积也时多时少，如何确定小岛在涨潮与落潮之间的面积变化是一个很有意思的问题.

1. 问题提出

某小岛所在海域的高潮与低潮之间的落差为 2 m,设小岛的陆地高度为 $z=30\left(1-\frac{x^2+y^2}{10^6}\right)$(m),并假定 $z=0$ 时对应于低潮的位置,求高潮与低潮时小岛露出水面的面积之比.

2. 模型建立与求解

事实上,这是一个曲面面积的计算问题,只要计算高潮与低潮时小岛露出水面的面积即可. 可以利用二重积分来计算.

在 $z=30\left(1-\frac{x^2+y^2}{10^6}\right)$ 中分别令 $z=0$ 与 $z=2$,得曲线 $0=30\left(1-\frac{x^2+y^2}{10^6}\right)$ 与 $2=30\left(1-\frac{x^2+y^2}{10^6}\right)$,即 $x^2+y^2=10^6$ 与 $x^2+y^2=\frac{14}{15}\times 10^6$.

令 $D_1=\{(x,y)\mid x^2+y^2\leqslant 10^6\}$,$D_2=\left\{(x,y)\mid x^2+y^2\leqslant\frac{14}{15}\times 10^6\right\}$,则 D_1,D_2 分别为低潮与高潮时小岛曲面在海平面上的投影.

利用二重积分可求得

$$\begin{aligned}S_1&=\iint_{D_1}\sqrt{1+z_x^2+z_y^2}\,\mathrm{d}x\mathrm{d}y=\iint_{D_1}\sqrt{1+\frac{36(x^2+y^2)}{10^{10}}}\,\mathrm{d}x\mathrm{d}y\\&=\int_0^{2\pi}\mathrm{d}\theta\int_0^{10^3}\sqrt{1+\frac{36r^2}{10^{10}}}\,r\mathrm{d}r=\frac{10^{10}}{36}\pi\times\frac{2}{3}\left(1+\frac{36r^2}{10^{10}}\right)^{\frac{3}{2}}\Big|_0^{10^3}\\&=\frac{10^{10}}{36}\pi\times\frac{2}{3}\left[\left(1+\frac{36}{10^4}\right)^{\frac{3}{2}}-1\right]=\frac{10^{10}}{54}\pi(1.0036^{\frac{3}{2}}-1),\end{aligned}$$

$$\begin{aligned}S_2&=\iint_{D_2}\sqrt{1+z_x^2+z_y^2}\,\mathrm{d}x\mathrm{d}y=\iint_{D_2}\sqrt{1+\frac{36(x^2+y^2)}{10^{10}}}\,\mathrm{d}x\mathrm{d}y\\&=\int_0^{2\pi}\mathrm{d}\theta\int_0^{10^3\sqrt{\frac{14}{15}}}\sqrt{1+\frac{36r^2}{10^{10}}}\,r\mathrm{d}r=\frac{10^{10}}{36}\pi\times\frac{2}{3}\left(1+\frac{36r^2}{10^{10}}\right)^{\frac{3}{2}}\Big|_0^{10^3\sqrt{\frac{14}{15}}}\\&=\frac{10^{10}}{36}\pi\times\frac{2}{3}\left[\left(1+\frac{168}{5\times 10^4}\right)^{\frac{3}{2}}-1\right]=\frac{10^{10}}{54}\pi(1.00336^{\frac{3}{2}}-1).\end{aligned}$$

所以面积之比为

$$\frac{S_2}{S_1}\approx 0.9333.$$

3. 模型评价

类似的问题有很多,其关键是要搞清曲面的形状或表达式以及曲面在坐标面上的投影.

五、均匀球体的引力场问题

1. 问题提出

设有一个半径为 a 的均匀球体(密度为常数 ρ),要计算它所产生的引力场,即求出它对于单位质量的质点的引力.

2. 模型建立与求解

以球心为原点建立直角坐标系(图 9-33),则球体为 $\Omega=\{(x,y,z)\mid x^2+y^2+z^2\leqslant$

$a^2\}$. 由对称性，只须考虑球体对在 z 轴上具有单位质量的质点的引力.

设单位质点 P_0 的位置为 $(0, 0, s)$，显然，球体对质点 P_0 的引力在 x 与 y 方向的分量 $F_x = F_y = 0$.

用微元法求该引力在 z 方向的分量 F_z. 考虑球体上任一点 $P(x, y, z)$，则包含 P 的体积微元 $\mathrm{d}V$ 的质量为 $\rho\mathrm{d}V$. 它对单位质点 P_0 所产生引力的方向与 $\overrightarrow{P_0P} = x\boldsymbol{i} + y\boldsymbol{j} + (z-s)\boldsymbol{k}$ 的方向相同，因此引力方向的单位向量为

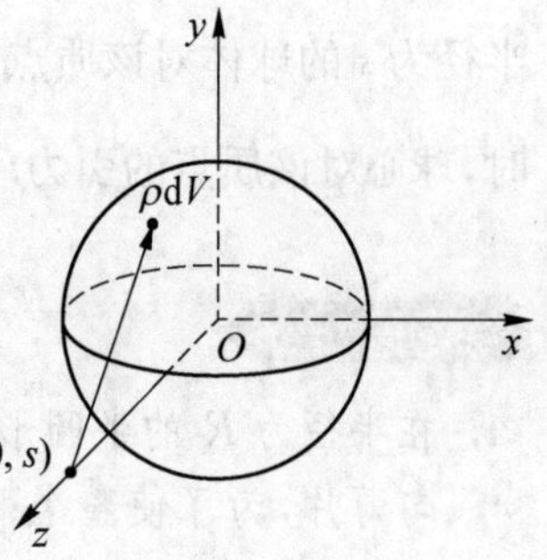

图 9-33

$$\boldsymbol{e}(x, y, z) = \frac{x\boldsymbol{i} + y\boldsymbol{j} + (z-s)\boldsymbol{k}}{\sqrt{x^2 + y^2 + (z-s)^2}}.$$

由万有引力定律，两质点之间的引力大小与这两个质点质量的乘积成正比，与它们之间距离的平方成反比，于是体积微元 $\mathrm{d}V$ 对单位质点 P_0 的引力在 z 方向的分量为

$$\mathrm{d}F_z = G\frac{z-s}{[x^2 + y^2 + (z-s)^2]^{3/2}}\rho\,\mathrm{d}V,$$

其中 G 为引力常数. 因此，整个球体对单位质点 P_0 的引力在 z 方向的分量为

$$F_z = G\rho\iiint_{\Omega}\frac{z-s}{[x^2 + y^2 + (z-s)^2]^{3/2}}\mathrm{d}V = G\rho\iiint_{\Omega}\frac{z-s}{[x^2 + y^2 + (z-s)^2]^{3/2}}\mathrm{d}x\,\mathrm{d}y\,\mathrm{d}z.$$

作球面坐标变换 $x = r\sin\varphi\cos\theta$，$y = r\sin\varphi\sin\theta$，$z = r\cos\varphi$，就得到

$$\begin{aligned} F_z &= G\rho\iiint_{\Omega}\frac{(r\cos\varphi - s)}{(r^2 + s^2 - 2rs\cos\varphi)^{3/2}}r^2\sin\varphi\,\mathrm{d}r\,\mathrm{d}\varphi\,\mathrm{d}\theta \\ &= G\rho\int_0^{2\pi}\mathrm{d}\theta\int_0^a r^2\mathrm{d}r\int_0^{\pi}\frac{(r\cos\varphi - s)\sin\varphi}{(r^2 + s^2 - 2rs\cos\varphi)^{3/2}}\mathrm{d}\varphi. \end{aligned}$$

在积分

$$I = \int_0^{\pi}\frac{(r\cos\varphi - s)\sin\varphi}{(r^2 + s^2 - 2rs\cos\varphi)^{3/2}}\mathrm{d}\varphi$$

中，令 $\xi^2 = r^2 + s^2 - 2rs\cos\varphi$，那么

$$I = \frac{1}{2s^2r}\int_{|r-s|}^{r+s}\left(\frac{r^2 - s^2}{\xi^2} - 1\right)\mathrm{d}\xi = -\frac{1}{2s^2r}\left(2r - \frac{r^2 - s^2}{|r-s|} - |r-s|\right) = \begin{cases} 0, & r > s, \\ -\dfrac{2}{s^2}, & r < s. \end{cases}$$

即

$$F_z = \begin{cases} G\rho\displaystyle\int_0^{2\pi}\mathrm{d}\theta\int_0^a r^2\mathrm{d}r\left(-\frac{2}{s^2}\right) \\ G\rho\displaystyle\int_0^{2\pi}\mathrm{d}\theta\int_0^s r^2\mathrm{d}r\left(-\frac{2}{s^2}\right) \end{cases} = \begin{cases} -G\rho\dfrac{4\pi a^3}{3s^2}, & s \geqslant a, \\ -G\rho\dfrac{4\pi s}{3}, & s < a. \end{cases}$$

上式的物理意义是：

(1) 当 $s \geqslant a$，即质点在球体外或球面上时，球体对质点的引力等效于将整个球体的质量 $\rho\dfrac{4\pi a^3}{3}$ 全部集中在球心时，球心对该质点的引力. 这在天体力学中有很重要的应用，在考虑星球之间的引力时，常常将星球的质量看作集中于球心来处理.

(2) 当 $s < a$，即质点在球体内部时，球体对质点的引力等效于一个球心与原球相同，而

半径为 s 的球体对该质点的引力.也即,等效于将半径为 s 球体的质量 $\rho\frac{4\pi s}{3}$ 全部集中在球心时,球心对该质点的引力.

练习题 9-6

1. 在半径为 R 的半圆形均匀薄片的直径上,要接上一个与直径等长的同样材料的矩形均匀薄片,为了使整个薄片的质心恰好在圆心上,接上去的矩形均匀薄片的另一边的长度应是多少?

2. 一座火山的表面形状可以用曲面 $z=he^{-\frac{\sqrt{x^2+y^2}}{4h}}$ $(z>0)$ 来表示.在一次火山爆发后,有一体积为 V 的熔岩附在火山上,使火山具有和原来一样的形状.求火山高度 h 变化的百分率.

3. 设 P_0 是半径为 R 的球体表面上的一个定点,此球体上任意一点的密度与该点到 P_0 的距离的平方成正比(比例系数 $K>0$).求这球体的质心所在的位置.

4. 设有高度为 $h(t)$(t 为时间)的雪堆在融化过程中,其侧面满足方程

$$z=h(t)-\frac{z(x^2+y^2)}{h(t)},\ t>0$$

设长度单位为厘米(cm),时间单位为小时(h),已知雪堆的体积减小的速率与其侧面积的大小成正比(比例系数为 0.9),若雪堆原来高度为 130 cm,问该雪堆全部融化需要多长时间?

本章小结

一、本章主要内容与重点

本章主要内容有:二重积分的概念、性质和几何意义,在直角坐标系下以及极坐标系下计算二重积分,三重积分的概念、性质,利用直角坐标以及柱面坐标、球面坐标计算三重积分,用重积分来求曲面面积、重心和转动惯量.

重点 二重积分的概念和计算.

二、学习指导

1. 比较二重积分的大小

首先要正确地画出积分区域 D 的图形,其次是根据 D 的图形特点及被积函数的性质,然后比较两个被积函数的大小,从而得到两个积分的大小关系.

2. 估计二重积分的值

首先要正确地画出积分区域 D 的图形,其次是根据 D 的图形特点及被积函数的性质,找出被积函数的最大值和最小值,然后用估值定理.

3. 二重积分的计算

计算二重积分时,可按以下步骤:

(1) 画出积分区域 D 的图形.

(2) 根据图形 D 和被积函数的特点,选择是用直角坐标公式还是用极坐标公式,一般当

区域为圆形、圆环形、扇形等，且被积函数形式为 $f(x^2+y^2)$ 或 $f\left(\dfrac{y}{x}\right)$ 时，可选用极坐标公式；在把直角坐标变为极坐标时，要注意面积元素 $\mathrm{d}x\mathrm{d}y$ 变换为 $r\mathrm{d}r\mathrm{d}\theta$，前面的 r 不能丢掉.

(3) 将区域用不等式组表示，化成二次积分计算.

要注意以下几点：

(1) 选择合适的坐标系；

(2) 选择易计算的积分次序；

(3) 利用画图或列不等式的方法确定积分限；

(4) 利用对称性简化计算.

4. 交换积分次序

(1) 根据已知二次积分，找出相应的二重积分的积分区域的边界，画出区域的图形.

(2) 按照交换后的次序，将区域用不等式组表示，写出交换后的二次积分.

5. 三重积分的计算

计算三重积分的基本方法是将其化为三次积分，而其中关键一步是正确确定三次积分的上、下限. 要做到正确定限，离不开空间解析几何的知识，特别是平面、柱面和一些常见的二次曲面的方程和位置特点，以及如何求出立体在坐标面上的投影区域，对此要适当复习.

6. 重积分的应用

(1) 学习重积分的应用，重要的是掌握元素法. 要从教材的应用举例中，学习通过微元分析得到所求量的积分表达式，并注意只有满足可加性的量才可能用积分来求得.

(2) 注意重积分的性质以及几何和物理意义，例如被积函数为 1 的二重积分和三重积分分别可求得平面图形的面积和立体的体积，而根据二重积分的几何意义可求得曲顶柱体的体积，进而可求得更一般立体的体积(看成若干个曲顶柱体之和或差). 实际应用问题一般需要建立坐标系，然后根据现成的基本公式，结合元素法建立积分表达式.

7. 重积分模型

希望读者理解和掌握微积分的思想方法，会利用重积分的无限细分与无限求和紧密结合思想方法建立数学模型，解决一些实际问题，提高分析与应用能力.

习题九

1. 填空题：

(1) 设 D：$-1\leqslant x\leqslant 1,\ 0\leqslant y\leqslant 1$，则 $\iint\limits_D x^3y^2\mathrm{d}\sigma=$ ________.

(2) 设 $f(x)$ 在 $[0,1]$ 上连续，如果 $\int_0^1 f(x)\mathrm{d}x=3$，则 $\int_0^1\mathrm{d}x\int_0^x f(x)f(y)\mathrm{d}y=$ ________.

2. 判断对错：

设 D 是圆形区域 $x^2+y^2\leqslant 4$，则 $\iint\limits_D(x^2+y^2)\mathrm{d}\sigma=\iint\limits_D 4\mathrm{d}\sigma=4\times 4\pi=16\pi$. (　　)

3. 单项选择题：

(1) 设 D 是由 $|x|=2$，$|y|=1$ 所围成的闭区域，则 $\iint\limits_D xy^2\mathrm{d}x\mathrm{d}y=$ (　　).

A. $\frac{4}{3}$　　B. $\frac{8}{3}$　　C. $\frac{16}{3}$　　D. 0

(2) 设 D:$0\leqslant x\leqslant 1$, $0\leqslant y\leqslant \pi$,则$\iint\limits_D y\cos(xy)\,\mathrm{d}\sigma=($　　$)$.

A. 2　　B. 2π　　C. $\pi+1$　　D. 0

(3) 设 $f(x, y)$为连续函数,交换积分的次序,得 $\int_0^2 \mathrm{d}x\int_x^{\sqrt{2x}} f(x, y)\mathrm{d}y=($　　$)$.

A. $\int_0^2 \mathrm{d}y\int_x^{\sqrt{2x}} f(x, y)\mathrm{d}x$　　B. $\int_0^2 \mathrm{d}y\int_{\frac{y^2}{2}}^{y} f(x, y)\mathrm{d}x$

C. $\int_0^2 \mathrm{d}y\int_0^{y} f(x, y)\mathrm{d}x$　　D. $\int_2^0 \mathrm{d}y\int_{\frac{y^2}{2}}^{y} f(x, y)\mathrm{d}x$

(4) 设圆形区域 D:$x^2+y^2\leqslant R^2(R>0)$, D_1 为 D 的第一象限部分的闭区域,则(　　).

A. $\iint\limits_D y\mathrm{e}^{x^2}\mathrm{d}\sigma=4\int_{D_1} y\mathrm{e}^{x^2}\mathrm{d}\sigma$　　B. $\iint\limits_D y\mathrm{e}^{x^2}\mathrm{d}\sigma=2\int_{D_1} y\mathrm{e}^{x^2}\mathrm{d}\sigma$

C. $\iint\limits_D y\mathrm{e}^{x^2}\mathrm{d}\sigma=\int_{D_1} y\mathrm{e}^{x^2}\mathrm{d}\sigma$　　D. $\iint\limits_D y\mathrm{e}^{x^2}\mathrm{d}\sigma=0$

4. 比较下列积分的大小:

(1) $\iint\limits_D \ln(x+y)\,\mathrm{d}\sigma$ 与$\iint\limits_D [\ln(x+y)]^2\mathrm{d}\sigma$,其中 D 是以 $A(1, 0)$、$B(1, 1)$、$C(2, 0)$为顶点的三角区域;

(2) $\iint\limits_D \ln(x+y)\,\mathrm{d}\sigma$ 与$\iint\limits_D [\ln(x+y)]^2\mathrm{d}\sigma$,其中 D 是矩形区域 $3\leqslant x\leqslant 5$, $0\leqslant y\leqslant 1$.

5. 画出积分区域,并计算下列二重积分:

(1) $\iint\limits_D (x^2-y^2)\,\mathrm{d}\sigma$,其中 D 是区域 $0\leqslant y\leqslant \sin x$, $0\leqslant x\leqslant \pi$;

(2) $\iint\limits_D x\sqrt{y}\,\mathrm{d}\sigma$,其中 D 是由两条抛物线 $y=\sqrt{x}$, $y=x^2$ 所围成的区域;

(3) $\iint\limits_D xy^2\mathrm{d}\sigma$,其中 D 是半圆形区域 $x^2+y^2\leqslant 4$, $x\geqslant 0$;

(4) $\iint\limits_D \mathrm{e}^{x+y}\mathrm{d}\sigma$,其中 D 是区域 $|x|+|y|\leqslant 1$.

6. 化二重积分 $I=\iint\limits_D f(x, y)\mathrm{d}\sigma$ 为二次积分(分别列出对两个变量积分次序不同的两个二次积分),其中积分区域 D 是:

(1) 由直线 $y=x$, $x=2$ 及双曲线 $y=\frac{1}{x}(x>0)$ 所围成的区域;

(2) 环形区域 $1\leqslant x^2+y^2\leqslant 4$ 位于第一象限的部分.

7. 求由曲面 $z=x^2+2y^2$ 及 $z=6-2x^2-y^2$ 所围成的立体的体积.

8. 选用适当的坐标计算下列各题:

(1) $\iint\limits_D \sqrt{x^2+y^2}\,\mathrm{d}\sigma$,其中 D 是环形区域 $a^2\leqslant x^2+y^2\leqslant b^2$;

(2) $\iint\limits_{D}\sqrt{R^2-x^2-y^2}\,\mathrm{d}\sigma$，其中 D 是由圆周 $x^2+y^2=Rx$ 所围成的区域.

9. 利用直角坐标计算下列三重积分：

(1) $\iiint\limits_{\Omega}xz\,\mathrm{d}v$，其中 Ω 是由平面 $z=0$，$z=y$，$y=1$ 及抛物柱面 $y=x^2$ 所围成的区域；

(2) $\iiint\limits_{\Omega}xy\,\mathrm{d}v$，其中 Ω 是由平面 $x=0$，$y=0$，$z=0$，$z=1$ 及柱面 $x^2+y^2=1$ 所围成的在第一卦限内的区域.

10. 求上半球面 $z=\sqrt{a^2-x^2-y^2}$ 介于平面 $z=c$ 和 $z=c+h(0<c<c+h<a)$ 之间的面积.

11. 求高为 H，底半径为 R 的圆锥体的形心.

12. 求半径为 a 的球面与半顶角为 α 的内接锥面所围成的立体的体积.

阅读材料

数学王子——高斯

高斯(Gauss，1777—1855)，德国数学家、物理学家和天文学家.高斯从小聪明过人.一天晚上，他父亲正坐在昏暗的灯光下，埋头算账.过了很久，父亲长长地吐了一口气说："终于算完了！"这时，才 3 岁的高斯说："爸爸，您算错了."父亲十分惊讶，原来小高斯一直站在桌旁看账.父亲半信半疑，重新算了一遍，才发现确实算错了.

高斯上小学时，有一次数学老师给同学们出了一道题：计算从 1 到 100 的自然数之和.老师认为，这些孩子算这道题目需要很长时间，所以他一写完题目，就坐到一边看书去了.谁知，他刚坐下，马上就有一个学生举手说："老师，我做完了."老师问他："怎么算出来的？"他说："(1+100)×50 不就行了吗？"老师听了，不由得暗自称赞.为了鼓励他，老师买了一本数学书送给他.

高斯勤奋学习，11 岁就发现了二项式定理，17 岁发明了二次互反律，18 岁发明了用圆规和直尺作出 17 边形的方法，解决了 2000 年来悬而未决的难题.21 岁大学毕业，22 岁获博士学位.1804 年被选为英国皇家学会会员.从 1807 年到 1855 年逝世，一直担任格丁根大学教授兼格丁根天文台台长.他还是法国科学院和其他许多科学院的院士，被誉为历史上最伟大的数学家之一.高斯认为：数学，要有灵感，必须接触现实世界.他善于把数学成果有效地应用于天文学、物理学等科学领域，是与阿基米德、牛顿同享盛名的科学家.

高斯对科学研究达到如醉如痴的地步.一次，他正在研究一个深奥的问题，家里人告诉他，夫人病重，高斯似乎没有听到，继续工作.过了一会，家里人又告诉他："夫人病很重，要你立即回去."高斯大声回答："我就来！"仍然继续工作着.家里人第三次来通知："夫人快没气了！"高斯抬头回答："叫她等我一下，我一定来！"

高斯治学严谨，一生发表了 155 篇论文，但仍有大量创作没有发表出来，因为他对自己的科学著作总是要求尽善尽美.他的格言是"宁肯少一些，但要好一些".

高斯为科学事业奋斗了一生，于 1855 年 2 月 23 日逝世.为了纪念他，格丁根大学校园内建立了一个正 17 边形台座的高斯塑像.他被公认为 18 世纪之交最伟大的数学家，100 多年来享有"数学王子"的美称.

第十章

曲线积分与曲面积分

科学的灵感，绝不是坐等可以等来的. 如果说，科学上的发现有什么偶然的机遇的话，那么这种“偶然的机遇”只能给那些学有素养的人，给那些善于独立思考的人，给那些具有锲而不舍的精神的人，而不是给懒汉.

——华罗庚

【学习目标】

1. 了解两类曲线积分的概念及其区别和联系.
2. 掌握两类曲线积分的计算法.
3. 掌握格林公式的条件和结论.
4. 理解并会用平面曲线积分与路径无关的条件，特别是会用此条件来改变第二类曲线积分的路径，简化计算.
5. 了解两类曲面积分的概念及其区别和联系.
6. 会计算两类曲面积分.
7. 了解高斯公式，会用高斯公式计算某些第二类曲面积分.
8. 了解斯托克斯公式.
9. 了解场的基本概念以及散度、旋度等概念，了解高斯公式和斯托克斯公式的向量表达形式.
10. 会用曲线积分和曲面积分计算一些几何量和物理量.
11. 会用 MATLAB 求曲线积分和曲面积分.
12. 会用曲线积分和曲面积分建立数学模型，解决一些实际问题.

在第九章中，将积分范围从数轴上的区间推广到了平面上的区域与空间中的区域，就得到了重积分．本章进一步将积分范围推广到平面和空间中的一段曲线上或空间的一块曲面上，从而得到曲线积分和曲面积分．本章讨论曲线积分和曲面积分的概念、计算方法及它们的一些应用．

第一节　第一类曲线积分——对弧长的曲线积分

一、第一类曲线积分的定义

引例　平面曲线状物体的质量．有一平面曲线状物体，所占的位置为 xOy 平面内的一段曲线弧 L，它的端点是 A、B，在 L 上任一点 (x, y) 处，它的线密度为 $\rho(x, y)$（单位长度的质量），现在要计算此物体的质量 M．

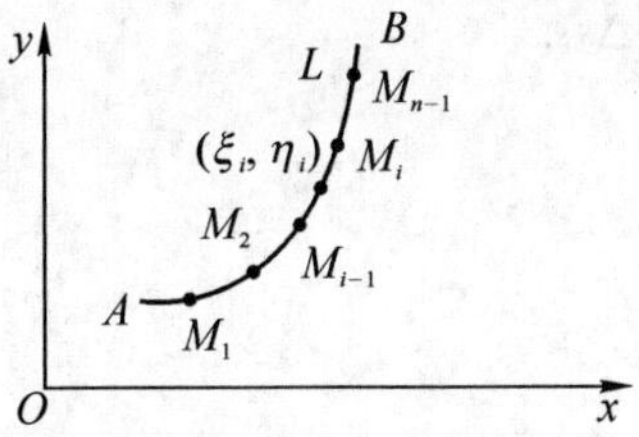

图 10-1

若物体为均匀物体，则其质量为 $M=\rho \cdot s$（s 为弧长）．

若物体为非均匀物体，则可用元素法的思想求得．

(1) 分割．将弧 AB 分成 n 个小曲线段．具体做法：在弧 AB 之间插入 $n-1$ 个点 $M_1, M_2, \cdots, M_{n-1}$，如图 10-1 所示，并记 $M_0=A, M_n=B$．将第 i 段弧 $M_{i-1}M_i$ 的长度记为 Δs_i $(i=1, 2, \cdots, n)$，记 $\lambda=\max\limits_{1\leqslant i\leqslant n}\{\Delta s_i\}$．

(2) 求质量 M 的近似值．任取一点 $(\xi_i, \eta_i)\in \overparen{M_{i-1}M_i}$ $(i=1, 2, \cdots, n)$，得到 $\overparen{M_{i-1}M_i}$ 的质量的近似值

$$\Delta M_i \approx \rho(\xi_i, \eta_i)\cdot \Delta s_i.$$

(3) 求和．得到曲线状物体 L 的质量的近似值 $M\approx \sum\limits_{i=1}^{n}\rho(\xi_i, \eta_i)\cdot \Delta s_i$．

(4) 取极限．消除误差，得到曲线状物体 L 的质量

$$M=\lim_{\lambda\to 0}\sum_{i=1}^{n}\rho(\xi_i, \eta_i)\cdot \Delta s_i.$$

这种和式的极限在研究其他问题时也会遇到．现在引入下面的定义．

定义 1　设曲线 L 为 xOy 平面内一条光滑曲线弧，函数 $f(x, y)$ 在 L 上有界．在 L 上任意插入一个点列 $M_1, M_2, \cdots, M_{n-1}$，把 L 分成 n 个小弧段．设第 i 个小弧段的长度为 Δs_i，又 (ξ_i, η_i) 为第 i 个小弧段上任意取定的一点，作乘积 $f(\xi_i, \eta_i)\Delta s_i$ $(i=1, 2, \cdots, n)$，并作和 $\sum\limits_{i=1}^{n}f(\xi_i, \eta_i)\Delta s_i$．如果当各小弧段的长度的最大值 $\lambda\to 0$ 时，和的极限总存在，则称此极限为**函数 $f(x, y)$ 在曲线弧 L 上的第一类曲线积分或对弧长的曲线积分**，记作 $\int_L f(x, y)\mathrm{d}s$，即

$$\int_L f(x, y)\mathrm{d}s = \lim_{\lambda \to 0}\sum_{i=1}^{n} f(\xi_i, \eta_i)\Delta s_i.$$

其中,$f(x, y)$叫作**被积函数**,$f(x, y)\mathrm{d}s$ 叫作**被积表达式**,L 叫作**积分弧段**,$\mathrm{d}s$ 叫作**弧长元素**.

由第一类曲线积分定义可知,曲线状物体的质量为 $M=\int_L \rho(x, y)\mathrm{d}s$.

注 当 $f(x, y)$ 在光滑曲线弧 L 上连续时,第一类曲线积分$\int_L f(x, y)\mathrm{d}s$ 总是存在的. 以后总是假定 $f(x, y)$在 L 上是连续的.

说明:(1) 若 L 是分段光滑的 $(L=L_1+L_2)$,则有

$$\int_L f(x, y)\mathrm{d}s = \int_{L_1} f(x, y)\mathrm{d}s + \int_{L_2} f(x, y)\mathrm{d}s.$$

(2) 函数 $f(x, y)$ 在封闭曲线 L 上第一类曲线积分可记为$\oint_L f(x, y)\mathrm{d}s$.

定义 1 可以类似地推广到空间曲线弧的情形. 即函数 $f(x, y, z)$在空间曲线弧 Γ 上对弧长的曲线积分为

$$\int_\Gamma f(x, y, z)\mathrm{d}s = \lim_{\lambda \to 0}\sum_{i=1}^{n} f(\xi_i, \eta_i, \zeta_i)\Delta s_i.$$

二、第一类曲线积分的性质

由第一类曲线积分的定义可知,它有如下性质:

性质 1 $\int_L [f(x, y) \pm g(x, y)]\mathrm{d}s = \int_L f(x, y)\mathrm{d}s \pm \int_L g(x, y)\mathrm{d}s$;

性质 2 $\int_L kf(x, y)\mathrm{d}s = k\int_L f(x, y)\mathrm{d}s$($k$ 为常数);

性质 3 若 $L=L_1+L_2$,则$\int_L f(x, y)\mathrm{d}s = \int_{L_1} f(x, y)\mathrm{d}s + \int_{L_2} f(x, y)\mathrm{d}s$;

性质 4 $\int_L 1\mathrm{d}s = s_L$($L$ 的弧长);

性质 5 设在 L 上 $f(x, y) \leqslant g(x, y)$,则有$\int_L f(x, y)\mathrm{d}s \leqslant \int_L g(x, y)\mathrm{d}s$;

性质6 (中值定理)设函数 $f(x, y)$ 在 L 上连续,则在 L 上至少存在一点(ξ, η),使得

$$\int_L f(x, y)\mathrm{d}s = f(\xi, \eta)s_L.$$

三、对弧长的曲线积分的计算

设函数 $f(x, y)$在平面曲线 L 上连续,且曲线 L 的参数方程为

$$\begin{cases} x=\varphi(t) \\ y=\psi(t) \end{cases} \quad (\alpha \leqslant t \leqslant \beta).$$

其中 $\varphi(t)$, $\psi(t)$在$[\alpha, \beta]$上具有一阶连续导数,则$\int_L f(x, y)\mathrm{d}s$ 存在,且

$$\int_L f(x,y)\mathrm{d}s=\int_\alpha^\beta f[\varphi(t),\psi(t)]\sqrt{\varphi'^2(t)+\psi'^2(t)}\,\mathrm{d}t\quad(\alpha<\beta).\qquad(10-1)$$

式(10-1)表明,计算对弧长的曲线积分$\int_L f(x,y)\mathrm{d}s$时,只要把x、y、$\mathrm{d}s$依次换为$\varphi(t)$、$\psi(t)$、$\sqrt{\varphi'^2(t)+\psi'^2(t)}\,\mathrm{d}t$,然后从$\alpha$到$\beta$作定积分就行了,这里必须注意,定积分的下限$\alpha$一定要小于上限$\beta$.

特别地:

(1) 若曲线L由方程$y=\psi(x)$, $a\leqslant x\leqslant b$给出,则

$$\int_L f(x,y)\mathrm{d}s=\int_a^b f[x,\psi(x)]\sqrt{1+\psi'^2(x)}\,\mathrm{d}x.$$

(2) 若曲线L由方程$x=\varphi(y)$, $c\leqslant y\leqslant d$给出,则

$$\int_L f(x,y)\mathrm{d}s=\int_c^d f[\varphi(y),y]\sqrt{1+\psi'^2(y)}\,\mathrm{d}y.$$

式(10-1)还可以推广到空间上的第一类曲线积分.

设函数$f(x,y,z)$在空间曲线弧Γ上连续,且曲线Γ的参数方程为$\begin{cases}x=\varphi(t),\\y=\psi(t),\\z=\omega(t),\end{cases}$ $\alpha\leqslant t\leqslant\beta$, $\varphi(t)$, $\psi(t)$, $\omega(t)$在$[\alpha,\beta]$上具有一阶连续导数,则有

$$\int_\Gamma f(x,y,z)\mathrm{d}s=\int_\alpha^\beta f[\varphi(t),\psi(t),\omega(t)]\sqrt{\varphi'^2(t)+\psi'^2(t)+\omega'^2(t)}\,\mathrm{d}t\qquad(10-2)$$

例1 求$I=\int_L xy\mathrm{d}s$,其中L:椭圆$\begin{cases}x=a\cos t\\y=b\sin t\end{cases}$(第一象限).

解 $I=\int_0^{\frac{\pi}{2}}a\cos t\cdot b\sin t\sqrt{(-a\sin t)^2+(b\cos t)^2}\,\mathrm{d}t$

$$=ab\int_0^{\frac{\pi}{2}}\cos t\sin t\sqrt{a^2\sin^2 t+b^2\cos^2 t}\,\mathrm{d}t\xlongequal{u=\sqrt{a^2\sin^2 t+b^2\cos^2 t}}\frac{ab}{a^2-b^2}\int_b^a u^2\mathrm{d}u$$

$$=\frac{ab(a^2+ab+b^2)}{3(a+b)}.$$

例2 求$I=\int_L y\mathrm{d}s$,其中L: $y^2=4x$,从$(1,-2)$到$(1,2)$一段弧(图10-2).

解 $I=\int_{-2}^2 y\sqrt{1+\left(\frac{y}{2}\right)^2}\,\mathrm{d}y=0$(奇函数在对称区间上的积分为零).

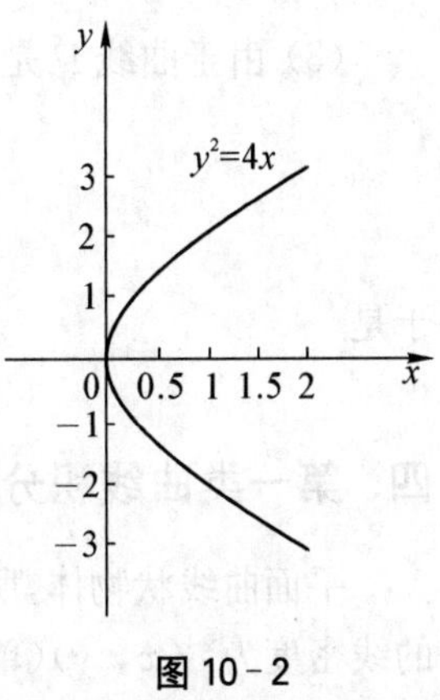

图10-2

例3 求$I=\int_L(x^2+y^2)^n\mathrm{d}s$,其中$L$: $x^2+y^2=R^2$.

解 L的参数方程为$x=R\cos t$, $y=R\sin t(0\leqslant t\leqslant 2\pi)$,代入式(10-1)得

$$I=\int_L (x^2+y^2)^n\mathrm{d}s=\int_0^{2\pi} R^{2n}\sqrt{(-R\sin t)^2+(R\cos t)^2}\,\mathrm{d}t$$
$$=2\pi R^{2n+1}.$$

例 4 求 $I=\int_\Gamma xyz\,\mathrm{d}s$,其中 Γ:$x=a\cos\theta,\ y=a\sin\theta,\ z=k\theta,\ 0\leqslant\theta\leqslant 2\pi$.

解 $I=\int_0^{2\pi} a^2\cos\theta\sin\theta\cdot k\theta\sqrt{a^2+k^2}\,\mathrm{d}\theta=-\dfrac{1}{2}\pi ka^2\sqrt{a^2+k^2}$.

例 5 求 $\int_\Gamma(x^2+y^2+z^2)\mathrm{d}s$,其中 Γ:$x=a\cos t,\ y=a\sin t,\ z=kt,\ 0\leqslant t\leqslant 2\pi$.

解
$$\int_\Gamma(x^2+y^2+z^2)\mathrm{d}s=\int_0^{2\pi}(a^2+k^2t^2)\sqrt{a^2+k^2}\,\mathrm{d}t$$
$$=\sqrt{a^2+k^2}\left[a^2t+\frac{k^2}{3}t^3\right]_0^{2\pi}$$
$$=\frac{2}{3}\pi\sqrt{a^2+k^2}\,(3a^2+4\pi^2k^2).$$

例 6 已知空间曲线 Γ:$\begin{cases}x^2+y^2+z^2=R^2\\ x+y+z=0\end{cases}$.求:

(1)$\int_\Gamma(x^2+y^2+z^2)\mathrm{d}s$;(2)$\int_\Gamma(xy+xz+yz)\mathrm{d}s$;(3)$\int_\Gamma x^2\mathrm{d}s$.

解 (1) 由于曲线的参数方程较难表示,所以不能直接用式(10-2)计算,但可将曲线方程代入被积函数,故有

$$\int_\Gamma(x^2+y^2+z^2)\mathrm{d}s=\int_\Gamma R^2\mathrm{d}s=R^2\cdot s_\Gamma=2\pi R^3\quad(\Gamma\text{ 为以 }R\text{ 为半径的圆}).$$

(2) 因为

$$\int_\Gamma(xy+xz+yz)\mathrm{d}s=\frac{1}{2}\int_\Gamma[(x+y+z)^2-(x^2+y^2+z^2)]\mathrm{d}s,$$

将曲线 Γ 方程代入被积函数,故有

$$\int_\Gamma(xy+xz+yz)\mathrm{d}s=\frac{1}{2}\int_\Gamma -R^2\mathrm{d}s=-\pi R^3.$$

(3) 由于曲线 Γ 是关于变量 $x,\ y,\ z$ 对称的曲线,所以有

$$\int_\Gamma x^2\mathrm{d}s=\int_\Gamma y^2\mathrm{d}s=\int_\Gamma z^2\mathrm{d}s.$$

于是
$$\int_\Gamma x^2\mathrm{d}s=\frac{1}{3}\int_\Gamma(x^2+y^2+z^2)\mathrm{d}s=\frac{2}{3}\pi R^3.$$

四、第一类曲线积分的物理应用

平面曲线状物体,所占位置为 xOy 平面内的一段曲线弧 L,在 L 上任一点 $(x,\ y)$ 处,它的线密度为 $\rho(x,\ y)$(单位长度的质量),则它的质量为

$$m=\int_\Gamma \rho(x,\ y)\mathrm{d}s,$$

它的重心坐标$(\bar{x},\ \bar{y})$为

$$\bar{x}=\frac{\int_L x\rho(x,\ y)\mathrm{d}s}{\int_L \rho(x,\ y)\mathrm{d}s},\ \bar{y}=\frac{\int_L y\rho(x,\ y)\mathrm{d}s}{\int_L \rho(x,\ y)\mathrm{d}s}.$$

物体绕 x 轴旋转所成的转动惯量为

$$I_x=\int_L y^2\rho(x,\ y)\mathrm{d}s,$$

物体绕 y 轴旋转所成的转动惯量为

$$I_y=\int_L x^2\rho(x,\ y)\mathrm{d}s.$$

例7　计算半径为 R、中心角为 2α 的圆弧 L 对于它的对称轴的转动惯量(设线密度 $\rho=1$).

解　取坐标系如图 10-3 所示,则所求转动惯量为 L 关于 x 轴的转动惯量 I_x.

为了便于计算,利用 L 的参数方程 $x=R\cos\theta,\ y=R\sin\theta(-\alpha\leqslant\theta\leqslant\alpha)$.

于是
$$\begin{aligned}I_x&=\int_L y^2\mathrm{d}s\\&=\int_{-\alpha}^{\alpha}R^2\sin^2\theta\sqrt{(-R\sin\theta)^2+(R\cos\theta)^2}\,\mathrm{d}\theta\\&=\int_{-\alpha}^{\alpha}R^3\sin^2\theta\mathrm{d}\theta=\frac{R^3}{2}\left[\theta-\frac{\sin 2\theta}{-2}\right]_{-\alpha}^{\alpha}\\&=\frac{R^3}{2}(2\alpha-\sin 2\alpha)=R^3(\alpha-\sin\alpha\cos\alpha).\end{aligned}$$

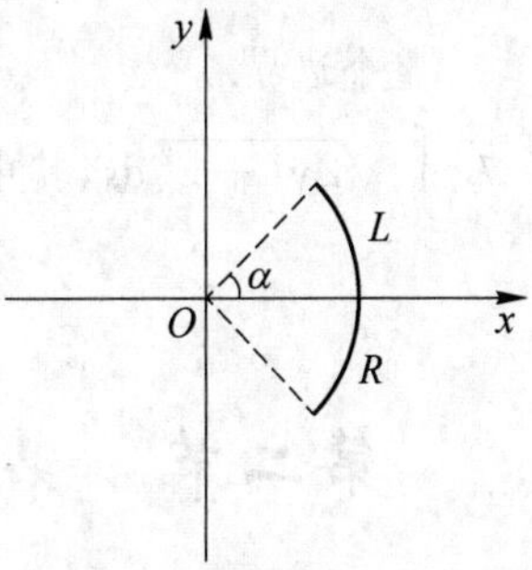

图 10-3

类似地,对于空间曲线状物体也有下列结果:

它的质量为　$m=\int_\Gamma \rho(x,\ y,\ z)\mathrm{d}s.$

它的重心坐标$(\bar{x},\ \bar{y},\ \bar{z})$为

$$\bar{x}=\frac{\int_\Gamma x\rho(x,\ y,\ z)\mathrm{d}s}{\int_\Gamma \rho(x,\ y,\ z)\mathrm{d}s},\ \bar{y}=\frac{\int_\Gamma y\rho(x,\ y,\ z)\mathrm{d}s}{\int_\Gamma \rho(x,\ y,\ z)\mathrm{d}s},\ \bar{z}=\frac{\int_\Gamma z\rho(x,\ y,\ z)\mathrm{d}s}{\int_\Gamma \rho(x,\ y,\ z)\mathrm{d}s}.$$

物体绕 x 轴旋转所成的转动惯量为

$$I_x=\int_\Gamma (y^2+z^2)\rho(x,\ y,\ z)\mathrm{d}s,$$

物体绕 y 轴旋转所成的转动惯量为

$$I_y=\int_\Gamma (x^2+z^2)\rho(x,\ y,\ z)\mathrm{d}s,$$

物体绕 z 轴旋转所成的转动惯量为

$$I_z=\int_\Gamma (x^2+y^2)\rho(x,y,z)\mathrm{d}s.$$

练习题 10-1

计算下列曲线积分：

1. $\int_L (x^2+y)\mathrm{d}s$，其中 L 是以 $O(0,0)$，$A(1,0)$，$B(0,1)$ 为顶点的三角形边界.

2. $\int_L y\mathrm{d}s$，其中 L 为圆周 $x^2+y^2=1$ 的上半部分.

3. $\int_L \mathrm{e}^{\sqrt{x^2+y^2}}\mathrm{d}s$，其中 L 为半圆 $0\leqslant y\leqslant\sqrt{1-x^2}$ 的边界.

4. $\int_L (x+y)\mathrm{d}s$，其中 L 为曲线弧 $x=t$，$y=t^3$，$z=\dfrac{3t^2}{\sqrt{2}}(0\leqslant t\leqslant 1)$ 所围区域的边界.

5. $\oint_L x\mathrm{d}s$，其中 L 为由直线 $y=x$ 与抛物线 $y=x^2$ 所围区域的整个边界.

6. $\oint_L \mathrm{e}^{\sqrt{x^2+y^2}}\mathrm{d}s$，其中 L 为圆周 $x^2+y^2=a^2$，直线 $y=x$ 及 x 轴在第一象限内所围的扇形的整个边界.

7. $\int_L \sqrt{2y^2+z^2}\mathrm{d}s$，其中 L 为圆周 $\begin{cases}x^2+y^2+z^2=a^2,\\ x=y\end{cases}$

第二节 第二类曲线积分——对坐标的曲线积分

一、第二类曲线积分的定义

引例 设一个质点在 xOy 面内从点 A 沿光滑曲线弧 L 移动到点 B. 在移动过程中，该质点受到力 $\boldsymbol{F}(x,y)=P(x,y)\boldsymbol{i}+Q(x,y)\boldsymbol{j}$ 的作用，其中函数 $P(x,y)$，$Q(x,y)$ 在 L 上连续. 求在上述移动过程中变力 $\boldsymbol{F}(x,y)$ 所做的功.

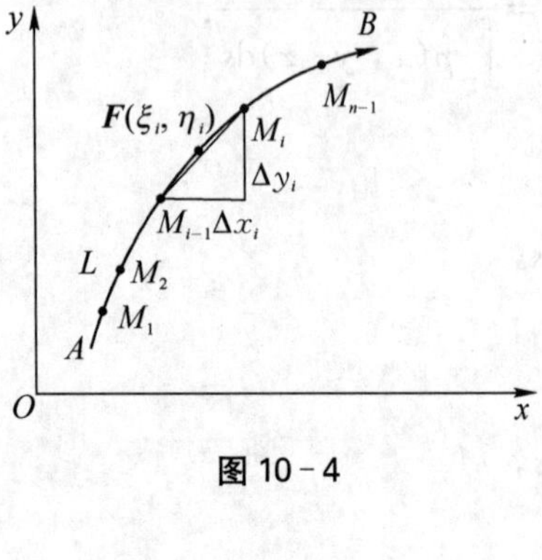

图 10-4

我们知道，如果 $\boldsymbol{F}(x,y)$ 是常力，且质点从 A 沿直线移动到 B，那么常力 $\boldsymbol{F}(x,y)$ 所做的功 W 等于两个向量 $\boldsymbol{F}(x,y)$ 与 $\overrightarrow{AB}$ 的数量积，即 $W=\boldsymbol{F}\cdot\overrightarrow{AB}$. 而现在 $\boldsymbol{F}(x,y)$ 是变力，且质点沿曲线移动，故功不能用上面的公式来计算. 下面用元素法的思想进行功的计算.

(1) 分割. 在 L 上从 A 到 B 插入 $n-1$ 个点 $M_1(x_1,y_1)$，…，$M_{n-1}(x_{n-1},y_{n-1})$，如图 10-4 所示. 令

$$A=M_0,\ M_n=B.$$

则 $\overrightarrow{M_{i-1}M_i}=(\Delta x_i)\boldsymbol{i}+(\Delta y_i)\boldsymbol{j}$. 取

$$F(\xi_i, \eta_i) = P(\xi_i, \eta_i)\boldsymbol{i} + Q(\xi_i, \eta_i)\boldsymbol{j},$$

则变力 $\boldsymbol{F}(x, y)$ 沿有向小弧段 $\overset{\frown}{M_{i-1}M_i}$ 所做的功 ΔW_i 就等于常力 $\boldsymbol{F}(\xi_i, \eta_i)$ 沿有向线段 $\overrightarrow{M_{i-1}M_i}$ 所做的功，即 $\Delta W_i \approx P(\xi_i, \eta_i)\Delta x_i + Q(\xi_i, \eta_i)\Delta y_i$.

(2) 求功的近似值.

$$W = \sum_{i=1}^{n} \Delta W_i \approx \sum_{i=1}^{n} [P(\xi_i, \eta_i)\Delta x_i + Q(\xi_i, \eta_i)\Delta y_i].$$

(3) 取极限 $\quad W = \lim\limits_{\lambda \to 0} \sum\limits_{i=1}^{n} [P(\xi_i, \eta_i)\Delta x_i + Q(\xi_i, \eta_i)\Delta y_i]$,

此极限值即为要求变力 F 沿有向曲线弧所做的功.

这种和式的极限在研究其他问题时也会遇到. 现在引入下面的定义.

定义 设 L 为 xOy 平面上从点 A 到点 B 的一条有向光滑曲线弧，函数 $P(x, y)$，$Q(x, y)$ 在 L 上有界，在 L 上沿 L 的方向依次插入 $n-1$ 个点 $M_i(x_i, y_i)(i=1, 2, \cdots, n-1)$，把 L 分成 n 个小的有向弧段 $\overset{\frown}{M_{i-1}M_i}(i=1, 2, \cdots, n, M_0=A, M_n=B)$. 设 $\Delta x_i = x_i - x_{i-1}$，$\Delta y_i = y_i - y_{i-1}$，点 (ξ_i, η_i) 为有向弧段 $\overset{\frown}{M_{i-1}M_i}$ 上任意取定的一点，如果当各小弧长度的最大值 $\lambda \to 0$ 时，$\sum\limits_{i=1}^{n} P(\xi_i, \eta_i)\Delta x_i$ 的极限存在，则称此极限为**函数 $P(x, y)$ 在有向曲线弧 L 上对坐标 x 的曲线积分**，记作 $\int_L P(x, y)\mathrm{d}x$.

类似地，如果 $\lim\limits_{\lambda \to 0} \sum\limits_{i=1}^{n} Q(\xi_i, \eta_i)\Delta y_i$ 总存在，则称此极限为**函数 $Q(x, y)$ 在有向曲线弧 L 上对坐标 y 的曲线积分**，记作 $\int_L Q(x, y)\mathrm{d}y$. 即

$$\int_L P(x, y)\mathrm{d}x = \lim_{\lambda \to 0} \sum_{i=1}^{n} P(\xi_i, \eta_i)\Delta x_i, \int_L Q(x, y)\mathrm{d}y = \lim_{\lambda \to 0} \sum_{i=1}^{n} Q(\xi_i, \eta_i)\Delta y_i.$$

其中 $P(x, y)$，$Q(x, y)$ 叫作**被积函数**，$P(x, y)\mathrm{d}x$，$Q(x, y)\mathrm{d}y$ 叫作**被积表达式**，L 叫作**积分弧段**.

以上两个积分都称为**第二类曲线积分**.

当 $P(x, y)$，$Q(x, y)$ 在光滑曲线弧 L 上连续时，第二类曲线积分 $\int_L P(x, y)\mathrm{d}x$，$\int_L Q(x, y)\mathrm{d}y$ 都存在. 以后总假设函数 $P(x, y)$，$Q(x, y)$ 在 L 上连续.

通常将上述两个积分组合为

$$\int_L P(x, y)\mathrm{d}x + \int_L Q(x, y)\mathrm{d}y = \int_L P(x, y)\mathrm{d}x + Q(x, y)\mathrm{d}y.$$

利用上述定义可得，变力所做的功为

$$W = \int_L P(x, y)\mathrm{d}x + Q(x, y)\mathrm{d}y = \int_L \boldsymbol{F} \cdot \mathrm{d}\boldsymbol{s},$$

其中 $\boldsymbol{F}(x, y) = P(x, y)\boldsymbol{i} + Q(x, y)\boldsymbol{j}$，$\mathrm{d}\boldsymbol{s} = \mathrm{d}x\boldsymbol{i} + \mathrm{d}y\boldsymbol{j}$.

上述定义可以类似地推广到空间有向曲线弧 Γ 的第二类曲线积分：

$$\int_{\Gamma} P(x, y, z)\mathrm{d}x = \lim_{\lambda \to 0} \sum_{i=1}^{n} P(\xi_i, \eta_i, \zeta_i)\Delta x_i.$$

$$\int_{\Gamma} Q(x, y, z)\mathrm{d}y = \lim_{\lambda \to 0} \sum_{i=1}^{n} Q(\xi_i, \eta_i, \zeta_i)\Delta y_i.$$

$$\int_{\Gamma} R(x, y, z)\mathrm{d}z = \lim_{\lambda \to 0} \sum_{i=1}^{n} R(\xi_i, \eta_i, \zeta_i)\Delta z_i.$$

应用时常将上述三个积分合在一起，记为

$$\int_{\Gamma} P\mathrm{d}x + Q\mathrm{d}y + R\mathrm{d}z = \int_{\Gamma} P(x, y, z)\mathrm{d}x + \int_{\Gamma} Q(x, y, z)\mathrm{d}y + \int_{\Gamma} R(x, y, z)\mathrm{d}z.$$

二、第二类曲线积分的性质

性质 1 如果两个积分都存在，则和的积分等于积分的和. 即若 $\int_{L} P(x, y)\mathrm{d}x$，$\int_{L} Q(x, y)\mathrm{d}x$ 存在，则 $\int_{L} [P(x, y) + Q(x, y)]\mathrm{d}x = \int_{L} P(x, y)\mathrm{d}x + \int_{L} Q(x, y)\mathrm{d}x$.

性质 2 如果 $\int_{L} P(x, y)\mathrm{d}x$ 存在，则 $\int_{L} kP(x, y)\mathrm{d}x = k\int_{L} P(x, y)\mathrm{d}x$（$k$ 为常数）.

性质 3 设 L 为一有向曲线弧，$-L$ 是与 L 方向相反的有向曲线弧，则

$$\int_{-L} P(x, y)\mathrm{d}x + Q(x, y)\mathrm{d}y = -\int_{L} P(x, y)\mathrm{d}x + Q(x, y)\mathrm{d}y,$$

性质 3 表示，当积分曲线弧段的方向改变时，对坐标的曲线积分要改变符号. 即对坐标的曲线积分与曲线的方向有关.

性质 4 设有向曲线弧 L 由 L_1 和 L_2 两段光滑有向曲线弧组成，则

$$\int_{L} P\mathrm{d}x + Q\mathrm{d}y = \int_{L_1} P\mathrm{d}x + Q\mathrm{d}y + \int_{L_2} P\mathrm{d}x + Q\mathrm{d}y.$$

类似地，也有空间的第二类曲线积分的性质，在此不再一一说明，请读者自己参考上述的四条性质推出.

三、对坐标的曲线积分的计算

设函数 $P(x, y)$，$Q(x, y)$ 在有向曲线弧 L 上有定义且连续，曲线 L 的参数方程为

$$\begin{cases} x = \varphi(t), \\ y = \psi(t), \end{cases} \quad (\alpha \leqslant t \leqslant \beta)$$

当参数 t 单调地由 α 变到 β 时，点 $M(x, y)$ 从 L 的起点 A 沿 L 运动到点 B，$\varphi(t)$，$\psi(t)$ 在以 α 及 β 为端点的闭区间上具有一阶连续导数，且 $\varphi'^2(t) + \psi'^2(t) \neq 0$，则曲线积分 $\int_{L} P(x, y)\mathrm{d}x + Q(x, y)\mathrm{d}y$ 存在，且

$$\int_L P(x, y)\mathrm{d}x + Q(x, y)\mathrm{d}y = \int_\alpha^\beta \{P[\varphi(t), \psi(t)]\varphi'(t) + Q[\varphi(t), \psi(t)]\psi'(t)\}\mathrm{d}t \tag{10-3}$$

式(10-3)表明，计算对坐标的曲线积分时，只要把 x、y、$\mathrm{d}x$、$\mathrm{d}y$ 依次换为 $\varphi(t)$、$\psi(t)$、$\varphi'(t)\mathrm{d}t$、$\psi'(t)\mathrm{d}t$，然后从 L 的起点所对应的参数值 α 到 L 的终点所对应的参数值 β 作定积分就行了，这里必须注意，下限 α 对应 L 的起点，上限 β 对应 L 的终点，α 不一定小于 β.

特别地，有以下结论：

(1) 若 $L: y = y(x)$，x 的起点为 a，终点为 b，则

$$\int_L P(x, y)\mathrm{d}x + Q(x, y)\mathrm{d}y = \int_a^b \{P[x, y(x)] + Q[x, y(x)]y'(x)\}\mathrm{d}x. \tag{10-4}$$

(2) 若 $L: x = x(y)$，y 的起点为 c，终点为 d，则

$$\int_L P(x, y)\mathrm{d}x + Q(x, y)\mathrm{d}y = \int_c^d \{P[x(y), y]x'(y) + Q[x(y), y]\}\mathrm{d}y. \tag{10-5}$$

式(10-3)也可以推广到空间的第二类曲线积分.

设 Γ 是一条空间的有向曲线弧，函数 $P(x, y, z)$，$Q(x, y, z)$，$R(x, y, z)$ 在 Γ 上有定义且连续，Γ 的参数方程为 $x = x(t)$，$y = y(t)$，$z = z(t)$，当参数 t 单调地从 α 变到 β 时，其对应的点 $M(x, y, z)$ 在 Γ 上从起点 A 运动到终点 B，函数 $x = x(t)$，$y = y(t)$，$z = z(t)$ 在以 α、β 为端点的区间上具有一阶连续偏导数，且 $x'^2(t) + y^2(t) + z^2(t) \neq 0$，则曲线积分 $\int_\Gamma P(x, y, z)\mathrm{d}x + Q(x, y, z)\mathrm{d}y + R(x, y, z)\mathrm{d}z$ 存在，且有

$$\begin{aligned}&\int_\Gamma P(x, y, z)\mathrm{d}x + Q(x, y, z)\mathrm{d}y + R(x, y, z)\mathrm{d}z \\ =&\int_\alpha^\beta \{P[x(t), y(t), z(t)]x'(t) + Q[x(t), y(t), z(t)]y'(t) + R[x(t), y(t), z(t)]z'(t)\}\mathrm{d}t.\end{aligned} \tag{10-6}$$

例 1　计算 $\int_L y\mathrm{d}x + x\mathrm{d}y$，其中 L 是曲线 $x = y^2$ 上从 $A(1, -1)$ 到 $B(1, 1)$ 的一段弧.

解法一　写出曲线 L 的参数方程 $\begin{cases}x = t^2\\ y = t\end{cases}$，对应于点 A 与 B 得到参数 t 的取值从 -1 到 1(图 10-5)，利用式(10-3)得

$$\int_L y\mathrm{d}x + x\mathrm{d}y = \int_{-1}^1 (2t^2 + t^2)\mathrm{d}t = 2.$$

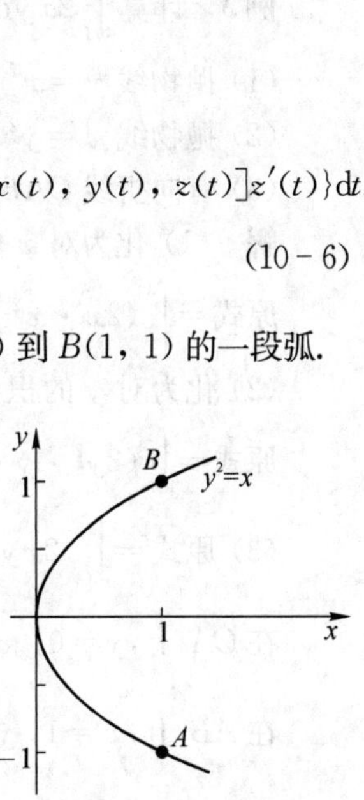

图 10-5

解法二　对于曲线 $L: x = y^2$ 对应于点 A 与 B 得到 y 的取值从 -1 到 1，利用式(10-5)得

$$\int_L y\mathrm{d}x + x\mathrm{d}y = \int_{-1}^1 (2y^2 + y^2)\mathrm{d}y = 2.$$

例 2 计算 $\int_L y^2 dx$,其中 L 为:

(1) 半径为 a、原点为圆心、按逆时针方向绕行的上半圆周;

(2) 从点 $A(a, 0)$ 沿 x 轴到点 $B(-a, 0)$ 的直线段.

解 (1) $L: \begin{cases} x = a\cos\theta \\ y = a\sin\theta \end{cases}$,$\theta$ 从 0 变到 π(图 10-6a).

原式 $= \int_0^{\pi} a^2\sin^2\theta(-a\sin\theta)d\theta = a^3\int_0^{\pi}(1-\cos^2\theta)d(\cos\theta) = -\frac{4}{3}a^3$.

(2) $L: y = 0$, x 从 a 变到 $-a$(图 10-6b).

原式 $= \int_{-a}^{a} 0dx = 0$.

此例说明,被积函数相同,起点和终点也相同,但路径不同,积分结果可以不同.

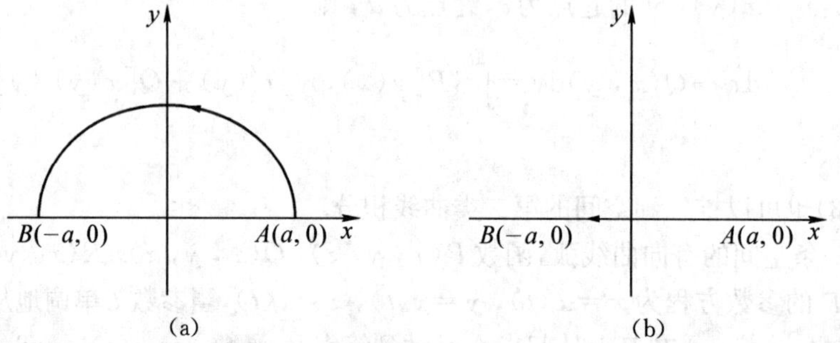

图 10-6

例 3 计算 $\int_L 2xydx + x^2dy$,其中 L 为:

(1) 抛物线 $y = x^2$ 上从 $O(0, 0)$ 到 $B(1, 1)$ 的一段弧;

(2) 抛物线 $x = y^2$ 上从 $O(0, 0)$ 到 $B(1, 1)$ 的一段弧;

(3) 有向折线 OAB. 这里 O, A, B 依次是点 $(0, 0)$, $(1, 0)$, $(1, 1)$.

解 (1) 化为对 x 的积分. $L: y = x^2$, x 从 0 变到 1.

原式 $= \int_0^1 (2x\cdot x^2 + x^2\cdot 2x)dx = 4\int_0^1 x^3dx = 1$.

(2) 化为对 y 的积分. $L: x = y^2$, y 从 0 变到 1.

原式 $= \int_0^1 (2y^2\cdot y\cdot 2y + y^4)dy = 5\int_0^1 y^4dy = 1$.

(3) 原式 $= \int_{OA} 2xydx + x^2dy + \int_{AB} 2xydx + x^2dy$.

在 OA 上, $y = 0$, x 从 0 变到 1, $\int_{OA} 2xydx + x^2dy = \int_0^1 (2x\cdot 0 + x^2\cdot 0)dx = 0$;

在 AB 上, $x = 1$, y 从 0 变到 1, $\int_{AB} 2xydx + x^2dy = \int_0^1 (2y\cdot 0 + 1)dy = 1$.

所以, $\int_L 2xydx + x^2dy = 0 + 1 = 1$.

此例说明,被积函数相同,起点和终点也相同,但路径不同,积分结果也可以相同.

例4　计算$\int_{\Gamma} xy\mathrm{d}x+(x-y)\mathrm{d}y+x^2\mathrm{d}z$，其中$\Gamma$是曲线$x=a\cos t$，$y=a\sin t$，$z=bt$上从起点$t=0$到终点$t=\pi$的一段有向弧.

解　利用式(10-6)，得

$$\begin{aligned}&\int_{\Gamma} xy\mathrm{d}x+(x-y)\mathrm{d}y+x^2\mathrm{d}z\\&=\int_0^{\pi}(-a^3\cos t\sin^2 t+a^2\cos^2 t-a^2\sin t\cos t+a^2b\cos^2 t)\mathrm{d}t\\&=\frac{1}{2}(1+b)a^2\pi.\end{aligned}$$

例5　计算$\int_{\Gamma} x^2\mathrm{d}x+zy^2\mathrm{d}y-xy^2\mathrm{d}z$，其中$\Gamma$是从点$A(3,2,1)$到点$B(0,0,0)$的直线段$AB$.

解　直线段AB的方程是$\frac{x}{3}=\frac{y}{2}=\frac{z}{1}$，化为参数方程$x=3t$，$y=2t$，$z=t$.当点从$A$运动到$B$时，对应的参数$t$从1变到0. 则

$$\int_{\Gamma} x^2\mathrm{d}x+zy^2\mathrm{d}y-xy^2\mathrm{d}z=\int_1^0(27t^2+8t^3-12t^3)\mathrm{d}t=(9t^3-t^4)\Big|_1^0=-8.$$

求变力沿曲线所做的功，是对坐标的曲线积分的典型应用.

例6　设一个质点在$M(x,y)$处受到力$\boldsymbol{F}=x^2y\boldsymbol{i}+xy^2\boldsymbol{j}$的作用，在此力的作用下质点由点$A(a,0)$沿椭圆$L$：$\frac{x^2}{a^2}+\frac{y^2}{b^2}=1$按逆时针方向移动到点$B(0,b)$，求力$\boldsymbol{F}$所做的功$W$.

解　因为$W=\int_L \boldsymbol{F}\cdot\mathrm{d}\boldsymbol{s}=\int_L x^2y\mathrm{d}x+xy^2\mathrm{d}y$. 椭圆$L$的参数方程：$\begin{cases}x=a\cos t\\y=b\sin t\end{cases}$，起点$A$、终点$B$对应参数$t$的取值分别为0，$\frac{\pi}{2}$，于是

$$W=\int_{\Gamma} x^2y\mathrm{d}x+xy^2\mathrm{d}y=\int_0^{\frac{\pi}{2}}(ab^3-a^3b)\sin^2 t\cos^2 t\mathrm{d}t=\frac{\pi}{16}(ab^3-a^3\mathrm{b}).$$

四、两类曲线积分之间的联系

设L为平面上的一条有向曲线弧，其参数方程为$\begin{cases}x=x(t)\\y=y(t)\end{cases}$，起点$A$、终点$B$对应的参数取值分别为$t=a$，$t=b$，当参数从$t=a$变到$t=b$时，对应的点从$A$沿曲线$L$变到$B$，且$x(t)$、$y(t)$在以$a$、$b$为端点的区间上具有一阶连续的导数. 曲线$L$上任一点$M(x,y)$处与曲线$L$方向一致的切向量的方向角分别为$\alpha$、$\beta$. 函数$P(x,y)$，$Q(x,y)$在曲线$L$上连续，则有

$$\int_L P(x,y)\mathrm{d}x+Q(x,y)\mathrm{d}y=\int_L[P(x,y)\cos\alpha+Q(x,y)\cos\beta]\mathrm{d}s.$$

类似地，空间曲线Γ上的两类曲线积分之间有如下联系：

$$\int_{\Gamma} P\mathrm{d}x + Q\mathrm{d}y + R\mathrm{d}z = \int_{\Gamma} [P\cos\alpha + Q\cos\beta + R\cos\gamma]\mathrm{d}s,$$

其中 $\cos\alpha$、$\cos\beta$、$\cos\gamma$ 为有向曲线弧 Γ 上任一点 (x, y, z) 处与 Γ 方向一致的切向量的方向余弦.

练习题 10-2

1. 计算 $I=\int_L (x+y)\mathrm{d}x+(y-x)\mathrm{d}y$,其中 L 为:

(1) 抛物线 $y^2=x$ 上从点 $(1, 1)$ 到点 $(4, 2)$ 的一段弧;

(2) 从点 $(1, 1)$ 到点 $(4, 2)$ 的直线段;

(3) 先沿直线从点 $(1, 1)$ 到点 $(1, 2)$,然后再沿直线到点 $(4, 2)$ 的折线;

(4) 曲线 $x=2t^2+t+1$, $y=t^2+1$ 上从点 $(1, 1)$ 到点 $(4, 2)$ 的一段弧.

2. 计算 $\int_L (x^2+y^2)\mathrm{d}x$,其中 L 为抛物线 $y=x^2$ 上从点 $(0, 0)$ 到点 $(1, 1)$ 的一段弧.

3. 计算 $\int_L x\mathrm{d}y$,其中 L 是坐标轴及直线 $\frac{x}{2}+\frac{y}{3}=1$ 所构成的三角形周界,方向为逆时针方向.

4. 计算 $\int_L -x\cos y\mathrm{d}x+y\sin x\mathrm{d}y$,其中 L 为由点 $A(0, 0)$ 到点 $B(2\pi, 4\pi)$ 的线段.

5. 计算 $\int_L \frac{\mathrm{d}x+\mathrm{d}y}{|x|+|y|}$,其中 L 为沿点 $A(1, 0)$、$B(0, 1)$、$C(-1, 0)$、$D(0, -1)$ 为顶点的正方形边界.

第三节 格林公式及其应用

本节讨论平面区域 D 上的二重积分与 D 的边界曲线 L 上的曲线积分之间的关系.

一、格林公式

先介绍平面单连通区域的概念. 设 D 为平面区域,如果 D 内任一闭曲线所围成的部分都属于 D,则称 D 为**平面单连通区域**(图 10-7a),否则称 D 为**复连通区域**(图 10-7b).

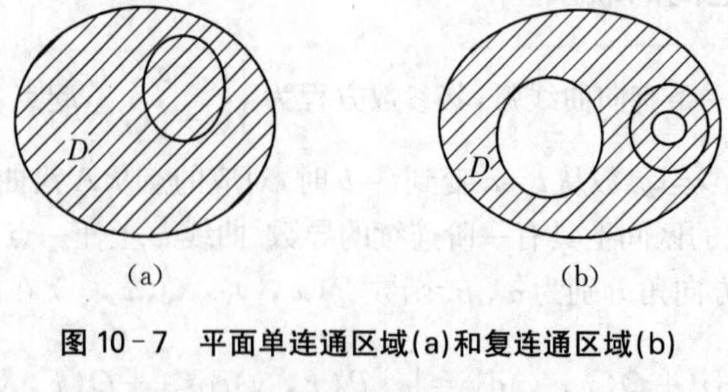

图 10-7 平面单连通区域(a)和复连通区域(b)

定理 1 设平面闭区域 D 由分段光滑的曲线 L 围成,函数 $P(x, y)$ 及 $Q(x, y)$ 在 D 上具有一阶连续偏导数,则有

$$\iint_D\left(\frac{\partial Q(x,\ y)}{\partial x}-\frac{\partial P(x,\ y)}{\partial y}\right)\mathrm{d}x\mathrm{d}y=\oint_L P(x,\ y)\mathrm{d}x+Q(x,\ y)\mathrm{d}y. \qquad (10-7)$$

其中 L 是 D 的取正向的边界曲线(图 10-8).

式(10-7)叫作**格林(Green)公式**.

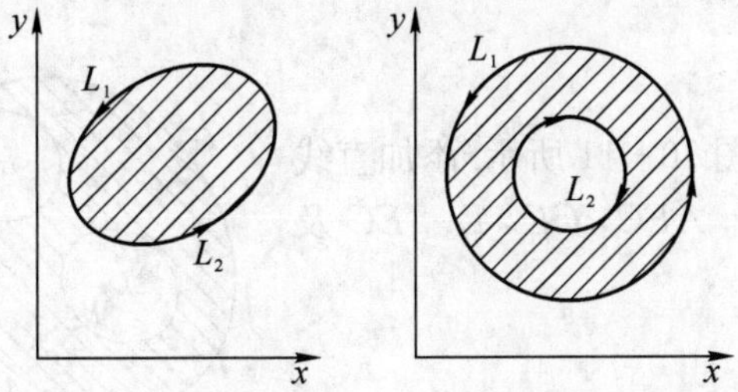

(a) L由L_1与L_2连成　(b) L由L_1与L_2组成

图 10-8

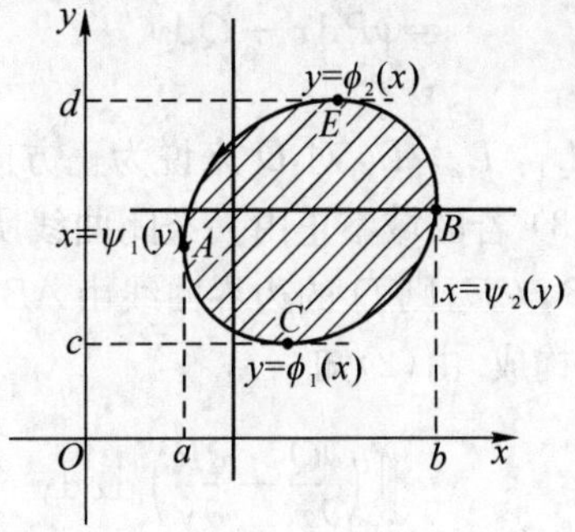

图 10-9

边界曲线 L 的正向:当观察者沿边界行走时,区域 D 总在其左边.

证 (1) 若区域 D 既是 X 型又是 Y 型,即平行于坐标轴的直线和 L 至多交于两点(图 10-9).

$$D=\{(x,\ y)\mid \varphi_1(x)\leqslant y\leqslant\varphi_2(x),\ a\leqslant x\leqslant b\},$$
$$D=\{(x,\ y)\mid \psi_1(y)\leqslant x\leqslant\psi_2(y),\ c\leqslant y\leqslant d\}.$$

则

$$\begin{aligned}&\iint_D\frac{\partial Q}{\partial x}\mathrm{d}x\mathrm{d}y\\&=\int_c^d\mathrm{d}y\int_{\psi_1(y)}^{\psi_2(y)}\frac{\partial Q}{\partial x}\mathrm{d}x\\&=\int_c^d Q(\psi_2(y),\ y)\mathrm{d}y-\int_c^d Q(\psi_1(y),\ y)\mathrm{d}y\\&=\int_{CBE}Q(x,\ y)\mathrm{d}y-\int_{CAE}Q(x,\ y)\mathrm{d}y\\&=\int_{CBE}Q(x,\ y)\mathrm{d}y+\int_{EAC}Q(x,\ y)\mathrm{d}y\\&=\oint_L Q(x,\ y)\mathrm{d}y.\end{aligned}$$

同理可证

$$-\iint_D\frac{\partial P}{\partial y}\mathrm{d}x\mathrm{d}y=\oint_L P(x,\ y)\mathrm{d}x.$$

两式相加,得

$$\iint_D\left(\frac{\partial Q}{\partial x}-\frac{\partial P}{\partial y}\right)\mathrm{d}x\mathrm{d}y=\oint_L P\mathrm{d}x+Q\mathrm{d}y.$$

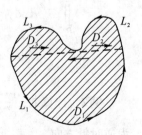

图 10-10

(2) 若区域 D 由按段光滑的闭曲线围成,如图 10-10 所示,将 D 分成三个既是 X 型又是 Y 型的区域 D_1, D_2, D_3,则

$$\iint_D\left(\frac{\partial Q}{\partial x}-\frac{\partial P}{\partial y}\right)\mathrm{d}x\mathrm{d}y=\iint_{D_1+D_2+D_3}\left(\frac{\partial Q}{\partial x}-\frac{\partial P}{\partial y}\right)\mathrm{d}x\mathrm{d}y$$

$$=\iint_{D_1}\left(\frac{\partial Q}{\partial x}-\frac{\partial P}{\partial y}\right)\mathrm{d}x\mathrm{d}y+\iint_{D_2}\left(\frac{\partial Q}{\partial x}-\frac{\partial P}{\partial y}\right)\mathrm{d}x\mathrm{d}y+\iint_{D_3}\left(\frac{\partial Q}{\partial x}-\frac{\partial P}{\partial y}\right)\mathrm{d}x\mathrm{d}y$$

$$=\int_{L_1}P\mathrm{d}x+Q\mathrm{d}y+\int_{L_2}P\mathrm{d}x+Q\mathrm{d}y+\int_{L_3}P\mathrm{d}x+Q\mathrm{d}y$$

$$=\oint_L P\mathrm{d}x+Q\mathrm{d}y.$$

其中 L_1, L_2, L_3 对 D 来说为正方向.

(3) 若区域不止由一条闭曲线所围成,如图 10－11 所示.添加直线段 AB, CE,则 D 的边界曲线由 AB, L_2, BA, AFC, CE, L_3, EC 及 CGA 构成.由(2)知

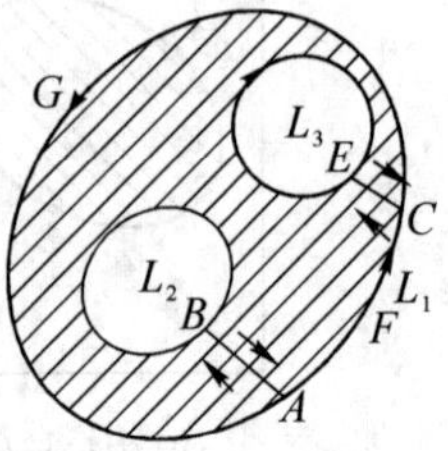

图 10－11

$$\iint_D\left(\frac{\partial Q}{\partial x}-\frac{\partial P}{\partial y}\right)\mathrm{d}x\mathrm{d}y$$

$$=\left(\int_{AB}+\int_{L_2}+\int_{BA}+\int_{AFC}+\int_{CE}+\int_{L_3}+\int_{EC}+\int_{CGA}\right)(P\mathrm{d}x+Q\mathrm{d}y)$$

$$=\left(\int_{L_2}+\int_{L_3}+\int_{L_1}\right)(P\mathrm{d}x+Q\mathrm{d}y)=\oint_L P\mathrm{d}x+Q\mathrm{d}y.$$

其中 L_1, L_2, L_3 对 D 来说为正方向.

格林公式的实质是建立了沿闭曲线的曲线积分与二重积分之间的联系.

为了便于记忆,格林公式(10－7)也可写成下述形式:

$$\iint_D\begin{vmatrix}\frac{\partial}{\partial x}\frac{\partial}{\partial y}\\ P\ Q\end{vmatrix}\mathrm{d}x\mathrm{d}y=\oint_L P(x,\ y)\mathrm{d}x+Q(x,\ y)\mathrm{d}y.\qquad(10-8)$$

应用格林公式可以简化某些曲线积分的计算.

例 1 计算 $\iint_D \mathrm{e}^{-y^2}\mathrm{d}x\mathrm{d}y$,其中 D 是以 $O(0,\ 0)$, $A(1,\ 1)$, $B(0,\ 1)$ 为顶点的三角形闭区域(图 10－12).

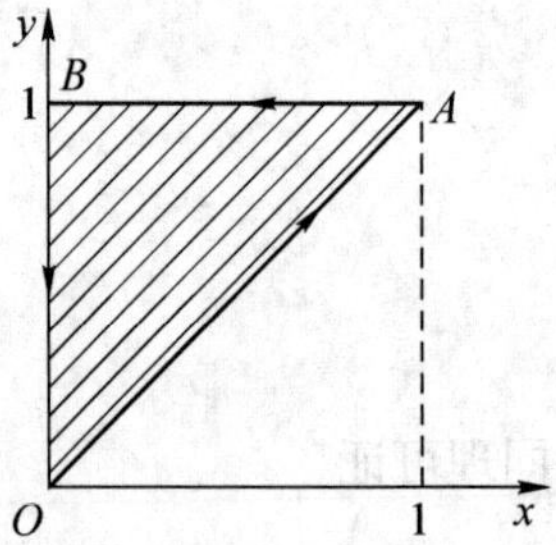

图 10－12

解 令 $P=0$, $Q=x\mathrm{e}^{-y^2}$,则$\frac{\partial Q}{\partial x}-\frac{\partial P}{\partial y}=\mathrm{e}^{-y^2}$,应用格林公式,有

$$\iint_D \mathrm{e}^{-y^2}\mathrm{d}x\mathrm{d}y=\int_{OA+AB+BO}x\mathrm{e}^{-y^2}\mathrm{d}y=\int_{OA}x\mathrm{e}^{-y^2}\mathrm{d}y$$

$$=\int_0^1 x\mathrm{e}^{-x^2}\mathrm{d}x=\frac{1}{2}(1-\mathrm{e}^{-1}).$$

例 2 计算$\oint_L\frac{x\mathrm{d}y-y\mathrm{d}x}{x^2+y^2}$,其中 L 为一条分段光滑且不经过原点的连续闭曲线,L 的方向为逆时针方向.

解 记 L 所围成的闭区域为 D,令 $P=\frac{-y}{x^2+y^2}$, $Q=\frac{x}{x^2+y^2}$,则当 $x^2+y^2\neq 0$ 时,有

$$\frac{\partial Q}{\partial x}=\frac{y^2-x^2}{(x^2+y^2)^2}=\frac{\partial P}{\partial y}.$$

(1) 当$(0,\ 0)\notin D$(图 10-13)时，由格林公式知

$$\oint_L \frac{x\mathrm{d}y-y\mathrm{d}x}{x^2+y^2}=\iint_D\left(\frac{\partial Q}{\partial x}-\frac{\partial P}{\partial y}\right)\mathrm{d}x\mathrm{d}y=0.$$

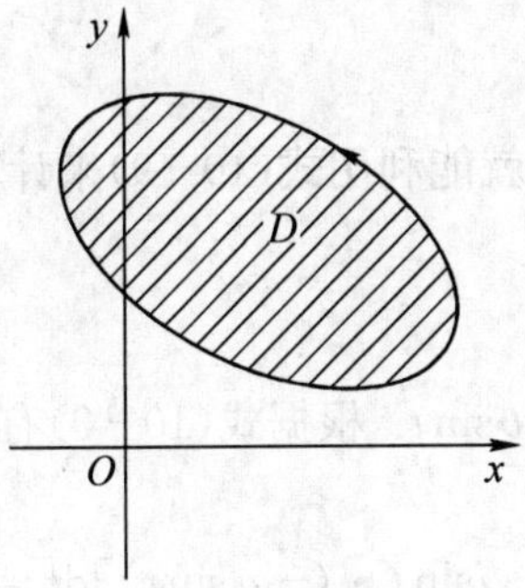

图 10-13

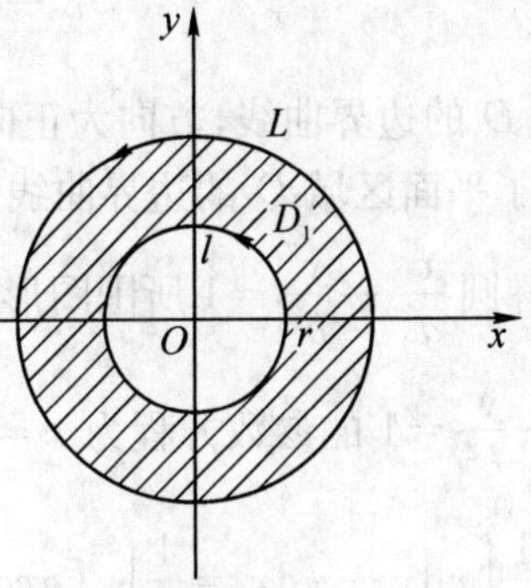

图 10-14

(2) 当$(0,\ 0)\in D$(图 10-14)时，作位于 D 内的圆周 $l:x^2+y^2=r^2$. 记 D_1 为由 L 和 l 所围成的闭区域，曲线 L 和 l 的方向如图 10-14 所示，应用格林公式，得

$$\oint_{L+(-l)} \frac{x\mathrm{d}y-y\mathrm{d}x}{x^2+y^2}=\iint_{D_1}\left(\frac{\partial Q}{\partial x}-\frac{\partial P}{\partial y}\right)\mathrm{d}x\mathrm{d}y=0,$$

$$\oint_{L+(-l)} \frac{x\mathrm{d}y-y\mathrm{d}x}{x^2+y^2}=\oint_L \frac{x\mathrm{d}y-y\mathrm{d}x}{x^2+y^2}-\oint_l \frac{x\mathrm{d}y-y\mathrm{d}x}{x^2+y^2}=0.$$

所以
$$\oint_L \frac{x\mathrm{d}y-y\mathrm{d}x}{x^2+y^2}=\oint_l \frac{x\mathrm{d}y-y\mathrm{d}x}{x^2+y^2}=\int_0^{2\pi}\frac{r^2\cos^2\theta+r^2\sin^2\theta}{r^2}\mathrm{d}\theta=2\pi.$$

例 3　求 $\int_L(\mathrm{e}^x\sin y-my)\mathrm{d}x+(\mathrm{e}^x\cos y+mx)\mathrm{d}y$，其中有向曲线 L 为起点为 $A(a,\ 0)$ 到终点 $O(0,\ 0)$ 的上半圆周 $x^2+y^2=ax$.

解　由于利用第二节中方法计算此曲线积分比较繁琐，故用格林公式来计算此积分. 但由于 L 不是封闭的平面曲线，所以也不能直接利用格林公式计算. 为此，在 x 轴作连接 $O(0,\ 0)$ 与 $A(a,\ 0)$ 的有向线段 l. 记以 L 与 l 所围的半圆区域为 D，$P=\mathrm{e}^x\sin y-my$，$Q=\mathrm{e}^x\cos y+mx$，于是 $\frac{\partial P}{\partial y}=\mathrm{e}^x\cos y-m$，$\frac{\partial Q}{\partial x}=\mathrm{e}^x\cos y+m$. 根据格林公式，则有

$$\int_{L+l}(\mathrm{e}^x\sin y-my)\mathrm{d}x+(\mathrm{e}^x\cos y+mx)\mathrm{d}y=\iint_D 2m\mathrm{d}x\mathrm{d}y=\frac{\pi ma^2}{2}.$$

又
$$\int_l(\mathrm{e}^x\sin y-my)\mathrm{d}x+(\mathrm{e}^x\cos y+mx)\mathrm{d}y=\int_0^a 0\mathrm{d}x=0,$$

由第二类曲线积分的可加性，所以

$$\int_L(\mathrm{e}^x\sin y-my)\mathrm{d}x+(\mathrm{e}^x\cos y+mx)\mathrm{d}y=\frac{\pi ma^2}{2}.$$

下面说明格林公式的一个简单应用.

若格林公式(10-7)中,取 $P=-y$, $Q=x$,则有

$$\iint_D 2\mathrm{d}x\mathrm{d}y=\oint_L x\mathrm{d}y-y\mathrm{d}x,$$

即区域 D 的面积 S_D 为

$$S_D=\frac{1}{2}\oint_L x\mathrm{d}y-y\mathrm{d}x, \tag{10-9}$$

其中 L 为区域 D 的边界曲线,方向为正向.

如果给定了平面区域 D 的边界曲线的参数方程,就能利用式(10-9)来计算 D 的面积.

例 4 求椭圆 $\frac{x^2}{a^2}+\frac{y^2}{b^2}=1$ 所围图形的面积 A.

解 $\frac{x^2}{a^2}+\frac{y^2}{b^2}=1$ 的参数方程为 $x=a\cos t$, $y=b\sin t$. 根据式(10-9)有

$$S_D=\frac{1}{2}\oint_L x\mathrm{d}y-y\mathrm{d}x=\frac{1}{2}\int_0^{2\pi}[a\cos t\cdot b\cos t-b\sin t\cdot(-a\sin t)]\mathrm{d}t=\pi ab.$$

例 5 计算曲线 $(x+y)^2=ax(a>0)$ 与 x 轴所围成的面积(图 10-15).

解 ONA 为直线段 $y=0(0\leqslant x\leqslant a)$. 曲线 AMO 由函数 $y=\sqrt{ax}-x$, $x\in[0,a]$ 表示.

由式(10-9),可得

$$\begin{aligned}S_D&=\frac{1}{2}\oint_L x\mathrm{d}y-y\mathrm{d}x\\&=\frac{1}{2}\int_{ONA}x\mathrm{d}y-y\mathrm{d}x+\frac{1}{2}\int_{AMO}x\mathrm{d}y-y\mathrm{d}x\\&=\frac{1}{2}\int_{AMO}x\mathrm{d}y-y\mathrm{d}x\\&=\frac{1}{2}\int_a^0 x\left(\frac{a}{2\sqrt{ax}}-1\right)\mathrm{d}x-(\sqrt{ax}-x)\mathrm{d}x\\&=\frac{\sqrt{a}}{4}\int_0^a\sqrt{x}\,\mathrm{d}x=\frac{1}{6}a^2.\end{aligned}$$

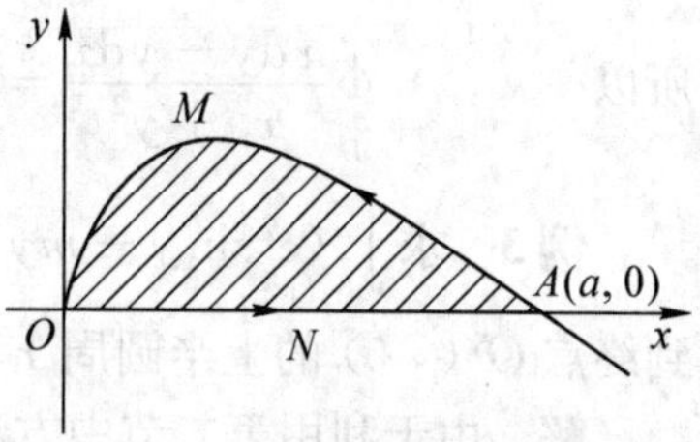

图 10-15

二、平面上曲线积分与路径无关的条件

物理学中研究的所谓势力场,就是要研究场力所做的功与路径无关的情形,在什么条件下场力所做的功与路径无关? 这个问题在数学上就是要研究曲线积分与路径无关的条件. 为了研究这个问题,先要明确什么叫作曲线积分 $\int_L P\mathrm{d}x+\mathrm{d}y$ 与路径无关.

如果在区域 G 内有 $\int_{L_1}P\mathrm{d}x+Q\mathrm{d}y=\int_{L_2}P\mathrm{d}x+Q\mathrm{d}y$,则称曲线积分 $\int_L P\mathrm{d}x+Q\mathrm{d}y$ 在 G 内**与路径无关**,这里 L_1, L_2 是 G 内任意两条起点、终点相同的路径(图 10-16). 否则就称**与路**

径有关.

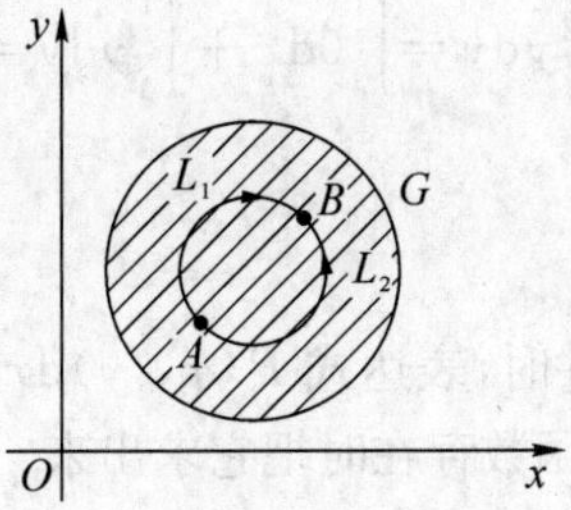

图 10 - 16

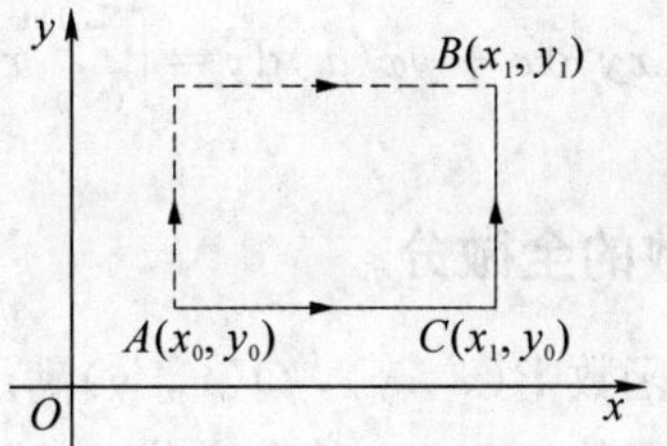

图 10 - 17

定理 2　设开区域 G 是一个单连通区域,函数 $P(x, y)$, $Q(x, y)$在 G 内具有一阶连续偏导数,则曲线积分 $\int_L P\mathrm{d}x + Q\mathrm{d}y$ 在 G 内与路径无关的充要条件是 $\frac{\partial P}{\partial y} = \frac{\partial Q}{\partial x}$ 在 G 内恒成立.

如果曲线积分 $\int_L P\mathrm{d}x + Q\mathrm{d}y$ 在 G 内与路径无关,则 $\int_L P\mathrm{d}x + Q\mathrm{d}y$ 的值只依赖于有向曲线 L 的起点 $A(x_0, y_0)$ 与终点 $B(x_1, y_1)$(图 10 - 17). 于是

$$\int_L P\mathrm{d}x + Q\mathrm{d}y = \int_{A(x_0, y_0)}^{B(x_1, y_1)} P\mathrm{d}x + Q\mathrm{d}y = \int_{x_0}^{x_1} P(x, y_0)\mathrm{d}x + \int_{y_0}^{y_1} Q(x_1, y)\mathrm{d}y$$

或

$$\int_L P\mathrm{d}x + Q\mathrm{d}y = \int_{y_0}^{y_1} Q(x_0, y)\mathrm{d}y + \int_{x_0}^{x_1} P(x, y_1)\mathrm{d}x.$$

利用平面曲线积分与路径无关的条件来简化某些第二类曲线积分的计算,是一种常用的方法.

例 6　计算 $\int_L (x^2 + 2xy)\mathrm{d}x + (x^2 + y^4)\mathrm{d}y$,其中 L 为由点 $O(0, 0)$ 到点 $B(1, 1)$ 的有向曲线弧 $y = \sin \frac{\pi x}{2}$.

解　因为 $P(x, y) = x^2 + 2xy$, $Q(x, y) = x^2 + y^4$,则 $\frac{\partial P}{\partial y} = 2x$, $\frac{\partial Q}{\partial x} = 2x$,故 $\frac{\partial P}{\partial y} = \frac{\partial Q}{\partial x}$. 所以曲线积分 $\int_L (x^2 + 2xy)\mathrm{d}x + (x^2 + y^4)\mathrm{d}y$ 与路径无关.

原式 $= \int_0^1 x^2\mathrm{d}x + \int_0^1 (1 + y^4)\mathrm{d}y = \frac{23}{15}$.

例 7　设曲线积分 $\int_L xy^2\mathrm{d}x + y\varphi(x)\mathrm{d}y$ 与路径无关,其中 $\varphi(x)$ 具有连续的导数,且 $\varphi(0) = 0$,求 $\int_{(0, 0)}^{(1, 1)} xy^2\mathrm{d}x + y\varphi(x)\mathrm{d}y$.

解　因为 $P(x, y) = xy^2$, $Q(x, y) = y\varphi(x)$,所以 $\frac{\partial P}{\partial y} = 2xy$, $\frac{\partial Q}{\partial x} = y\varphi'(x)$.

又因为曲线积分 $\int_L xy^2\mathrm{d}x + y\varphi(x)\mathrm{d}y$ 与路径无关,所以 $\frac{\partial P}{\partial y} = \frac{\partial Q}{\partial x}$. 即

$$y\varphi'(x) = 2xy \quad 从而 \quad \varphi(x) = x^2 + C.$$

由 $\varphi(0)=0$ 知 $C=0$，于是 $\varphi(x)=x^2$. 故

$$\int_{(0,0)}^{(1,1)} xy^2\mathrm{d}x + y\varphi(x)\mathrm{d}y = \int_{(0,0)}^{(1,1)} xy^2\mathrm{d}x + x^2y\mathrm{d}y = \int_0^1 0\mathrm{d}x + \int_0^1 y\mathrm{d}y = \frac{1}{2}.$$

三、二元函数的全微分

现在讨论函数 $P(x, y)$, $Q(x, y)$满足什么条件时，表达式 $P(x, y)\mathrm{d}x+Q(x, y)\mathrm{d}y$ 才是某个二元函数 $u(x, y)$的全微分；当这样的二元函数存在时把它求出来.

定理3 设开区域 G 是一个单连通域，函数 $P(x, y)$, $Q(x, y)$ 在 G 内具有一阶连续偏导数，则 $P(x, y)\mathrm{d}x+Q(x, y)\mathrm{d}y$ 在 G 内为某一函数 $u(x, y)$ 的全微分的充要条件是等式

$$\frac{\partial P}{\partial y}=\frac{\partial Q}{\partial x}$$

在 G 内恒成立. 且此时，$u(x, y)=\int_{(x_0, y_0)}^{(x, y)} P(x, y)\mathrm{d}x+Q(x, y)\mathrm{d}y$，其中 (x_0, y_0) 为 G 内的一定点，(x, y) 为 G 内的任意一点.

例8 验证 $xy^2\mathrm{d}x+x^2y\mathrm{d}y$ 在整个平面内是某一二元函数 $u(x, y)$ 的全微分，并求此二元函数 $u(x, y)$.

解 因为 $P(x, y)=xy^2$, $Q(x, y)=x^2y$，则 $\frac{\partial P}{\partial y}=2xy=\frac{\partial Q}{\partial x}$. 所以，由定理 3 可得 $xy^2\mathrm{d}x+x^2y\mathrm{d}y$ 在整个平面内是某一二元函数 $u(x, y)$ 的全微分.

取 $(x_0, y_0)=(0, 0)$，则

$$u(x, y)=\int_{(0,0)}^{(x,y)} xy^2\mathrm{d}x+x^2y\mathrm{d}y=\int_0^y x^2y\mathrm{d}y=\frac{x^2y^2}{2}.$$

除了用上述方法求二元函数 $u(x, y)$外，还可以用下述方法求 $u(x, y)$.

因为 $xy^2\mathrm{d}x+x^2y\mathrm{d}y$ 在整个平面内是某一二元函数 $u(x, y)$ 的全微分，所以

$$\frac{\partial u(x, y)}{\partial x}=xy^2,\ \frac{\partial u(x, y)}{\partial y}=x^2y.$$

由 $\frac{\partial u(x, y)}{\partial x}=xy^2$ 得 $\quad u(x, y)=\int xy^2\mathrm{d}x=\frac{x^2y^2}{2}+C(y).$

由该式知 $\quad \frac{\partial u(x, y)}{\partial y}=x^2y+C'(y).$

与 $\frac{\partial u(x, y)}{\partial y}=x^2y$ 比较，得到 $C'(y)=0$，则 $C(y)=C$，所以 $u(x, y)=\frac{x^2y^2}{2}+C$.

例9 验证 $(3x^2y+8xy^2)\mathrm{d}x+(x^3+8x^2y+12y\mathrm{e}^y)\mathrm{d}y$ 在整个平面内是某一二元函数 $u(x, y)$ 的全微分，并求此二元函数 $u(x, y)$.

解 因为 $P(x, y)=3x^2y+8xy^2$, $Q(x, y)=x^3+8x^2y+12y\mathrm{e}^y$，且

$$\frac{\partial P}{\partial y}=3x^2+16xy=\frac{\partial Q}{\partial x}.$$

所以,由定理 3 可知,$(3x^2y+8xy^2)\mathrm{d}x+(x^3+8x^2y+12ye^y)\mathrm{d}y$ 在整个平面内是某一二元函数 $u(x, y)$ 的全微分.取$(x_0, y_0)=(0, 0)$,则

$$\begin{aligned}u(x, y)&=\int_{(0,0)}^{(x,y)}(3x^2y+8xy^2)\mathrm{d}x+(x^3+8x^2y+12ye^y)\mathrm{d}y\\&=\int_0^x 0\mathrm{d}x+\int_0^y(x^3+8x^2y+12ye^y)\mathrm{d}y\\&=x^3y+4x^2y^2+12(y-1)e^y+12.\end{aligned}$$

除了用上述方法求二元函数 $u(x, y)$外,还可以用下述方法求 $u(x, y)$.

因为 $(3x^2y+8xy^2)\mathrm{d}x+(x^3+8x^2y+12ye^y)\mathrm{d}y$ 在整个平面内是某一二元函数 $u(x, y)$ 的全微分,所以

$$\frac{\partial u(x, y)}{\partial x}=3x^2y+8xy^2,\ \frac{\partial u(x, y)}{\partial y}=x^3+8x^2y+12ye^y.$$

由 $\dfrac{\partial u(x, y)}{\partial x}=3x^2y+8xy^2$ 得

$$u(x, y)=\int(3x^2y+8xy^2)\mathrm{d}x=x^3y+4x^2y^2+C(y).$$

由上式知
$$\frac{\partial u(x, y)}{\partial y}=x^3+8x^2y+C'(y).$$

与 $\dfrac{\partial u(x, y)}{\partial y}=x^3+8x^2y+12ye^y$ 比较,得到 $C'(y)=12ye^y$. 则

$$C(y)=\int 12ye^y\mathrm{d}y=12(y-1)e^y+C,$$

所以
$$u(x, y)=x^3y+4x^2y^2+12(y-1)e^y+C.$$

练习题 10-3

1. 计算 $\int_L(e^x\sin y+8y)\mathrm{d}x+(e^x\cos y-7x)\mathrm{d}y$,其中 L 是从 $O(0, 0)$ 到 $A(6, 0)$ 的上半圆周.

2. 计算 $I=\int_L[e^x\sin y-b(x+y)]\mathrm{d}x+(e^x\cos y-ax)\mathrm{d}y$,其中 a, b 为正常数,L 为从 $A(2a, 0)$ 沿曲线 $y=\sqrt{2ax-x^2}$ 到终点 $O(0, 0)$ 的弧.

3. 设 L 为连接 $A(1, 2)$、$B(3, 4)$ 的某曲线弧,弧 L 与其上方的直线 AB 所围成的面积为 m,试计算 $I=\int_L(2xe^y+1)\mathrm{d}x+(x^2e^y+x)\mathrm{d}y$ 的值.

4. 计算 $\oint_L\dfrac{x\mathrm{d}y-y\mathrm{d}x}{4x^2+y^2}$,其中 L 为以点$(1, 0)$为中心,R 为半径的圆周$(R>1)$,取逆时针方向.

5. 验证下列曲线积分与路径无关,并计算其值:

(1) $I=\int_L e^x(\cos y\mathrm{d}x-\sin y\mathrm{d}y)$,其中 L 是从 $A(0, 0)$ 到 $B(a, b)$ 的任意弧段;

(2) $I=\int_{L_{AD}}[f(y)\cos x-2y]\mathrm{d}x+[f'(y)\sin x-2x]\mathrm{d}y$,其中 $f'(y)$ 连续,曲线 L_{AD} 是由 $\overset{\frown}{AB}$ 及折线 BCD 组成,其中 $A(0, 1)$, $B(-1, 1)$, $C(0, -1)$, $D(1, 2)$.

6. 验证下列 $P(x, y)\mathrm{d}x+Q(x, y)\mathrm{d}y$ 在整个 xOy 平面内是某一函数 $U(x, y)$的全微分,并求出 $U(x, y)$:

(1) $2xy\mathrm{d}x+x^2y\mathrm{d}y$; (2) $(2x\cos y+y^2\cos x)\mathrm{d}x+(2y\sin x-x^2\sin y)\mathrm{d}y$.

第四节 第一类曲面积分——对面积的曲面积分

一、第一类曲面积分的概念

类似于曲线状物体的质量,可以求曲面状物体的质量.

例 1 有一空间曲面状物体,所占的位置为空间坐标系 $O-xyz$ 中的一块曲面 Σ,它的面密度为 $\rho(x, y, z)$ (单位面积的质量). 现在要计算此物体的质量 M.

若物体为均匀物体,则其质量为 $M=\rho S$(S 为曲面 Σ 的面积).

若物体为非均匀物体,则可用元素法的思想求得.

(1) 分割. 将曲面 Σ 分成 n 个小块曲面 $\Sigma_1, \Sigma_2, \cdots, \Sigma_n$,并记 Σ_i 的面积为 ΔS_i,曲面 Σ_i 的直径(曲面 Σ_i 上任意两点之间距离的最大值) 记为 λ_i,令 $\lambda=\max\limits_{1\leqslant i\leqslant n}\lambda_i$.

(2) 求质量 M 的近似值. 任取一点 $(\xi_i, \eta_i, \zeta_i)\in\Sigma_i(i=1, 2, \cdots, n)$, 得到小曲面 Σ_i 的质量的近似值为

$$\Delta M_i\approx\rho(\xi_i, \eta_i, \zeta_i)\Delta S_i.$$

(3) 求和. 得到曲面状物体 Σ 的质量 M 的近似值

$$M\approx\sum_{i=1}^n\rho(\xi_i, \eta_i, \zeta_i)\Delta S_i.$$

(4) 取极限. 消除误差得到曲面状物体 Σ 的质量

$$M=\lim_{\lambda\to 0}\sum_{i=1}^n\rho(\xi_i, \eta_i, \zeta_i)\Delta S_i. \tag{10-10}$$

这种和式极限在研究其他问题时也会遇到,为此引入下面的定义.

定义 设曲面 Σ 为光滑的曲面(曲面上各点处具有切平面,且当点在曲面上连续变动时所对应的切平面也连续变动),三元函数 $f(x, y, z)$ 在曲面 Σ 上有定义且有界. 将曲面 Σ 分成 n 个小块曲面 $\Sigma_1, \Sigma_2, \cdots, \Sigma_n$,并记 Σ_i 的面积为 ΔS_i,曲面 Σ_i 的直径 λ_i 中最大的直径记为 λ,任取一点 $(\xi_i, \eta_i, \zeta_i)\in\Sigma_i(i=1, 2, \cdots, n)$,作和式 $\sum\limits_{i=1}^n f(\xi_i, \eta_i, \zeta_i)\cdot\Delta S_i$,并取极限 $\lim\limits_{\lambda\to 0}\sum\limits_{i=1}^n f(\xi_i, \eta_i, \zeta_i)\cdot\Delta S_i$. 若极限存在,则称此极限为**函数 $f(x, y, z)$ 在曲面 Σ 上对面积**

的曲面积分或第一类曲面积分,记作$\iint\limits_{\Sigma} f(x, y, z)\mathrm{d}S$,即

$$\iint\limits_{\Sigma} f(x, y, z)\mathrm{d}S = \lim_{\lambda\to 0}\sum_{i=1}^{n} f(\xi_i, \eta_i, \zeta_i)\Delta S_i. \tag{10-11}$$

其中 $f(x, y, z)$称为**被积函数**,$f(x, y, z)\mathrm{d}S$ 称为**被积表达式**,Σ 称为**积分曲面**,$\mathrm{d}S$ **称为曲面面积元素**.

由定义可得,例 1 中的质量 $M = \lim\limits_{\lambda\to 0}\sum\limits_{i=1}^{n}\rho(\xi_i, \eta_i, \zeta_i)\Delta S_i = \iint\limits_{\Sigma}\rho(x, y, z)\mathrm{d}S$.

因为当被积函数 $f(x, y, z)$在积分曲面 Σ 上连续时,极限总存在,即对面积的曲面积分是存在的,所以以后总假定 $f(x, y, z)$在 Σ 上连续.

二、第一类曲面积分的性质

类似于第一类曲线积分,第一类曲面积分也有以下性质:

性质 1 $\iint\limits_{\Sigma}[f(x, y, z) \pm g(x, y, z)]\mathrm{d}S = \iint\limits_{\Sigma} f(x, y, z)\mathrm{d}S \pm \iint\limits_{\Sigma} g(x, y, z)\mathrm{d}S$.

性质 2 $\iint\limits_{\Sigma} kf(x, y, z)\mathrm{d}S = k\iint\limits_{\Sigma} f(x, y, z)\mathrm{d}S$($k$ 为常数).

性质 3 若 Σ 可分成两片光滑曲面 Σ_1 和 Σ_2,即 $\Sigma = \Sigma_1 + \Sigma_2$,则有

$$\iint\limits_{\Sigma} f(x, y, z)\mathrm{d}S = \iint\limits_{\Sigma_1} f(x, y, z)\mathrm{d}S + \iint\limits_{\Sigma_2} f(x, y, z)\mathrm{d}S.$$

性质 4 $\iint\limits_{\Sigma} 1\mathrm{d}S = S_{\Sigma}$(曲面 Σ 的面积).

性质 5 若任取 $(x, y, z) \in \Sigma$ 总有 $f(x, y, z) \leqslant g(x, y, z)$,则有

$$\iint\limits_{\Sigma} f(x, y, z)\mathrm{d}S \leqslant \iint\limits_{\Sigma} g(x, y, z)\mathrm{d}S.$$

性质 6 (中值定理)设函数 $f(x, y, z)$在 Σ 上连续,则在 Σ 上必存在一点(ξ, η, ζ),使得

$$\iint\limits_{\Sigma} f(x, y, z)\mathrm{d}S = f(\xi, \eta, \zeta)S_{\Sigma}.$$

这些性质在此不做证明,如需要请读者自己仿照积分性质的证明方法证明上述性质.

三、第一类曲面积分的计算

第一类曲面积分可以化为二重积分来计算.

设有光滑曲面 Σ,其方程为 $z = z(x, y)$, $(x, y) \in D$,其中 D 为曲面 Σ 在 xOy 平面上的投影区域. 函数 $f(x, y, z)$ 在 Σ 上连续,则

$$\iint\limits_{\Sigma} f(x, y, z)\mathrm{d}S = \iint\limits_{D} f[x, y, z(x, y)]\sqrt{1 + \left(\frac{\partial z}{\partial x}\right)^2 + \left(\frac{\partial z}{\partial y}\right)^2}\,\mathrm{d}x\,\mathrm{d}y. \tag{10-12}$$

这就是把对面积的曲面积分化为二重积分的公式. 在计算时,只要把变量 z 换为

$z(x, y)$, $\mathrm{d}S$ 换为$\sqrt{1+z_x^2+z_y^2}\,\mathrm{d}x\mathrm{d}y$,再确定$\Sigma$在$xOy$面上的投影区域$D$,这样就把对面积的曲面积分化为二重积分了.

例2 求$\iint\limits_{\Sigma}\frac{\mathrm{d}S}{z}$,其中曲面$\Sigma$是球面$x^2+y^2+z^2=R^2$被平面$z=h(0<h<R)$所截的上部.

解 曲面Σ的方程为$z=\sqrt{R^2-x^2-y^2}$,在xOy面上的投影区域D为$x^2+y^2\leqslant R^2-h^2$,则有

$$\frac{\partial z}{\partial x}=-\frac{x}{\sqrt{R^2-x^2-y^2}},\ \frac{\partial z}{\partial y}=-\frac{y}{\sqrt{R^2-x^2-y^2}}.$$

由式(10-12)可得

$$\begin{aligned}\iint\limits_{\Sigma}\frac{\mathrm{d}S}{z}&=\iint\limits_{D}\frac{1}{\sqrt{R^2-x^2-y^2}}\sqrt{1+\frac{x^2}{R^2-x^2-y^2}+\frac{y^2}{R^2-x^2-y^2}}\,\mathrm{d}x\mathrm{d}y\\&=\iint\limits_{D}\frac{R}{R^2-x^2-y^2}\mathrm{d}x\mathrm{d}y=\int_0^{2\pi}\mathrm{d}\theta\int_0^{\sqrt{R^2-h^2}}\frac{Rr}{R^2-r^2}\mathrm{d}r\\&=2\pi R\left[-\frac{1}{2}\ln(R^2-r^2)\right]_0^{\sqrt{R^2-h^2}}=2R\pi\ln\frac{R}{h}.\end{aligned}$$

例3 求$\iint\limits_{\Sigma}xyz\,\mathrm{d}S$,其中曲面$\Sigma$为平面$x+y+z=1$在第Ⅰ卦限中的部分.

解 曲面Σ的方程$z=1-x-y$,在xOy面上的投影区域为

$$\begin{cases}x+y\leqslant 1\\x\geqslant 0\\y\geqslant 0\end{cases},\ \frac{\partial z}{\partial x}=\frac{\partial z}{\partial y}=-1.$$

代入式(10-12),可得

$$\begin{aligned}\iint\limits_{\Sigma}xyz\,\mathrm{d}S&=\iint\limits_{D}xy(1-x-y)\sqrt{3}\,\mathrm{d}x\mathrm{d}y=\sqrt{3}\int_0^1\mathrm{d}x\int_0^{1-x}xy(1-x-y)\mathrm{d}y\\&=\sqrt{3}\int_0^1x\left[(1-x)\frac{y^2}{2}-\frac{y^3}{3}\right]_0^{1-x}\mathrm{d}x=\frac{\sqrt{3}}{6}\int_0^1x(1-x)^3\mathrm{d}x=\frac{\sqrt{3}}{120}.\end{aligned}$$

例4 求$\iint\limits_{\Sigma}\sqrt{R^2-x^2-y^2}\,\mathrm{d}S$,其中$\Sigma$:$x^2+y^2+z^2=R^2$.

解 曲面Σ的方程$z=\pm\sqrt{R^2-x^2-y^2}$,所以可设

Σ_1:$z=\sqrt{R^2-x^2-y^2}$,其投影区域D为$x^2+y^2\leqslant R^2$,

$$\frac{\partial z}{\partial x}=-\frac{x}{\sqrt{R^2-x^2-y^2}},\ \frac{\partial z}{\partial y}=-\frac{y}{\sqrt{R^2-x^2-y^2}};$$

Σ_2:$z=-\sqrt{R^2-x^2-y^2}$,其投影区域D为$x^2+y^2\leqslant R^2$,

$$\frac{\partial z}{\partial x}=\frac{x}{\sqrt{R^2-x^2-y^2}},\ \frac{\partial z}{\partial y}=\frac{y}{\sqrt{R^2-x^2-y^2}}.$$

由性质 3 与式(10-12),可得

$$\begin{aligned}\iint_{\Sigma}\sqrt{R^2-x^2-y^2}\,\mathrm{d}S&=\iint_{\Sigma_1}\sqrt{R^2-x^2-y^2}\,\mathrm{d}S+\iint_{\Sigma_2}\sqrt{R^2-x^2-y^2}\,\mathrm{d}S\\&=2\iint_{D}\sqrt{R^2-x^2-y^2}\sqrt{1+\frac{x^2}{R^2-x^2-y^2}+\frac{y^2}{R^2-x^2-y^2}}\,\mathrm{d}x\,\mathrm{d}y\\&=2\iint_{D}R\,\mathrm{d}x\,\mathrm{d}y=2\pi R^3.\end{aligned}$$

注　如果曲面 Σ 是一个立体图形的全表面,此时的曲面积分也可表示为

$$\iint_{\Sigma}f(x,\ y,\ z)\mathrm{d}S=\oiint_{\Sigma}f(x,\ y,\ z)\mathrm{d}S$$

例 5　求 $\oiint_{\Sigma}xyz\,\mathrm{d}S$,其中曲面 Σ 是由平面 $x=0$、$y=0$、$z=0$ 与 $x+y+z=1$ 所围四面体的整个表面曲面.

解　曲面 Σ 可分成四个曲面 Σ_1、Σ_2、Σ_3 和 Σ_4,其中

$$\Sigma_1:x=0;\ \Sigma_2:y=0;\ \Sigma_3:z=0;\ \Sigma_4:x+y+z=1.$$

由于在曲面 Σ_1、Σ_2 和 Σ_3 上,被积函数为零,所以

$$\iint_{\Sigma_1}xyz\,\mathrm{d}S=\iint_{\Sigma_2}xyz\,\mathrm{d}S=\iint_{\Sigma_3}xyz\,\mathrm{d}S=0.$$

而对于 Σ_4,由例 3 可得 $\iint_{\Sigma_4}xyz\,\mathrm{d}S=\frac{\sqrt{3}}{120}$. 所以,根据性质 3,得

$$\oiint_{\Sigma}xyz\,\mathrm{d}S=\iint_{\Sigma_1}xyz\,\mathrm{d}S+\iint_{\Sigma_2}xyz\,\mathrm{d}S+\iint_{\Sigma_3}xyz\,\mathrm{d}S+\iint_{\Sigma_4}xyz\,\mathrm{d}S=\frac{\sqrt{3}}{120}.$$

对于第一类曲面积分的计算,有时也可用下列公式计算.

设有光滑曲面 Σ,其方程为 $x=x(y,\ z)$, $(y,\ z)\in D$,其中 D 为曲面 Σ 在 yOz 平面上的投影区域. 函数 $f(x,\ y,\ z)$ 在 Σ 上连续,则

$$\iint_{\Sigma}f(x,\ y,\ z)\mathrm{d}S=\iint_{D}f[x(y,\ z),\ y,\ z]\sqrt{1+\left(\frac{\partial x}{\partial y}\right)^2+\left(\frac{\partial x}{\partial z}\right)^2}\,\mathrm{d}y\mathrm{d}z.\quad(10-13)$$

设有光滑曲面 Σ,其方程为 $y=y(x,\ z)$, $(x,\ z)\in D$,其中 D 为曲面 Σ 在 xOz 平面上的投影区域. 函数 $f(x,\ y,\ z)$ 在 Σ 上连续,则

$$\iint_{\Sigma}f(x,\ y,\ z)\mathrm{d}S=\iint_{D}f[x,\ y(x,\ z),\ z]\sqrt{1+\left(\frac{\partial y}{\partial x}\right)^2+\left(\frac{\partial y}{\partial z}\right)^2}\,\mathrm{d}x\,\mathrm{d}z.\quad(10-14)$$

例 6 求$\iint\limits_{\Sigma}\frac{\mathrm{d}S}{x^2+y^2}$,其中$\Sigma$是柱面$x^2+y^2=R^2$被平面$z=0$, $z=H$所截的部分.

解 曲面Σ的方程$x=\pm\sqrt{R^2-y^2}\,(0\leqslant z\leqslant H)$,故将$\Sigma$分成$\Sigma_1$和$\Sigma_2$.

其中Σ_1的方程为$x=\sqrt{R^2-y^2}\,(0\leqslant z\leqslant H)$,在$yOz$平面上的投影$D$:$\begin{cases}-R\leqslant y\leqslant R\\0\leqslant z\leqslant H\end{cases}$,

且
$$\frac{\partial x}{\partial y}=-\frac{y}{\sqrt{R^2-y^2}},\ \frac{\partial x}{\partial z}=0.$$

Σ_2的方程为$x=-\sqrt{R^2-y^2}\,(0\leqslant z\leqslant H)$,在$yOz$平面上的投影$D$:$\begin{cases}-R\leqslant y\leqslant R\\0\leqslant z\leqslant H\end{cases}$,

且
$$\frac{\partial x}{\partial y}=\frac{y}{\sqrt{R^2-y^2}},\ \frac{\partial x}{\partial z}=0.$$

由性质 3 和式(10-13),可得

$$\begin{aligned}\iint\limits_{\Sigma}\frac{\mathrm{d}S}{x^2+y^2}&=\iint\limits_{\Sigma_1}\frac{\mathrm{d}S}{x^2+y^2}+\iint\limits_{\Sigma_2}\frac{\mathrm{d}S}{x^2+y^2}\\&=\iint\limits_{D}\frac{1}{R^2}\sqrt{1+\frac{y^2}{R^2-y^2}+0}\,\mathrm{d}y\mathrm{d}z+\iint\limits_{D}\frac{1}{R^2}\sqrt{1+\frac{y^2}{R^2-y^2}+0}\,\mathrm{d}y\mathrm{d}z\\&=2\iint\limits_{D}\frac{1}{R^2\sqrt{R^2-y^2}}\mathrm{d}y\mathrm{d}z=2\int_0^H\mathrm{d}z\int_{-R}^{R}\frac{\mathrm{d}y}{R^2\sqrt{R^2-y^2}}=\frac{2\pi H}{R^2}.\end{aligned}$$

四、第一类曲面积分的物理应用

对于曲面状物体,其所占的位置为空间坐标系O-xyz中的一块曲面Σ,在Σ上任一点$(x,\ y,\ z)$处的面密度为$\rho(x,\ y,\ z)$(单位面积的质量),则它的质量为

$$m=\iint\limits_{\Sigma}\rho(x,\ y,\ z)\mathrm{d}S,$$

它的重心坐标$(\bar{x},\ \bar{y},\ \bar{z})$为

$$\bar{x}=\frac{\iint\limits_{\Sigma}x\rho(x,\ y,\ z)\mathrm{d}S}{\iint\limits_{\Sigma}\rho(x,\ y,\ z)\mathrm{d}S},\ \bar{y}=\frac{\iint\limits_{\Sigma}y\rho(x,\ y,\ z)\mathrm{d}S}{\iint\limits_{\Sigma}\rho(x,\ y,\ z)\mathrm{d}S},\ \bar{z}=\frac{\iint\limits_{\Sigma}z\rho(x,\ y,\ z)\mathrm{d}S}{\iint\limits_{\Sigma}\rho(x,\ y,\ z)\mathrm{d}S}.$$

物体绕x轴旋转所成的转动惯量为

$$I_x=\iint\limits_{\Sigma}(y^2+z^2)\rho(x,\ y,\ z)\mathrm{d}S,$$

物体绕y轴旋转所成的转动惯量为

$$I_y=\iint\limits_{\Sigma}(x^2+z^2)\rho(x,\ y,\ z)\mathrm{d}S,$$

物体绕 z 轴旋转所成的转动惯量为

$$I_z=\iint_{\Sigma}(x^2+y^2)\rho(x,y,z)\mathrm{d}S.$$

例 7 求面密度为 μ_0 的均匀半球壳 $x^2+y^2+z^2=a^2(z\geqslant 0)$ 对于 z 轴的转动惯量.

解
$$\begin{aligned}I_z&=\iint_{\Sigma}(x^2+y^2)\mu_0\mathrm{d}S\\&=\mu_0\iint_{x^2+y^2\leqslant a^2}(x^2+y^2)\sqrt{1+\frac{x^2+y^2}{a^2-x^2-y^2}}\mathrm{d}S\\&=\mu_0\iint_{x^2+y^2\leqslant a^2}(x^2+y^2)\cdot\frac{a}{\sqrt{a^2-x^2-y^2}}\mathrm{d}S\\&\xlongequal{\text{极坐标}}\mu_0\int_0^{2\pi}\mathrm{d}\theta\int_0^a\frac{a\rho^2}{\sqrt{a^2-\rho^2}}\cdot\rho\mathrm{d}\rho=\frac{4}{3}\pi a^4\mu_0.\end{aligned}$$

练习题 10-4

1. 求 $\iint_{\Sigma}\left(2x+\frac{4}{3}y+z\right)\mathrm{d}S$，其中 Σ 为平面 $\frac{x}{2}+\frac{y}{3}+\frac{z}{4}=1$ 在第 Ⅰ 卦限的部分.

2. 求 $\iint_{\Sigma}(x+y+z)\mathrm{d}S$，其中 Σ 为上半球面 $z=\sqrt{a^2-x^2-y^2}$.

3. 求 $\iint_{\Sigma}(x^2+y^2)\mathrm{d}S$，其中 Σ 为曲面 $z=\sqrt{x^2+y^2}$ 与平面 $z=1$ 所围成的立体的表面.

4. 设 Σ 为锥面 $z=\sqrt{x^2+y^2}$ 在柱体 $x^2+y^2\leqslant 2x$ 内的部分，求曲面积分 $\iint_{\Sigma}z\mathrm{d}S$.

5. 求 $\iint_{\Sigma}\frac{1}{x^2+y^2+z^2}\mathrm{d}S$，其中 Σ 是介于平面 $z=0$ 及 $z=H$ 之间的圆柱面 $x^2+y^2=R^2$ $(H>0)$.

6. 求抛物面壳 $z=\frac{1}{2}(x^2+y^2)(0\leqslant z\leqslant 1)$ 的质量，此壳的面密度为 $\rho=z$.

第五节 第二类曲面积分——对坐标的曲面积分

一、第二类曲面积分的定义

在给出第二类曲面积分概念之前，先给出有向曲面及其投影的概念.

1. 双侧曲面

设曲面 Σ 为光滑曲面，在曲面 Σ 上任取一点 $P(x,y,z)$，并在 P 点引一法线，选定其中一个方向，则当 P 在曲面 Σ 上连续变动时，相应的法向量也随之连续变动. 如果 P 沿曲面 Σ 上任一条路径回到原来的位置时，相应的法向量的方向与原方向相同，则称曲面 Σ 为**双侧曲**

面,否则称为**单侧曲面**.

通常情况下遇到的曲面为双侧曲面,但单侧曲面也存在(如莫比乌斯带).由于在本章只考虑双侧曲面,所以以后总假定所考虑的曲面是双侧曲面.

2. 有向曲面

对于双侧曲面,可以通过曲面上法向量的方向来确定曲面的侧,例如,曲面 $\Sigma: z=z(x, y)$,若法向量 $\boldsymbol{n}$ 的方向与 z 轴正向的夹角为锐角,则曲面 Σ 的侧为**上侧**,否则为**下侧**;对于曲面 $\Sigma: x=x(y, z)$,若法向量 $\boldsymbol{n}$ 的方向与 x 轴正向的夹角为锐角,则曲面 Σ 的侧为**前侧**,否则为**后侧**;对于曲面 $\Sigma: y=y(x, z)$,若法向量 $\boldsymbol{n}$ 的方向与 y 轴正向的夹角为锐角,则曲面 Σ 的侧为**右侧**,否则为**左侧**;若曲面 Σ 为闭曲面,其法向量的指向朝外,则曲面 Σ 的侧为**外侧**,否则为**内侧**.取定了法向量即选定了曲面的侧,这种曲面称为**有向曲面**.

3. 有向曲面的投影

设 Σ 是有向曲面,在 Σ 上取一小块曲面 ΔS,把 ΔS 投影到 xOy 面上得一投影区域 $\Delta\sigma_{xy}$(既表示区域,又表示区域的面积).假定 ΔS 上任一点的法向量与 z 轴夹角 γ 的余弦 $\cos\gamma$ 同号($\cos\gamma$ 都是正的或都是负的),则规定 ΔS 在 xOy 面上的投影 ΔS_{xy} 为

$$\Delta S_{xy}=\begin{cases}\Delta\sigma_{xy}, & \cos\gamma>0\\ -\Delta\sigma_{xy}, & \cos\gamma<0\\ 0, & \cos\gamma=0\end{cases}$$

即 ΔS 在 xOy 面上的投影 ΔS_{xy} 实际上就是 ΔS 在 xOy 面上的投影区域的面积附以一定的符号.

同理可以定义 ΔS 在 xOz 面,yOz 面上的投影 ΔS_{xz},ΔS_{yz}.

4. 第二类曲面积分的定义

例 1 设稳定流动的不可压缩的流体(假设密度为 1)的速度场为

$$\boldsymbol{v}(x, y, z)=P(x, y, z)\boldsymbol{i}+Q(x, y, z)\boldsymbol{j}+R(x, y, z)\boldsymbol{k},$$

Σ 为速度场中的一片有向曲面,函数 P、Q、R 在 Σ 上连续,求单位时间内流向 Σ 指定侧的流体质量,即流量 Φ.

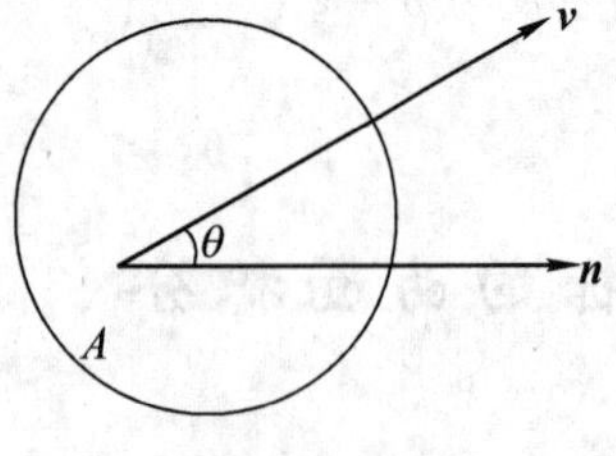

图 10-18

如果流体流过平面上面积为 A 的一个闭区域,且流体在此闭区域上各点处流速为常向量 $\boldsymbol{v}$,又设 $\boldsymbol{n}$ 为该平面的单位法向量,$\boldsymbol{v}$ 与 $\boldsymbol{n}$ 的夹角为 θ(图 10-18).则在单位时间内流过此闭区域的流体组成一底面积为 A、斜高为 $|\boldsymbol{v}|$ 的斜柱体,斜柱体体积为 $A(\boldsymbol{v}\cdot\boldsymbol{n})=A|\boldsymbol{v}|\cos\theta\left(0\leqslant\theta<\frac{\pi}{2}\right)$,这就是通过区域 A 流向 $\boldsymbol{n}$ 所指一侧的流量;当 $\theta=\frac{\pi}{2}$ 时,流量为 0;当 $\frac{\pi}{2}<\theta\leqslant\pi$ 时,$A(\boldsymbol{v}\cdot\boldsymbol{n})=A|\boldsymbol{v}|\cos\theta<0$,此时仍称 $A(\boldsymbol{v}\cdot\boldsymbol{n})=A|\boldsymbol{v}|\cos\theta$ 为流体通过区域 A 流向 $\boldsymbol{n}$ 所指一侧的流量.所以无论 θ 取何值,都称流体通过区域 A 流向 $\boldsymbol{n}$ 所指一侧的流量为 $A(\boldsymbol{v}\cdot\boldsymbol{n})=A|\boldsymbol{v}|\cos\theta$.

解 因为考虑的不是平面闭区域而是一片曲面,且流速 $\boldsymbol{v}$ 也不是常向量,故采用元素法.把 Σ 分成 n 小块 ΔS_i,因为 Σ 为光滑曲面,且 P、Q、R 在 Σ 上连续,当 ΔS_i 很小时,流过

ΔS_i 的流体体积近似于以 ΔS_i 为底、以 $|\boldsymbol{v}(\xi_i, \eta_i, \zeta_i)|$ 为斜高的柱体体积，其中 $(\xi_i, \eta_i, \zeta_i) \in \Delta S_i$，$\boldsymbol{n}_i = \cos\alpha_i \boldsymbol{i} + \cos\beta_i \boldsymbol{j} + \cos\gamma_i \boldsymbol{k}$ 为 ΔS_i 在点 (ξ_i, η_i, ζ_i) 处的单位法向量，故通过 ΔS_i 的流量

$$\Phi \approx \Delta S_i [\boldsymbol{v}(\xi_i, \eta_i, \zeta_i) \cdot \boldsymbol{n}_i],$$

则通过曲面 Σ 的流量

$$\begin{aligned}\Phi &\approx \sum_{i=1}^{n} \Phi_i = \sum_{i=1}^{n} \Delta S_i [\boldsymbol{v}(\xi_i, \eta_i, \zeta_i) \cdot \boldsymbol{n}_i] \\ &= \sum_{i=1}^{n} \Delta S_i [P(\xi_i, \eta_i, \zeta_i)\cos\alpha_i + Q(\xi_i, \eta_i, \zeta_i)\cos\beta_i + R(\xi_i, \eta_i, \zeta_i)\cos\gamma_i] \\ &= \sum_{i=1}^{n} [P(\xi_i, \eta_i, \zeta_i)\Delta S_i \cos\alpha_i + Q(\xi_i, \eta_i, \zeta_i)\Delta S_i \cos\beta_i + R(\xi_i, \eta_i, \zeta_i)\Delta S_i \cos\gamma_i],\end{aligned}$$

又

$$\begin{aligned}&\Delta S_i \cos\alpha_i \approx \Delta_i S_{yz} (\Delta S_i \text{ 在 } yOz \text{ 上的投影面积}), \\ &\Delta S_i \cos\beta_i \approx \Delta_i S_{xz} (\Delta S_i \text{ 在 } xOz \text{ 上的投影面积}), \\ &\Delta S_i \cos\gamma_i \approx \Delta_i S_{xy} (\Delta S_i \text{ 在 } xOy \text{ 上的投影面积}).\end{aligned}$$

所以 $\Phi \approx \sum_{i=1}^{n} [P(\xi_i, \eta_i, \zeta_i)\Delta_i S_{yz} + Q(\xi_i, \eta_i, \zeta_i)\Delta_i S_{xz} + R(\xi_i, \eta_i, \zeta_i)\Delta_i S_{xy}]$.

令各小块曲面直径的最大值为 λ，则对上述和式取极限就得到了流量的精确值. 即

$$\Phi = \lim_{\lambda \to 0} \sum_{i=1}^{n} [P(\xi_i, \eta_i, \zeta_i)\Delta_i S_{yz} + Q(\xi_i, \eta_i, \zeta_i)\Delta_i S_{xz} + R(\xi_i, \eta_i, \zeta_i)\Delta_i S_{xy}].$$

由于这样的和式极限还会在其他问题中遇到，为此引入下列定义.

定义 设 Σ 为光滑的有向曲面，函数 $R(x, y, z)$ 在 Σ 上有界，把 Σ 任意分成 n 个小块有向曲面 ΔS_i，ΔS_i 在 xOy 上的投影 $\Delta_i S_{xy}$，(ξ_i, η_i, ζ_i) 是 ΔS_i 上任一点，若各小块有向曲面直径的最大值 $\lambda \to 0$ 时，极限 $\lim_{\lambda \to 0} \sum_{i=1}^{n} R(\xi_i, \eta_i, \zeta_i)\Delta_i S_{xy}$ 存在，则称此极限为函数 $R(x, y, z)$ 在有向曲面 Σ 上对坐标 x，y 的曲面积分，或 $R(x, y, z)$ 在有向曲面 Σ 上的**第二类曲面积分**，记为

$$\iint_{\Sigma} R(x, y, z)\,\mathrm{d}x\,\mathrm{d}y,$$

即

$$\iint_{\Sigma} R(x, y, z)\,\mathrm{d}x\,\mathrm{d}y = \lim_{\lambda \to 0} \sum_{i=1}^{n} R(\xi_i, \eta_i, \zeta_i)\Delta_i S_{xy},$$

其中 $R(x, y, z)$ 称为**被积函数**，有向曲面 Σ 称为**积分曲面**，$R(x, y, z)\mathrm{d}x\mathrm{d}y$ 称为**被积表达式**，$\mathrm{d}x\mathrm{d}y$ 称为有向曲面 Σ 在 xOy 面上的**投影元素**.

类似地可以定义函数 $P(x, y, z)$、$Q(x, y, z)$ 对坐标 y、z，z、x 的曲面积分分别为

$$\iint_{\Sigma} P(x, y, z)\,\mathrm{d}y\,\mathrm{d}z = \lim_{\lambda \to 0} \sum_{i=1}^{n} P(\xi_i, \eta_i, \zeta_i)\Delta_i S_{yz},$$

$$\iint_{\Sigma} Q(x, y, z)\mathrm{d}z\mathrm{d}x = \lim_{\lambda\to 0}\sum_{i=1}^{n} Q(\xi_i, \eta_i, \zeta_i)\Delta_i S_{xz}.$$

以上三个积分统称**第二类曲面积分**或**对坐标的曲面积分**. 同时由于当被积函数在有向曲面上连续时第二类曲面积分总存在,所以以后总假定被积函数连续.

由上述定义可知,例 1 中的流量为

$$\begin{aligned}\Phi &= \iint_{\Sigma} P(x, y, z)\mathrm{d}y\mathrm{d}z + \iint_{\Sigma} Q(x, y, z)\mathrm{d}z\mathrm{d}x + \iint_{\Sigma} R(x, y, z)\mathrm{d}x\mathrm{d}y \\ &= \iint_{\Sigma} P(x, y, z)\mathrm{d}y\mathrm{d}z + Q(x, y, z)\mathrm{d}z\mathrm{d}x + R(x, y, z)\mathrm{d}x\mathrm{d}y.\end{aligned}$$

二、第二类曲面积分的性质

类似于第二类曲线积分的性质,第二类曲面积分也有下列性质.

性质 1 如果两个积分都存在,则和的积分等于积分的和,即

$$\iint_{\Sigma} R_1(x, y, z)\mathrm{d}x\mathrm{d}y、\iint_{\Sigma} R_2(x, y, z)\mathrm{d}x\mathrm{d}y \text{ 存在},$$

则有 $\iint_{\Sigma}[R_1(x, y, z) + R_2(x, y, z)]\mathrm{d}x\mathrm{d}y = \iint_{\Sigma} R_1(x, y, z)\mathrm{d}x\mathrm{d}y + \iint_{\Sigma} R_2(x, y, z)\mathrm{d}x\mathrm{d}y$.

性质 2 如果 $\iint_{\Sigma} R(x, y, z)\mathrm{d}x\mathrm{d}y$ 存在,则有 $\iint_{\Sigma} kR(x, y, z)\mathrm{d}x\mathrm{d}y = k\iint_{\Sigma} R(x, y, z)\mathrm{d}x\mathrm{d}y$($k$ 为常数).

性质 3 如果有向曲面 Σ 可分成 Σ_1、Σ_2,即 $\Sigma = \Sigma_1 + \Sigma_2$,则

$$\begin{aligned}&\iint_{\Sigma} P\mathrm{d}y\mathrm{d}z + Q\mathrm{d}z\mathrm{d}x + R\mathrm{d}x\mathrm{d}y \\ &= \iint_{\Sigma_1} P\mathrm{d}y\mathrm{d}z + Q\mathrm{d}z\mathrm{d}x + R\mathrm{d}x\mathrm{d}y + \iint_{\Sigma_2} P\mathrm{d}y\mathrm{d}z + Q\mathrm{d}z\mathrm{d}x + R\mathrm{d}x\mathrm{d}y.\end{aligned}$$

性质 4 设有向曲面 Σ,曲面 Σ^- 表示与 Σ 取相反侧的有向曲面,则

$$\iint_{\Sigma^-} P\mathrm{d}y\mathrm{d}z + Q\mathrm{d}z\mathrm{d}x + R\mathrm{d}x\mathrm{d}y = -\iint_{\Sigma} P\mathrm{d}y\mathrm{d}z + Q\mathrm{d}z\mathrm{d}x + R\mathrm{d}x\mathrm{d}y.$$

性质 4 表示,当积分曲面改变为相反侧时,对坐标的曲面积分要改变符号. 因此对坐标的曲面积分,必须注意积分曲面所取的侧.

三、第二类曲面积分的计算

与第一类曲面积分相似,第二类曲面积分也可利用二重积分来计算. 下面介绍第二类曲面积分 $\iint_{\Sigma} R(x, y, z)\mathrm{d}x\mathrm{d}y$ 的计算.

设 Σ 是由方程 $z=z(x, y)$ 给出的曲面的上侧，Σ 在 xOy 面上的投影区域为 D_{xy}，且 $z=z(x, y)$ 在 D_{xy} 内具有一阶连续偏导数，函数 $R(x, y, z)$ 在 Σ 上连续. 则按第二类曲面积分的定义有

$$\iint_{\Sigma} R(x, y, z)\mathrm{d}x\mathrm{d}y=\lim_{\lambda \to 0}\sum_{i=1}^{n} R(\xi_i, \eta_i, \zeta_i)\Delta_i S_{xy},$$

因为曲面 Σ 取上侧，所以 $\cos\gamma>0$，则 $\Delta_i S_{xy}=\Delta_i\sigma_{xy}$，又 (ξ_i, η_i, ζ_i) 为 Σ 上的点，满足 $\zeta_i=z(\xi_i, \eta_i)$，则有

$$\sum_{i=1}^{n} R(\xi_i, \eta_i, \zeta_i)\Delta_i S_{xy}=\sum_{i=1}^{n} R[\xi_i, \eta_i, z(\xi_i, \eta_i)]\Delta_i\sigma_{xy}.$$

所以

$$\iint_{\Sigma} R(x, y, z)\mathrm{d}x\mathrm{d}y=\iint_{D_{xy}} R[x, y, z(x, y)]\mathrm{d}x\mathrm{d}y. \tag{10-15}$$

这就是把对坐标的曲面积分化为二重积分的公式.

同理，如果 Σ 是由方程 $z=z(x, y)$ 给出的曲面的下侧，Σ 在 xOy 面上的投影区域为 D_{xy}，且 $z=z(x, y)$ 在 D_{xy} 内具有一阶连续偏导数，函数 $R(x, y, z)$ 在 Σ 上连续，则

$$\iint_{\Sigma} R(x, y, z)\mathrm{d}x\mathrm{d}y=-\iint_{D_{xy}} R[x, y, z(x, y)]\mathrm{d}x\mathrm{d}y.$$

如果 Σ 是由方程 $x=x(y, z)$ 给出的曲面的前侧，Σ 在 yOz 面上的投影区域为 D_{yz}，且 $x=x(y, z)$ 在 D_{yz} 内具有一阶连续偏导数，函数 $P(x, y, z)$ 在 Σ 上连续，则

$$\iint_{\Sigma} P(x, y, z)\mathrm{d}y\mathrm{d}z=\iint_{D_{yz}} P[x(y, z), y, z]\mathrm{d}y\mathrm{d}z. \tag{10-16}$$

如果 Σ 是由方程 $x=x(y, z)$ 给出的曲面的后侧，Σ 在 yOz 面上的投影区域为 D_{yz}，且 $x=x(y, z)$ 在 D_{yz} 内具有一阶连续偏导数，函数 $P(x, y, z)$ 在 Σ 上连续，则

$$\iint_{\Sigma} P(x, y, z)\mathrm{d}y\mathrm{d}z=-\iint_{D_{yz}} P[x(y, z), y, z]\mathrm{d}y\mathrm{d}z. \tag{10-17}$$

如果 Σ 是由方程 $y=y(x, z)$ 给出的曲面的右侧，Σ 在 xOz 面上的投影区域为 D_{xz}，且 $y=y(x, z)$ 在 D_{xz} 内具有一阶连续偏导数，函数 $Q(x, y, z)$ 在 Σ 上连续，则

$$\iint_{\Sigma} Q(x, y, z)\mathrm{d}x\mathrm{d}z=\iint_{D_{xz}} Q[x, y(x, z), z]\mathrm{d}x\mathrm{d}z.$$

如果 Σ 是由方程 $y=y(x, z)$ 给出的曲面的左侧，Σ 在 xOz 面上的投影区域为 D_{xz}，且 $y=y(x, z)$ 在 D_{xz} 内具有一阶连续偏导数，函数 $Q(x, y, z)$ 在 Σ 上连续，则

$$\iint_{\Sigma} Q(x, y, z)\mathrm{d}x\mathrm{d}z=-\iint_{D_{xz}} Q[x, y(x, z), z]\mathrm{d}x\mathrm{d}z.$$

例 2　求 $\iint_{\Sigma} z\mathrm{d}x\mathrm{d}y$，其中 Σ 为 $x^2+y^2+z^2=R^2(z\geqslant 0)$ 的上侧.

解 曲面Σ的方程$z=\sqrt{R^2-x^2-y^2}$,在xOy面上的投影区域为$D_{xy}:x^2+y^2\leqslant R^2$,曲面$\Sigma$的侧为上侧,所以根据式(10-15)及二重积分的几何意义,可得

$$\iint_{\Sigma} z\,\mathrm{d}x\,\mathrm{d}y=\iint_{D_{xy}}\sqrt{R^2-x^2-y^2}\,\mathrm{d}x\,\mathrm{d}y=\frac{2}{3}\pi R^3.$$

例3 求$\iint_{\Sigma} x\,\mathrm{d}y\mathrm{d}z$,其中$\Sigma$为$x^2+y^2+z^2=R^2(z\geqslant 0)$的上侧.

解 曲面Σ的方程$x=\pm\sqrt{R^2-y^2-z^2}\,(z\geqslant 0)$,将$\Sigma$分成$\Sigma_1$和$\Sigma_2$,其中曲面$\Sigma_1$的方程$x=\sqrt{R^2-y^2-z^2}\,(z\geqslant 0)$,在$yOz$面上的投影区域为$D_{yz}:y^2+z^2\leqslant R^2(z\geqslant 0)$,曲面的侧为前侧,所以根据式(10-16)及二重积分的几何意义,可得

$$\iint_{\Sigma_1} x\,\mathrm{d}y\mathrm{d}z=\iint_{D_{yz}}\sqrt{R^2-y^2-z^2}\,\mathrm{d}y\mathrm{d}z=\frac{1}{3}\pi R^3.$$

曲面Σ_2的方程$x=-\sqrt{R^2-y^2-z^2}\,(z\geqslant 0)$,在$yOz$面上的投影区域为$D_{yz}:y^2+z^2\leqslant R^2$ $(z\geqslant 0)$,曲面的侧为后侧,所以根据式(10-17)及二重积分的几何意义,可得

$$\iint_{\Sigma_2} x\,\mathrm{d}y\mathrm{d}z=-\iint_{D_{yz}}-\sqrt{R^2-y^2-z^2}\,\mathrm{d}y\mathrm{d}z=\frac{1}{3}\pi R^3.$$

所以
$$\iint_{\Sigma} x\,\mathrm{d}y\mathrm{d}z=\iint_{\Sigma_1} x\,\mathrm{d}y\mathrm{d}z+\iint_{\Sigma_2} x\,\mathrm{d}y\mathrm{d}z=\frac{2}{3}\pi R^3.$$

例4 求$\iint_{\Sigma} x\,\mathrm{d}y\mathrm{d}z+y\,\mathrm{d}z\mathrm{d}x+z\,\mathrm{d}x\,\mathrm{d}y$,其中$\Sigma$为$x^2+y^2+z^2=R^2(z\geqslant 0)$的上侧.

解
$$\iint_{\Sigma} x\,\mathrm{d}y\mathrm{d}z+y\,\mathrm{d}z\mathrm{d}x+z\,\mathrm{d}x\,\mathrm{d}y=\iint_{\Sigma} x\,\mathrm{d}y\mathrm{d}z+\iint_{\Sigma} y\,\mathrm{d}z\mathrm{d}x+\iint_{\Sigma} z\,\mathrm{d}x\,\mathrm{d}y.$$

由例2、例3,得
$$\iint_{\Sigma} z\,\mathrm{d}x\,\mathrm{d}y=\iint_{\Sigma} x\,\mathrm{d}y\mathrm{d}z=\frac{2}{3}\pi R^3.$$

仿照例3(请读者自己计算),得

$$\iint_{\Sigma} y\,\mathrm{d}z\mathrm{d}x=\frac{2}{3}\pi R^3.$$

所以
$$\iint_{\Sigma} x\,\mathrm{d}y\mathrm{d}z+y\,\mathrm{d}z\mathrm{d}x+z\,\mathrm{d}x\,\mathrm{d}y=2\pi R^3.$$

例5 求$\oiint_{\Sigma} x(y-z)\mathrm{d}y\mathrm{d}z+(z-x)\mathrm{d}z\mathrm{d}x+(x-y)\mathrm{d}x\,\mathrm{d}y$,其中曲面$\Sigma$为$z^2=x^2+y^2$与$z=h(h>0)$围成立体的全表面,曲面的侧取外侧(积分记号上打圈表示曲面为一立体图形的全表面).

解
$$\begin{aligned}&\oiint_{\Sigma} x(y-z)\mathrm{d}y\mathrm{d}z+(z-x)\mathrm{d}z\mathrm{d}x+(x-y)\mathrm{d}x\,\mathrm{d}y\\ =&\oiint_{\Sigma} x(y-z)\mathrm{d}y\mathrm{d}z+\oiint_{\Sigma}(z-x)\mathrm{d}z\mathrm{d}x+\oiint_{\Sigma}(x-y)\mathrm{d}x\,\mathrm{d}y.\end{aligned}$$

(1) 计算 $\oiint\limits_{\Sigma}(x-y)\mathrm{d}x\mathrm{d}y$. 将曲面 Σ 分成 Σ_1 和 Σ_2，其中 Σ_1：圆锥面上底，$z=h$ 且 $z^2=x^2+y^2$ 上侧，投影区域为 $D_{xy}:x^2+y^2\leqslant h^2$；$\Sigma_2$：圆锥面侧面，$z^2=x^2+y^2$ 且 $0\leqslant z\leqslant h$ 下侧，投影区域为 $D_{xy}:x^2+y^2\leqslant h^2$. 所以

$$\begin{aligned}\oiint\limits_{\Sigma}(x-y)\mathrm{d}x\mathrm{d}y&=\oiint\limits_{\Sigma_1}(x-y)\mathrm{d}x\mathrm{d}y+\oiint\limits_{\Sigma_2}(x-y)\mathrm{d}x\mathrm{d}y\\&=\oiint\limits_{D_{xy}}(x-y)\mathrm{d}x\mathrm{d}y-\oiint\limits_{D_{xy}}(x-y)\mathrm{d}x\mathrm{d}y=0.\end{aligned}$$

(2) 计算 $\oiint\limits_{\Sigma}x(y-z)\mathrm{d}y\mathrm{d}z$. 将曲面 Σ 分成 Σ_1、Σ_{31} 和 Σ_{32}，其中 Σ_1：圆锥面上底，$z=h$ 且 $z^2=x^2+y^2$ 上侧，在 yOz 面上的投影为线段. 所以

$$\iint\limits_{\Sigma_1}x(y-z)\mathrm{d}y\mathrm{d}z=0.$$

Σ_{31}：圆锥面侧面，$x=\sqrt{z^2-y^2}$ 且 $0\leqslant z\leqslant h$ 前侧，投影区域为 $D_{yz}:\begin{cases}0\leqslant z\leqslant h\\-z\leqslant y\leqslant z\end{cases}$. 因此

$$\begin{aligned}\iint\limits_{\Sigma_{31}}x(y-z)\mathrm{d}y\mathrm{d}z&=\iint\limits_{\Sigma_{31}}\sqrt{z^2-y^2}(y-z)\mathrm{d}y\mathrm{d}z\\&=\int_0^h\mathrm{d}z\int_{-z}^{z}\sqrt{z^2-y^2}(y-z)\mathrm{d}y\\&=\int_0^h-\frac{\pi}{2}z^3\mathrm{d}z=-\frac{\pi}{8}h^4.\end{aligned}$$

Σ_{32}：圆锥面侧面，$x=-\sqrt{z^2-y^2}$ 且 $0\leqslant z\leqslant h$ 后侧，投影区域为 $D_{yz}:\begin{cases}0\leqslant z\leqslant h\\-z\leqslant y\leqslant z\end{cases}$. 因此

$$\begin{aligned}\iint\limits_{\Sigma_{32}}x(y-z)\mathrm{d}y\mathrm{d}z&=-\iint\limits_{\Sigma_{31}}-\sqrt{z^2-y^2}(y-z)\mathrm{d}y\mathrm{d}z\\&=\int_0^h\mathrm{d}z\int_{-z}^{z}\sqrt{z^2-y^2}(y-z)\mathrm{d}y\\&=\int_0^h-\frac{\pi}{2}z^3\mathrm{d}z=-\frac{\pi}{8}h^4.\end{aligned}$$

于是

$$\oiint\limits_{\Sigma}x(y-z)\mathrm{d}y\mathrm{d}z=\iint\limits_{\Sigma_1}x(y-z)\mathrm{d}y\mathrm{d}z+\iint\limits_{\Sigma_{31}}x(y-z)\mathrm{d}y\mathrm{d}z+\iint\limits_{\Sigma_{32}}x(y-z)\mathrm{d}y\mathrm{d}z=-\frac{\pi h^4}{4}.$$

(3) 计算 $\oiint\limits_{\Sigma}(z-x)\mathrm{d}z\mathrm{d}x$. 将曲面 Σ 分成 Σ_1、Σ_{41} 和 Σ_{42}，其中 Σ_1：圆锥面上底，$z=h$ 且 $z^2=x^2+y^2$ 上侧，在 xOz 面上的投影为线段. 则

$$\iint_{\Sigma_1}(z-x)\mathrm{d}z\mathrm{d}x=0.$$

Σ_{41}:圆锥面侧面,$y=\sqrt{z^2-x^2}$ 且 $0\leqslant z\leqslant h$ 右侧,投影区域为 D_{xz}:$\begin{cases}0\leqslant z\leqslant h\\-z\leqslant x\leqslant z\end{cases}$. 因此

$$\iint_{\Sigma_{41}}(z-x)\mathrm{d}z\mathrm{d}x=\iint_{D_{xz}}(z-x)\mathrm{d}z\mathrm{d}x.$$

Σ_{42}:圆锥面侧面,$y=-\sqrt{z^2-x^2}$ 且 $0\leqslant z\leqslant h$ 左侧,投影区域为 D_{xz}:$\begin{cases}0\leqslant z\leqslant h\\-z\leqslant x\leqslant z\end{cases}$. 因此

$$\iint_{\Sigma_{42}}(z-x)\mathrm{d}z\mathrm{d}x=-\iint_{D_{xz}}(z-x)\mathrm{d}z\mathrm{d}x.$$

从而

$$\oiint_{\Sigma}(z-x)\mathrm{d}z\mathrm{d}x=\iint_{\Sigma_1}(z-x)\mathrm{d}z\mathrm{d}x+\iint_{\Sigma_{41}}(z-x)\mathrm{d}z\mathrm{d}x+\iint_{\Sigma_{42}}(z-x)\mathrm{d}z\mathrm{d}x=0.$$

由(1)、(2)、(3)可得

$$\oiint_{\Sigma}x(y-z)\mathrm{d}y\mathrm{d}z+(z-x)\mathrm{d}z\mathrm{d}x+(x-y)\mathrm{d}x\mathrm{d}y=-\frac{\pi h^4}{4}.$$

四、两类曲面积分之间的联系

若有向曲面 Σ:$z=z(x,y)$,Σ 在 xOy 面上的投影区域为 D_{xy},$z=z(x,y)$ 在 D_{xy} 上具有一阶连续偏导数,函数 $R(x,y,z)$ 在 Σ 上连续,Σ 的侧为上侧,且有向曲面 Σ 上任一点 (x,y,z) 处相应的法向量的方向余弦为

$$\cos\alpha=-\frac{z_x}{\sqrt{1+z_x^2+z_y^2}},\ \cos\beta=-\frac{z_y}{\sqrt{1+z_x^2+z_y^2}},\ \cos\gamma=\frac{1}{\sqrt{1+z_x^2+z_y^2}},$$

则由式(10-15)可得

$$\iint_{\Sigma}R(x,y,z)\mathrm{d}x\mathrm{d}y=\iint_{D_{xy}}R[x,y,z(x,y)]\mathrm{d}x\mathrm{d}y.$$

又由第四节计算第一类曲面积分的公式,得

$$\iint_{\Sigma}R(x,y,z)\cos\gamma\mathrm{d}S=\iint_{D_{xy}}R[x,y,z(x,y)]\mathrm{d}x\mathrm{d}y.$$

所以有

$$\iint_{\Sigma}R(x,y,z)\mathrm{d}x\mathrm{d}y=\iint_{\Sigma}R(x,y,z)\cos\gamma\mathrm{d}S. \tag{10-18}$$

如果曲面 Σ 的侧为下侧,此时有 $\cos\gamma=-\dfrac{1}{\sqrt{1+z_x^2+z_y^2}}$,同样可得式(10-18).

类似地,有

$$\iint_{\Sigma} P(x, y, z)\mathrm{d}y\mathrm{d}z = \iint_{\Sigma} P(x, y, z)\cos\alpha\,\mathrm{d}S \tag{10-19}$$

$$\iint_{\Sigma} Q(x, y, z)\mathrm{d}z\mathrm{d}x = \iint_{\Sigma} Q(x, y, z)\cos\beta\,\mathrm{d}S. \tag{10-20}$$

合并式(10-18)～式(10-20)，得到两类曲面积分之间有如下关系：

$$\iint_{\Sigma} P\mathrm{d}y\mathrm{d}z + Q\mathrm{d}z\mathrm{d}x + R\mathrm{d}x\mathrm{d}y = \iint_{\Sigma}(P\cos\alpha + Q\cos\beta + R\cos\gamma)\mathrm{d}S.$$

其中 $\cos\alpha$，$\cos\beta$，$\cos\gamma$ 是有向曲面 Σ 上与侧面相应的法向量的方向余弦.

例6　设 $f(x, y, z)$ 为连续函数，Σ 为平面 $x-y+z=1$ 在第 Ⅳ 卦限部分的上侧，求

$$\iint_{\Sigma}[f(x, y, z)+x]\mathrm{d}y\mathrm{d}z + \iint_{\Sigma}[2f(x, y, z)+y]\mathrm{d}z\mathrm{d}x + \iint_{\Sigma}[f(x, y, z)+z]\mathrm{d}x\mathrm{d}z.$$

解　因为 Σ 为平面 $x-y+z=1$ 在第 Ⅳ 卦限部分的上侧，所以相应法向量的方向余弦为

$$\cos\alpha = \frac{1}{3},\ \cos\beta = -\frac{1}{3},\ \cos\gamma = \frac{1}{3}.$$

又 Σ 在 xOy 面上的投影为 $D_{xy}: x\geqslant 0,\ y\leqslant 0,\ x-y\leqslant 1$，则根据式(10-20)，得

$$\begin{aligned}
&\iint_{\Sigma}[f(x, y, z)+x]\mathrm{d}y\mathrm{d}z + \iint_{\Sigma}[2f(x, y, z)+y]\mathrm{d}z\mathrm{d}x + \iint_{\Sigma}[f(x, y, z)+z]\mathrm{d}x\mathrm{d}y \\
&= \iint_{\Sigma}\{[f(x, y, z)+x]\cos\alpha + [2f(x, y, z)+y]\cos\beta + [f(x, y, z)+z]\cos\gamma\}\,\mathrm{d}S \\
&= \iint_{\Sigma}\frac{1}{3}(x-y+z)\mathrm{d}S = \iint_{D_{xy}}\frac{1}{3}(x-y+1-x+y)\sqrt{1+1+1}\,\mathrm{d}x\mathrm{d}y \\
&= \frac{\sqrt{3}}{3}\int_0^1\mathrm{d}x\int_{x-1}^0\mathrm{d}y = \frac{\sqrt{3}}{6}.
\end{aligned}$$

例7　求 $\iint_{\Sigma}(z^2+x)\mathrm{d}y\mathrm{d}z - z\mathrm{d}x\mathrm{d}y$，其中 Σ 是曲面 $z=\frac{1}{2}(x^2+y^2)$ 介于 $z=0$ 和 $z=2$ 之间的部分，方向为下侧.

解　求积分 $\iint_{\Sigma}(z^2+x)\mathrm{d}y\mathrm{d}z - z\mathrm{d}x\mathrm{d}y$，除了将此转化为二重积分计算(请读者自己计算)外，还可以利用式(10-18)、式(10-19)计算.

首先利用式(10-18)，可得

$$\iint_{\Sigma}(z^2+x)\mathrm{d}y\mathrm{d}z = \iint_{\Sigma}(z^2+x)\cos\alpha\,\mathrm{d}S.$$

再利用式(10-19)，可得

$$\iint_{\Sigma}(z^2+x)\cos\alpha\,\mathrm{d}S = \iint_{\Sigma}(z^2+x)\frac{\cos\alpha}{\cos\gamma}\cos\gamma\,\mathrm{d}S = \iint_{\Sigma}(z^2+x)\frac{\cos\alpha}{\cos\gamma}\mathrm{d}x\mathrm{d}y,$$

所以
$$\iint\limits_{\Sigma}(z^2+x)\mathrm{d}y\mathrm{d}z=\iint\limits_{\Sigma}(z^2+x)\frac{\cos\alpha}{\cos\gamma}\mathrm{d}x\mathrm{d}y.$$

因为 Σ 上任一点处相应法向量的方向向下,其方向余弦为

$$\cos\alpha=\frac{x}{\sqrt{1+x^2+y^2}},\ \cos\gamma=-\frac{1}{\sqrt{1+x^2+y^2}},$$

则
$$\iint\limits_{\Sigma}(z^2+x)\mathrm{d}y\mathrm{d}z=-\iint\limits_{\Sigma}(z^2+x)x\,\mathrm{d}x\mathrm{d}y,$$

所以
$$\iint\limits_{\Sigma}(z^2+x)\mathrm{d}y\mathrm{d}z-z\mathrm{d}x\mathrm{d}y=-\iint\limits_{\Sigma}(z^2x+x^2+z)\mathrm{d}x\mathrm{d}y.$$

又因为曲面 Σ 在 xOy 面上的投影区域为 $D:x^2+y^2\leqslant 4$,方向为下侧,故有

$$\iint\limits_{\Sigma}(z^2+x)\mathrm{d}y\mathrm{d}z-z\mathrm{d}x\mathrm{d}y=\iint\limits_{D}\left[\frac{x}{4}(x^2+y^2)^2+x^2+\frac{1}{2}(x^2+y^2)\right]\mathrm{d}x\mathrm{d}y$$
$$=\int_0^{2\pi}\mathrm{d}\theta\int_0^2\left(\frac{r^5\cos\theta}{4}+r^2\cos^2\theta+\frac{1}{2}r^2\right)r\mathrm{d}r=8\pi.$$

练习题 10-5

1. 设 Σ 是平面 $x+y+z=3$ 被三坐标平面截下的部分的上侧,求:

(1) $\iint\limits_{\Sigma}x\mathrm{d}y\mathrm{d}z$; (2) $\iint\limits_{\Sigma}(x+y)\mathrm{d}z\mathrm{d}x$; (3) $\iint\limits_{\Sigma}yz\mathrm{d}x\mathrm{d}y$.

2. 设 Σ 是平面 $z=2(x^2+y^2\leqslant 4)$ 的下侧,求

$$\iint\limits_{\Sigma}\sin x\mathrm{d}y\mathrm{d}z+\cos y\mathrm{d}z\mathrm{d}x+\arctan\frac{z}{2}\mathrm{d}x\mathrm{d}y.$$

3. 设 Σ 是半球面 $z=\sqrt{1-x^2-y^2}$ 的上侧,求 $\iint\limits_{\Sigma}yz\mathrm{d}z\mathrm{d}x$.

4. 把 $\iint\limits_{\Sigma}P(x,y,z)\mathrm{d}y\mathrm{d}z+Q(x,y,z)\mathrm{d}z\mathrm{d}x+R(x,y,z)\mathrm{d}x\mathrm{d}y$ 化为对面积的曲面积分,其中 Σ 为上半球面 $z=\sqrt{1-x^2-y^2}$ 的上侧.

5. $\iint\limits_{\Sigma}x\mathrm{d}y\mathrm{d}z+y\mathrm{d}z\mathrm{d}x+z\mathrm{d}x\mathrm{d}y$,其中 Σ 是柱面 $x^2+y^2=1$ 被平面 $z=0$ 及 $z=3$ 所截得的在第 Ⅰ 卦限内的部分的前侧.

6. $\iint\limits_{\Sigma}xyz\mathrm{d}x\mathrm{d}y$,其中 Σ 为柱面 $x^2+z^2=a^2$ 在 $x\geqslant 0,\ y\geqslant 0$ 的两卦限内被平面 $y=0$ 及 $y=h$ 所截下部分,法向量的指向朝外.

7. $\iint\limits_{\Sigma}xy\mathrm{d}y\mathrm{d}z+yz\mathrm{d}z\mathrm{d}x+xz\mathrm{d}x\mathrm{d}y$,其中 Σ 是平面 $x=0,\ y=0,\ z=0,\ x+y+z=1$ 所围成的空间区域的整个边界曲面的外侧.

第六节　高斯公式、通量与散度

一、高斯公式

格林公式表达了平面闭区域上的二重积分与其边界上的曲线积分之间的关系，而高斯公式表达了空间闭区域上的三重积分与其边界曲面上的曲面积分之间的关系，这种关系可如下表示.

定理　设空间闭区域 Ω 是由分片光滑的闭曲面 Σ 所围成，函数 $P(x, y, z)$、$Q(x, y, z)$、$R(x, y, z)$ 在 Ω 上具有一阶连续偏导数，则有

$$\iiint_{\Omega}\left(\frac{\partial P}{\partial x}+\frac{\partial Q}{\partial y}+\frac{\partial R}{\partial z}\right)\mathrm{d}x\,\mathrm{d}y\,\mathrm{d}z=\oiint_{\Sigma}P\,\mathrm{d}y\,\mathrm{d}z+Q\,\mathrm{d}z\,\mathrm{d}x+R\,\mathrm{d}x\,\mathrm{d}y, \tag{10-21}$$

或

$$\iiint_{\Omega}\left(\frac{\partial P}{\partial x}+\frac{\partial Q}{\partial y}+\frac{\partial R}{\partial z}\right)\mathrm{d}x\,\mathrm{d}y\,\mathrm{d}z=\oiint_{\Sigma}(P\cos\alpha+Q\cos\beta+R\cos\gamma)\mathrm{d}S. \tag{10-22}$$

这里曲面 Σ 的方向为外侧，$\cos\alpha$、$\cos\beta$、$\cos\gamma$ 是有向曲面 Σ 相应法向量的方向余弦. 式(10-21)、式(10-22)称为**高斯公式**.

例 1　求曲面积分 $\oiint_{\Sigma}(x+y)\mathrm{d}y\,\mathrm{d}z+(y+z)\mathrm{d}z\,\mathrm{d}x+(z+x)\mathrm{d}x\,\mathrm{d}y$. 其中 Σ 为柱面 $x^2+y^2=1$ 和平面 $z=0$, $z=3$ 所围成的空间区域 Ω 的整个边界曲面，其方向为外侧.

解　根据题意可知 $P=x+y$, $Q=y+z$, $R=z+x$，所以有 $\frac{\partial P}{\partial x}=1$, $\frac{\partial Q}{\partial y}=1$, $\frac{\partial R}{\partial z}=1$，又本题符合高斯公式的条件，利用式(10-21)则有

$$\oiint_{\Sigma}(x+y)\mathrm{d}y\,\mathrm{d}z+(y+z)\mathrm{d}z\,\mathrm{d}x+(z+x)\mathrm{d}x\,\mathrm{d}y=\iiint_{\Omega}3\mathrm{d}x\,\mathrm{d}y\,\mathrm{d}z=9\pi.$$

例 2　求曲面积分 $\oiint_{\Sigma}(x\cos\alpha+y\cos\beta+z\cos\gamma)\mathrm{d}S$，其中 Σ 为球面 $x^2+y^2+z^2=1$，$\cos\alpha$、$\cos\beta$、$\cos\gamma$ 是球面 Σ 上任一点 (x, y, z) 处的方向向外的法向量的方向余弦.

解　根据题意可知 $P=x$, $Q=y$, $R=z$; $\frac{\partial P}{\partial x}=1$, $\frac{\partial Q}{\partial y}=1$, $\frac{\partial R}{\partial z}=1$. 又本题满足高斯公式的条件，利用式(10-22)可得

$$\oiint_{\Sigma}(x\cos\alpha+y\cos\beta+z\cos\gamma)\mathrm{d}S=\iiint_{\Omega}3\mathrm{d}x\,\mathrm{d}y\,\mathrm{d}z=4\pi.$$

其中 Ω: $x^2+y^2+z^2\leqslant 1$.

例 3　求曲面积分 $\iint_{\Sigma}x^2\mathrm{d}y\,\mathrm{d}z+y^2\mathrm{d}z\,\mathrm{d}x+z^2\mathrm{d}x\,\mathrm{d}y$，其中 Σ 为锥面 $z^2=x^2+y^2(0\leqslant z\leqslant h)$ 的部分，方向为下侧.

解　曲面 Σ 不是封闭曲面，不能直接利用高斯公式，补充曲面 Σ_1: $z=h(x^2+y^2\leqslant h^2)$，

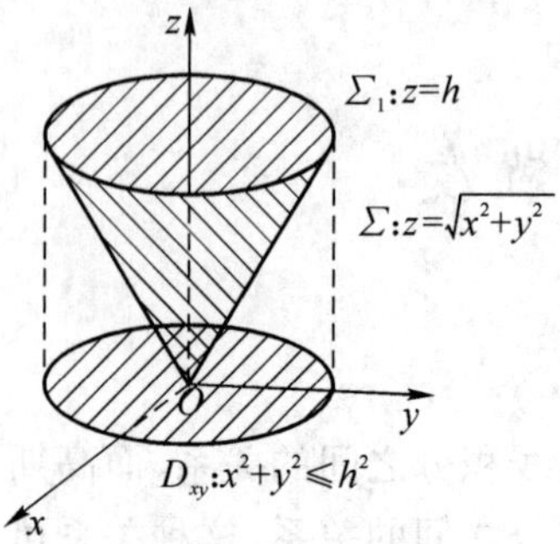

图 10-19

方向为上侧(图 10-19),则 Σ 与 Σ_1 一起构成一个封闭曲面,记它们所围成的空间区域为 Ω,此时满足高斯公式的条件,利用式(10-21),便有

$$\iint_{\Sigma+\Sigma_1} x^2\mathrm{d}y\mathrm{d}z+y^2\mathrm{d}z\mathrm{d}x+z^2\mathrm{d}x\mathrm{d}y=2\iiint_{\Omega}(x+y+z)\mathrm{d}x\mathrm{d}y\mathrm{d}z$$

$$=2\iint_{x^2+y^2\leqslant h^2}\mathrm{d}x\mathrm{d}y\int_{\sqrt{x^2+y^2}}^{h}(x+y+z)\mathrm{d}z$$

$$=2\iint_{x^2+y^2\leqslant h^2}\left[(x+y)(h-\sqrt{x^2+y^2})+\frac{1}{2}(h^2-x^2-y^2)\right]\mathrm{d}x\mathrm{d}y$$

$$=\int_0^{2\pi}\mathrm{d}\theta\int_0^h\left[2r(\cos\theta+\sin\theta)(h-r)+h^2-r^2\right]r\mathrm{d}r$$

$$=\frac{1}{2}\pi h^4.$$

而 $$\iint_{\Sigma_1}x^2\mathrm{d}y\mathrm{d}z+y^2\mathrm{d}z\mathrm{d}x+z^2\mathrm{d}x\mathrm{d}y=0+0+\iint_{\Sigma_1}z^2\mathrm{d}x\mathrm{d}y=\iint_{x^2+y^2\leqslant h^2}h^2\mathrm{d}x\mathrm{d}y=\pi h^4.$$

因此有 $$\iint_{\Sigma}(x^2\cos\alpha+y^2\cos\beta+z^2\cos\gamma)\mathrm{d}S=\frac{1}{2}\pi h^4-\pi h^4=-\frac{1}{2}\pi h^4.$$

例 4 设函数 $u(x, y, z)$、$v(x, y, z)$ 在闭区域 Ω 上具有一阶及二阶连续偏导数,试证明:

$$\iiint_{\Omega}u\left(\frac{\partial^2 v}{\partial x^2}+\frac{\partial^2 v}{\partial y^2}+\frac{\partial^2 v}{\partial z^2}\right)\mathrm{d}x\mathrm{d}y\mathrm{d}z=\oiint_{\Sigma}u\frac{\partial v}{\partial n}\mathrm{d}S-\iiint_{\Omega}\left(\frac{\partial u}{\partial x}\frac{\partial v}{\partial x}+\frac{\partial u}{\partial y}\frac{\partial v}{\partial y}+\frac{\partial u}{\partial z}\frac{\partial v}{\partial z}\right)\mathrm{d}x\mathrm{d}y\mathrm{d}z. \tag{10-23}$$

其中 Σ 是闭区域 Ω 的整个边界曲面,$\frac{\partial v}{\partial n}$ 为函数 $v(x, y, z)$ 沿 Σ 的外法线方向的方向导数,式(10-23)叫作**格林第一公式**.

证 在高斯公式

$$\iiint_{\Omega}\left(\frac{\partial P}{\partial x}+\frac{\partial Q}{\partial y}+\frac{\partial R}{\partial z}\right)\mathrm{d}x\mathrm{d}y\mathrm{d}z=\oiint_{\Sigma}(P\cos\alpha+Q\cos\beta+R\cos\gamma)\mathrm{d}S \tag{10-24}$$

中,令 $P=u\frac{\partial v}{\partial x}$, $Q=u\frac{\partial v}{\partial y}$, $R=u\frac{\partial v}{\partial z}$,并分别代入式(10-24)的左右两端,便得到

$$\iiint_{\Omega}\left(\frac{\partial P}{\partial x}+\frac{\partial Q}{\partial y}+\frac{\partial R}{\partial z}\right)\mathrm{d}x\mathrm{d}y\mathrm{d}z$$

$$=\iiint_{\Omega}\left[\frac{\partial}{\partial x}\left(u\frac{\partial v}{\partial x}\right)+\frac{\partial}{\partial y}\left(u\frac{\partial v}{\partial y}\right)+\frac{\partial}{\partial z}\left(u\frac{\partial v}{\partial z}\right)\right]\mathrm{d}x\mathrm{d}y\mathrm{d}z$$

$$=\iiint_{\Omega}\left[\frac{\partial u}{\partial x}\frac{\partial v}{\partial x}+\frac{\partial u}{\partial y}\frac{\partial v}{\partial y}+\frac{\partial u}{\partial z}\frac{\partial v}{\partial z}+u\left(\frac{\partial^2 v}{\partial x^2}+\frac{\partial^2 v}{\partial y^2}+\frac{\partial^2 v}{\partial z^2}\right)\right]\mathrm{d}x\mathrm{d}y\mathrm{d}z,$$

$$\begin{aligned}&\oint\!\!\!\oint_{\Sigma}(P\cos\alpha+Q\cos\beta+R\cos\gamma)\,\mathrm{d}S\\&=\oint\!\!\!\oint_{\Sigma}u\left(\frac{\partial v}{\partial x}\cos\alpha+\frac{\partial v}{\partial y}\cos\beta+\frac{\partial v}{\partial y}\cos\gamma\right)\mathrm{d}S\\&=\oint\!\!\!\oint_{\Sigma}u\,\frac{\partial v}{\partial n}\mathrm{d}S\quad\left(\frac{\partial v}{\partial x}\cos\alpha+\frac{\partial v}{\partial y}\cos\beta+\frac{\partial v}{\partial y}\cos\gamma=\frac{\partial v}{\partial n}\right).\end{aligned}$$

上述两式结合便是所要证明的格林第一公式.

二、通量与散度

下面来解释高斯公式

$$\iiint_{\Omega}\left(\frac{\partial P}{\partial x}+\frac{\partial Q}{\partial y}+\frac{\partial R}{\partial z}\right)\mathrm{d}x\,\mathrm{d}y\,\mathrm{d}z=\oint\!\!\!\oint_{\Sigma}P\,\mathrm{d}y\,\mathrm{d}z+Q\,\mathrm{d}z\,\mathrm{d}x+R\,\mathrm{d}x\,\mathrm{d}y$$

的物理意义.

设稳定流动的不可压缩液体(假定流体的密度为 1)的速度场由

$$\boldsymbol{v}(x,y,z)=P(x,y,z)\boldsymbol{i}+Q(x,y,z)\boldsymbol{j}+R(x,y,z)\boldsymbol{k}$$

给出,其中 P、Q、R 具有一阶连续偏导数,Σ 是速度场中一片有向曲面,又 $\boldsymbol{n}=(\cos\alpha、\cos\beta、\cos\gamma)$ 是 Σ 在点 (x,y,z) 处的单位法向量,由第五节的讨论可知,单位时间内流体经过 Σ 流向指定侧的流体总质量 Φ 可用曲面积分来表示:

$$\Phi=\iint_{\Sigma}P\,\mathrm{d}y\,\mathrm{d}z+Q\,\mathrm{d}z\,\mathrm{d}x+R\,\mathrm{d}x\,\mathrm{d}y=\iint_{\Sigma}(P\cos\alpha+Q\cos\beta+R\cos\gamma)\,\mathrm{d}S=\iint_{\Sigma}\boldsymbol{v}\cdot\boldsymbol{n}\,\mathrm{d}S.$$

因此,高斯公式(10-21)的左端可解释为速度场 $\boldsymbol{v}$ 通过闭曲面 Σ 流向外侧的通量,即流体在单位时间内离开闭区域 Ω 的流体的总质量.

由于假定流体是不可压缩的,且流动是稳定的,故当流体离开 Ω 时,Ω 内部必须有产生流体的"源头"产生出同样多的流体来进行补充. 因此,高斯公式左端可解释为分布在 Ω 内的源头在单位时间内产生的流体的总质量,右端可解释为单位时间内离开闭区域 Ω 流体的总质量.

为了简便起见,把高斯公式(10-21)改写为

$$\iiint_{\Omega}\left(\frac{\partial P}{\partial x}+\frac{\partial Q}{\partial y}+\frac{\partial R}{\partial z}\right)\mathrm{d}v=\oint\!\!\!\oint_{\Sigma}v_n\,\mathrm{d}S.\qquad(10-25)$$

以闭区域 Ω 体积 V 除式(10-25)两端,得

$$\frac{1}{V}\iiint_{\Omega}\left(\frac{\partial P}{\partial x}+\frac{\partial Q}{\partial y}+\frac{\partial R}{\partial z}\right)\mathrm{d}v=\frac{1}{V}\oint\!\!\!\oint_{\Sigma}v_n\,\mathrm{d}S.\qquad(10-26)$$

式(10-26)左端表示 Ω 内的源头在单位时间内单位体积所产生的流体质量的平均值.

应用积分中值定理于式(10-26)左端,得

$$\left(\frac{\partial P}{\partial x}+\frac{\partial Q}{\partial y}+\frac{\partial R}{\partial z}\right)\bigg|_{(\xi,\eta,\zeta)}=\frac{1}{V}\oint\!\!\!\oint_{\Sigma}v_n\,\mathrm{d}S.$$

这里(ξ, η, ζ)是Ω内的某个点.

令Ω缩向一点$M(x, y, z)$,对式(10-26)取极限,得

$$\frac{\partial P}{\partial x}+\frac{\partial Q}{\partial y}+\frac{\partial R}{\partial z}=\lim_{\Omega\to M}\frac{1}{V}\oint\!\!\!\oint_{\Sigma} v_n \mathrm{d}S.$$

上式左端称为速度场$\boldsymbol{v}$在点M的**散度**,记作$\mathrm{div}\boldsymbol{v}$,即

$$\mathrm{div}\boldsymbol{v}=\frac{\partial P}{\partial x}+\frac{\partial Q}{\partial y}+\frac{\partial R}{\partial z}.$$

$\mathrm{div}\boldsymbol{v}$在这里可看作稳定流动的不可压缩流体在点$M$处,单位时间单位体积内所产生的流体质量. 如果$\mathrm{div}\boldsymbol{v}$为负值,表示点$M$处流体在消失.

一般地,设某向量场由

$$\boldsymbol{A}(x, y, z)=P(x, y, z)\boldsymbol{i}+Q(x, y, z)\boldsymbol{j}+R(x, y, z)\boldsymbol{k}$$

给出,其中P、Q、R具有一阶连续偏导数,Σ是场内一片有向曲面,$\boldsymbol{n}$是Σ在点(x, y, z)处的单位法向量,则$\iiint_{\Omega}\boldsymbol{A}\cdot\boldsymbol{n}\mathrm{d}S$叫作向量场$\boldsymbol{A}$通过曲面$\Sigma$向着指定侧的**通量**(或**流量**),而$\frac{\partial P}{\partial x}+\frac{\partial Q}{\partial y}+\frac{\partial R}{\partial z}$叫作向量场$\boldsymbol{A}$的**散度**,记作$\mathrm{div}\boldsymbol{A}$,即

$$\mathrm{div}\boldsymbol{A}=\frac{\partial P}{\partial x}+\frac{\partial Q}{\partial y}+\frac{\partial R}{\partial z}.$$

利用向量场的通量和散度,高斯公式现在可写成

$$\iiint_{\Omega}\mathrm{div}\boldsymbol{A}\,\mathrm{d}V=\oint\!\!\!\oint_{\Sigma}\boldsymbol{A}\cdot\boldsymbol{n}\mathrm{d}S,$$

其中Σ是空间区域Ω的边界曲面,而$A_n=\boldsymbol{A}\cdot\boldsymbol{n}=P\cos\alpha+Q\cos\beta+R\cos\gamma$是向量场$\boldsymbol{A}$在曲面$\Sigma$的外侧法向量上的投影.

高斯公式表示:向量场$\boldsymbol{A}$通过闭曲面Σ流向外侧的通量等于向量场$\boldsymbol{A}$的散度在闭曲面Σ所围闭区域Ω上的积分.

例5 求向量场$\boldsymbol{A}$的散度,其中$\boldsymbol{A}=yz\boldsymbol{j}+z^2\boldsymbol{k}$.

解 $$\mathrm{div}\boldsymbol{A}=\frac{\partial}{\partial y}(yz)+\frac{\partial}{\partial z}(z^2)=z+2z=3z.$$

练习题 10-6

1. 利用高斯公式计算下列曲面积分:

(1) $\oint\!\!\!\oint_{\Sigma} x^2\mathrm{d}y\mathrm{d}z+y^2\mathrm{d}z\mathrm{d}x+z\mathrm{d}x\mathrm{d}y$,其中$\Sigma$是$z=\sqrt{1-x^2-y^2}+1$, $z=\sqrt{x^2+y^2}$所围成立体的外表面.

(2) $\oint\!\!\!\oint_{\Sigma}(x\cos\alpha+y\cos\beta+z\cos\gamma)\mathrm{d}S$,其中$\Sigma$是$z=x^2+y^2$, $z=4$所围成立体的外表面. $\cos\alpha$, $\cos\beta$, $\cos\gamma$是Σ外法线方向的方向余弦.

(3) $\iint\limits_{\Sigma} x^3\mathrm{d}y\mathrm{d}z+y^3\mathrm{d}z\mathrm{d}x+z\mathrm{d}x\mathrm{d}y$，其中 Σ 是 $x^2+y^2=4$，$z=1$，$z=2$ 所围成立体的内表面.

(4) $\iint\limits_{\Sigma} yz\mathrm{d}z\mathrm{d}x+2\mathrm{d}x\mathrm{d}y$，其中 Σ 是球面 $x^2+y^2+z^2\leqslant 4$ 的外侧在 $z\geqslant 0$ 的部分.

(5) $\iint\limits_{\Sigma} \dfrac{ax\mathrm{d}y\mathrm{d}z+(a+z)^2\mathrm{d}x\mathrm{d}y}{(x^2+y^2+z^2)^{\frac{1}{2}}}$，其中 Σ 为下半球面 $z=-\sqrt{a^2-x^2-y^2}$ 的上侧.

2. 设 $u=\dfrac{x^2+y^2+z^2}{6}$，Σ 为空间立体 Ω 的全表面，且分片光滑，$\boldsymbol{n}$ 为其外法线向量，V 为 Ω 的体积，求证 $V=\iint\limits_{\Sigma}\dfrac{\partial u}{\partial n}\mathrm{d}S$.

3. 求 $\boldsymbol{F}=(xy,\ y^2,\ 3)$ 穿过曲面 $z=2-x^2-y^2\ (x^2+y^2\leqslant 2)$ 的通量，曲面法向量向上.

4. 求下列向量场 $\boldsymbol{F}$ 的散度：

(1) $\boldsymbol{F}=(xy,\ yz,\ xz)$；　(2) $\boldsymbol{F}=(x^y,\ \arctan \mathrm{e}^{xy},\ \ln(1+yz))$.

第七节　斯托克斯公式、环流量与旋度

一、斯托克斯公式

斯托克斯公式是格林公式的推广. 格林公式表达了平面闭区域上的二重积分与其边界曲线上的第二类曲线积分之间的关系，而斯托克斯公式则把曲面 Σ 上的第二类曲面积分与沿着 Σ 的边界曲线 Γ 的第二类曲线积分联系起来.

首先介绍有限曲面 Σ 的边界曲线 Γ 正向的规定，然后陈述斯托克斯公式.

Γ 的正向规定如下：

当右手除拇指外的四指依 Γ 的正向绕行时，大拇指所指的方向与 Σ 上的法向量的指向相同，如图 10-20 所示.

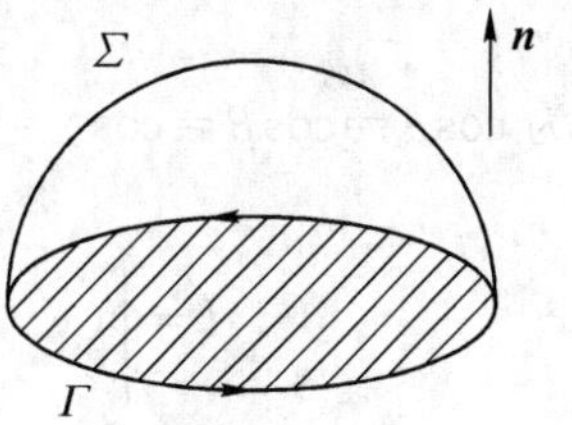

图 10-20

定理　设 Γ 为分段光滑的空间有向闭曲线，Σ 是以 Γ 为边界的分片光滑的有向曲面，Γ 的方向与 Σ 的侧符合右手规则，函数 $P(x,\ y,\ z)$、$Q(x,\ y,\ z)$、$R(x,\ y,\ z)$在包含曲面 Σ 在内的一个空间区域上具有一阶连续偏导数，则有

$$\iint\limits_{\Sigma}\left(\frac{\partial R}{\partial y}-\frac{\partial Q}{\partial z}\right)\mathrm{d}y\mathrm{d}z+\left(\frac{\partial P}{\partial z}-\frac{\partial R}{\partial x}\right)\mathrm{d}z\mathrm{d}x+\left(\frac{\partial Q}{\partial x}-\frac{\partial P}{\partial y}\right)\mathrm{d}x\mathrm{d}y=\oint_{\Gamma}P\mathrm{d}x+Q\mathrm{d}y+R\mathrm{d}z. \tag{10-27}$$

式(10-27)叫作**斯托克斯公式**.

如果 Σ 是在 xOy 面上的一块平面闭区域，斯托克斯公式就变成格林公式. 因此，格林公式是斯托克斯公式的一个特殊情形.

例 1　求 $\oint_{\Gamma}(2y+z)\mathrm{d}x+(x-z)\mathrm{d}y+(y-x)\mathrm{d}z$，其中 Γ 为平面 $x+y+z=1$ 与各坐

标平面的交线,方向为从 x 轴看是逆时针方向.

解 设由 Γ 所围成曲面 $\Sigma: x+y+z=1$ 在第 Ⅰ 卦限的部分,方向为上侧(图 10-20),则应用斯托克斯公式(10-27)可得

$$\begin{aligned}&\oint_{\Gamma}(2y+z)\mathrm{d}x+(x-z)\mathrm{d}y+(y-x)\mathrm{d}z\\&=\iint_{\Sigma}2\mathrm{d}y\mathrm{d}z+2\mathrm{d}z\mathrm{d}x+(-1)\mathrm{d}x\mathrm{d}y\\&=\iint_{\Sigma}\left(\frac{2}{\sqrt{3}}+\frac{2}{\sqrt{3}}-\frac{1}{\sqrt{3}}\right)\mathrm{d}S=\frac{3}{2}.\end{aligned}$$

例 2 求 $I=\oint_{\Gamma}(y^2-z^2)\mathrm{d}x+(z^2-x^2)\mathrm{d}y+(x^2-y^2)\mathrm{d}z$,其中 Γ 为平面 $x+y+z=\frac{3}{2}$ 截成的立方体:$0\leqslant x\leqslant 1$, $0\leqslant y\leqslant 1$, $0\leqslant z\leqslant 1$ 的表面所得截痕(图 10-21),方向为从 x 轴看去,是逆时针方向.

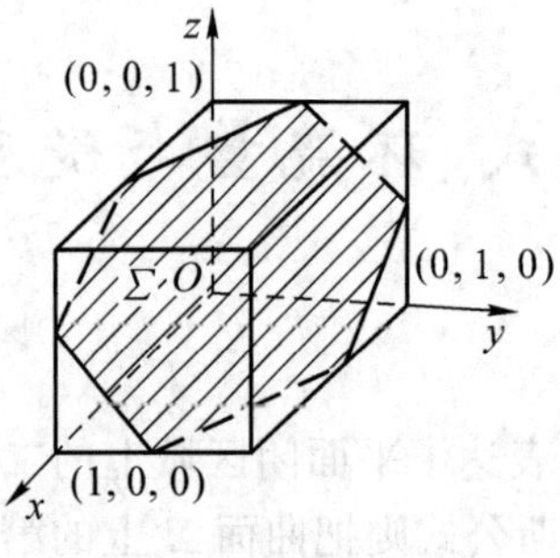

图 10-21

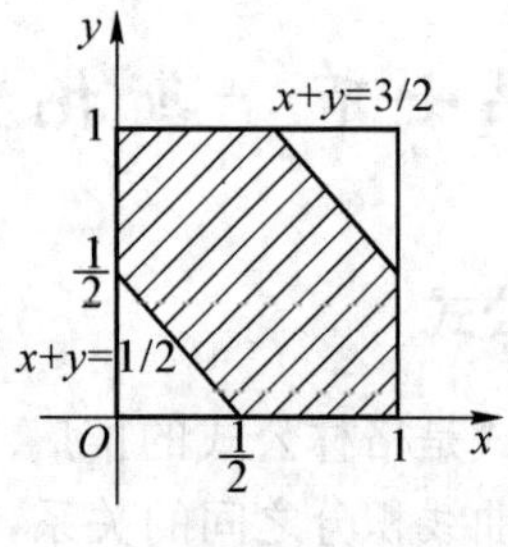

图 10-22

解 取 Σ 为平面 $x+y+z=\frac{3}{2}$ 的上侧被 Γ 所围成的部分,Σ 的单位法向量的方向余弦为 $\cos\alpha=\cos\beta=\cos\gamma=\frac{1}{\sqrt{3}}$,应用斯托克斯公式(10-27),有

$$\begin{aligned}I&=\oint_{\Gamma}(y^2-z^2)\mathrm{d}x+(z^2-x^2)\mathrm{d}y+(x^2-y^2)\mathrm{d}z\\&=\iint_{\Sigma}(-2y-2z)\mathrm{d}y\mathrm{d}z+(-2z-2x)\mathrm{d}z\mathrm{d}x+(-2x-2y)\mathrm{d}x\mathrm{d}y\\&=-\frac{4}{\sqrt{3}}\iint_{\Sigma}(x+y+z)\mathrm{d}S=-2\sqrt{3}\iint_{D_{xy}}\sqrt{3}\,\mathrm{d}x\mathrm{d}y=-\frac{9}{2}.\end{aligned}$$

其中 D_{xy} 为 Σ 在 xOy 平面上的投影区域(图 10-22).

二、环流量与旋度

设有向量场

$$\boldsymbol{A}(x,y,z)=P(x,y,z)\boldsymbol{i}+Q(x,y,z)\boldsymbol{j}+R(x,y,z)\boldsymbol{k}.$$

其中函数 P、Q 与 R 均具有一阶连续偏导数.

向量 $\left(\frac{\partial R}{\partial y}-\frac{\partial Q}{\partial z}, \frac{\partial P}{\partial z}-\frac{\partial R}{\partial x}, \frac{\partial Q}{\partial x}-\frac{\partial P}{\partial y}\right)$ 称为向量场 $\boldsymbol{A}$ 的**旋度**,记作 $\operatorname{rot}\boldsymbol{A}$, 即

$$\operatorname{rot}\boldsymbol{A}=\left(\frac{\partial R}{\partial y}-\frac{\partial Q}{\partial z}, \frac{\partial P}{\partial z}-\frac{\partial R}{\partial x}, \frac{\partial Q}{\partial x}-\frac{\partial P}{\partial y}\right), \tag{10-28}$$

或

$$\operatorname{rot}\boldsymbol{A}=\left(\frac{\partial R}{\partial y}-\frac{\partial Q}{\partial z}\right)\boldsymbol{i}+\left(\frac{\partial P}{\partial z}-\frac{\partial R}{\partial x}\right)\boldsymbol{j}+\left(\frac{\partial Q}{\partial x}-\frac{\partial P}{\partial y}\right)\boldsymbol{k}. \tag{10-29}$$

向量场 $\boldsymbol{A}$ 沿有向闭曲线 Γ 的第二类曲线积分

$$\oint_{\Gamma} P\,\mathrm{d}x+Q\,\mathrm{d}y+R\,\mathrm{d}z$$

称为向量场 $\boldsymbol{A}$ 沿有向闭曲线 Γ 的**环流量**.

利用上述旋度与环流量的概念,下面导出斯托克斯公式(10-27)的向量形式,并给出斯托克斯公式的物理解释.

设斯托克斯公式中的有向曲面 Σ 上点 (x, y, z) 处的单位法向量为

$$\boldsymbol{n}=\cos\alpha\boldsymbol{i}+\cos\beta\boldsymbol{j}+\cos\gamma\boldsymbol{k},$$

而 Σ 的正向边界曲线 Γ 上点 (x, y, z) 处的单位切向量为

$$\boldsymbol{\tau}=\cos\lambda\boldsymbol{i}+\cos\mu\boldsymbol{j}+\cos\nu\boldsymbol{k}.$$

则斯托克斯公式可用对面积的曲面积分及对弧长的曲线积分表示为

$$\begin{aligned}&\iint_{\Sigma}\left[\left(\frac{\partial R}{\partial y}-\frac{\partial Q}{\partial z}\right)\cos\alpha+\left(\frac{\partial P}{\partial z}-\frac{\partial R}{\partial x}\right)\cos\beta+\left(\frac{\partial Q}{\partial x}-\frac{\partial P}{\partial y}\right)\cos\gamma\right]\mathrm{d}S\\&=\oint_{\Gamma}(P\cos\lambda+Q\cos\mu+R\cos\nu)\,\mathrm{d}s.\end{aligned}$$

即 $\iint_{\Sigma}\operatorname{rot}\boldsymbol{A}\cdot\boldsymbol{n}\,\mathrm{d}S=\oint_{\Gamma}\boldsymbol{A}\cdot\boldsymbol{\tau}\,\mathrm{d}s$. 其中

$$(\operatorname{rot}\boldsymbol{A})_n=\operatorname{rot}\boldsymbol{A}\cdot\boldsymbol{n}=\left(\frac{\partial R}{\partial y}-\frac{\partial Q}{\partial z}\right)\cos\alpha+\left(\frac{\partial P}{\partial z}-\frac{\partial R}{\partial x}\right)\cos\beta+\left(\frac{\partial Q}{\partial x}-\frac{\partial P}{\partial y}\right)\cos\gamma.$$

为 $\operatorname{rot}\boldsymbol{A}$ 在 Σ 的法向量上的投影.

因此,斯托克斯公式(10-27)可叙述为:向量场 $\boldsymbol{A}$ 沿有向闭曲线 Γ 的环流量等于向量场 $\boldsymbol{A}$ 的旋度场通过 Γ 所张的曲面 Σ 的通量,这里 Γ 的正向与 Σ 的侧应符合右手规则.

为了便于记忆,$\operatorname{rot}\boldsymbol{A}$ 的表达式(10-29)可利用行列式记号形式地表示为

$$\operatorname{rot}\boldsymbol{A}=\begin{vmatrix}\boldsymbol{i}&\boldsymbol{j}&\boldsymbol{k}\\\frac{\partial}{\partial x}&\frac{\partial}{\partial y}&\frac{\partial}{\partial z}\\P&Q&R\end{vmatrix}.$$

练习题 10-7

1. L 是闭折线 $ABCA$,求$\oint_L z\mathrm{d}x+x\mathrm{d}y+y\mathrm{d}z$,其中 $A(1,0,0)$, $B(0,1,0)$, $C(0,0,1)$.

2. L 为曲线$\begin{cases}z=\sqrt{x^2+y^2}\\z=1\end{cases}$,从 z 轴的正向看L 沿顺时针方向,求

$$\oint_L (y-z)\mathrm{d}x+(z-x)\mathrm{d}y+(x-y)\mathrm{d}z.$$

3. L 为曲线$\begin{cases}x^2+y^2=1\\y+\dfrac{z}{2}=1\end{cases}$,从 y 轴的正向看L 沿逆时针方向,求

$$\oint_L x^2y\mathrm{d}x+yz^2\mathrm{d}y+zx\mathrm{d}z.$$

4. L 为曲线$\begin{cases}z=x^2+y^2\\x+y+z=1\end{cases}$,从 z 轴的正向看L 沿逆时针方向,求

$$\oint_L xy\mathrm{d}x+yz\mathrm{d}y+zx\mathrm{d}z.$$

5. 求向量场 $\mathbf{A}=\{z,x,y\}$ 沿闭曲线$\begin{cases}z=x^2+y^2\\z=4\end{cases}$的环量,从 z 轴的正向看 L 沿逆时针方向.

第八节 演示与实验——用 MATLAB 求曲线积分与曲面积分

用 MATLAB 求曲线积分和曲面积分是由函数 int()实现的,其调用格式和功能见表 10-1.

表 10-1 求曲线积分和曲面积分的调用格式和功能说明

调用格式	功能说明
int(f, a, b)	求函数 f 关于 syms 定义的符号变量从 a 到 b 的定积分
int(int(f,y,ymin,ymax),x,a,b)	求二次积分 $\int_a^b\int_{\varphi_1(x)}^{\varphi_2(x)} f(x,y)\mathrm{d}y\mathrm{d}x$
int(int(f,x,ymin,ymax),y,c,d)	求二次积分 $\int_c^d\int_{\varphi_1(y)}^{\varphi_2(y)} f(x,y)\mathrm{d}x\mathrm{d}y$
int (int (int (f, z, zmin, zmax), y, ymin, ymax), x, xmin, xmax)	求 $\iiint_\Omega f(x,y,z)\mathrm{d}V$

一、用 MATLAB 计算曲线积分

两类曲线积分都是通过在被积表达式中代入积分弧段的参数方程化为定积分计算. 从而就可以利用 MATLAB 的函数 int 来计算曲线积分.

例 1　计算曲线积分 $\int_L y\mathrm{d}s$，其中 L 为心形线 $r=a(1+\cos t)$ 的下半部分，心形线的参数方程为 $\begin{cases}x=a(1+\cos t)\cos t\\ y=a(1+\cos t)\sin t\end{cases}$ $(\pi\leqslant t\leqslant 2\pi)$.

解
```
>> clear
>> syms r t x y a f g u
>> x=a*(1+cos(t))*cos(t);y=a*(1+cos(t))*sin(t);
>> r=a*(1+cos(t));
>> f=diff(x);g=diff(y);
>> u=sqrt(f^2+g^2);
>> int(y*u,t,pi,2*pi)
ans=-16/5*(a^2)^(1/2)*a
```
(计算结果：ans $=-\dfrac{16}{5}a\sqrt{a^2}$)

例 2　计算曲线积分 $I=\oint_L (xy^2-4y^3)\mathrm{d}x+(x^2y+\sin y)\mathrm{d}y$，其中 L 为 $x^2+y^2=a^2$ 的圆周，且取正方向.

解
```
>> clear   %取 a=1
>> t=0:0.01:2*pi;
>> x=cos(t);y=sin(t);
>> plot(x,y);   %绘制出积分曲线的图形(图 10-23).
```
%积分的计算方法有两种：

%(1)直接计算 L 的参数方程 $\begin{cases}x=a\cos t\\ y=a\sin t\end{cases}$ $(0\leqslant t\leqslant 2\pi)$.

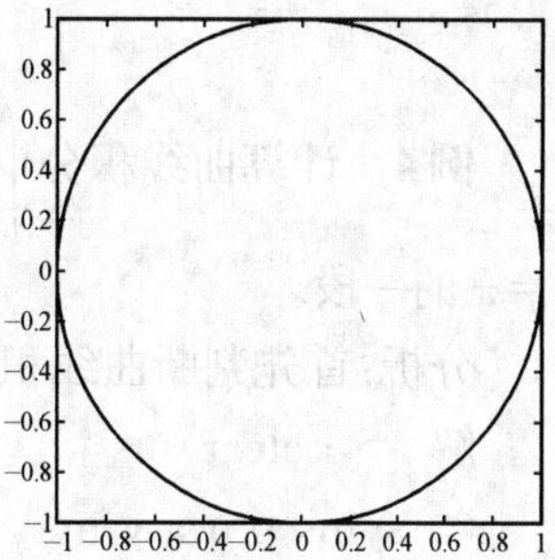

图 10-23

```
>> syms x y t dx dy a
>> x=a*cos(t);y=a*sin(t);
>> dx=diff(x);dy=diff(y);
>> int((x*y^2-4*y^3)*dx+(x^2*y+sin(y))*dy,t,0,2*pi);
ans=3*a^4*pi
```
(计算结果：ans $=3a^4\pi$)

%(2)利用格林公式 $\oint_L P\mathrm{d}x+Q\mathrm{d}y=\iint_D\left(\dfrac{\partial Q}{\partial x}-\dfrac{\partial Q}{\partial y}\right)\mathrm{d}x\mathrm{d}y$.

```
>> syms x y p q d r t g a u v
>> p=x*y^2-4*y^3;
>> q=x^2*y+sin(y);
>> d=diff(q,x)-diff(p,y);
```

```
>> u=r*cos(t);
>> v=r*sin(t);
>> g=subs(d,[x y],[u v]);
>> int(int(g*r,t,0,2*pi),r,0,a)
ans=3*pi*a^4
```

(计算结果：ans $=3a^4\pi$)

注 格林公式常用于简化第二类曲线积分的计算.

例3 利用曲线积分求星形线 $\begin{cases}x=a\cos^3 t\\ y=a\sin^3 t\end{cases}$ $(0\leqslant t\leqslant 2\pi)$ 所围成图形的面积.

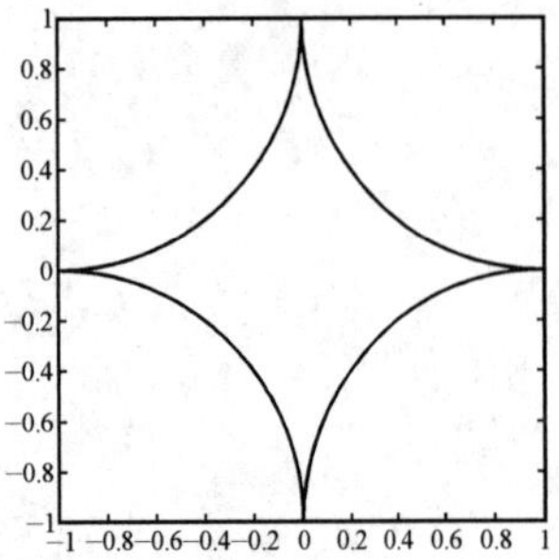

图 10-24

解

```
>> clear
>> t=0:0.1:2*pi;   %取 a=1
>> x=cos(t)^3;y=sin(t)^3;
>> plot(x,y)   %绘制出积分曲线的图形(图 10-24).
```

%利用公式 $A=\dfrac{1}{2}\oint_L x\,\mathrm{d}y-y\,\mathrm{d}x$ 计算面积：

```
>> syms x y a t dx dy
>> x=a*cos(t)^3; y=a*sin(t)^3;
>> dx=diff(x);dy=diff(y);
>> int(1/2*(x*dy-y*dx),t,0,2*pi)
ans=3/8*a^2*pi
```

(计算结果：ans $=\dfrac{3a^2\pi}{8}$)

例4 计算曲线积分 $\oint_L \dfrac{(x-y)\mathrm{d}x+(x+y)\mathrm{d}y}{x^2+y^2}$，其中 L 为星形线 $\begin{cases}x=a\cos^3 t\\ y=a\sin^3 t\end{cases}$ 从 $t=0$ 到 $t=\pi$ 的一段.

分析：首先判断曲线积分是否与路径无关.

解

```
>> clear
>> syms p q x y m
>> p=(x-y)/(x^2+y^2);
>> q=(x+y)/(x^2+y^2);
>> m=diff(q,x)-diff(p,y);
>> simplify(m)
ans=0
```

分析：设 $D=\{(x,\ y)\mid x\neq 0 且 y>0\}$，则 D 是单连通区域，由于 $P=\dfrac{x-y}{x^2+y^2}$ 和 $Q=\dfrac{x+y}{x^2+y^2}$ 以及它们的一阶偏导数在 D 内连续，且 $\dfrac{\partial Q}{\partial x}=\dfrac{\partial P}{\partial y}$，因此，积分在 D 内与路径无关，考虑到被积函数的特点，取上半圆周 C：$\begin{cases}x=a\cos t\\ y=a\sin t\end{cases}$ $t:0\to\pi$ 为新的积分路径，计算积分.

```
>> syms a x y t dx dy
>> x=a*cos(t);y=a*sin(t);
>> dx=diff(x);dy=diff(y);
>> int(((x-y)*dx+(x+y)*dy)/(x^2+y^2),t,0,pi)
ans=pi
```

(计算结果：ans=π)

二、用 MATLAB 计算曲面积分

曲面积分可以化为二重积分，进而化为二次积分来计算. 因此利用 MATLAB 的函数 int 来计算曲面积分.

例 5　利用高斯公式计算曲面积分 $\iint\limits_{\Sigma} xz^2\mathrm{d}y\mathrm{d}z+(x^2y-z^3)\mathrm{d}z\mathrm{d}x+(2xy+y^2z)\mathrm{d}x\mathrm{d}y$，其中 Σ 为上半球体 $x^2+y^2+z^2\leqslant a^2$，$0\leqslant z\leqslant\sqrt{a^2-x^2-y^2}$ 的表面外侧.

由于积分曲面 Σ 是封闭曲面. 用高斯公式

分析：$\iiint\limits_{\Omega}\left(\frac{\partial P}{\partial x}+\frac{\partial Q}{\partial y}+\frac{\partial R}{\partial z}\right)\mathrm{d}V=\oiint\limits_{\Sigma}P\mathrm{d}y\mathrm{d}z+Q\mathrm{d}z\mathrm{d}x+R\mathrm{d}x\mathrm{d}y$，利用球面坐标来计算.

解

```
>> clear
>> syms p q r x y z dpx dqy drz f g u v t m n l a
>> p=x*z^2;
>> q=x^2*y-z^3;
>> r=2*x*y+y^2*z;
>> dpx=diff(p,x);
>> dqy=diff(q,y);
>> drz=diff(r,z);
>> f=dpx+dqy+drz;
>> m=t*sin(u)*cos(v);
>> n=t*sin(u)*sin(v);
>> l=t*cos(u);
>> g=subs(f,[x y z],[m n l]);
>> int(int(int(g*t^2*sin(u),u,0,pi/2),v,0,2*pi),t,0,a)
ans=2/5*pi*a^5
```

(计算结果：ans=$\frac{2a^5\pi}{5}$)

练习题 10-8

1. 计算曲线积分 $I=\int_L(x^2+y^2)\mathrm{d}s$，其中 L 是圆心在 $(R,0)$、半径为 R 的上半圆周.

2. 利用曲线积分求椭圆 $\frac{x^2}{9}+\frac{y^2}{4}=1$ 所围图形的面积.

3. 计算曲线积分$\int_L (2xy-x^2)\mathrm{d}x+(x+y^2)\mathrm{d}y$,并验证格林公式的正确性,其中$L$是由抛物线$y=x^2$和$y^2=x$所围成区域的正向边界线.

4. 计算曲面积分$\iint\limits_{\Sigma}\dfrac{\mathrm{d}S}{z}$,$\Sigma$是球面$x^2+y^2+z^2\leqslant a^2$被平面$z=h(0<h<a)$截出的顶部.

5. 计算曲面积分$\oint\!\!\!\oint\limits_{\Sigma}(x-y)\mathrm{d}x\mathrm{d}y+(y-z)x\mathrm{d}y\mathrm{d}z$,其中$\Sigma$为柱面$x^2+y^2=1$及平面$z=0$,$z=3$所围成的空间闭区域的整个边界曲面的外侧.

第九节　曲线积分与曲面积分模型

利用曲线积分与曲面积分可以解决许多几何和物理问题,本节介绍一些实际问题,建立有关曲线积分与曲面积分模型,以进一步了解其应用.

一、机械钟摆

我们知道机械钟表都有一个摆锤,这是什么原因呢?

1. 问题提出

一个半径为r的轮子沿一条水平的直线向前滚动(没有滑动),轮子边缘上点P的轨迹是曲线$\begin{cases}x=r(\theta-\sin\theta)\\y=r(1-\cos\theta)\end{cases}$,这条曲线称为旋轮线或摆线.

1696年,约翰·伯努利(Johann Bernoulli)提出了有名的最速下降线问题:确定一条从A点和B点的曲线(B点在A点下方但不是在A点的正下方,如图10-25所示),使得一颗珠子在重力作用下沿这条曲线从A点滑到B点所需的时间最短.1697年,牛顿、莱布尼茨、约翰·伯努利和雅各布·伯努利都独立得出结论:它不是连接A、B的直线,而是唯一的一条连接A、B的(向上)凹的摆线.之后,1764年欧拉证明了沿摆线弧摆动的摆锤,不论其振幅的大小,做一次摆动所需的时间是完全相同的,因此,摆线又叫等时线.试证明摆线的这个性质.

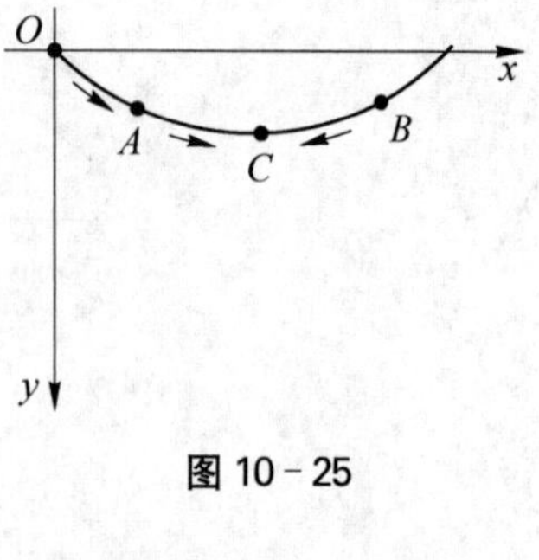

图 10-25

2. 模型建立与求解

设图10-25所示曲线是摆线$\begin{cases}x=r(\theta-\sin\theta)\\y=r(1-\cos\theta)\end{cases}$$(0\leqslant\theta\leqslant 2\pi, r>0)$的一支,$C$是曲线的最低点,对应于$\theta=\pi$的位置.一颗珠子从摆线上任一异于$C$点的位置静止开始沿摆线下滑到$C$点所用的时间都是相同的.

设A为摆线上任一点,其坐标为(x_0, y_0),对应$\theta=\theta_0$,珠子的质量为m,初速度$v_0=0$.设珠子从A点沿曲线下滑到C点所用的时间为T.

设在A点与C点之间某点$M(x, y)$处,珠子的速度为v,由能量守恒定律得

$$mg(y-y_0)=\frac{1}{2}mv^2-\frac{1}{2}mv_0^2=\frac{1}{2}mv^2,$$

故 $$v=\sqrt{2g(y-y_0)}.$$

另一方面,设珠子从 A 点到 M 点的下滑距离为 s,则

$$v=\frac{\mathrm{d}s}{\mathrm{d}t},$$

因此 $$\frac{\mathrm{d}s}{\mathrm{d}t}=v=\sqrt{2g(y-y_0)} \quad 或 \quad \mathrm{d}t=\frac{\mathrm{d}s}{\sqrt{2g(y-y_0)}},$$

所以珠子从 A 点滑到 C 点所需时间为

$$T=\int_{\overset{\frown}{AC}}\frac{\mathrm{d}s}{\sqrt{2g(y-y_0)}}.$$

由于 $\mathrm{d}s=\sqrt{x_\theta^2+y_\theta^2}\,\mathrm{d}\theta=2r\left|\sin\frac{\theta}{2}\right|\mathrm{d}\theta$,故

$$\begin{aligned}T&=\int_{\overset{\frown}{AC}}\frac{\mathrm{d}s}{\sqrt{2g(y-y_0)}}=\int_{\theta_0}^{\pi}\frac{2r\left|\sin\frac{\theta}{2}\right|}{\sqrt{2g(r\cos\theta_0-r\cos\theta)}}\mathrm{d}\theta\\&=\sqrt{\frac{r}{g}}\int_{\theta_0}^{\pi}\frac{\sin\frac{\theta}{2}}{\sqrt{\cos^2\frac{\theta_0}{2}-\cos^2\frac{\theta}{2}}}\mathrm{d}\theta=-2\sqrt{\frac{r}{g}}\arcsin\frac{\cos\frac{\theta}{2}}{\cos\frac{\theta_0}{2}}\Bigg|_{\theta_0}^{\pi}=\pi\sqrt{\frac{r}{g}}.\end{aligned}$$

由于 T 值与起点位置 θ_0 即 $A(x_0, y_0)$ 无关,所以一颗珠子从摆线上任一异于 C 点的位置由静止开始沿摆线下滑到 C 点所需要的时间都相同. 这就是摆线的等时性.

3. 模型评价

这个例子非常有意思,钟表钟摆的工作原理就是这样的,钟表通过钟摆的左右摆动来确定时针的走动.

二、电荷移动做功

电荷在静电场中,从 A 点到 B 点走不同路径,做的功一样吗?

1. 问题提出

设有一平面电场,它是由位于原点 O 的正电荷 q 产生的,另有一单位正电荷沿椭圆 $\frac{x^2}{a^2}+\frac{y^2}{b^2}=1$ 在第一象限部分从 $A(a, 0)$ 移动到 $B(0, b)$. 求电场力对这个单位正电荷所做的功.

2. 模型建立与求解

如图 10-26 所示,设电场力 $\boldsymbol{F}=\boldsymbol{F}(x, y)$,

$$|\boldsymbol{F}|=\frac{kq}{r^2}=\frac{kq}{x^2+y^2} \quad (k\ 为常数),$$

$\boldsymbol{F}$ 在 x 轴上的投影为

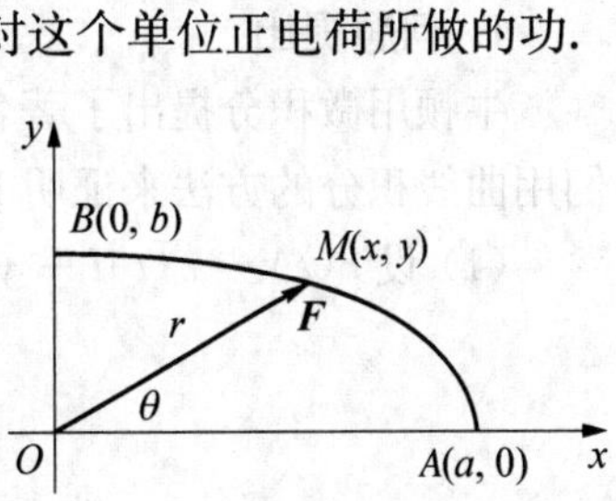

图 10-26

$$P(x,y)=|\boldsymbol{F}|\cos\theta=\frac{kq}{r^2}\times\frac{x}{r}=\frac{kqx}{(x^2+y^2)^{3/2}},$$

$\boldsymbol{F}$ 在 y 轴上的投影为

$$Q(x,y)=|\boldsymbol{F}|\sin\theta=\frac{kq}{r^2}\times\frac{y}{r}=\frac{kqy}{(x^2+y^2)^{3/2}},$$

有

$$\boldsymbol{F}=P\boldsymbol{i}+Q\boldsymbol{j}=\frac{kq}{(x^2+y^2)^{3/2}}(x\boldsymbol{i}+y\boldsymbol{j}),$$

于是 $\boldsymbol{F}$ 对单位正电荷所做的功为

$$W=\int_{\widehat{AB}}\boldsymbol{F}\cdot\mathrm{d}\boldsymbol{s}=\int_{\widehat{AB}}P\,\mathrm{d}x+Q\,\mathrm{d}y=kq\int_{\widehat{AB}}\frac{x\,\mathrm{d}x+y\,\mathrm{d}y}{(x^2+y^2)^{3/2}}.$$

为了计算上面的曲线积分,把椭圆方程用参数方程表示,即

$$x=a\cos t,\ y=b\sin t\quad\left(0\leqslant t\leqslant\frac{\pi}{2}\right),$$

于是

$$\begin{aligned}W&=kq\int_{\widehat{AB}}\frac{x\,\mathrm{d}x+y\,\mathrm{d}y}{(x^2+y^2)^{3/2}}=kq\int_0^{\pi/2}\frac{-a^2\cos t\sin t+b^2\sin t\cos t}{(a^2\cos^2t+b^2\sin^2t)^{3/2}}\mathrm{d}t\\&=kq\int_0^{\pi/2}\frac{(b^2-a^2)\cos t\sin t}{[a^2+(b^2-a^2)\sin^2t]^{3/2}}\mathrm{d}t=\frac{-kq}{[a^2+(b^2-a^2)\sin^2t]^{1/2}}\bigg|_0^{\pi/2}\\&=kq\left(\frac{1}{a}-\frac{1}{b}\right).\end{aligned}$$

三、用曲线积分证明 Kepler 第二定律

开普勒(Kepler)研究了他的老师和同事第谷・布拉赫(Tycho Brahe)所做的天文观察结果达 20 年之久,然后提出了行星运动的三大定律:

(1) 行星的运行轨道是以太阳为焦点的圆锥曲线. 行星沿椭圆形轨道绕太阳运转,太阳在椭圆轨道的一个焦点上;彗星可以按椭圆形轨道运行,这时我们可以周期性地看到它,例如哈雷彗星,彗星也可以按抛物线形或双曲线形的轨道绕太阳运行,这时我们最多可以观察到它两次.

(2) 从太阳到行星的向径在相等的时间内扫过相等的面积.

(3) 行星运行的周期平方正比于椭圆长轴的立方.

1. 问题提出

牛顿用微积分提出了著名的万有引力定律,Kepler 定律可由万有引力定律推得. 这里我们用曲线积分的方法来证明 Kepler 第二定律. 其中要用到矢量分析中的几个结论:

(1) 设 $\boldsymbol{r}(t)=x(t)\boldsymbol{i}+y(t)\boldsymbol{j}+z(t)\boldsymbol{k}$, $x(t)$、$y(t)$、$z(t)$ 对 t 可导,则

$$\frac{\mathrm{d}\boldsymbol{r}(t)}{\mathrm{d}t}=\frac{\mathrm{d}x}{\mathrm{d}t}\boldsymbol{i}+\frac{\mathrm{d}y}{\mathrm{d}t}\boldsymbol{j}+\frac{\mathrm{d}z}{\mathrm{d}t}\boldsymbol{k}.$$

(2) 设 $\boldsymbol{a}(t)$, $\boldsymbol{b}(t)$ 均为对 t 可导的矢量值函数,则

$$\frac{\mathrm{d}(\boldsymbol{a}\times\boldsymbol{b})}{\mathrm{d}t}=\frac{\mathrm{d}\boldsymbol{a}}{\mathrm{d}t}\times\boldsymbol{b}+\boldsymbol{a}\times\frac{\mathrm{d}\boldsymbol{b}}{\mathrm{d}t},$$

$$\frac{\mathrm{d}(\boldsymbol{a}\cdot\boldsymbol{b})}{\mathrm{d}t}=\frac{\mathrm{d}\boldsymbol{a}}{\mathrm{d}t}\cdot\boldsymbol{b}+\boldsymbol{a}\cdot\frac{\mathrm{d}\boldsymbol{b}}{\mathrm{d}t}.$$

2. 模型建立与求解

下面开始证明 Kepler 第二定律.

行星在绕太阳运动过程中服从牛顿第二定律

$$\boldsymbol{F}=m\boldsymbol{a}=m\frac{\mathrm{d}^2\boldsymbol{r}}{\mathrm{d}t^2}\tag{1}$$

及万有引力定律

$$\boldsymbol{F}=\frac{GMm}{r^3}\boldsymbol{r},\tag{2}$$

其中 G 为万有引力常数，M 为太阳质量，m 为行星质量. 由式(1)与式(2)知

$$\boldsymbol{r}\times\frac{\mathrm{d}^2\boldsymbol{r}}{\mathrm{d}t^2}=\boldsymbol{r}\times\left(\frac{1}{m}\boldsymbol{F}\right)=\boldsymbol{0},$$

而

$$\frac{\mathrm{d}}{\mathrm{d}t}\left(\boldsymbol{r}\times\frac{\mathrm{d}\boldsymbol{r}}{\mathrm{d}t}\right)=\frac{\mathrm{d}\boldsymbol{r}}{\mathrm{d}t}\times\frac{\mathrm{d}\boldsymbol{r}}{\mathrm{d}t}+\boldsymbol{r}\times\frac{\mathrm{d}^2\boldsymbol{r}}{\mathrm{d}t^2}=\boldsymbol{0}.\tag{3}$$

于是 $\boldsymbol{r}\times\frac{\mathrm{d}\boldsymbol{r}}{\mathrm{d}t}$ 是一个常值矢量，它的方向垂直 xOy 平面，即与 z 轴平行. 记

$$\boldsymbol{r}\times\frac{\mathrm{d}\boldsymbol{r}}{\mathrm{d}t}=p\boldsymbol{k}\quad(p\text{ 是常数}).\tag{4}$$

如图 10－27 所示(阴影部分为行星从 B 运行到 D，向径 $\overrightarrow{OB}$ 扫过的面积)，当行星沿椭圆轨道从 B 运动到 D，矢径 $\overrightarrow{OB}$ 所扫过的面积 A 可以用第二类曲线积分求面积的公式

$$A(t)=\frac{1}{2}\oint_{OBDO}(x\mathrm{d}y-y\mathrm{d}x)$$

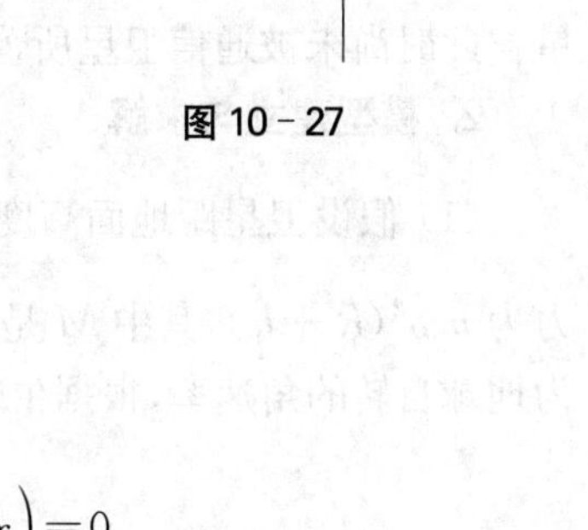

图 10－27

求得. 下面来计算这个曲线积分：

$$A=\frac{1}{2}\oint_{\overline{OB}}(x\mathrm{d}y-y\mathrm{d}x)+\frac{1}{2}\oint_{\widehat{BD}}(x\mathrm{d}y-y\mathrm{d}x)+\frac{1}{2}\oint_{\overline{DO}}(x\mathrm{d}y-y\mathrm{d}x),$$

其中 $\overline{OB}$ 的方程为 $y=\frac{y_0}{x_0}x$，所以

$$\int_{\overline{OB}}(x\mathrm{d}y-y\mathrm{d}x)=\int_0^{x_0}\left(x\frac{y_0}{x_0}\mathrm{d}x-\frac{y_0}{x_0}x\mathrm{d}x\right)=0.$$

同理可证 $\int_{\overline{DO}}(x\mathrm{d}y-y\mathrm{d}x)=0$.

现在计算$\oint_{\widehat{BD}}(x\mathrm{d}y-y\mathrm{d}x)$. 因为

$$\boldsymbol{r}(t)=x(t)\boldsymbol{i}+y(t)\boldsymbol{j}, \tag{5}$$

由式(4)、式(5)

$$p\boldsymbol{k}=\boldsymbol{r}\times\frac{\mathrm{d}\boldsymbol{r}}{\mathrm{d}t}=(x(t)\boldsymbol{i}+y(t)\boldsymbol{j})\times\left(\frac{\mathrm{d}x}{\mathrm{d}t}\boldsymbol{i}+\frac{\mathrm{d}y}{\mathrm{d}t}\boldsymbol{j}\right)=\left(x\frac{\mathrm{d}y}{\mathrm{d}t}-y\frac{\mathrm{d}x}{\mathrm{d}t}\right)\boldsymbol{k},$$

所以
$$p=x\frac{\mathrm{d}y}{\mathrm{d}t}-y\frac{\mathrm{d}x}{\mathrm{d}t}=xy_t-yx_t,$$

于是
$$A(t)=\frac{1}{2}\oint_{\widehat{BD}}(x\mathrm{d}y-y\mathrm{d}x)=\frac{1}{2}\int_{t_0}^{t}(xy_t-yx_t)\mathrm{d}t=\frac{1}{2}p\int_{t_0}^{t}\mathrm{d}t=\frac{1}{2}p(t-t_0),$$

所以$\dfrac{\mathrm{d}A}{\mathrm{d}t}=\dfrac{1}{2}p$，得证.

以T记行星绕太阳运行的周期，记椭圆的长半轴为a，短半轴为b，则椭圆面积

$$\pi ab=A(T+t)-A(t)=\frac{1}{2}p(T+t-t_0)-\frac{1}{2}p(t-t_0)=\frac{1}{2}pT,$$

所以
$$T=\frac{2\pi ab}{p}\quad\text{或}\quad p=\frac{2\pi ab}{T}.$$

四、通信卫星的覆盖面问题

在当今信息化时代，众多信息传递依靠地球同步轨道通信卫星实现. 所谓地球同步轨道卫星就是指其公转周期和地球自转周期相等的卫星，特点是轨道倾角为$0°$，卫星在赤道上空运行. 卫星运行的角速率与地球自转的角速率相同，从地面上看，卫星犹如固定在赤道上空某一点，即人们看到它在天空是不动的.

1. 问题提出

(1) 问地球同步轨道卫星距地面的高度h应为多少？

(2) 试计算通信卫星的覆盖面积.

(3) 欲使赤道上的所有点至少与一颗通信卫星保持联系，在赤道上空须布置多少颗卫星？此时尚未被通信卫星所覆盖的地球表面有多少？

2. 模型建立与求解

(1) 假设卫星距地面高度为h，则卫星所受的万有引力为$G\dfrac{Mm}{(R+h)^2}$，卫星所受的离心力为$m\omega^2(R+h)$，其中M是地球质量，m是卫星质量，G是万有引力常数，R是地球半径，ω为地球自转的角速率，根据牛顿第二定律得

$$G\frac{Mm}{(R+h)^2}=m\omega^2(R+h),$$

整理得
$$(R+h)^3=\frac{GM}{\omega^2}=\frac{GM}{R^2}\frac{R^2}{\omega^2}=g\frac{R^2}{\omega^2},$$

其中 g 为重力加速度常数.

如果取 $g=9.8\,\mathrm{m/s^2}$, $R=6\,371\,000\,\mathrm{m}$, $\omega=\dfrac{2\pi}{24\times 3\,600}\,\mathrm{r/s}$, 代入上式,则有

$$h=\left(g\frac{R^2}{\omega^2}\right)^{\frac{1}{3}}-R=\left(9.8\times\frac{6\,371\,000^2\times 24^2\times 3\,600^2}{4\pi^2}\right)^{\frac{1}{3}}-6\,371\,000\approx 35\,841(\mathrm{km}).$$

(2) 取地心为坐标原点,地球到卫星中心的连线为 z 轴建立坐标系(图 10-28).

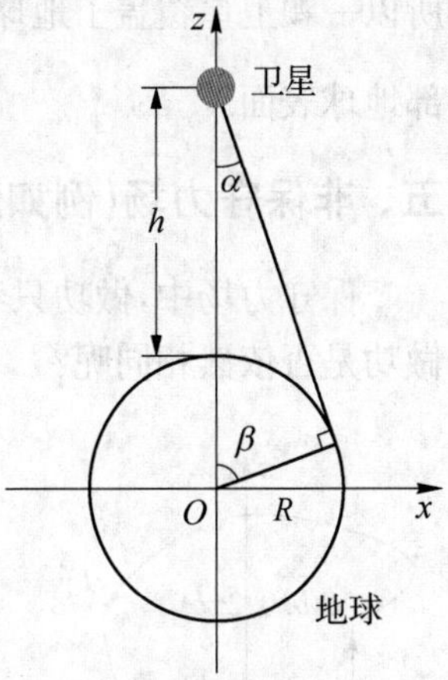

图 10-28

卫星的覆盖面积为

$$A=\iint_{\Sigma}\mathrm{d}S,$$

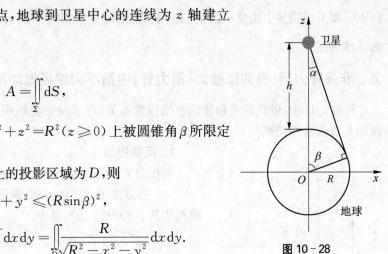

其中 Σ 是上半球面 $x^2+y^2+z^2=R^2(z\geqslant 0)$ 上被圆锥角 β 所限定的曲面部分.

设 Σ 在 xOy 坐标面上的投影区域为 D,则

$$D: x^2+y^2\leqslant (R\sin\beta)^2,$$

所以 $A=\displaystyle\iint_{D}\sqrt{1+z_x^2+z_y^2}\,\mathrm{d}x\mathrm{d}y=\iint_{D}\frac{R}{\sqrt{R^2-x^2-y^2}}\mathrm{d}x\mathrm{d}y.$

利用极坐标计算,有

$$A=\int_0^{2\pi}\mathrm{d}\theta\int_0^{R\sin\beta}\frac{R}{\sqrt{R^2-r^2}}r\,\mathrm{d}r=2\pi R\int_0^{R\sin\beta}\frac{r}{\sqrt{R^2-r^2}}\mathrm{d}r$$

$$=2\pi R\left(-\sqrt{R^2-r^2}\right)\Big|_0^{R\sin\beta}=2\pi R^2(1-\cos\beta).$$

由于 $\alpha+\beta=\dfrac{\pi}{2}$,则 $$\cos\beta=\sin\alpha=\frac{R}{R+h},$$

所以 $$A=2\pi R^2\left(1-\frac{R}{R+h}\right)=\frac{2\pi R^2h}{R+h}.$$

由问题(1)知 $h=35\,841\,000\,\mathrm{m}$, $R=6\,371\,000\,\mathrm{m}$, 代入上式得

$$A\approx 2.166\,3\times 10^{14}\ \mathrm{m^2}=2.166\,3\times 10^{8}(\mathrm{km^2}).$$

(3) 为了求得符合通信条件所需的卫星数,只要求出角 β 的值即可. 由于

$$\cos\beta=\frac{R}{R+h}, \text{即 } \beta=\arccos\frac{R}{R+h},$$

代入 $h=35\,841\,000\,\mathrm{m}$, $R=6\,371\,000\,\mathrm{m}$,得 $\beta=81.3°$,所以一颗卫星在赤道上覆盖的角度大约为 162°. 因此,至少要布置三颗卫星,才能使赤道上所有点至少能与一颗通信卫星保持联系.

由问题(2)有

$$A=4\pi R^2\,\frac{h}{2(R+h)},$$

由于地球的表面积为 $4\pi R^2$,所以上式中的$\frac{h}{2(R+h)}$正好是卫星覆盖面积与地球表面积的比例系数,计算得

$$\frac{h}{2(R+h)} \approx 0.4247.$$

所以一颗卫星覆盖了地球$\frac{1}{3}$以上的面积,故使用三颗相间$\frac{2\pi}{3}$的通信卫星就可以覆盖几乎全部地球表面.

五、非保守力场(例如摩擦力、阻力等)中沿不同路径做功不同

保守力场中,做功只和物体的起始位置有关.在非保守力场中,起始位置相同,不同路径做功是否依然相同呢?

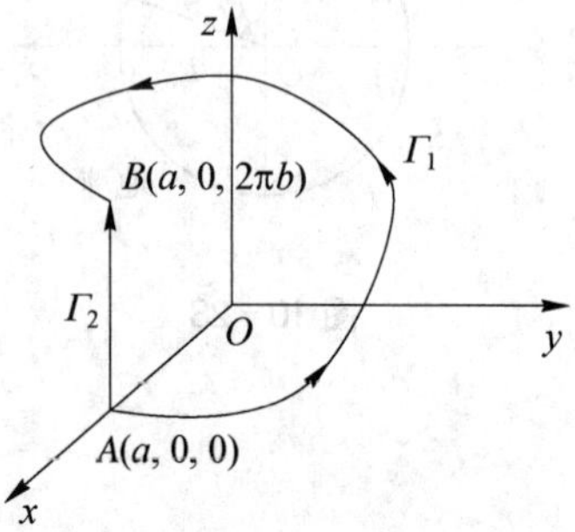

图 10-29

1. 问题提出

求在力 $\boldsymbol{F}=y\boldsymbol{i}-x\boldsymbol{j}+(x+y+z)\boldsymbol{k}$ 的作用下:

(1) 质点由 $A(a,0,0)$沿螺旋线 Γ_1 到 $B(a,0,2\pi b)$所做的功 W_1(图 10-29),其中

$$\Gamma_1: x=a\cos t,\ y=a\sin t,\ z=bt,\ 0\leqslant t\leqslant 2\pi;$$

(2) 质点由 A 沿直线 Γ_2 到 B 所做的功 W_2.

2. 模型建立与求解

根据第二类曲线积分的物理意义.

(1) 质点由 $A(a,0,0)$沿螺旋线 Γ_1 到 $B(a,0,2\pi b)$所做的功

$$W_1=\int_{\Gamma_1}\boldsymbol{F}\cdot \mathrm{d}\boldsymbol{s}=\int_{\Gamma_1}y\mathrm{d}x-x\mathrm{d}y+(x+y+z)\mathrm{d}z,$$

由于 $\mathrm{d}x=-a\sin t\mathrm{d}t,\ \mathrm{d}y=a\cos t\mathrm{d}t,\ \mathrm{d}z=b\mathrm{d}t$,所以

$$\begin{aligned}W_1&=\int_0^{2\pi}[a\sin t(-a\sin t)-a\cos t\cdot a\cos t+(a\cos t+a\sin t+bt)b]\mathrm{d}t\\&=\int_0^{2\pi}[-a^2+b(a\cos t+a\sin t+bt)]\mathrm{d}t\\&=2\pi(\pi b^2-a^2).\end{aligned}$$

(2) 直线 Γ_2 的参数方程为 $x=a,\ y=0,\ z=t\ (0\leqslant t\leqslant 2\pi b)$.并且,当 $t=0$ 时,质点位于始点 A;当 $t=2\pi b$ 时,质点位于终点 B.

同样,质点由 A 沿直线 Γ_2 到 B 所做的功

$$W_2=\int_{\Gamma_2}\boldsymbol{F}\cdot \mathrm{d}\boldsymbol{s}=\int_{\Gamma_2}y\mathrm{d}x-x\mathrm{d}y+(x+y+z)\mathrm{d}z,$$

由于 $\mathrm{d}x=0,\ \mathrm{d}y=0,\ \mathrm{d}z=\mathrm{d}t$,所以

$$W_2=\int_0^{2\pi b}[0-0+(a+0+t)]\mathrm{d}t=2\pi b(a+\pi b).$$

3. 模型评价

本例说明，在同一力场中，虽然质点的位移都是从 A 点到 B 点的弧段，但由于所沿路径不同，力所做的功也不同. 即说明曲线积分的值不仅与起点和终点有关，而且还与所沿的积分路径有关.

六、重力场问题

1. 问题提出

证明重力对质点所做的功，只与质点始点和终点的高度差有关.

设有一质量为 m 的质点受重力作用在铅直平面上沿某一光滑曲线弧 L 从 A 点移动到 B 点，求重力所做的功.

2. 模型建立与求解

如图 10 - 30 所示建立坐标系，则重力在 x 轴、y 轴上的投影分别为

$$P(x,\ y)=0,\ Q(x,\ y)=mg,$$

即
$$F=0\cdot \boldsymbol{i}-mg\cdot \boldsymbol{j},$$

其中 g 是重力加速度.

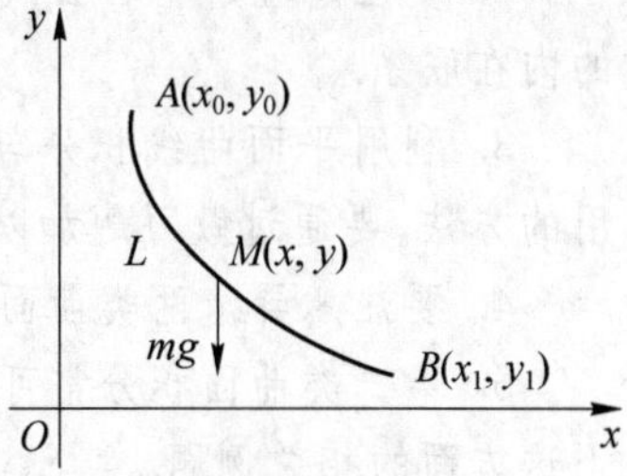

图 10 - 30

以 y 为参数，设曲线方程为 $x=x(y)$，当质点由 $A(x_0,\ y_0)$ 沿曲线 L 移动到 $B(x_1,\ y_1)$ 时，y 由 y_0 变化到 y_1，所以，重力所做的功为

$$W=\int_L \boldsymbol{F}\cdot d\boldsymbol{s}=\int_L(-mg)dy=\int_{y_0}^{y_1}(-mg)dy=mg(y_0-y_1).$$

3. 模型评价

本例说明，重力对质点所做的功，只与质点始点和终点的高度差有关，而与质点所经过的路径无关.

综上所述，第二类曲线积分的计算可概括为下列两步：

第一步：写出 L 的方程及自变量的变化范围；

第二步：把 L 的方程代入被积表达式中，转变为定积分，L 的起点和终点分别对应积分的下限和上限.

练习题 10 - 9

1. 质点 P 沿着以 AB 为直径的下半圆周，从点 $A(-1,\ 2)$ 运动到点 $B(1,\ 2)$ 的过程中受变力 $\boldsymbol{F}$ 的作用，$\boldsymbol{F}$ 的大小等于点 P 与原点 O 之间的距离，其方向垂直于线段 OP 且与 y 轴正向的夹角小于 $\dfrac{\pi}{2}$，求变力 $\boldsymbol{F}$ 对质点 P 所做的功.

2. 利用高斯公式推证阿基米德原理：浸没在液体中的物体所受液体压力的合力(即浮力)的方向铅直向上，其大小等于这物体所排开的液体的重力.

本章小结

一、本章主要内容与重点

本章主要内容有:第一类曲线积分——对弧长的曲线积分、第二类曲线积分——对坐标的曲线积分、第一类曲面积分——对面积的曲面积分、第二类曲面积分——对坐标的曲面积分的概念与性质,格林公式,高斯公式,斯托克斯公式,曲线积分与曲面积分的应用.

重点 格林公式,高斯公式,斯托克斯公式的应用,第二类曲面积分的计算.

二、学习指导

1. 要注意弄清两类曲线积分的定义、记号及计算方法上的不同之处,防止混淆.

2. 要注意理解格林公式的条件、结论,懂得它与一元微积分学中的牛顿-莱布尼茨公式的内在联系.

3. 利用平面曲线积分与路径无关的条件来简化某些第二类曲线积分的计算,是一种常用的方法,要通过做习题加以掌握.

4. 要注意弄清两类曲面积分的定义、记号及计算方法上的不同之处,避免混淆.

5. 第二类曲面积分常可化为第一类曲面积分进行计算,达到简化运算的目的,请注意一下这方面的相关例题.

6. 要把格林公式、高斯公式、斯托克斯公式放在一起,与牛顿-莱布尼茨公式进行比较,认识它们之间的内在联系,从而加深理解一元微积分与多元微积分是一个有机联系的整体,这比单纯记忆这些公式更加重要.

7. 利用高斯公式计算第二类曲面积分是一种常用的方法,要注意掌握.学习时要与利用格林公式计算第二类曲面积分的方法加以比较,体会它们的共同特点.

8. 对一些需要较多电磁学物理知识的专业,要注意学习向量形式的高斯公式和斯托克斯公式,其物理意义更加明显,在物理学中应用广泛.

9. 学习曲线积分与曲面积分的应用,不应拘泥于记忆一些具体的计算公式,而应把重点放在学习、掌握利用元素法写出所求量的积分表达式上,这样才能提高利用积分知识解决实际问题的能力.

10. 会利用曲线积分、曲面积分建立数学模型,解决一些实际问题.

习题十

1. 填空题:

(1) 若 $L:\begin{cases}x=2t\\ y=t\end{cases}$ $(0\leqslant t\leqslant \pi)$,则 $\int_L x\,\mathrm{d}s=$________;

(2) $\int_\Gamma x^3\mathrm{d}x+3zy^2\mathrm{d}y-x^2y\mathrm{d}z=$________,而 Γ 为从 $A(3,2,1)$ 到 $B(0,0,0)$ 的直线段;

(3) 设区域 D: $x^2+y^2\leqslant a^2$,积分路线 C 是 B 的正向边界,则 $\oint_C y\mathrm{d}x-x\mathrm{d}y=$________;

(4) 设曲面 S 是上半球面：$x^2+y^2+z^2=R^2(z\geqslant 0)$，曲面 S_1 是曲面 S 在第 Ⅰ 卦限中的部分，则 ______ $=4\iint\limits_{S_1} x\,\mathrm{d}S$；

(5) 设曲面 S：$x^2+y^2+z^2=a^2$，则积分 $\oiint\limits_S x\,\mathrm{d}S=$ ______.

2. 设 L 是 $y=1-x^2$ 及 $y=x^2-1$ 围成区域的正向边界，求 $\oint_L \dfrac{x\,\mathrm{d}y-y\,\mathrm{d}x}{x^2+y^2}$.

3. 已知 $\mathrm{d}z=\dfrac{x\,\mathrm{d}y-y\,\mathrm{d}x}{x^2+y^2}$，$x>0$，求 z.

4. 求曲面积分 $\oiint\limits_{\Sigma} x^2z\,\mathrm{d}x\,\mathrm{d}y+y^2x\,\mathrm{d}y\,\mathrm{d}z+z^2y\,\mathrm{d}z\,\mathrm{d}x$，其中 Σ 为球面 $x^2+y^2+z^2=1$ 所围区域的外侧.

5. 求曲面积分 $\iint\limits_{\Sigma}(y^2-z)\,\mathrm{d}y\,\mathrm{d}z+(z^2-x)\,\mathrm{d}z\,\mathrm{d}x+(x^2-y)\,\mathrm{d}x\,\mathrm{d}y$，其中 Σ 为锥面 $x^2+y^2=z^2(0\leqslant z\leqslant 1)$ 的外侧.

6. 求 $\oint_{\Gamma} xyz\,\mathrm{d}z$，其中 Γ 是用平面 $y=z$ 截球面 $x^2+y^2+z^2=1$ 所得的截痕，从 z 轴的正向看沿逆时针方向.

7. 设曲线积分 $\int_L xy^2\,\mathrm{d}x+yf(x)\,\mathrm{d}y$ 与路径无关，其中 $f(x)$ 具有连续导数，且 $f(0)=0$. (1) 求 $f(x)$；(2) 求 $\int_{(0,\,0)}^{(2,\,2)} xy^2\,\mathrm{d}x+yf(x)\,\mathrm{d}y$.

8. 求均匀曲面 $z=\sqrt{1-x^2-y^2}$ 绕 z 轴旋转的转动惯量.

9. 求 $\int_L (x+y)\,\mathrm{d}s$，其中 L 为连接 $(1,0)$ 及 $(0,1)$ 两点的直线段.

10. 求 $\oint_L \sqrt{x^2+y^2}\,\mathrm{d}s$，其中 L 为圆周 $x^2+y^2=ax(a>0)$.

11. 求 $\int_{\Gamma} \dfrac{1}{x^2+y^2+z^2}\,\mathrm{d}s$，其中 Γ 为曲线 $x=\mathrm{e}^t\cos t$，$y=\mathrm{e}^t\sin t$，$z=\mathrm{e}^t$ 上相应于 t 从 0 变到 2 的这段弧.

12. 求 $\int_{\Gamma} x^2y\,\mathrm{d}s$，其中 Γ 为连接 $A(0,0,0)$，$B(0,0,2)$，$C(1,0,2)$，$D(1,3,2)$ 的折线 $ABCD$.

13. 求 $\int_L y\,\mathrm{d}x+x\,\mathrm{d}y$，其中 L 为圆周 $x=R\cos t$，$y=R\sin t$ 上对应于 t 从 0 变到 $\dfrac{\pi}{2}$ 的一段弧.

14. 求 $\oint_L xy\,\mathrm{d}x$，其中 L 为圆周 $(x-a)^2+y^2=a^2(a>0)$ 及 x 轴所围成的第一象限内的区域的整个边界(按逆时针方向绕行).

15. 求 $\oint_L \dfrac{(x+y)\,\mathrm{d}x-(x-y)\,\mathrm{d}y}{x^2+y^2}$，其中 L 为圆周 $x^2+y^2=a^2$(按逆时针方向绕行).

16. 求$\int_{\Gamma} x\mathrm{d}x + y\mathrm{d}y + (x+y-1)\mathrm{d}z$,其中$\Gamma$是从点$(1, 1, 1)$到$(2, 3, 4)$的直线段.

17. 求$\int_{\Gamma} \mathrm{d}x - \mathrm{d}y + y\mathrm{d}z$,其中$\Gamma$为连接$A(1, 0, 0)$, $B(0, 1, 0)$, $C(0, 0, 1)$的有向闭折线$ABCA$.

18. 求$\int_{L} (x^2 - y^2)\mathrm{d}x + xy\mathrm{d}y$,其中$L$为:

(1) 直线$y=x$上从点$O(0, 0)$到$A(1, 1)$的一段;

(2) 抛物线$y=x^2$上从点$(0, 0)$到$(1, 1)$的一段弧;

(3) 先沿直线从点$(0, 0)$到$(1, 0)$,然后再沿直线到$(1, 1)$的折线段.

19. 设L为xOy平面内沿直线从点$(0, 0)$到$(1, 1)$的直线段,试将对坐标的曲线积分$\int_{L} P(x, y)\mathrm{d}x + Q(x, y)\mathrm{d}y$化成对弧长的曲线积分.

20. 求$\oint_{L} (x^2 - xy^3)\mathrm{d}x + (y^2 - 2xy)\mathrm{d}y$,其中$L$是以$(0, 0)$, $(2, 0)$, $(2, 2)$和$(0, 2)$为顶点的正方形区域的正向边界.

21. 利用曲线积分,求椭圆$9x^2 + 16y^2 = 144$所围成的平面图形的面积.

22. 利用格林公式,求$\int_{L} (2xy^3 - y^2\cos x)\mathrm{d}x + (1 - 2y\sin x + 3x^2y^2)\mathrm{d}y$,其中$L$为$2x = \pi y^2$上从点$(0, 0)$到$\left(\frac{\pi}{2}, 1\right)$的一段弧.

阅读材料

数学家格林

乔治·格林(George Green, 1793—1841),英国数学家.1793年出生于诺丁汉郡;1841年去世.格林8岁时曾就读于一所私立学校,在校表现出非凡的数学才能.可惜这段学习仅延续了一年左右.1802年夏天,格林辍学回家,帮助父亲做工.1807年,格林的父亲在诺丁汉郡近郊的史奈登地方买下一座磨坊,从面包师变成磨坊主.父子二人惨淡经营,家道小康.但格林始终未忘记他对数学的爱好,以惊人的毅力坚持白天工作,晚上自学,把磨坊顶楼当作书斋,攻读从本市布朗利图书馆借来的数学书籍.布朗利图书馆是由诺丁汉郡知识界与商业界人士赞助创办的,收藏有当时出版的各种重要的学术著作.对格林影响最大的是法国数学家拉普拉斯、拉格朗日、泊松、拉克鲁阿等人的著作.通过钻研,格林不仅掌握了纯熟的分析方法,而且能创造性地发展、应用.于1828年完成了他的第一篇也是最重要的论文《论应用数学分析于电磁学》.这篇论文是靠他的朋友集资印发的,订阅人中有一位勃隆黑德爵士,是林肯郡的贵族,皇家学会会员.勃隆黑德发现了论文作者的数学才能,特地在自己的庄园接见格林,鼓励他继续研究数学.

与勃隆黑德的结识成为格林一生的转折.勃隆黑德系剑桥大学冈维尔-凯厄斯学院出身,且又是剑桥分析学会的创始人之一,他建议格林到剑桥深造.1829年,格林的父亲去世,格林获得一笔遗产和重新选择职业的自由，遂将磨坊变卖，全力以赴为进入剑桥大学做准备. 这期间他又完成了三篇论文——《关于与电流相似的流体平衡定律的数学研究及其他类似研究》《论变密度椭圆体外部与内部引力的计算》和《流体介质中摆的振动研究》，均由勃隆黑德爵士推荐发表. 1833 年，年已 40 的格林终于跨进了剑桥大学的大门，成为冈维尔-凯厄斯学院的自费生. 经过 4 年艰苦的学习，1837 年获剑桥数学荣誉考试一等第四名，翌年获学士学位，1839 年当选为冈维尔-凯厄斯学院院委. 正当一条更加宽广的科学道路在格林面前豁然展现之时，这位磨坊工出身的数学家却积劳成疾，不得不回家乡休养，于 1841 年病故.

格林短促的一生，共发表过 10 篇数学论文，这些原始著作数量不大，却包含了影响 19 世纪数学物理发展的宝贵思想.

以他的名字命名的数学名词有格林定理、格林函数等. 其中最常用的就是将微积分中的“平面第二类曲线积分”转换为平面面积积分的“格林公式”，该公式在大学高等数学的教学中，起到了承上启下的作用，从普通的二元函数积分过渡到了空间曲面的第二类曲线积分，同时也是“高斯公式”的教学基础之一.

第十一章

无穷级数

在寻求真理的长河中，唯有学习，不断地学习，勤奋地学习，有创造性地学习，才能越重山跨峻岭.

——华罗庚

【学习目标】

1. 理解常数项级数收敛与发散的概念，掌握级数的基本性质及收敛的必要条件，会利用该条件判定级数发散.
2. 掌握调和级数、几何级数与 p-级数的收敛性.
3. 掌握正项级数收敛性的比较审敛法、比值审敛法和根值审敛法.
4. 掌握交错级数的莱布尼茨审敛法.
5. 了解绝对收敛与条件收敛.
6. 了解函数项级数的收敛域及和函数的概念.
7. 理解幂级数收敛半径的概念，并熟练掌握幂级数的收敛半径、收敛区间的求法.
8. 了解幂级数在其收敛区间内的一些基本性质(和函数的连续性、逐项微分和逐项积分)，会求一些幂级数在收敛区间内的和函数，并会由此求出某些常数项级数的和.
9. 掌握 e^x, $\sin x$, $\cos x$, $\ln(1+x)$和$(1+x)^\alpha$ 的麦克劳林级数展开式，会用它们将一些简单函数间接展开成幂级数.
10. 了解傅里叶级数的概念，掌握函数展开为傅里叶级数的狄利克雷定理，会在$[-\pi, \pi]$上将函数展开为傅里叶级数.
11. 会将定义在$[0, \pi]$上的函数展开为正弦级数或余弦级数.
12. 会用 MATLAB 做级数运算.
13. 会利用无穷级数建立数学模型，解决一些简单的实际问题.

无穷级数是高等数学的一个重要组成部分，是研究无限个离散量之和的数学模型，它在表示函数、研究函数的性质以及数值计算等方面是一种有力工具. 本章先讨论数项级数的基本概念，然后讨论函数项级数，最后讨论如何将函数展开成幂级数、傅里叶级数的问题.

第一节　数项级数

一、数项级数的概念

人们在解决许多实际问题时，往往有一个由近似到精确的过程. 在这种认识过程中，会遇到由有限个数量相加到无穷多个数量相加的问题，便产生了无穷级数的概念.

定义 1　若给定一个数列 $u_1, u_2, \cdots, u_n, \cdots$，由它构成的表达式

$$u_1+u_2+\cdots+u_n+\cdots \tag{11-1}$$

称为**(常数项)无穷级数**，简称**(常数项)级数**，记作 $\sum\limits_{n=1}^{\infty}u_n$，即

$$\sum_{n=1}^{\infty}u_n=u_1+u_2+\cdots+u_n+\cdots,$$

其中，第 n 项 u_n 称为**级数的一般项**.

例如，

$$\sum_{n=1}^{\infty}\frac{1}{n}=1+\frac{1}{2}+\frac{1}{3}+\cdots+\frac{1}{n}+\cdots,$$

$$\sum_{n=1}^{\infty}\frac{(-1)^{n-1}}{2^{n-1}}=1-\frac{1}{2}+\frac{1}{2^2}-\frac{1}{2^3}+\cdots+(-1)^{n-1}\cdot\frac{1}{2^{n-1}}+\cdots$$

都是数项级数.

上述级数定义仅仅是一个形式上的和式，它未明确无限多个数量相加的意义. 无限多个数量的相加并不能简单地认为是一项一项地累加起来，因为，这一累加过程是无法完成的. 因此，下面从有限项的和出发，通过极限来讨论无穷多项相加的含义.

作级数(11-1)的前 n 项之和

$$s_n=u_1+u_2+\cdots+u_n, \tag{11-2}$$

称 s_n 为级数(11-1)的**部分和**. 当 n 依次取 1, 2, 3, …时，它们构成一个新的数列

$$s_1=u_1,\ s_2=u_1+u_2,\ s_3=u_1+u_2+u_3,\ \cdots,\ s_n=u_1+u_2+u_3+\cdots+u_n,\ \cdots.$$

称此数列为级数(11-1)的**部分和数列**.

根据部分和数列(11-2)是否有极限，给出级数(11-1)收敛与发散的概念.

定义 2　如果级数 $\sum\limits_{n=1}^{\infty}u_n$ 的部分和数列 $\{s_n\}$ 的极限存在，即 $\lim\limits_{n\to\infty}s_n=s$，则称该级数

$\sum_{n=1}^{\infty} u_n$ **收敛**,并称 s 为**级数的和**,记为 $\sum_{n=1}^{\infty} u_n = s$,也称该级数**收敛**于 s. 如果级数部分和数列 $\{s_n\}$ 的极限不存在,则称该级数 $\sum_{n=1}^{\infty} u_n$ **发散**.

显然,当级数(11-1)收敛时,其部分和 s_n 是级数和 s 的近似值,它们之间的差值

$$r_n = s - s_n = u_{n+1} + u_{n+2} + \cdots + u_{n+k} + \cdots$$

称为级数的**余项**. 用近似值 s_n 代替和 s 所产生的误差是这个余项的绝对值,即误差是 $|r_n|$.

例 1 判别级数 $\frac{1}{1\cdot 2} + \frac{1}{2\cdot 3} + \cdots + \frac{1}{n\cdot(n+1)} + \cdots$ 是否收敛,如果收敛,求它的和.

解 级数的一般项可写成

$$u_n = \frac{1}{n(n+1)} = \frac{1}{n} - \frac{1}{n+1}.$$

故部分和可表示成

$$\begin{aligned} s_n &= \frac{1}{1\cdot 2} + \frac{1}{2\cdot 3} + \cdots + \frac{1}{n\cdot(n+1)} \\ &= \left(1 - \frac{1}{2}\right) + \left(\frac{1}{2} - \frac{1}{3}\right) + \cdots + \left(\frac{1}{n} - \frac{1}{n+1}\right) \\ &= 1 - \frac{1}{n+1}. \end{aligned}$$

从而

$$\lim_{n\to\infty} s_n = \lim_{n\to\infty}\left(1 - \frac{1}{n+1}\right) = 1,$$

所以级数 $\sum_{n=1}^{\infty} \frac{1}{n(n+1)}$ 收敛,其和为 1.

例 2 讨论等比级数(几何级数) $\sum_{n=1}^{\infty} aq^{n-1} = a + aq + aq^2 + \cdots + aq^{n-1} + \cdots$ 的敛散性,其中 $a \neq 0$, q 称为级数的公比,如果收敛,求它的和.

解 如果 $q \neq 1$,则部分和

$$s_n = a + aq + aq^2 + \cdots + aq^{n-1} = \frac{a(1-q^n)}{1-q} = \frac{a}{1-q} - \frac{aq^n}{1-q}.$$

(1) 当 $|q| < 1$ 时,由于 $\lim_{n\to\infty} q^n = 0$,从而 $\lim_{n\to\infty} s_n = \frac{a}{1-q}$,故级数收敛,其和为 $\frac{a}{1-q}$.

(2) 当 $|q| > 1$ 时,由于 $\lim_{n\to\infty} q^n = \infty$,故 $\lim_{n\to\infty} s_n = \infty$,这时级数发散.

(3) 当 $|q| = 1$ 时,若 $q = 1$, $s_n = na \to \infty$,级数发散;若 $q = -1$,级数成为

$$a - a + a - a + \cdots.$$

显然,$s_n = \begin{cases} a, & n \text{ 为奇数} \\ 0, & n \text{ 为偶数} \end{cases}$,从而 s_n 的极限不存在,级数也发散.

因此,当 $|q| < 1$ 时,等比级数 $\sum_{n=1}^{\infty} aq^{n-1}$ 收敛,收敛于 $\frac{a}{1-q}$;当 $|q| \geqslant 1$ 时,等比级数

$\sum_{n=1}^{\infty} a q^{n-1}$ 发散.

例 3 证明级数 $1+2+3+\cdots+n+\cdots$ 是发散的.

证 这个级数的部分和为

$$s_n=1+2+3+\cdots+n=\frac{n(n+1)}{2},$$

显然，$\lim_{n\to\infty} s_n=\infty$，故级数发散.

例 4 证明调和级数 $\sum_{n=1}^{\infty}\frac{1}{n}=1+\frac{1}{2}+\frac{1}{3}+\cdots+\frac{1}{n}+\cdots$ 发散.

证 假若级数 $\sum_{n=1}^{\infty}\frac{1}{n}$ 收敛，且其和为 s，s_n 是它的部分和. 显然有 $\lim_{n\to\infty} s_n=s$ 及 $\lim_{n\to\infty} s_{2n}=s$. 于是 $\lim_{n\to\infty}(s_{2n}-s_n)=0$.

但另一方面，

$$s_{2n}-s_n=\frac{1}{n+1}+\frac{1}{n+2}+\cdots+\frac{1}{2n}>\frac{1}{2n}+\frac{1}{2n}+\cdots+\frac{1}{2n}=\frac{1}{2},$$

故 $\lim_{n\to\infty}(s_{2n}-s_n)\neq 0$，与 $\lim_{n\to\infty}(s_{2n}-s_n)=0$ 矛盾.

这矛盾说明假设不成立，即级数 $\sum_{n=1}^{\infty}\frac{1}{n}$ 必定发散.

二、数项级数的性质

为了便于研究级数的敛散性，根据无穷级数收敛、发散以及和的概念，可以得出级数的几个基本性质.

性质 1 如果级数 $\sum_{n=1}^{\infty} u_n$ 收敛于和 s，则它的各项乘以同一个常数 k 所得的级数 $\sum_{n=1}^{\infty} ku_n$ 也收敛，且其和为 ks. 如果级数 $\sum_{n=1}^{\infty} u_n$ 发散，当 $k\neq 0$ 时，级数 $\sum_{n=1}^{\infty} ku_n$ 也发散.

证 设 $\sum_{n=1}^{\infty} u_n$ 与 $\sum_{n=1}^{\infty} ku_n$ 的部分和分别为 s_n 与 σ_n，则

$$\lim_{n\to\infty}\sigma_n=\lim_{n\to\infty}(ku_1+ku_2+\cdots ku_n)=k\lim_{n\to\infty}(u_1+u_2+\cdots u_n)=k\lim_{n\to\infty} s_n=ks.$$

这表明级数 $\sum_{n=1}^{\infty} ku_n$ 收敛，且和为 ks.

由此可知，级数的各项同乘以一个不为零的常数后，其敛散性不变.

性质 2 如果级数 $\sum_{n=1}^{\infty} u_n$，$\sum_{n=1}^{\infty} v_n$ 分别收敛于 s，σ，则级数 $\sum_{n=1}^{\infty}(u_n\pm v_n)$ 也收敛，且其和为 $s\pm\sigma$.

证 设 $\sum_{n=1}^{\infty} u_n$、$\sum_{n=1}^{\infty} v_n$、$\sum_{n=1}^{\infty}(u_n\pm v_n)$ 的部分和分别为 s_n、σ_n、τ_n，则

$$\begin{aligned}\lim_{n\to\infty}\tau_n &=\lim_{n\to\infty}[(u_1\pm v_1)+(u_2\pm v_2)+\cdots+(u_n\pm v_n)]\\ &=\lim_{n\to\infty}[(u_1+u_2+\cdots+u_n)\pm(v_1+v_2+\cdots+v_n)]\\ &=\lim_{n\to\infty}(s_n\pm\sigma_n)=s\pm\sigma.\end{aligned}$$

这就表明级数 $\sum\limits_{n=1}^{\infty}(u_n\pm v_n)$ 收敛,且其和为 $s\pm\sigma$.

性质 2 说明,两个收敛级数可以逐项相加、逐项相减.

注 该性质仅对收敛级数而言的,对于发散级数并没有类似的性质. 例如,由 $\sum\limits_{n=1}^{\infty}\dfrac{1}{n}$ 与 $\sum\limits_{n=1}^{\infty}\dfrac{1}{n+1}$ 发散,不能得出 $\sum\limits_{n=1}^{\infty}\left(\dfrac{1}{n}-\dfrac{1}{n+1}\right)$ 是发散的. 事实上,由例 1 可知,它是收敛的.

(1) 若 $\sum\limits_{n=1}^{\infty}u_n$ 收敛,而 $\sum\limits_{n=1}^{\infty}v_n$ 发散,则 $\sum\limits_{n=1}^{\infty}(u_n\pm v_n)$ 敛散性如何?

(2) 若 $\sum\limits_{n=1}^{\infty}u_n$, $\sum\limits_{n=1}^{\infty}v_n$ 均发散,那么 $\sum\limits_{n=1}^{\infty}(u_n\pm v_n)$ 敛散性如何?

性质 3 在级数中去掉、加上或改变有限项,不会改变级数的收敛性. 但对于收敛级数,其和将会发生改变.

例如,由级数 $1-\dfrac{1}{2}+\dfrac{1}{2^2}-\dfrac{1}{2^3}+\cdots+(-1)^{n-1}\dfrac{1}{2^{n-1}}+\cdots$ 收敛,可知级数 $\dfrac{1}{2^2}-\dfrac{1}{2^3}+\cdots+(-1)^{n-1}\dfrac{1}{2^{n+1}}+\cdots$ 也是收敛的. 由级数 $\sum\limits_{n=1}^{\infty}\dfrac{1}{n}$ 发散,可知 $\sum\limits_{n=1}^{\infty}\dfrac{1}{n+10}$ 也发散.

性质 4 收敛级数任意加括号仍收敛,且和不变.

注 如果加括号后所成的级数收敛,则不能断定去括号后原来的级数也收敛. 例如,级数(1−1)+(1−1)+⋯收敛于零,但级数 1−1+1−1+⋯却是发散的.

推论 若 $\sum\limits_{n=1}^{\infty}u_n$ 加括号后发散,则 $\sum\limits_{n=1}^{\infty}u_n$ 必发散.

性质 5(级数收敛的必要条件) 如果级数 $\sum\limits_{n=1}^{\infty}u_n$ 收敛,则它的一般项 u_n 趋于零,即 $\lim\limits_{n\to\infty}u_n=0$.

证 设级数 $\sum\limits_{n=1}^{\infty}u_n$ 的部分和为 s_n,且 $\lim\limits_{n\to\infty}s_n=s$,则

$$\lim_{n\to 0}u_n=\lim_{n\to\infty}(s_n-s_{n-1})=\lim_{n\to\infty}s_n-\lim_{n\to\infty}s_{n-1}=s-s=0.$$

注 (1) 其逆否命题:若 $\lim\limits_{n\to\infty}u_n\neq 0$,则级数 $\sum\limits_{n=1}^{\infty}u_n$ 必发散——**级数发散的充分条件**,可用于判定级数发散.

(2) 其逆命题不成立. 即级数的一般项趋于零并不是级数收敛的充分条件. 有些级数虽然一般项趋于零,但仍然是发散的. 例如,调和级数

$$\sum_{n=1}^{\infty}\frac{1}{n}=1+\frac{1}{2}+\frac{1}{3}+\cdots+\frac{1}{n}+\cdots,$$

虽然它的一般项的极限 $\lim\limits_{n\to\infty}u_n=\lim\limits_{n\to\infty}\dfrac{1}{n}=0$，但它是发散的.

例 5　利用无穷级数的性质，判别下列级数的敛散性：

(1) $\sum\limits_{n=1}^{\infty}\dfrac{2}{3^n}$；　(2) $\sum\limits_{n=1}^{\infty}\dfrac{1}{3n}$；　(3) $\sum\limits_{n=1}^{\infty}\dfrac{1}{n+5}$；　(4) $\sum\limits_{n=1}^{\infty}\dfrac{3^n-2^n}{6^n}$；　(5) $\sum\limits_{n=1}^{\infty}\dfrac{n}{3n+1}$.

解　(1)因几何级数 $\sum\limits_{n=1}^{\infty}\dfrac{1}{3^n}$ 的公比 q 满足 $\left|\dfrac{1}{3}\right|<1$，所以级数 $\sum\limits_{n=1}^{\infty}\dfrac{1}{3^n}$ 收敛，由性质1可知，级数 $\sum\limits_{n=1}^{\infty}\dfrac{2}{3^n}$ 也收敛.

(2) 由于调和级数 $\sum\limits_{n=1}^{\infty}\dfrac{1}{n}$ 发散，根据性质 1，级数 $\sum\limits_{n=1}^{\infty}\dfrac{1}{3n}$ 也发散.

(3) 级数 $\sum\limits_{n=1}^{\infty}\dfrac{1}{n+5}=\dfrac{1}{6}+\dfrac{1}{7}+\cdots+\dfrac{1}{n+5}+\cdots$ 是调和级数 $\sum\limits_{n=1}^{\infty}\dfrac{1}{n}$ 去掉前五项得到的新级数，根据性质 3，级数 $\sum\limits_{n=1}^{\infty}\dfrac{1}{n+5}$ 发散.

(4) 由 $\sum\limits_{n=1}^{\infty}\dfrac{3^n-2^n}{6^n}$ 的一般项 $\dfrac{3^n-2^n}{6^n}=\dfrac{1}{2^n}-\dfrac{1}{3^n}$，而几何级数 $\sum\limits_{n=1}^{\infty}\dfrac{1}{2^n}$，$\sum\limits_{n=1}^{\infty}\dfrac{1}{3^n}$ 均收敛，根据性质 2，级数 $\sum\limits_{n=1}^{\infty}\dfrac{3^n-2^n}{6^n}=\sum\limits_{n=1}^{\infty}\left(\dfrac{1}{2^n}-\dfrac{1}{3^n}\right)$ 收敛.

(5) 一般项 $u_n=\dfrac{n}{3n+1}$，$\lim\limits_{n\to\infty}\dfrac{n}{3n+1}=\dfrac{1}{3}\neq 0$，故级数 $\sum\limits_{n=1}^{\infty}\dfrac{n}{3n+1}$ 发散.

例 6　假定某患者每天须服用 100 mg 的药物，同时每天人体又将 20% 的药物排出体外. 现分三种情况试验：(1)长期服用药物 30 d；(2)连续服用药物 90 d；(3)一直连续服用药物. 试估计留存在患者体内的药物长效水平.

解　因为是连续几天服用药物，所以，留存体内的药物水平是前一天药物量的 80% 加上当天服用的 100 mg 药物量. 于是

(1)
$$\begin{aligned}s_{30}&=100+100\times0.8+100\times0.8^2+\cdots+100\times0.8^{29}\\&=100\times\frac{1-0.8^{30}}{1-0.8}=499.38(\text{mg}).\end{aligned}$$

(2)
$$\begin{aligned}s_{90}&=100+100\times0.8+100\times0.8^2+\cdots+100\times0.8^{89}\\&=100\times\frac{1-0.8^{90}}{1-0.8}=499.99(\text{mg}).\end{aligned}$$

(3) 此时 $n\to\infty$，问题归结为求几何级数之和，即

$$s=\frac{100}{1-0.8}=500(\text{mg}).$$

由例 6 看出，药物疗法中留存体内的药物长效水平是与几何级数有关的. 因此，医生为了治病的需要，使患者体内保持一定的药物水平，来确定每天的用药量是可以做到的.

练习题 11-1

1. 把下列级数写成“$\sum$”形式：

(1) $\ln 5+\ln^2 5+\ln^3 5+\cdots$；　　(2) $-1+\dfrac{1}{2}-\dfrac{1}{4}+\dfrac{1}{8}-\cdots$；

(3) $0.001+\sqrt{0.001}+\sqrt[3]{0.001}+\cdots$；　　(4) $\dfrac{1}{1\times 3}+\dfrac{1}{3\times 5}+\dfrac{1}{5\times 7}+\cdots$.

2. 根据级数收敛与发散的定义，判别下列级数的敛散性：

(1) $-\dfrac{8}{9}+\dfrac{8^2}{9^2}-\dfrac{8^3}{9^3}+\cdots$；　　(2) $\sum\limits_{n=1}^{\infty}3^n$；　　(3) $\sum\limits_{n=1}^{\infty}(\sqrt{n+1}-\sqrt{n})$；

(4) $\sum\limits_{n=1}^{\infty}\ln\dfrac{n+1}{n}$；　　(5) $\sum\limits_{n=1}^{\infty}\left(\dfrac{2}{3}\right)^{n-1}$；　　(6) $\sum\limits_{n=1}^{\infty}\dfrac{1}{(2n-1)(2n+1)}$.

3. 判别下列级数的敛散性，如果收敛，求其和：

(1) $\sum\limits_{n=1}^{\infty}\dfrac{3^{n+1}}{4^n}$；　(2) $\sum\limits_{n=1}^{\infty}\dfrac{n-1}{2n+1}$；　(3) $\sum\limits_{n=1}^{\infty}\dfrac{1}{n+16}$；　(4) $\sum\limits_{n=1}^{\infty}\left(\dfrac{1}{2^n}+\dfrac{1}{3^n}\right)$.

4. 若 $\sum\limits_{n=1}^{\infty}u_n$ 收敛，问下列级数是否收敛？

(1) $\sum\limits_{n=1}^{\infty}\dfrac{1}{u_n}$；　(2) $\sum\limits_{n=1}^{\infty}10u_n$；　(3) $\sum\limits_{n=1}^{\infty}u_{n+10}$；　(4) $\sum\limits_{n=1}^{\infty}u_n+10$；　(5) $\sum\limits_{n=1}^{\infty}(u_n+10)$.

5. 20 世纪 60 年代，生态学家研究飞蛾的释放时发现(以一周为间隔)，由于受到生态环境的影响，每周飞蛾释放后的存活率 r 是一常数，它不随年龄段或不同的周而发生变化. 若每周释放飞蛾 100 000 只，存活率 $r=0.85$，试估计第 10 周末存活的飞蛾数.

6. 为了治病的需要，医生希望某一药物在体内的长效水平达到 200 mg，同时又知道每天人体排放 25% 的药物，问医生确定每天的用药量是多少？

第二节　正项级数及其敛散性

一、正项级数定义

一般的常数项级数，它的各项可以是正数、负数或者零. 现在来讨论各项都是正数或零的级数，这种级数是最基本、最重要的一类级数，许多级数的敛散性问题可归结为此种级数的敛散性问题.

定义　若级数的各项都是正数或零(即 $u_n\geqslant 0,\ n=1,\ 2,\ \cdots$)，则称常数项级数 $\sum\limits_{n=1}^{\infty}u_n$ 为**正项级数**.

显然，正项级数的部分和有不等式 $s_{n+1}=u_{n+1}+s_n\geqslant s_n(n=1,\ 2,\ \cdots)$，即部分和数列 $\{s_n\}$ 是一个单调增加的数列：$s_1\leqslant s_2\leqslant\cdots\leqslant s_n\leqslant\cdots$，由单调有界数列必有极限可得下面结论：

正项级数收敛的充要条件是它的部分和数列 $\{s_n\}$ 有界. 即若 $\{s_n\}$ 有界，则 $\lim\limits_{n\to\infty}s_n$ 存在，从

而级数 $\sum_{n=1}^{\infty} u_n$ 收敛;若$\{s_n\}$无界,则 $\lim_{n\to\infty} s_n=\infty$,从而级数$\sum_{n=1}^{\infty} u_n$ 发散.

由此可得关于正项级数的一个基本的审敛法.

二、正项级数的比较审敛法

定理 1(比较审敛法) 设 $\sum_{n=1}^{\infty} u_n$ 和$\sum_{n=1}^{\infty} v_n$ 都是正项级数,且 $u_n \leqslant v_n (n=1, 2, \cdots)$,则

(1) 若级数 $\sum_{n=1}^{\infty} v_n$ 收敛,则级数$\sum_{n=1}^{\infty} u_n$ 收敛;

(2)若级数 $\sum_{n=1}^{\infty} u_n$ 发散,则级数$\sum_{n=1}^{\infty} v_n$ 发散.

证 (1) 设级数 $\sum_{n=1}^{\infty} v_n$ 收敛于和σ,则级数 $\sum_{n=1}^{\infty} u_n$ 的部分和

$$s_n=u_1+u_2+\cdots+u_n \leqslant v_1+v_2+\cdots+v_n \leqslant \sigma,$$

即部分和数列$\{s_n\}$有界,故级数 $\sum_{n=1}^{\infty} u_n$ 收敛.

(2) 设级数 $\sum_{n=1}^{\infty} u_n$ 发散,则级数$\sum_{n=1}^{\infty} v_n$ 必发散. 因为若级数$\sum_{n=1}^{\infty} v_n$ 收敛,由上面已证明的结论,将有级数$\sum_{n=1}^{\infty} u_n$ 也收敛,与假设矛盾.

注 本定理可简述为:若大的级数收敛,则小的级数收敛;若小的级数发散,则大的级数发散.

例 1 判别 p -级数 $\sum_{n=1}^{\infty} \frac{1}{n^p}$ 的敛散性,其中常数 $p>0$.

解 当 $p=1$ 时,$\sum_{n=1}^{\infty} \frac{1}{n}$ 是调和级数,已证明是发散的.

当 $p<1$ 时,有$\frac{1}{n^p}>\frac{1}{n}$,而$\sum_{n=1}^{\infty} \frac{1}{n}$ 发散,所以$\sum_{n=1}^{\infty} \frac{1}{n^p}$ 发散.

当 $p>1$ 时,因为当 $n-1 \leqslant x \leqslant n$ 时,有$\frac{1}{n^p} \leqslant \frac{1}{x^p}$,所以

$$\frac{1}{n^p}=\int_{n-1}^{n} \frac{1}{n^p}\mathrm{d}x \leqslant \int_{n-1}^{n} \frac{1}{x^p}\mathrm{d}x=\frac{1}{p-1}\left[\frac{1}{(n-1)^{p-1}}-\frac{1}{n^{p-1}}\right] \quad (n=2, 3, \cdots).$$

考虑级数 $\sum_{n=2}^{\infty}\left[\frac{1}{(n-1)^{p-1}}-\frac{1}{n^{p-1}}\right]$ 的部分和

$$s_n=\left(1-\frac{1}{2^{p-1}}\right)+\left(\frac{1}{2^{p-1}}-\frac{1}{3^{p-1}}\right)+\cdots+\left[\frac{1}{n^{p-1}}-\frac{1}{(n+1)^{p-1}}\right]=1-\frac{1}{(n+1)^{p-1}},$$

因 $\lim_{n\to\infty} s_n=\lim_{n\to\infty}\left[1-\frac{1}{(n+1)^{p-1}}\right]=1$, 故级数 $\sum_{n=2}^{\infty}\left[\frac{1}{(n-1)^{p-1}}-\frac{1}{n^{p-1}}\right]$ 收敛.

从而由比较审敛法可知, $\sum_{n=1}^{\infty} \frac{1}{n^p}$ 是收敛的.

综上可知,p-级数当 $p\leqslant 1$ 时发散,当 $p>1$ 时收敛.

注 利用比较审敛法时,首先要估计所讨论级数的敛散性,若收敛(发散),必须找一个已知收敛(发散)的级数做比较.本例中的 p-级数以及上一节的等比级数、调和级数都是常用来做比较的级数,它们的结论必须牢记.

例 2 判别下列正项级数的敛散性:

(1) $\sum\limits_{n=1}^{\infty}\frac{n}{n^3+1}$; (2) $\sum\limits_{n=1}^{\infty}\frac{1}{\sqrt{n(n+1)}}$; (3) $\sum\limits_{n=1}^{\infty}\sin\frac{\pi}{2^n}$; (4) $\sum\limits_{n=1}^{\infty}\frac{1}{\ln(1+n)}$.

解 (1) 因为
$$u_n=\frac{n}{n^3+1}<\frac{n}{n^3}=\frac{1}{n^2},$$
又 $\sum\limits_{n=1}^{\infty}\frac{1}{n^2}$ 收敛,故根据比较审敛法可知,原级数收敛.

(2) 因为
$$u_n=\frac{1}{\sqrt{n(n+1)}}>\frac{1}{\sqrt{(n+1)\cdot(n+1)}}=\frac{1}{n+1},$$
又 $\sum\limits_{n=1}^{\infty}\frac{1}{n+1}$ 发散,根据比较审敛法可知,原级数发散.

(3) 因为 $\sin\frac{\pi}{2^n}<\frac{\pi}{2^n}$, $n=1, 2, \cdots$,而级数 $\sum\limits_{n=1}^{\infty}\frac{\pi}{2^n}$ 收敛,根据比较审敛法可知,正项级数 $\sum\limits_{n=1}^{\infty}\sin\frac{\pi}{2^n}$ 收敛.

(4) 因为 $u_n=\frac{1}{\ln(n+1)}>\frac{1}{n}$,而调和级数 $\sum\limits_{n=1}^{\infty}\frac{1}{n}$ 发散,根据比较审敛法,故原级数发散.

为应用上的方便,下面给出比较审敛法的极限形式.

定理 2(比较审敛法的极限形式) 设 $\sum\limits_{n=1}^{\infty}u_n$ 和 $\sum\limits_{n=1}^{\infty}v_n$ 都是正项级数,如果 $\lim\limits_{n\to\infty}\frac{u_n}{v_n}=l\ (0<l<+\infty)$,则级数 $\sum\limits_{n=1}^{\infty}u_n$ 和级数 $\sum\limits_{n=1}^{\infty}v_n$ 同时收敛或同时发散.

例 3 判别下列正项级数的敛散性:

(1) $\sum\limits_{n=1}^{\infty}\sin\frac{1}{n}$; (2) $\sum\limits_{n=1}^{\infty}\ln\left(1+\frac{1}{n^2}\right)$.

解 (1) 因为 $\lim\limits_{n\to\infty}\frac{\sin\frac{1}{n}}{\frac{1}{n}}=1$,又 $\sum\limits_{n=1}^{\infty}\frac{1}{n}$ 发散,根据定理 2 可知,原级数发散.

(2) 因为 $\lim\limits_{n\to\infty}\frac{\ln\left(1+\frac{1}{n^2}\right)}{\frac{1}{n^2}}=1$,又 $\sum\limits_{n=1}^{\infty}\frac{1}{n^2}$ 收敛,根据定理 2 可知,原级数收敛.

比较审敛法的基本思想是把某个已知敛散性的级数作为比较对象,通过比较大小来判断给定正项级数的敛散性,但有时不易找到做比较的已知级数,下面探讨能否从级数本身找到判定级数敛散性的方法.

三、正项级数的比值审敛法

定理 3(比值审敛法或达朗贝尔判别法) 若正项级数 $\sum_{n=1}^{\infty} u_n$ 的后项与前项之比值的极限等于 ρ,即

$$\lim_{n\to\infty}\frac{u_{n+1}}{u_n}=\rho.$$

则:(1) 当 $\rho<1$ 时,级数收敛;

(2) 当 $\rho>1$ (或 $\lim\limits_{n\to\infty}\frac{u_{n+1}}{u_n}=\infty$) 时,级数发散;

(3) 当 $\rho=1$ 时,级数可能收敛也可能发散.

例 4 判别下列正项级数的敛散性:

(1) $\sum_{n=1}^{\infty}\frac{1}{n!}$; (2) $\sum_{n=1}^{\infty}\frac{3^n}{n^5}$; (3) $\sum_{n=1}^{\infty}\frac{n!}{n^n}$.

解 (1) 由 $\rho=\lim\limits_{n\to\infty}\frac{u_{n+1}}{u_n}=\lim\limits_{n\to\infty}\frac{\frac{1}{(n+1)!}}{\frac{1}{n!}}=\lim\limits_{n\to\infty}\frac{n!}{(n+1)!}=\lim\limits_{n\to\infty}\frac{1}{n+1}=0<1$,

根据比值审敛法可知,级数 $\sum_{n=1}^{\infty}\frac{1}{n!}$ 收敛.

(2) 由
$$\rho=\lim_{n\to\infty}\frac{u_{n+1}}{u_n}=\lim_{n\to\infty}\left[\frac{3^{n+1}}{(n+1)^5}\cdot\frac{n^5}{3^n}\right]=3>1,$$

根据比值审敛法可知,级数 $\sum_{n=1}^{\infty}\frac{3^n}{n^5}$ 发散.

(3) 由 $\frac{u_{n+1}}{u_n}=\frac{(n+1)!}{(n+1)^{n+1}}\cdot\frac{n^n}{n!}=\left(\frac{n}{n+1}\right)^n=\frac{1}{\left(1+\frac{1}{n}\right)^n}$,所以

$$\rho=\lim_{n\to\infty}\frac{u_{n+1}}{u_n}=\lim_{n\to\infty}\frac{1}{\left(1+\frac{1}{n}\right)^n}=\frac{1}{\mathrm{e}}<1,$$

根据比值审敛法可知,级数 $\sum_{n=1}^{\infty}\frac{n!}{n^n}$ 收敛.

需要指出的是,比值审敛法虽然有简单易行的优点,但当 $\rho=1$ 时,方法失效. 例如 p-级数 $\sum_{n=1}^{\infty}\frac{1}{n^p}$,不论 p 为何值都有 $\lim\limits_{n\to\infty}\frac{u_{n+1}}{u_n}=\lim\limits_{n\to\infty}\frac{n^p}{(n+1)^p}=1$. 但是,当 $p\leqslant 1$ 时级数发散,而当 $p>1$ 时级数收敛. 故 $\rho=1$ 时,级数敛散性情况不明,需要另找判别方法.

例 5 判别级数 $\sum_{n=1}^{\infty}\frac{1}{(2n-1)\cdot 2n}$ 的收敛性.

解
$$\lim_{n\to\infty}\frac{u_{n+1}}{u_n}=\lim_{n\to\infty}\frac{(2n-1)\cdot 2n}{(2n+1)\cdot(2n+2)}=1.$$

这时 $\rho=1$，比值审敛法失效，必须用其他方法来判别级数的收敛性.

因为 $\dfrac{1}{(2n-1)\cdot 2n}<\dfrac{1}{n^2}$，而级数 $\sum\limits_{n=1}^{\infty}\dfrac{1}{n^2}$ 收敛，因此由比较审敛法可知所给级数收敛.

四、正项级数的根值审敛法

定理 4(根值审敛法或柯西判别法) 设 $\sum\limits_{n=1}^{\infty}u_n$ 为正项级数，如果它的一般项 u_n 的 n 次根的极限等于 ρ，即 $\lim\limits_{n\to\infty}\sqrt[n]{u_n}=\rho$，则：

(1) 当 $\rho<1$ 时，级数收敛；

(2) 当 $\rho>1$(或 $\lim\limits_{n\to\infty}\sqrt[n]{u_n}=+\infty$) 时，级数发散；

(3) 当 $\rho=1$ 时，级数可能收敛也可能发散.

例 6 判定下列级数的收敛性：

(1) $\sum\limits_{n=1}^{\infty}\dfrac{2+(-1)^n}{2^n}$； (2) $1+\dfrac{1}{2^2}+\dfrac{1}{3^3}+\cdots+\dfrac{1}{n^n}+\cdots$.

解 (1) 因为

$$\lim_{n\to\infty}\sqrt[n]{u_n}=\lim_{n\to\infty}\frac{1}{2}\sqrt[n]{2+(-1)^n}=\frac{1}{2}<1,$$

因此，由根值审敛法知，原级数收敛.

(2) 因为

$$\lim_{n\to\infty}\sqrt[n]{u_n}=\lim_{n\to\infty}\sqrt[n]{\frac{1}{n^n}}=\lim_{n\to\infty}\frac{1}{n}=0<1,$$

所以，根据根值审敛法可知，原级数收敛.

练习题 11-2

1. $\sum\limits_{n=1}^{\infty}u_n$ 为正项级数，下列命题中错误的是(　　).

A. 若 $\lim\limits_{n\to\infty}\dfrac{u_{n+1}}{u_n}=\rho<1$，则 $\sum\limits_{n=1}^{\infty}u_n$ 收敛　　B. 若 $\lim\limits_{n\to\infty}\dfrac{u_{n+1}}{u_n}=\rho>1$，则 $\sum\limits_{n=1}^{\infty}u_n$ 发散

C. 若 $\dfrac{u_{n+1}}{u_n}<1$，则 $\sum\limits_{n=1}^{\infty}u_n$ 收敛　　D. 若 $\dfrac{u_{n+1}}{u_n}>1$，则 $\sum\limits_{n=1}^{\infty}u_n$ 发散

2. 当 p ______ 时，级数 $\sum\limits_{n=1}^{\infty}\dfrac{1}{n^p}$ 收敛.

3. 用"收敛"或"发散"填空：

(1) $\sum\limits_{n=1}^{\infty}\dfrac{1}{\sqrt[3]{n+1}}$(　　)；　　(2) $\sum\limits_{n=1}^{\infty}n!$ (　　)；

(3) $\sum\limits_{n=1}^{\infty}\dfrac{1}{n+1}$(　　)；　　(4) $\sum\limits_{n=1}^{\infty}\dfrac{\ln 3}{3^n}$(　　)；

(5) $\sum_{n=1}^{\infty} 3^n$(   )；　　(6) $\sum_{n=1}^{\infty} \frac{(-1)^{n-1}}{2^n}$(   ).

4. 判别下列正项级数的敛散性：

(1) $\sum_{n=1}^{\infty} \frac{1+n}{1+n^2}$；　　(2) $\sum_{n=1}^{\infty} \frac{n!}{10^n}$；

(3) $\sum_{n=1}^{\infty} \frac{n^2}{2^n}$；　　(4) $\sum_{n=1}^{\infty} \frac{2}{n^2+5n+6}$；

(5) $\frac{2}{1\times 2}+\frac{2^2}{2\times 3}+\frac{2^3}{3\times 4}+\frac{2^4}{4\times 5}+\cdots$；　　(6) $\sum_{n=1}^{\infty} \sqrt{\frac{n+1}{n}}$；

(7) $\sum_{n=1}^{\infty} \left(\frac{n}{5n+2}\right)^n$；　　(8) $\sum_{n=1}^{\infty} \frac{1}{[\ln(n+1)]^n}$；

(9) $\sum_{n=1}^{\infty} \frac{1}{n(n+1)(n+2)}$；　　(10) $\sum_{n=1}^{\infty} \frac{1}{n}(\sqrt{n+1}-\sqrt{n})$；

(11) $\sum_{n=1}^{\infty} \frac{1}{\sqrt{n^2+1}+\sqrt{n}}$；　　(12) $\sum_{n=1}^{\infty} \frac{3^n}{2n-1}$.

第三节　交错级数、任意项级数及其收敛性

一、交错级数及其收敛性

定义 1　在数项级数中，形如

$$u_1-u_2+u_3-u_4+\cdots+(-1)^{n-1}u_n+\cdots=\sum_{n=1}^{\infty}(-1)^{n-1}u_n$$

或
$$-u_1+u_2-u_3+u_4-\cdots+(-1)^n u_n+\cdots=\sum_{n=1}^{\infty}(-1)^n u_n,$$

其中 $u_n>0\ (n=1,2,\cdots)$，即它的各项是正负交错的，称为**交错级数**.

例如，$\sum_{n=1}^{\infty}(-1)^{n-1}\frac{1}{n}$ 是交错级数，但 $\sum_{n=1}^{\infty}(-1)^{n-1}\frac{1-\cos n\pi}{n}$ 不是交错级数.

关于交错级数的收敛性，有以下的判定法.

定理 1(莱布尼茨定理)　如果交错级数 $\sum_{n=1}^{\infty}(-1)^{n-1}u_n$ 满足条件：

(1) $u_n \geqslant u_{n+1}\ (n=1,2,\cdots)$；　　(2) $\lim_{n\to\infty} u_n=0$，

则交错级数 $\sum_{n=1}^{\infty}(-1)^{n-1}u_n$ 收敛，且其和 $s\leqslant u_1$，其余项 r_n 的绝对值 $|r_n|\leqslant u_{n+1}$.

证　先证明前 $2n$ 项的和 s_{2n} 的极限存在. 因为 $u_n \geqslant u_{n+1}$，所以 $u_n-u_{n+1}\geqslant 0$，则

$$s_{2n}=(u_1-u_2)+(u_3-u_4)+\cdots+(u_{2n-1}-u_{2n})\geqslant 0,$$

故前 $2n$ 项部分和数列 $\{s_{2n}\}$ 是单调增加的.

又因为 $s_{2n}=u_1-(u_2-u_3)-(u_4-u_5)-\cdots-(u_{2n-2}-u_{2n-1})-u_{2n}\leqslant u_1$，故前 $2n$ 项部分和数列$\{s_{2n}\}$有上界.

利用单调有界数列必有极限的准则可知，当 n 无限增大时，$\{s_{2n}\}$极限存在，设为 s，则有 $\lim\limits_{n\to\infty}s_{2n}=s\leqslant u_1$.

再证明前 $2n+1$ 项的和 s_{2n+1} 的极限也是 s. 因为 $s_{2n+1}=s_{2n}+u_{2n+1}$，由条件(2) 可知

$$\lim_{n\to\infty}s_{2n+1}=\lim_{n\to\infty}(s_{2n}+u_{2n+1})=s.$$

由于级数的前偶数项的和与奇数项的和趋于同一极限 s，所以级数 $\sum\limits_{n=1}^{\infty}(-1)^{n-1}u_n$ 的部分和 s_n 当 $n\to\infty$ 时具有极限 s. 这就证明了级数 $\sum\limits_{n=1}^{\infty}(-1)^{n-1}u_n$ 收敛于和 s，且 $s\leqslant u_1$.

余项 r_n 可以写成 $r_n=\pm(u_{n+1}-u_{n+2}+\cdots)$，则 $|r_n|=u_{n+1}-u_{n+2}+\cdots$，此式右端也是一个交错级数，满足收敛的两个条件，所以其和小于级数的第一项，即 $|r_n|\leqslant u_{n+1}$.

例 1 判别交错级数 $\sum\limits_{n=1}^{\infty}(-1)^{n-1}\dfrac{1}{n}$ 的收敛性.

解 交错级数 $\sum\limits_{n=1}^{\infty}(-1)^{n-1}\dfrac{1}{n}$ 满足条件：

(1) $1>\dfrac{1}{2}>\dfrac{1}{3}>\cdots>\dfrac{1}{n}>\cdots$； (2) $\lim\limits_{n\to\infty}u_n=\lim\limits_{n\to\infty}\dfrac{1}{n}=0$.

由莱布尼茨定理可知，级数 $\sum\limits_{n=1}^{\infty}(-1)^{n-1}\dfrac{1}{n}$ 收敛.

例 2 判定级数 $\sum\limits_{n=1}^{\infty}(-1)^{n-1}\dfrac{n}{2n-1}$ 的收敛性.

解 因为 $\lim\limits_{n\to\infty}u_n=\lim\limits_{n\to\infty}(-1)^{n-1}\dfrac{n}{2n-1}\neq 0$，所以原级数发散.

二、绝对收敛与条件收敛

定义 2 在数项级数 $\sum\limits_{n=1}^{\infty}u_n$ 中，若 $u_n(n=1,2,\cdots)$ 为任意实数，则称为任意项级数.

定理 2 若任意项级数 $\sum\limits_{n=1}^{\infty}u_n$ 的各项绝对值所组成的正项级数 $\sum\limits_{n=1}^{\infty}|u_n|$ 收敛，则级数 $\sum\limits_{n=1}^{\infty}u_n$ 必收敛.

证 设级数 $\sum\limits_{n=1}^{\infty}|u_n|$ 收敛，令 $v_n=\dfrac{1}{2}(u_n+|u_n|)\ (n=1,2,\cdots)$，显然，$v_n\geqslant 0$ 且 $v_n\leqslant|u_n|\ (n=1,2,3,\cdots)$. 由比较审敛法知道，级数 $\sum\limits_{n=1}^{\infty}v_n$ 收敛，从而级数 $\sum\limits_{n=1}^{\infty}2v_n$ 也收敛. 而 $u_n=2v_n-|u_n|$，由收敛级数的基本性质可知 $\sum\limits_{n=1}^{\infty}u_n=\sum\limits_{n=1}^{\infty}2v_n-\sum\limits_{n=1}^{\infty}|u_n|$，所以级数 $\sum\limits_{n=1}^{\infty}u_n$ 收敛.

注 (1) 上述定理 2 的逆定理并不成立,如 $\sum_{n=1}^{\infty}\frac{(-1)^n}{n}$ 收敛,但 $\sum_{n=1}^{\infty}\frac{1}{n}$ 发散.

(2) 定理 2 将任意项级数的敛散性判定转化成正项级数的敛散性判定.

定义 3 如果级数 $\sum_{n=1}^{\infty}|u_n|$ 收敛,则称级数 $\sum_{n=1}^{\infty}u_n$ **绝对收敛**;如果级数 $\sum_{n=1}^{\infty}|u_n|$ 发散,而级数 $\sum_{n=1}^{\infty}u_n$ 收敛,则称级数 $\sum_{n=1}^{\infty}u_n$ **条件收敛**.

由此可知:绝对收敛的级数一定收敛.

注 (1) 如果级数 $\sum_{n=1}^{\infty}|u_n|$ 发散,不能断定级数 $\sum_{n=1}^{\infty}u_n$ 也发散. 如 $\sum_{n=1}^{\infty}\frac{1}{n}$ 发散,但 $\sum_{n=1}^{\infty}\frac{(-1)^n}{n}$ 收敛.

(2) 无穷级数一般不具备有限项相加满足的交换律、结合律这样的性质,即使是条件收敛的级数也不具备有这样的性质. 但如果级数绝对收敛,则级数中的各项可任意地改变位置(即交换律成立)、可任意地添加括号(即结合律成立).

例 3 判定级数 $\sum_{n=1}^{\infty}\frac{\sin na}{n^2}$ 的收敛性.

解 因为 $\left|\frac{\sin na}{n^2}\right|\leqslant\frac{1}{n^2}$,而级数 $\sum_{n=1}^{\infty}\frac{1}{n^2}$ 收敛,所以级数 $\sum_{n=1}^{\infty}\left|\frac{\sin na}{n^2}\right|$ 也收敛. 由定理 2 知,级数 $\sum_{n=1}^{\infty}\frac{\sin na}{n^2}$ 绝对收敛.

例 4 证明级数 $\sum_{n=1}^{\infty}\frac{(-1)^{n-1}}{\sqrt{n}}$ 是条件收敛级数.

证 因为 $\left|\frac{(-1)^{n-1}}{\sqrt{n}}\right|=\frac{1}{\sqrt{n}}$,而 $\sum_{n=1}^{\infty}\frac{1}{\sqrt{n}}$ 是发散的 $p-$级数,故 $\sum_{n=1}^{\infty}\left|\frac{(-1)^{n-1}}{\sqrt{n}}\right|$ 发散.

由交错级数收敛的莱布尼茨定理,级数 $\sum_{n=1}^{\infty}\frac{(-1)^{n-1}}{\sqrt{n}}$ 是收敛的.

故 $\sum_{n=1}^{\infty}\frac{(-1)^{n-1}}{\sqrt{n}}$ 是条件收敛级数.

下面介绍在今后有重要应用的任意项级数的审敛法.

定理 3 若任意项级数 $\sum_{n=1}^{\infty}u_n$ 满足

$$\lim_{n\to\infty}\left|\frac{u_{n+1}}{u_n}\right|=\rho \text{ 或} \lim_{n\to\infty}\sqrt[n]{|u_n|}=\rho,$$

则有:(1) 当 $\rho<1$ 时,级数绝对收敛;

(2) 当 $\rho>1$(或 $\lim_{n\to\infty}\frac{u_{n+1}}{u_n}=\infty$) 时,级数发散.

即若由比值审敛法或根值审敛法判定 $\sum_{n=1}^{\infty}|u_n|$ 发散,则 $\sum_{n=1}^{\infty}u_n$ 必发散.

例 5 判定级数 $\sum\limits_{n=1}^{\infty}(-1)^n\dfrac{1}{2^n}\left(1+\dfrac{1}{n}\right)^{n^2}$ 的收敛性.

解 由 $|u_n|=\dfrac{1}{2^n}\left(1+\dfrac{1}{n}\right)^{n^2}$，有 $\sqrt[n]{|u_n|}=\dfrac{1}{2}\left(1+\dfrac{1}{n}\right)^n\to\dfrac{1}{2}\mathrm{e}\,(n\to\infty)$，而 $\dfrac{1}{2}\mathrm{e}>1$，可知 $|u_n|$ 不趋于零 $(n\to\infty)$，因此级数 $\sum\limits_{n=1}^{\infty}(-1)^n\dfrac{1}{2^n}\left(1+\dfrac{1}{n}\right)^{n^2}$ 发散.

注 绝对收敛级数有很多性质是条件收敛级数所没有的.

关于数项级数就介绍到这里，数项级数的题目中要求和的不多，大多是判定其敛散性的，判定程序如下：

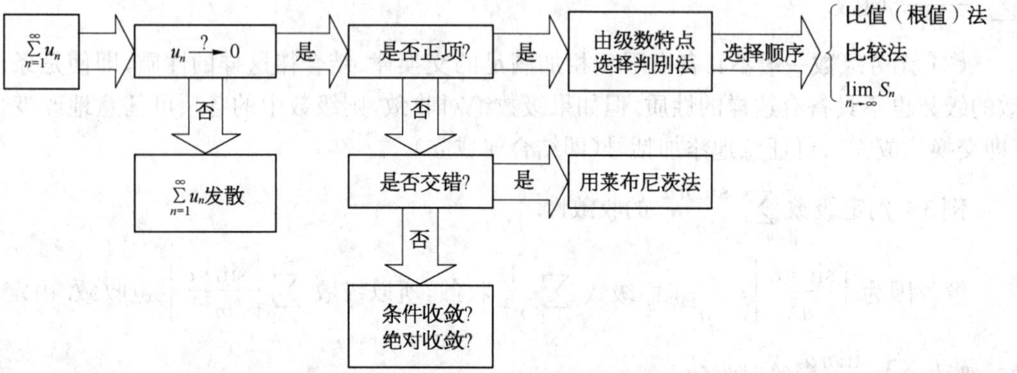

练习题 11-3

1. 判断下列级数中哪些是绝对收敛的，哪些是条件收敛的，并说明理由.

(1) $\sum\limits_{n=1}^{\infty}(-1)^{n+1}\dfrac{1}{\ln(n+1)}$；　(2) $\sum\limits_{n=1}^{\infty}(-1)^{n-1}\dfrac{n}{3^{n-1}}$；

(3) $\sum\limits_{n=1}^{\infty}(-1)^{n-1}\dfrac{1}{\sqrt[3]{n}}$；　(4) $\sum\limits_{n=1}^{\infty}\dfrac{\sin na}{(1+n)^2}$ (a 为常数)；

(5) $\sum\limits_{n=1}^{\infty}(-1)^n\left(\dfrac{1}{4}\right)^n$；　(6) $\sum\limits_{n=1}^{\infty}(-1)^n\dfrac{1}{n\cdot 2^n}$；

(7) $\sum\limits_{n=1}^{\infty}(-1)^{n+1}\dfrac{n+2}{n+1}\dfrac{1}{\sqrt{n}}$；　(8) $\sum\limits_{n=1}^{\infty}(-1)^{n+1}\dfrac{2^{n^2}}{n!}$.

2. 判断下列级数的敛散性：

(1) $\sum\limits_{n=1}^{\infty}\dfrac{n+1}{n(n+2)}$；　(2) $\sum\limits_{n=1}^{\infty}\left(\dfrac{n}{1+n}\right)^n$；

(3) $\sum\limits_{n=1}^{\infty}\dfrac{n}{2^n}$；　(4) $\sum\limits_{n=1}^{\infty}(-1)^n\dfrac{n^2+1}{n^3}$；

(5) $\dfrac{1}{a+b}+\dfrac{1}{2a+b}+\dfrac{1}{3a+b}+\cdots\ (a,b>0)$；(6) $\sum\limits_{n=1}^{\infty}\dfrac{6^n}{n^6}$.

第四节　幂级数及其收敛性

前面讨论的是数项级数，它的每一项都是常数，现在考虑每一项都是函数的级数.

定义　设 $u_1(x), u_2(x), \cdots, u_n(x), \cdots$ 是定义在区间 I 上的函数列，称和式 $u_1(x)+u_2(x)+\cdots+u_n(x)+\cdots$ 为定义在区间 I 上的**函数项级数**，记为 $\sum\limits_{n=1}^{\infty}u_n(x)$.

对于区间 I 内的一定点 x_0，函数项级数成为常数项级数 $\sum\limits_{n=1}^{\infty}u_n(x_0)$，若常数项级数 $\sum\limits_{n=1}^{\infty}u_n(x_0)$ 收敛，则称点 x_0 是函数项级数 $\sum\limits_{n=1}^{\infty}u_n(x)$ 的**收敛点**；若常数项级数 $\sum\limits_{n=1}^{\infty}u_n(x_0)$ 发散，则称点 x_0 是函数项级数 $\sum\limits_{n=1}^{\infty}u_n(x)$ 的**发散点**. 函数项级数 $\sum\limits_{n=1}^{\infty}u_n(x)$ 的所有收敛点的全体称为它的**收敛域**，所有发散点的全体称为它的**发散域**.

在收敛域上，函数项级数 $\sum\limits_{n=1}^{\infty}u_n(x)$ 的和是关于 x 的函数 $s(x)$，称之为函数项级数的**和函数**. 即在收敛域上，$\sum\limits_{n=1}^{\infty}u_n(x)=s(x)$.

函数项级数 $\sum\limits_{n=1}^{\infty}u_n(x)$ 的前 n 项的部分和记作 $s_n(x)$，即

$$s_n(x)=u_1(x)+u_2(x)+\cdots+u_n(x),$$

在收敛域上有 $\lim\limits_{n\to\infty}s_n(x)=s(x)$ 或 $s_n(x)\to s(x)(n\to\infty)$.

$r_n(x)=s(x)-s_n(x)$ 叫作函数项级数 $\sum\limits_{n=1}^{\infty}u_n(x)$ 的**余项**，在收敛域上有 $\lim\limits_{n\to\infty}r_n(x)=0$.

如函数项级数 $1+x+x^2+\cdots+x^n+\cdots$ 是公比为 x 的等比级数，它的收敛域为 $(-1,1)$，发散域是 $(-\infty,-1]$ 及 $[1,+\infty)$，和函数为 $\frac{1}{1-x}$.

一般来说，由于函数项级数的形式是很复杂的，要确定它的收敛域及和函数是十分困难的. 为此，下面主要讨论一类形式上很简单，而应用又很广泛的函数项级数——幂级数.

一、幂级数的概念

形如 $a_0+a_1(x-x_0)+a_2(x-x_0)^2+\cdots+a_n(x-x_0)^n+\cdots$ 的函数项级数称为关于 $(x-x_0)$ 的**幂级数**，记为 $\sum\limits_{n=0}^{\infty}a_n(x-x_0)^n$，其中 x_0 及 $a_0, a_1, a_2, \cdots, a_n, \cdots$ 都是常数，$a_0, a_1, a_2, \cdots, a_n, \cdots$ 称为该**幂级数的系数**.

当 $x_0=0$ 时，幂级数变成 $\sum\limits_{n=0}^{\infty}a_nx^n$，称为关于 x 的**幂级数**. 对于幂级数 $\sum\limits_{n=0}^{\infty}a_n(x-x_0)^n$，只要作代换 $t=x-x_0$，就可得到幂级数 $\sum\limits_{n=0}^{\infty}a_nt^n$. 因此，主要对幂级数 $\sum\limits_{n=0}^{\infty}a_nx^n$ 进行讨论.

二、幂级数的收敛域及运算

显然,级数 $\sum_{n=0}^{\infty} a_n x^n$ 在 $x=0$ 点收敛. 如果收敛点不只是 $x=0$ 这一点,那么它的收敛域是怎样确定呢? 于是有下面的定理.

定理 如果幂级数 $\sum_{n=0}^{\infty} a_n x^n$ $(a_n \neq 0)$ 的系数满足 $\lim_{n\to\infty}\left|\frac{a_{n+1}}{a_n}\right|=\rho$,则:

(1) 当 $0<\rho<+\infty$,令 $R=\frac{1}{\rho}$,级数 $\sum_{n=0}^{\infty} a_n x^n$ 在 $(-R, R)$ 上绝对收敛;

(2) 当 $\rho=0$,令 $R=+\infty$,级数 $\sum_{n=0}^{\infty} a_n x^n$ 在 $(-\infty, +\infty)$ 上绝对收敛;

(3) 当 $\rho=+\infty$,令 $R=0$,级数 $\sum_{n=0}^{\infty} a_n x^n$ 仅在 $x=0$ 处收敛.

其中 R 称为幂级数 $\sum_{n=0}^{\infty} a_n x^n$ 的**收敛半径**,$(-R, R)$ 称为幂级数的**收敛区间**.

证 将级数 $\sum_{n=0}^{\infty} a_n x^n$ 的各项取绝对值,得到正项级数

$$\sum_{n=0}^{\infty} |a_n x^n| = |a_0| + |a_1 x| + |a_2 x^2| + \cdots + |a_n x^n| + \cdots,$$

考察
$$\lim_{n\to\infty}\left|\frac{a_{n+1}x^{n+1}}{a_n x^n}\right| = \lim_{n\to\infty}\left|\frac{a_{n+1}}{a_n}\right| \cdot |x| = \rho|x|.$$

(1) 当 $0<\rho<+\infty$ 时,由比值审敛法可知:当 $\rho|x|<1$,即 $|x|<\frac{1}{\rho}$ 时,级数 $\sum_{n=0}^{\infty} |a_n x^n|$ 收敛,从而 $\sum_{n=0}^{\infty} a_n x^n$ 绝对收敛;当 $\rho|x|>1$,即 $|x|>\frac{1}{\rho}$ 时,级数 $\sum_{n=0}^{\infty} |a_n x^n|$ 发散,则从某一项 $(n \geqslant n_0)$ 起,有 $|a_{n+1}x^{n+1}|>|a_n x^n|$,因此当 $n\to\infty$ 时 $|a_n x^n|$ 不趋于零,从而 $\sum_{n=0}^{\infty} a_n x^n$ 发散.

(2) 当 $\rho=0$ 时,$\rho|x|=0<1$,则级数 $\sum_{n=0}^{\infty} |a_n x^n|$ 对于一切实数 x 都是收敛的,从而 $\sum_{n=0}^{\infty} a_n x^n$ 绝对收敛. 于是 $R=+\infty$.

(3) 当 $\rho=+\infty$ 时,则对于除 $x=0$ 外的其他一切 x 值,级数 $\sum_{n=0}^{\infty} a_n x^n$ 必发散. 于是 $R=0$.

一个幂级数的收敛域可能是开区间,可能是闭区间,也可能是半开区间.

此定理给出了求幂级数的收敛半径 R 和收敛域的方法,但对 $x=\pm R$ 即区间端点时是否收敛,还需要利用常数项级数敛散性判别法单独讨论.

例 1 求幂级数 $\sum_{n=1}^{\infty} (-1)^{n-1}\frac{x^n}{n}$ 的收敛域.

解　因为 $\rho=\lim\limits_{n\to\infty}\left|\dfrac{a_{n+1}}{a_n}\right|=\lim\limits_{n\to\infty}\dfrac{\frac{1}{n+1}}{\frac{1}{n}}=1$，故收敛半径 $R=\dfrac{1}{\rho}=1$.

当 $x=1$ 时，原级数为 $\sum\limits_{n=1}^{\infty}(-1)^{n-1}\dfrac{1}{n}$ 是收敛的；

当 $x=-1$ 时，原级数为 $\sum\limits_{n=1}^{\infty}\left(-\dfrac{1}{n}\right)$ 是发散的.

所以，该幂级数的收敛域为 $(-1,\ 1]$.

例 2　求幂级数 $\sum\limits_{n=0}^{\infty}\dfrac{1}{n!}x^n$ 的收敛域.

解　因为

$$\rho=\lim_{n\to\infty}\left|\frac{a_{n+1}}{a_n}\right|=\lim_{n\to\infty}\frac{n!}{(n+1)!}=\lim_{n\to\infty}\frac{1}{n+1}=0,$$

所以，该幂级数的收敛域是 $(-\infty,\ +\infty)$.

例 3　求幂级数 $\sum\limits_{n=0}^{\infty}n!\ x^n$ 的收敛半径（规定 $0!\ =1$）.

解　因为

$$\rho=\lim_{n\to\infty}\left|\frac{a_{n+1}}{a_n}\right|=\lim_{n\to\infty}\frac{(n+1)!}{n!}=+\infty,$$

所以收敛半径 $R=0$，即级数仅在 $x=0$ 处收敛.

例 4　求幂级数 $\sum\limits_{n=0}^{\infty}\dfrac{(2n)!}{(n!)^2}x^{2n}$ 的收敛半径.

解　这个幂级数缺少奇次幂的项，因此，上述定理不能直接应用，但可直接应用比值审敛法来求收敛半径. 此时，由

$$\lim_{n\to\infty}\left|\frac{[2(n+1)]!\ x^{2(n+1)}}{[(n+1)!\ ]^2}\cdot\frac{[n!\ ]^2}{(2n)!\ x^{2n}}\right|=\lim_{n\to\infty}\frac{2(2n+1)}{n+1}|x|^2=4|x|^2,$$

当 $4|x|^2<1$，即 $|x|<\dfrac{1}{2}$ 时，幂级数收敛. 所以，幂级数 $\sum\limits_{n=1}^{\infty}\dfrac{1}{n\cdot 4^n}x^{2n-1}$ 的收敛半径 $R=\dfrac{1}{2}$.

例 5　求幂级数 $\sum\limits_{n=1}^{\infty}\dfrac{(x-1)^n}{2^n n}$ 的收敛域.

解　令 $t=x-1$，上述级数变为 $\sum\limits_{n=1}^{\infty}\dfrac{t^n}{2^n n}$. 因为

$$\rho=\lim_{n\to\infty}\left|\frac{a_{n+1}}{a_n}\right|=\lim_{n\to\infty}\frac{2^n\cdot n}{2^{n+1}(n+1)}=\frac{1}{2},$$

所以收敛半径 $R=2$.

当 $t=2$ 时，级数成为 $\sum\limits_{n=1}^{\infty}\dfrac{1}{n}$，此级数发散；当 $t=-2$ 时，级数成为 $\sum\limits_{n=1}^{\infty}\dfrac{(-1)^n}{n}$，此级数收敛. 因此收敛区间为 $-2\leqslant t<2$，即 $-2\leqslant x-1<2$ 或 $-1\leqslant x<3$，所以原级数的收敛域为 $[-1,\ 3)$.

三、幂级数的性质

设幂级数 $\sum\limits_{n=0}^{\infty} a_n x^n$ 的收敛半径为R,和函数为$s(x)$,则有以下性质:

性质1(四则性) 幂级数在其收敛域内可进行四则运算.

若 $\sum\limits_{n=0}^{\infty} a_n x^n = s_1(x)$(收敛半径为$R_1$)与 $\sum\limits_{n=0}^{\infty} b_n x^n = s_2(x)$(收敛半径为$R_2$),则可以进行加、减运算

$$\sum_{n=0}^{\infty} a_n x^n \pm \sum_{n=0}^{\infty} b_n x^n = \sum_{n=0}^{\infty} (a_n \pm b_n) x^n = s_1(x) \pm s_2(x),$$

收敛半径 $R = \min(R_1, R_2)$.

此外,还可进行乘法与除法运算,但计算较繁,这里不作介绍.

性质2(连续性) 幂级数的和函数在收敛区间$(-R, R)$内是连续的,并且

$$\lim_{x \to x_0} s(x) = \sum_{n=0}^{\infty} \lim_{x \to x_0} (a_n x^n) = \sum_{n=0}^{\infty} a_n x_0^n = s(x_0),\ x_0 \in (-R, R).$$

这表明极限符号与求和符号可以交换顺序.

性质3(可微性) 幂级数的和函数在收敛区间$(-R, R)$内是可导的,且有

$$s'(x) = \sum_{n=0}^{\infty} (a_n x^n)' = \sum_{n=1}^{\infty} n a_n x^{n-1},\ x \in (-R, R).$$

这表明逐项求导后的幂级数与原幂级数具有相同的收敛半径.

反复应用上述结论可得,幂级数的和函数在$(-R, R)$内具有任意阶导数.

性质4(可积性) 幂级数的和函数在收敛区间$(-R, R)$内是可积的,且有

$$\int_0^x s(x)\mathrm{d}x = \sum_{n=0}^{\infty} \int_0^x a_n x^n \mathrm{d}x = \sum_{n=0}^{\infty} \frac{a_n}{n+1} x^{n+1},\ x \in (-R, R).$$

这表明逐项积分后的幂级数与原幂级数具有相同的收敛半径.

应该指出:幂级数经逐项求导或逐项积分后,其收敛半径虽然不变,但在端点处的收敛性可能发生改变.

例6 求幂级数 $\sum\limits_{n=1}^{\infty} n x^{n-1}$ 的和函数,并由此求级数$\sum\limits_{n=1}^{\infty} \dfrac{n}{2^n}$ 的和.

解 因为
$$\rho = \lim_{n \to \infty} \left| \frac{a_{n+1}}{a_n} \right| = \lim_{n \to \infty} \frac{n+1}{n} = 1,$$

故$R=1$. 当$x=\pm 1$时,原级数分别成为$\sum\limits_{n=1}^{\infty} n$和$\sum\limits_{n=1}^{\infty} (-1)^{n-1} n$,这两个级数的一般项都不趋于零,所以幂级数 $\sum\limits_{n=1}^{\infty} n x^{n-1}$ 的收敛域为$(-1, 1)$.

令幂级数 $\sum\limits_{n=1}^{\infty} n x^{n-1}$ 的和函数为$s(x)$,则$s(x) = \sum\limits_{n=1}^{\infty} n x^{n-1}$,利用性质4,从0到$x$逐项积

分,得

$$\int_0^x s(x)\mathrm{d}x=\sum_{n=1}^{\infty}\int_0^x nx^{n-1}\mathrm{d}x=\sum_{n=1}^{\infty}x^n=\frac{x}{1-x}=-1+\frac{1}{1-x}.$$

对上式两边分别求导,得

$$s(x)=\left(-1+\frac{1}{1-x}\right)'=\frac{1}{(1-x)^2},\ x\in(-1,1).$$

于是
$$\sum_{n=1}^{\infty}\frac{n}{2^n}=\frac{1}{2}\sum_{n=1}^{\infty}n\left(\frac{1}{2}\right)^{n-1}=\frac{1}{2}\cdot\frac{1}{\left(1-\frac{1}{2}\right)^2}=2.$$

例 7　求级数 $\frac{x^2}{2}-\frac{x^4}{4}+\frac{x^6}{6}-\frac{x^8}{8}+\frac{x^{10}}{10}-\cdots$ 的收敛域及和函数.

解　级数 $\frac{x^2}{2}-\frac{x^4}{4}+\frac{x^6}{6}-\frac{x^8}{8}+\frac{x^{10}}{10}-\cdots=\sum_{n=1}^{\infty}\frac{(-1)^{n-1}}{2n}\cdot x^{2n}$,这是一个缺项幂级数,缺少奇次幂项,故直接用比值审敛法来求收敛域:

$$\lim_{n\to\infty}\left|\frac{x^{2n+2}}{(2n+2)}\cdot\frac{2n}{x^{2n}}\right|=x^2,$$

由 $x^2<1$ 知 $|x|<1$,故原级数的收敛半径 $R=1$.

当 $x=\pm1$ 时,原级数为 $\sum_{n=1}^{\infty}\frac{(-1)^{n-1}}{2n}$,这是一个交错级数,由莱布尼茨定理可知 $\sum_{n=1}^{\infty}\frac{(-1)^{n-1}}{2n}$ 收敛.所以原级数的收敛域是 $[-1,1]$.

令 $s(x)=\sum_{n=1}^{\infty}\frac{(-1)^{n-1}x^{2n}}{2n}$,利用性质 3,逐项求导,得

$$s'(x)=\sum_{n=1}^{\infty}\left[\frac{(-1)^{n-1}}{2n}x^{2n}\right]'=\sum_{n=1}^{\infty}(-1)^{n-1}x^{2n-1}=\frac{x}{1+x^2},$$

对上式从 0 到 x 积分,得

$$s(x)=\int_0^x\frac{x}{1+x^2}\mathrm{d}x=\frac{1}{2}\ln(1+x^2),\ x\in[-1,1].$$

例 8　求级数 $\sum_{n=1}^{\infty}\frac{(-1)^{n-1}x^n}{n}=x-\frac{x^2}{2}+\frac{x^3}{3}-\frac{x^4}{4}+\cdots+(-1)^{n-1}\frac{x^n}{n}+\cdots$ 的收敛区间与和函数.

解　对已知级数逐项求导后得

$$1-x+x^2-x^3+\cdots+(-1)^{n-1}x^{n-1}+\cdots=\frac{1}{1+x},\ x\in(-1,1).$$

对上式逐项积分,得

$$\int_0^x\frac{1}{1+x}\mathrm{d}x=\int_0^x1\cdot\mathrm{d}x-\int_0^x x\,\mathrm{d}x+\int_0^x x^2\mathrm{d}x-\int_0^x x^3\mathrm{d}x+\cdots+(-1)^{n-1}\int_0^x x^{n-1}\mathrm{d}x+\cdots.$$

即 $$\ln(1+x)=x-\frac{x^2}{2}+\frac{x^3}{3}-\frac{x^4}{4}+\cdots+(-1)^{n-1}\frac{x^n}{n}+\cdots.$$

当 $x=1$ 时,级数 $1-\frac{1}{2}+\frac{1}{3}-\frac{1}{4}+\cdots$ 收敛;当 $x=-1$ 时,级数 $-1-\frac{1}{2}-\frac{1}{3}-\frac{1}{4}-\cdots$ 发散. 所以幂级数 $\sum_{n=1}^{\infty}\frac{(-1)^{n-1}x^n}{n}$ 在区间 $(-1, 1]$ 上的和函数为 $\ln(1+x)$.

例 9 求级数 $\sum_{n=0}^{\infty}\frac{(-1)^n}{n+1}$ 的和.

解 考虑幂级数 $\sum_{n=0}^{\infty}\frac{1}{n+1}x^n$,此级数在 $[-1, 1)$ 上收敛,设其和函数为 $s(x)$,则 $s(x)=\sum_{n=0}^{\infty}\frac{x^n}{n+1}$, $s(-1)=\sum_{n=0}^{\infty}\frac{(-1)^n}{n+1}$. 于是, $xs(x)=\sum_{n=0}^{\infty}\frac{x^{n+1}}{n+1}$.

利用性质 3,逐项求导,并由

$$\frac{1}{1-x}=1+x+x^2+\cdots+x^n+\cdots,\ x\in(-1, 1)$$

得 $$[xs(x)]'=\sum_{n=0}^{\infty}\left(\frac{x^{n+1}}{n+1}\right)'=\sum_{n=0}^{\infty}x^n=\frac{1}{1-x}.$$

对上式从 0 到 x 积分,得

$$xs(x)=\int_0^x\frac{1}{1-x}\mathrm{d}x=-\ln(1-x).$$

于是, $-s(-1)=-\ln 2$, $s(-1)=\ln 2$,即 $\sum_{n=0}^{\infty}\frac{(-1)^n}{n+1}=\ln 2$.

求幂级数的和函数,首先要求幂级数的收敛区间,再在收敛区间上利用逐项求导或逐项积分的性质,将级数变成某个几何级数,求出几何级数的和函数后,再对此和函数积分或求导数,从而得到原级数的和函数.

练习题 11-4

1. 求下列幂级数的收敛半径和收敛区间:

(1) $-x-\frac{x^2}{2}-\frac{x^3}{3}-\cdots-\frac{x^n}{n}-\cdots$; (2) $\sum_{n=0}^{\infty}(n+1)!\ x^n$;

(3) $\frac{x}{3}+\frac{2x^2}{3^2}+\frac{3x^3}{3^3}+\cdots+\frac{nx^n}{3^n}+\cdots$; (4) $\frac{x}{2}+\frac{x^2}{2\cdot 4}+\frac{x^3}{2\cdot 4\cdot 6}+\cdots$;

(5) $\sum_{n=1}^{\infty}(-1)^n\frac{x^{2n+1}}{2n+1}$; (6) $\sum_{n=1}^{\infty}\frac{2n-1}{2^n}x^{2n-2}$;

(7) $\sum_{n=1}^{\infty}(-1)^{n-1}\frac{(x-1)^n}{n}$; (8) $\sum_{n=1}^{\infty}(-1)^n\frac{x^n}{n^2}+\sum_{n=1}^{\infty}\frac{2^nx^n}{n^2+1}$.

2. 求下列幂级数的和函数:

(1) $x+\frac{x^3}{3}+\frac{x^5}{5}+\frac{x^7}{7}+\cdots$; (2) $\sum_{n=1}^{\infty}(-1)^{n-1}\frac{x^{2n-1}}{2n-1}$;

(3) $1+2x+3x^2+4x^3+\cdots$；　　(4) $\sum_{n=1}^{\infty}(-1)^{n-1}nx^{n-1}$.

3. 求下列级数的和：

(1) $\sum_{n=1}^{\infty}\frac{n}{3^n}$；　　(2) $\sum_{n=1}^{\infty}(-1)^{n-1}\frac{\left(\frac{1}{2}\right)^n}{n}$.

第五节　将函数展开成幂级数

前面讨论了幂级数在其收敛域内确定了一个和函数. 现在反过来考虑，给定一个函数，能否用一个幂级数来表示它？这就是本节要讨论的问题.

一、麦克劳林级数

对于一个给定的函数 $f(x)$，如果能找到一个幂级数 $\sum_{n=0}^{\infty}a_nx^n$，使

$$f(x)=\sum_{n=0}^{\infty}a_nx^n=a_0+a_1x+a_2x^2+\cdots+a_nx^n+\cdots \quad (-R<x<R) \tag{11-3}$$

成立，则称 $f(x)$ **可展开成 x 的幂级数**. 但要将 $f(x)$ 展开成 x 的一个幂级数，须解决以下两个问题：

(1) 如何确定式(11-3)中的系数 $a_0, a_1, a_2, \cdots a_n, \cdots$？

(2) 按所求得的系数，这个幂级数在它的收敛域内的和函数是否就是 $f(x)$？

先解决问题(1)，不妨设式(11-3)成立，那么，根据幂级数可以逐项求导的性质，依次求出式(11-3)中的各阶导数：

$$f'(x)=a_1+2a_2x+3a_3x^2+\cdots+na_nx^{n-1}+\cdots,$$
$$f''(x)=2a_2+3\cdot 2a_3x+\cdots+n(n-1)a_nx^{n-2}+\cdots,$$
$$\cdots\cdots$$
$$f^{(n)}(x)=n!\,a_n+(n+1)!\,a_{n+1}x+\frac{(n+2)!}{2}a_{n+2}x^2+\cdots,$$

把 $x=0$ 代入式(11-3)及上述各式，得

$$f(0)=a_0,\ f'(0)=a_1,\ f''(0)=2!\,a_2,\ \cdots,\ f^{(n)}(0)=n!\,a_n,\ \cdots$$

于是　$$a_0=f(0),\ a_1=\frac{f'(0)}{1!},\ a_2=\frac{f''(0)}{2!},\ \cdots,\ a_n=\frac{f^{(n)}(0)}{n!},\ \cdots.$$

把它们代回式(11-3)，得

$$f(x)=f(0)+\frac{f'(0)}{1!}x+\frac{f''(0)}{2!}x^2+\cdots+\frac{f^{(n)}(0)}{n!}x^n+\cdots \quad (-R<x<R). \tag{11-4}$$

通常称式(11-4)为 $f(x)$的**麦克劳林展开式**或 $f(x)$ 在 $x=0$ 处的幂级数展开式,式(11-4)中等号右端的级数称为 $f(x)$的**麦克劳林级数**或 $f(x)$展开成 x 的幂级数.

至于问题(2),只要证明其余项满足 $\lim\limits_{n\to\infty}r_n=\lim\limits_{n\to\infty}(a_{n+1}x^{n+1}+a_{n+2}x^{n+2}+\cdots)=0$ 即可(证明略).

可见,按公式 $a_n=\dfrac{1}{n!}f^{(n)}(0)$ 求得系数的幂级数在它的收敛域内的和函数就是 $f(x)$.

二、直接法将函数展开成幂级数

例1 求指数函数 $f(x)=e^x$ 的麦克劳林展开式.

解 由于所给函数的各阶导数为 $f^{(n)}(x)=e^x$. 故得 $f^{(n)}(0)=1\ (n=0,1,2,\cdots)$. 于是 e^x 的麦克劳林级数为

$$1+\frac{x}{1!}+\frac{x^2}{2!}+\cdots+\frac{x^n}{n!}+\cdots,$$

它的收敛区间为$(-\infty,+\infty)$.

这样,得到函数 $f(x)=e^x$ 的麦克劳林展开式为

$$e^x=1+\frac{x}{1!}+\frac{x^2}{2!}+\cdots+\frac{x^n}{n!}+\cdots\quad(-\infty<x<+\infty). \tag{11-5}$$

例2 求正弦函数 $f(x)=\sin x$ 的麦克劳林展开式.

解 所给函数的各阶导数为

$$f^{(n)}(x)=\sin\left(x+n\cdot\frac{\pi}{2}\right)\quad(n=0,1,2,\cdots),$$

$f^{(n)}(0)(n=0,1,2,\cdots)$ 依次循环地取 $0,1,0,-1,\cdots$,于是得 $\sin x$ 的麦克劳林级数为

$$x-\frac{x^3}{3!}+\frac{x^5}{5!}-\cdots+(-1)^{n-1}\cdot\frac{x^{2n-1}}{(2n-1)!}+\cdots.$$

容易求出收敛域为$(-\infty,+\infty)$,于是函数 $f(x)=\sin x$ 的麦克劳林展开式为

$$\sin x=x-\frac{x^3}{3!}+\frac{x^5}{5!}-\cdots+(-1)^{n-1}\frac{x^{2n-1}}{(2n-1)!}+\cdots\quad(-\infty<x<+\infty). \tag{11-6}$$

运用上面的方法,还可得到函数 $f(x)=(1+x)^m$ (m 为任意常数)的展开式为

$$(1+x)^m=1+mx+\frac{m(m-1)}{2!}x^2+\cdots+\frac{m(m-1)\cdot\cdots\cdot(m-n+1)}{n!}x^n+\cdots\quad(-1<x<1).$$

这个展开式称为**二项展开式**. 当 m 是正整数 n 时,级数就变为中学所学的二项式定理,即

$$(1+x)^n=1+nx+\frac{n(n-1)}{2!}x^2+\cdots+nx^{n-1}+x^n.$$

利用麦克劳林级数公式将函数 $f(x)$展开成 x 的幂级数的方法,称为**直接展开法**. 其步

骤可归纳为：

(1) 求出 $f(x)$ 的各阶导数 $f'(x)$, $f''(x)$, …, $f^{(n)}(x)$, …,令 $x=0$，得 $f(0)$, $f'(0)$, $f''(0)$, …, $f^{(n)}(0)$, …;

(2) 写出 $f(x)$ 的麦克劳林级数

$$f(0)+\frac{f'(0)}{1!}x+\frac{f''(0)}{2!}x^2+\cdots+\frac{f^{(n)}(0)}{n!}x^n+\cdots,$$

并求出收敛半径 R.

三、间接法将函数展开成幂级数

利用麦克劳林级数展开函数，需要求高阶导数，比较麻烦. 如果能利用已知函数的展开式，根据幂级数在收敛域内的性质，将所给的函数展开成幂级数，这种方法称为**间接展开法**.

例 3　求余弦函数 $f(x)=\cos x$ 的麦克劳林展开式.

解　由本节例 2 的展开式，逐项求导，便得

$$\cos x=1-\frac{x^2}{2!}+\frac{x^4}{4!}-\cdots+(-1)^n\cdot\frac{x^{2n}}{(2n)!}+\cdots\quad(-\infty<x<+\infty).$$

例 4　将函数 $f(x)=\ln(1+x)$ 展开成 x 的幂级数.

解　由于 $\quad \dfrac{1}{1+x}=1-x+x^2-x^3+\cdots+(-1)^n x^n+\cdots,\ x\in(-1,1),$

两边同时从 0 到 x 积分(右端逐项积分)，得

$$\ln(1+x)=x-\frac{1}{2}x^2+\frac{1}{3}x^3+\cdots+(-1)^n\frac{x^{n+1}}{n+1}+\cdots,\ x\in(-1,1),$$

又因为 $x=1$ 时，级数 $\sum\limits_{n=0}^{\infty}\dfrac{(-1)^n}{(n+1)}x^{n+1}$ 收敛，且函数 $f(x)=\ln(1+x)$ 在 $x=1$ 处左连续，所以展开式在 $x=1$ 处也成立，即

$$\ln(1+x)=\sum_{n=0}^{\infty}(-1)^n\frac{x^{n+1}}{n+1},\ x\in(-1,1].$$

为了便于运用，把五个常用的初等函数的麦克劳林展开式总结如下：

$$e^x=1+x+\frac{x^2}{2!}+\cdots+\frac{x^n}{n!}+\cdots\quad(-\infty<x<+\infty);$$

$$\sin x=x-\frac{x^3}{3!}+\frac{x^5}{5!}-\cdots+(-1)^{n-1}\frac{x^{2n-1}}{(2n-1)!}+\cdots\quad(-\infty<x<+\infty);$$

$$\cos x=1-\frac{x^2}{2!}+\frac{x^4}{4!}-\cdots+(-1)^n\cdot\frac{x^{2n}}{(2n)!}+\cdots\quad(-\infty<x<+\infty);$$

$$\ln(1+x)=x-\frac{x^2}{2}+\frac{x^3}{3}-\cdots+(-1)^n\cdot\frac{x^{n+1}}{n+1}+\cdots\quad(-1<x\leqslant 1);$$

$$(1+x)^m=1+mx+\frac{m(m-1)}{2!}x^2+\cdots+\frac{m(m-1)\cdot\cdots\cdot(m-n+1)}{n!}x^n+\cdots\quad(-1<x<1).$$

例 5 求函数 $f(x)=\ln\dfrac{1+x}{1-x}$ 的麦克劳林展开式.

解 考虑到 $f(x)=\ln\dfrac{1+x}{1-x}=\ln(1+x)-\ln(1-x)$，因为

$$\ln(1+x)=x-\frac{x^2}{2}+\frac{x^3}{3}-\cdots+(-1)^n\cdot\frac{x^{n+1}}{n+1}+\cdots\quad(-1<x\leqslant 1),$$

把 x 换成 $-x$，得

$$\ln(1-x)=-x-\frac{x^2}{2}-\frac{x^3}{3}-\cdots-\frac{x^n}{n}-\cdots\quad(-1\leqslant x<1),$$

两式相减，得

$$\ln\frac{1+x}{1-x}=2\left(x+\frac{1}{3}x^3+\cdots+\frac{1}{2n-1}x^{2n-1}+\cdots\right)\quad(-1<x<1).$$

四、泰勒级数

采用类似的方法，还可以得到下面的结论：

如果函数 $f(x)$ 在包含 $x=x_0$ 的某一区间 $(x_0-R,\ x_0+R)$ 内有任意阶导数，且 $\lim\limits_{n\to\infty}r_n(x)=\lim\limits_{n\to\infty}\dfrac{f^{(n+1)}(\xi)}{(n+1)!}(x-x_0)^{n+1}=0$（$\xi$ 在 x_0 与 x 之间，$x_0-R<x<x_0+R$），那么，$f(x)$ 在区间 $(x_0-R,\ x_0+R)$ 内可以展开为 $(x-x_0)$ 的幂级数

$$f(x)=f(x_0)+f'(x_0)(x-x_0)+\frac{f''(x_0)}{2!}(x-x_0)^2+\cdots+$$
$$\frac{f^{(n)}(x_0)}{n!}(x-x_0)^n+\cdots\quad(x_0-R<x<x_0+R).$$

通常称该式为 $f(x)$ 在 $x=x_0$ 处的**泰勒展开式**，其等号右端的级数称为 $f(x)$ 在 $x=x_0$ 处的**泰勒级数**，$r_n(x)$ 称为**拉格朗日余项**.

显然，麦克劳林展开式是 $f(x)$ 在 $x=0$ 处的泰勒展开式. 因此，函数展开成泰勒级数也有类似于上面的方法.

例 6 将函数 $f(x)=\dfrac{1}{1+x}$ 展开成 $x_0=1$ 处的泰勒级数.

解 因为 $\dfrac{1}{1+x}=\dfrac{1}{2+(x-1)}=\dfrac{1}{2}\cdot\dfrac{1}{1+\dfrac{x-1}{2}}$，令 $t=\dfrac{x-1}{2}$，由

$$\frac{1}{1+t}=1-t+t^2-t^3+\cdots+(-1)^nt^n+\cdots\quad(-1<t<1),$$

所以

$$\frac{1}{1+x}=\frac{1}{2}\cdot\frac{1}{1+\dfrac{x-1}{2}}=\frac{1}{2}\left[1-\frac{x-1}{2}+\left(\frac{x-1}{2}\right)^2-\left(\frac{x-1}{2}\right)^3+\cdots+(-1)^n\left(\frac{x-1}{2}\right)^n+\cdots\right]$$

$=\frac{1}{2}-\frac{1}{2^2}(x-1)+\frac{1}{2^3}(x-1)^2-\frac{1}{2^4}(x-1)^3+\cdots+\frac{(-1)^n}{2^{n+1}}(x-1)^n+\cdots\quad(-1<x<3)$.

练习题 11-5

1. 利用已知函数的展开式将下列各函数展开成 x 的幂级数(即麦克劳林级数):

(1) $\frac{1}{1+x^2}$;　(2) $\sin^2 x$;

(3) $a^x(a>0$,且 $a\neq 1)$;　(4) e^{2x};

(5) $\frac{x}{2+x}$;　(6) $\frac{1}{(1-x)^2}$.

2. 利用已知函数的展开式,将下列函数展开成 $x-2$ 的幂级数(即展开成 $x_0=2$ 处的泰勒级数):

(1) $f(x)=\frac{1}{x+2}$;　(2) $f(x)=\ln(1+x)$.

3. 将函数 $f(x)=\frac{1}{x}$ 展开成 $x-3$ 的幂级数.

4. 将函数 $f(x)=\cos x$ 展开成 $x+\frac{\pi}{3}$ 的幂级数.

5. 设某商品的供给函数是由 $p(q)=700\ln(q+1)$ 确定的,其中 q 是数量. 试写出供给函数 p 在 $q=0$ 处的泰勒级数.

6. 将函数 $f(x)=\frac{1}{x^2+3x+2}$ 展开成 $x+4$ 的幂级数.

7. 求级数 $\sum_{n=1}^{\infty}\frac{2^n}{n!}$ 的和.

第六节　傅里叶级数

在物理学等许多学科中,经常会遇到各种周期性变化的运动现象,如弹簧振动、交流电的电流和电压变化等,它们常可用正弦、余弦函数来表示. 本节将就如何把一个周期函数展开成由正弦、余弦函数组成的函数项级数及其敛散性等问题展开讨论.

一、三角级数

正弦函数是一种常见的简单的周期函数. 例如描述简谐振动的函数

$$y=A\sin(\omega t+\varphi)$$

是以 $\frac{2\pi}{\omega}$ 为周期的正弦函数. 其中 A 为振幅,φ 为初相,ω 为角频率. 较为复杂的周期运动,则常是几个简谐振动 $y_k=A_k\sin(k\omega t+\varphi_k)(k=1,2,\cdots,n)$ 的叠加:

$$y=\sum_{k=1}^{n} y_k=\sum_{k=1}^{n} A_k \sin(k\omega t+\varphi_k).$$

对于无穷个简谐振动进行叠加就得到函数项级数

$$A_0+\sum_{n=1}^{\infty} A_n \sin(n\omega t+\varphi_n).$$

利用三角变形公式得

$$A_n \sin(n\omega t+\varphi_n)=A_n \sin n\omega t \cos\varphi_n+A_n \cos n\omega t \sin\varphi_n,$$

令 $a_n=A_n\sin\varphi_n$, $b_n=A_n\cos\varphi_n$, $\frac{a_0}{2}=A_0$, $\omega t=x$, 则上式就写成

$$\frac{1}{2}a_0+\sum_{n=1}^{\infty}(a_n\cos nx+b_n\sin nx). \tag{11-7}$$

形如 $\frac{a_0}{2}+\sum_{n=1}^{\infty}(a_n\cos nx+b_n\sin nx)$ 的函数项级数称为**三角级数**,其中 a_0, a_n, b_n $(n=1, 2, 3, \cdots)$ 都是常数, x 是自变量.

在三角级数(11-7)中出现的函数构成集合

$$\{1, \sin x, \cos x, \sin 2x, \cos 2x, \cdots, \sin nx, \cos nx, \cdots\} \tag{11-8}$$

称为**三角函数系**.

下面先来看三角函数系的一种特性.

定理 1 三角函数系中任意两个不同函数的乘积在 $[-\pi, \pi]$ 上的积分值均为零,三角函数系中任何两个相同函数的乘积在区间 $[-\pi, \pi]$ 上的积分不等于零,即:

(1) $\int_{-\pi}^{\pi} 1\cdot\cos nx\,dx=0$ $(n=1, 2, 3, \cdots)$;

(2) $\int_{-\pi}^{\pi} 1\cdot\sin nx\,dx=0$ $(n=1, 2, 3, \cdots)$;

(3) $\int_{-\pi}^{\pi} \sin kx\cos nx\,dx=0$ $(n, k=1, 2, 3, \cdots)$;

(4) $\int_{-\pi}^{\pi} \cos kx\cos nx\,dx=0$ $(n, k=1, 2, 3, \cdots, k\neq n)$;

(5) $\int_{-\pi}^{\pi} \sin kx\sin nx\,dx=0$ $(n, k=1, 2, 3, \cdots, k\neq n)$;

(6) $\int_{-\pi}^{\pi} 1^2\,dx=2\pi$;

(7) $\int_{-\pi}^{\pi} \sin^2 nx\,dx=\pi$ $(n=1, 2, 3, \cdots)$;

(8) $\int_{-\pi}^{\pi} \cos^2 nx\,dx=\pi$ $(n=1, 2, 3, \cdots)$.

上述定理的结论称为三角函数系在 $[-\pi, \pi]$ 上的**正交性**,它们是今后求三角级数的重要工具. 其结论的证明是容易的,读者可自行得出.

二、以 2π 为周期的函数展开成傅里叶级数

如同讨论幂级数时一样，必须讨论三角级数的收敛问题，以及给定周期为 2π 的周期函数如何把它展开成三角级数.

设 $f(x)$是以 2π 为周期的可积函数，且能展开成三角级数，即

$$f(x)=\frac{a_0}{2}+\sum_{k=1}^{\infty}(a_k\cos kx+b_k\sin kx).\tag{11-9}$$

那么，系数 a_0, a_k, b_k 与函数 $f(x)$之间存在着怎样的关系？换句话说，如何利用 $f(x)$把 a_0, a_k, b_k 表达出来？

为此，进一步假设级数(11－9)可以逐项积分.

先求 a_0，对式(11－9)从 $-\pi$ 到 π 逐项积分，有

$$\int_{-\pi}^{\pi}f(x)\mathrm{d}x=\int_{-\pi}^{\pi}\frac{a_0}{2}\mathrm{d}x+\sum_{k=1}^{\infty}\left(a_k\int_{-\pi}^{\pi}\cos kx\,\mathrm{d}x+b_k\int_{-\pi}^{\pi}\sin kx\,\mathrm{d}x\right).$$

根据三角函数系(11－8)的正交性，等式右端除第一项外，其余各项均为零，故

$$\int_{-\pi}^{\pi}f(x)\mathrm{d}x=\frac{a_0}{2}\cdot 2\pi,$$

于是得

$$a_0=\frac{1}{\pi}\int_{-\pi}^{\pi}f(x)\mathrm{d}x.$$

其次求 a_n，用 $\cos nx$ 乘式(11－9)两端，再从 $-\pi$ 到 π 逐项积分，得

$$\int_{-\pi}^{\pi}f(x)\cos nx\,\mathrm{d}x=\frac{a_0}{2}\int_{-\pi}^{\pi}\cos nx\,\mathrm{d}x+\sum_{k=1}^{\infty}\left(a_k\int_{-\pi}^{\pi}\cos kx\cos nx\,\mathrm{d}x+b_k\int_{-\pi}^{\pi}\sin kx\cos nx\,\mathrm{d}x\right).$$

根据三角函数系(11－8)的正交性，等式右端除 $k=n$ 时的那一项外，其余各项均为零，故

$$\int_{-\pi}^{\pi}f(x)\cos nx\,\mathrm{d}x=a_n\int_{-\pi}^{\pi}\cos^2 nx\,\mathrm{d}x=a_n\pi,$$

于是得

$$a_n=\frac{1}{\pi}\int_{-\pi}^{\pi}f(x)\cos nx\,\mathrm{d}x\ (n=1,2,3,\cdots).$$

类似地，用 $\sin nx$ 乘式(11－9)的两端，再从 $-\pi$ 到 π 逐项积分，可得

$$b_n=\frac{1}{\pi}\int_{-\pi}^{\pi}f(x)\sin nx\,\mathrm{d}x\ (n=1,2,3,\cdots).$$

由于当 $n=0$ 时，a_n 的表达式正好给出 a_0，因此，将 a_0, a_n, b_n 合并后有

$$\left.\begin{aligned}a_n&=\frac{1}{\pi}\int_{-\pi}^{\pi}f(x)\cos nx\,\mathrm{d}x\quad(n=0,1,2,3,\cdots),\\ b_n&=\frac{1}{\pi}\int_{-\pi}^{\pi}f(x)\sin nx\,\mathrm{d}x\quad(n=1,2,3,\cdots).\end{aligned}\right\}\tag{11-10}$$

如果式(11－10)中的积分都存在，则系数 a_0, a_n, b_n 称为函数 $f(x)$的**傅里叶系数**，将这些系数代入式(11－9)右端，所得的三角级数

$$\frac{a_0}{2}+\sum_{n=1}^{\infty}(a_n\cos nx+b_n\sin nx) \tag{11-11}$$

称为函数 $f(x)$ 的**傅里叶级数**.

特别地,若 $f(x)$ 是周期为 2π 的奇函数,则它的傅里叶系数为

$$\left.\begin{aligned} &a_n=0 && (n=0,\ 1,\ 2,\ \cdots),\\ &b_n=\frac{2}{\pi}\int_0^{\pi}f(x)\sin nx\,\mathrm{d}x && (n=1,\ 2,\ \cdots).\end{aligned}\right\} \tag{11-12}$$

所以,奇函数的傅里叶级数中只含有正弦项,只含有正弦项的三角级数称为**正弦级数**.

若 $f(x)$ 是周期为 2π 的偶函数,则它的傅里叶系数为

$$\left.\begin{aligned} &a_n=\frac{2}{\pi}\int_0^{\pi}f(x)\cos nx\,\mathrm{d}x && (n=0,\ 1,\ 2,\ \cdots),\\ &b_n=0 && (n=1,\ 2,\ 3,\ \cdots).\end{aligned}\right\} \tag{11-13}$$

所以,偶函数的傅里叶级数中只含有常数项和余弦项,只含有常数项和余弦项的三角级数称为**余弦级数**.

以上讨论解决了以 2π 为周期的函数 $f(x)$ 如何展开成傅里叶级数的问题,然而其收敛性如何?在什么条件下其傅里叶级数收敛于 $f(x)$ 呢?

定理 2　收敛定理(狄利克雷(Dirichlet)充分条件)　设 $f(x)$ 是以 2π 为周期的函数,如果它满足:在一个周期内连续或只有有限个第一类间断点,在一个周期内至多只有有限个极值点,则 $f(x)$ 的傅里叶级数收敛,并且当 x 是 $f(x)$ 的连续点时,级数收敛于 $f(x)$;当 x 是 $f(x)$ 的间断点时,级数收敛于 $\frac{1}{2}[f(x-0)+f(x+0)]$.

由收敛定理可知:凡符合狄利克雷条件的函数 $f(x)$ 在连续点处,其傅里叶级数必收敛于函数 $f(x)$.

例 1　求以 2π 为周期的函数 $f(x)$ 的傅里叶级数,其中 $f(x)$ 在 $[-\pi,\ \pi)$ 上的表达式为

$$f(x)=\begin{cases}-1, & -\pi\leqslant x<0,\\ 1, & 0\leqslant x<\pi.\end{cases}$$

解　所给函数满足收敛定理的条件,它在点 $x=k\pi\ (k=0,\ \pm1,\ \pm2,\ \cdots)$ 处不连续,在其他点处连续,从而由收敛定理知道 $f(x)$ 的傅里叶级数收敛,并且当 $x=k\pi$ 时级数收敛于

$$\frac{1}{2}[f(x-0)+f(x+0)]=\frac{1}{2}(-1+1)=0.$$

当 $x\neq k\pi$ 时级数收敛于 $f(x)$.

计算傅里叶系数如下:

$$\begin{aligned} a_n&=\frac{1}{\pi}\int_{-\pi}^{\pi}f(x)\cos nx\,\mathrm{d}x\\ &=\frac{1}{\pi}\int_{-\pi}^{0}(-1)\cos nx\,\mathrm{d}x+\frac{1}{\pi}\int_0^{\pi}1\cdot\cos nx\,\mathrm{d}x\\ &=0\ (n=0,\ 1,\ 2,\ \cdots),\end{aligned}$$

$$\begin{aligned}
b_n &= \frac{1}{\pi}\int_{-\pi}^{\pi} f(x)\sin nx\,dx \\
&= \frac{1}{\pi}\int_{-\pi}^{0}(-1)\sin nx\,dx + \frac{1}{\pi}\int_{0}^{\pi} 1\cdot\sin nx\,dx \\
&= \frac{1}{\pi}\left[\frac{\cos nx}{n}\right]_{-\pi}^{0} + \frac{1}{\pi}\left[-\frac{\cos nx}{n}\right]_{0}^{\pi} \\
&= \frac{1}{n\pi}(1-\cos n\pi - \cos n\pi + 1) \\
&= \frac{2}{n\pi}[1-(-1)^n] \\
&= \begin{cases} 0, & n=2k \\ \dfrac{4}{\pi}\cdot\dfrac{1}{2k-1}, & n=2k-1 \end{cases} \quad (k=1, 2, \cdots).
\end{aligned}$$

于是,函数 $f(x)$ 的傅里叶级数为

$$\begin{aligned}
f(x) &= \frac{4}{\pi}\left[\sin x + \frac{1}{3}\sin 3x + \cdots + \frac{1}{2k-1}\sin(2k-1)x + \cdots\right] \\
&= \frac{4}{\pi}\sum_{k=1}^{\infty}\frac{\sin(2k-1)}{2k-1} \quad (-\infty < x < +\infty;\ x \neq 0, \pm\pi, \pm 2\pi, \cdots).
\end{aligned}$$

函数的图形如图 11 - 1 所示.

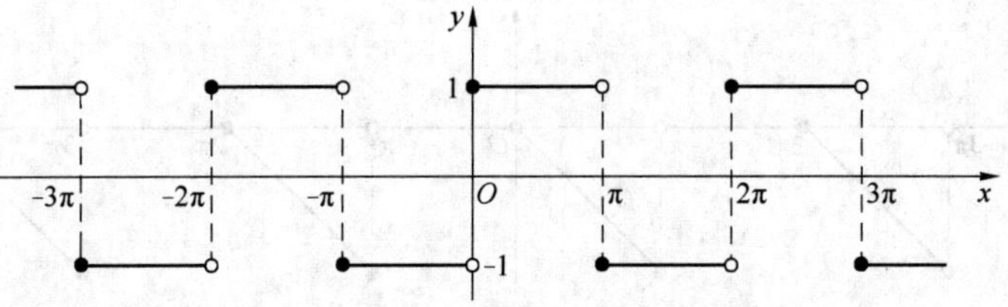

图 11 - 1

例 2 设 $f(x)$ 是周期为 2π 的周期函数,它在 $[-\pi, \pi)$ 上的表达式为

$$f(x) = \begin{cases} x, & -\pi \leqslant x < 0, \\ 0, & 0 \leqslant x < \pi. \end{cases}$$

将 $f(x)$ 展开成傅里叶级数.

解 所给函数 $f(x)$ 满足收敛定理条件,在间断点 $x=(2k+1)\pi\ (k=0, \pm 1, \cdots)$ 处, $f(x)$ 的傅里叶级数收敛于

$$\frac{f(\pi-0)+f(-\pi+0)}{2} = \frac{0-\pi}{2} = -\frac{\pi}{2};$$

在连续点 $x \neq (2k+1)\pi$ 处收敛于 $f(x)$.

计算傅里叶系数如下:

$$a_n=\frac{1}{\pi}\int_{-\pi}^{\pi}f(x)\cos nx\,dx=\frac{1}{\pi}\int_{-\pi}^{0}x\cos nx\,dx$$
$$=\frac{1}{\pi}\left[\frac{x\sin nx}{n}+\frac{\cos nx}{n^2}\right]_{-\pi}^{0}=\frac{1}{n^2\pi}(1-\cos n\pi)$$
$$=\frac{1}{n^2\pi}[1-(-1)^n],$$
$$a_0=\frac{1}{\pi}\int_{-\pi}^{\pi}f(x)\,dx=\frac{1}{\pi}\int_{-\pi}^{0}x\,dx=\frac{1}{\pi}\left[\frac{x^2}{2}\right]_{-\pi}^{0}=-\frac{\pi}{2},$$
$$b_n=\frac{1}{\pi}\int_{-\pi}^{\pi}f(x)\sin nx\,dx=\frac{1}{\pi}\int_{-\pi}^{0}x\sin nx\,dx$$
$$=\frac{1}{\pi}\left[-\frac{x\cos nx}{n}+\frac{\sin nx}{n^2}\right]_{-\pi}^{0}$$
$$=-\frac{\cos n\pi}{n}=\frac{(-1)^{n+1}}{n}.$$

于是，$f(x)$的傅里叶级数为

$$f(x)=-\frac{\pi}{4}+\sum_{n=1}^{\infty}\left[\frac{1-(-1)^n}{n^2\pi}\cos nx+\frac{(-1)^{n+1}}{n}\sin nx\right]$$
$$(-\infty<x<\infty,\ x\neq\pm\pi,\ \pm3\pi,\ \cdots),$$

函数的图形如图 11－2 所示.

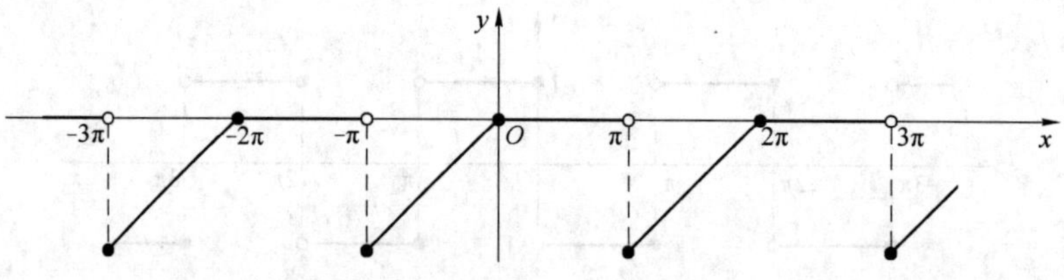

图 11－2

例 3 将周期为 2π 的函数 $f(x)=x^2(-\pi<x\leqslant\pi)$ 展开成傅里叶级数.

解 函数 $f(x)$满足收敛定理的条件，在$(-\infty,+\infty)$内函数 $f(x)$的傅里叶级数收敛于 $f(x)$.

因为 $f(x)$在$[-\pi,\pi]$上为偶函数，由式(10－13)，有

$$b_n=0,\ a_0=\frac{2}{\pi}\int_0^{\pi}x^2\,dx=\frac{2}{3}\pi^2,$$
$$a_n=\frac{2}{\pi}\int_0^{\pi}x^2\cos nx\,dx=\frac{4}{n^2\pi}(\pi\cos n\pi)=(-1)^n\frac{4}{n^2}.$$

所以，函数 $f(x)$的傅里叶级数为

$$f(x)=\frac{\pi^2}{3}-4\left(\frac{\cos x}{1}-\frac{\cos 2x}{2^2}+\frac{\cos 3x}{3^2}-\cdots\right)\quad(-\infty<x<\infty),$$

函数的图形如图 11－3 所示.

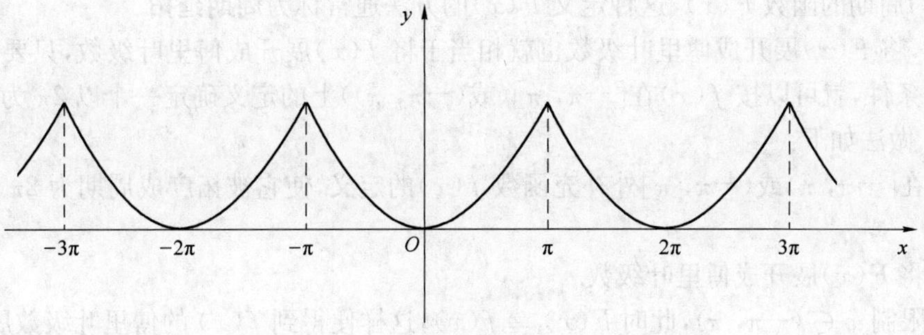

图 11-3

例 4　求周期为 2π 的函数 $f(x)=x(-\pi\leqslant x<\pi)$ 的傅里叶级数.

解　因为 $f(x)=x$ 是奇函数,根据式(11-12)得

$$a_0=\frac{1}{\pi}\int_{-\pi}^{\pi}x\,\mathrm{d}x=0,\ a_n=\frac{1}{\pi}\int_{-\pi}^{\pi}x\cos nx\,\mathrm{d}x=0;$$

$$\begin{aligned}b_n&=\frac{1}{\pi}\int_{-\pi}^{\pi}x\sin nx\,\mathrm{d}x=\frac{2}{\pi}\int_{0}^{\pi}x\sin nx\,\mathrm{d}x\\&=\frac{2}{\pi}\left[-\frac{x\cos nx}{n}+\frac{\sin nx}{n^2}\right]_0^{\pi}\\&=-\frac{2}{n}\cos n\pi=(-1)^{n+1}\frac{2}{n}\quad(n=1,\ 2,\ \cdots).\end{aligned}$$

显然 $f(x)$满足狄利克雷条件,所以 $f(x)$的傅里叶级数收敛于 $f(x)$,即

$$x=2\left[\sin x-\frac{1}{2}\sin 2x+\frac{1}{3}\sin 3x-\cdots+\frac{(-1)^{n+1}}{n}\sin nx+\cdots\right]$$

$$(-\infty<x<+\infty;\ x\neq(2k+1)\pi,\ k\in\mathbf{Z}).$$

在端点 $x=(2k+1)\pi$ 处,上述级数收敛于

$$\frac{f(\pi-0)+f(-\pi+0)}{2}=\frac{\pi-\pi}{2}=0.$$

函数的图形如图 11-4 所示.

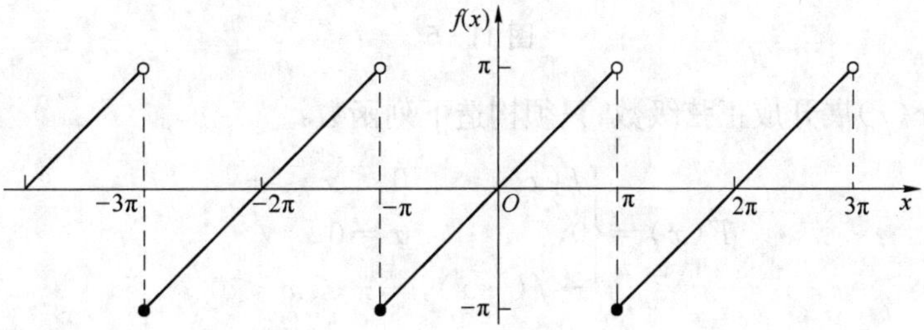

图 11-4

从上面的论述和举例可以看出,将以 2π 为周期的函数展开为傅里叶级数及其收敛性的讨论,实际上只须考虑该函数在区间$[-\pi,\ \pi]$上的情形. 因此,如果一个函数 $f(x)$仅仅在区间$[-\pi,\ \pi]$上有定义,而在该区间外没有定义,那么可以把它延拓成定义在$(-\infty,\ +\infty)$上

的以 2π 为周期的函数 $F(x)$，这种定义 $F(x)$ 的方法通常称为**周期延拓**.

这样，将 $F(x)$ 展开成傅里叶级数也就相当于将 $f(x)$ 展开成傅里叶级数，只要它满足收敛定理的条件，就可以按 $f(x)$ 在 $[-\pi, \pi]$(或 $(-\pi, \pi)$)上的定义确定一个以 2π 为周期的函数 $F(x)$. 做法如下：

(1) 在 $[-\pi, \pi)$ 或 $(-\pi, \pi]$ 外补充函数 $f(x)$ 的定义，使它被拓广成周期为 2π 的周期函数 $F(x)$.

(2) 将 $F(x)$ 展开成傅里叶级数.

(3) 限制 $x \in (-\pi, \pi)$，此时 $F(x) \equiv f(x)$，这样便得到 $f(x)$ 的傅里叶级数展开式. 根据收敛定理，该级数在区间端点 $x = \pm\pi$ 处收敛于

$$\frac{1}{2}[f(\pi-0)+f(-\pi+0)].$$

同样，如果 $f(x)$ 仅定义在 $[0, \pi]$ 上，且满足狄利克雷条件，则 $f(x)$ 既可展开成正弦级数，也可展开成余弦级数.

如果要将 $f(x)$ 展开成余弦级数，只须构造下列函数：

$$F(x)=\begin{cases} f(x), & 0 \leqslant x \leqslant \pi \\ f(-x), & -\pi \leqslant x \leqslant 0 \end{cases},$$

它是定义在 $[-\pi, \pi]$ 上的偶函数(图 11-5)，称为 $f(x)$ 的**偶延拓**，相应的傅里叶级数是余弦级数，即

$$f(x)=\frac{a_0}{2}+\sum_{n=1}^{\infty} a_n \cos nx \quad (0 \leqslant x \leqslant \pi).$$

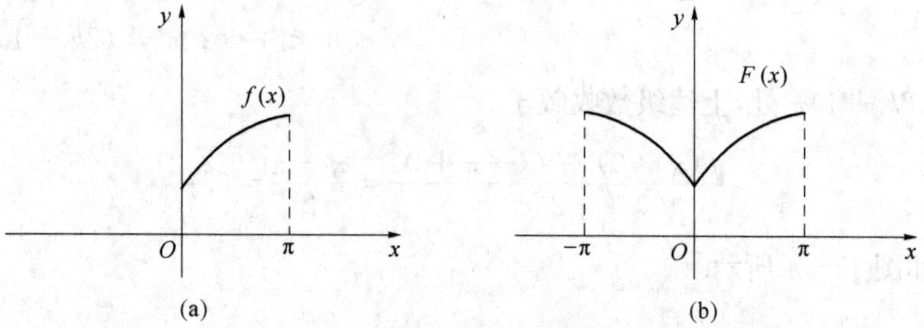

图 11-5

如果要将 $f(x)$ 展开成正弦级数，只须构造下列函数：

$$F(x)=\begin{cases} f(x), & 0 < x \leqslant \pi \\ 0, & x=0 \\ -f(-x), & -\pi \leqslant x < 0 \end{cases},$$

它是一个奇函数(图 11-6)，称为 $f(x)$ 的**奇延拓**，相应的傅里叶级数为正弦级数

$$f(x)=\sum_{n=1}^{\infty} b_n \sin nx \quad (0 < x < \pi).$$

注 $x=0, \pi$ 点处，级数收敛性按定理判定.

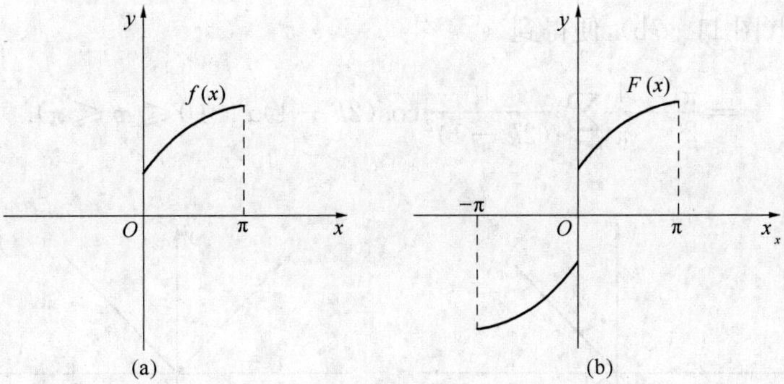

图 11-6

例 5 将函数 $f(x)=x(0\leqslant x\leqslant\pi)$ 分别展开成正弦级数和余弦级数.

解 (1) 展开成正弦级数：

$$a_n=0\quad(n=0,1,2,\cdots),$$

$$\begin{aligned}b_n&=\frac{2}{\pi}\int_0^{\pi}f(x)\sin nx\,\mathrm{d}x=\frac{2}{\pi}\int_0^{\pi}x\sin nx\,\mathrm{d}x\\&=\frac{2}{\pi}\left[-\frac{x\cos nx}{n}+\frac{\sin nx}{n^2}\right]_0^{\pi}=-\frac{2}{n}\cos n\pi\\&=(-1)^{n+1}\frac{2}{n}\quad(n=1,2,\cdots),\end{aligned}$$

由此得到相应的正弦级数为

$$2\sum_{n=1}^{\infty}\frac{(-1)^{n+1}}{n}\sin nx.$$

再由狄利克雷定理(图 11-7a)知:此级数在 $[0,\pi)$ 上收敛于 $f(x)$，即

$$x=2\sum_{n=1}^{\infty}\frac{(-1)^{n+1}}{n}\sin nx\quad(0\leqslant x<\pi).$$

(2) 展开成余弦级数：$b_n=0$，

$$\begin{aligned}a_n&=\frac{2}{\pi}\int_0^{\pi}f(x)\cos nx\,\mathrm{d}x=\frac{2}{\pi}\int_0^{\pi}x\cos nx\,\mathrm{d}x\\&=\frac{2}{\pi}\left[\frac{x\sin nx}{n}+\frac{\cos nx}{n^2}\right]_0^{\pi}=\frac{2}{\pi n^2}[(-1)^n-1]\\&=\begin{cases}0, & n=2k\\ -\dfrac{4}{\pi(2k-1)^2}, & n=2k-1\end{cases}\quad(k=1,2,\cdots),\end{aligned}$$

$$a_0=\frac{2}{\pi}\int_0^{\pi}f(x)\,\mathrm{d}x=\frac{2}{\pi}\int_0^{\pi}x\,\mathrm{d}x=\frac{2}{\pi}\cdot\frac{1}{2}x^2\Big|_0^{\pi}=\pi.$$

由此得到相应的余弦级数为

$$\frac{\pi}{2}-\frac{4}{\pi}\sum_{k=1}^{\infty}\frac{1}{(2k-1)^2}\cos(2k-1)x.$$

由狄利克雷定理(图 11 - 7b),便得到

$$x=\frac{\pi}{2}-\frac{4}{\pi}\sum_{k=1}^{\infty}\frac{1}{(2k-1)^2}\cos(2k-1)x\quad(0\leqslant x\leqslant\pi).$$

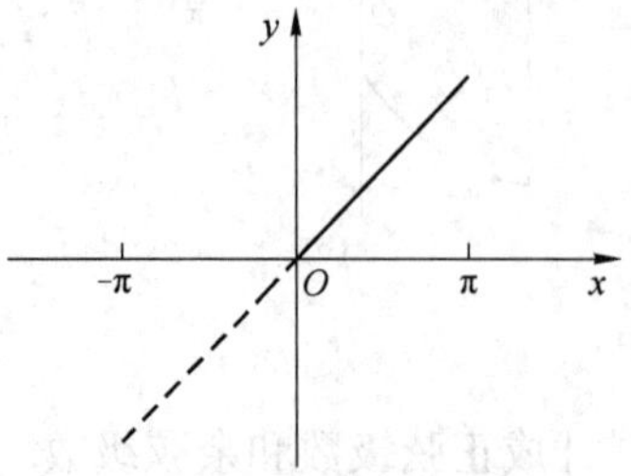

(a) 作奇延拓

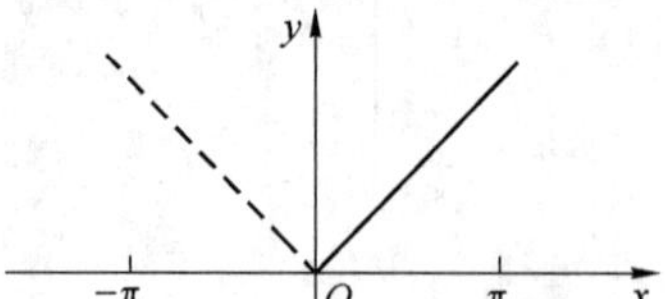

(b) 作偶延拓

图 11 - 7

例 6 将 $f(x)=x+1(0\leqslant x\leqslant\pi)$ 展开为正弦级数.

解 将 $f(x)=x+1$ 作奇延拓,如图 11 - 8 所示,

$$a_n=0(n=0,1,2,\cdots),$$

$$b_n=\frac{2}{\pi}\int_0^{\pi}f(x)\sin nx\,\mathrm{d}x=\frac{2}{\pi}\int_0^{\pi}(x+1)\sin nx\,\mathrm{d}x$$

$$=\frac{2}{n\pi}[1-(-1)^n(\pi+1)].$$

由狄利克雷定理,得到 $f(x)=x+1$ 的正弦级数为

$$x+1=\sum_{n=1}^{\infty}\frac{2}{n\pi}[1-(-1)^n(\pi+1)]\sin nx\quad(0<x<\pi).$$

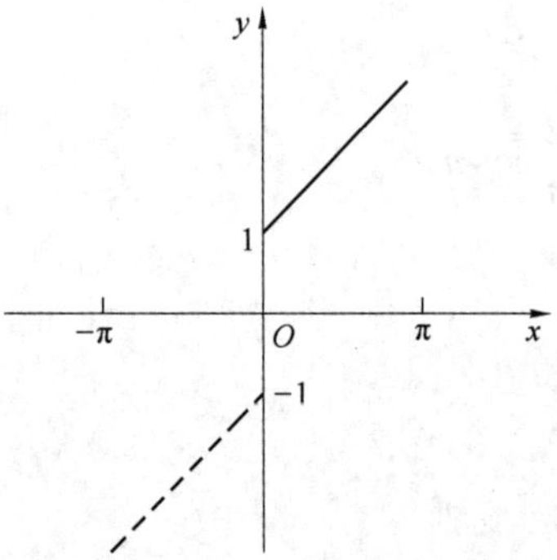

图 11 - 8

三、以 2*l* 为周期的函数展开成傅里叶级数

通常所讨论的周期函数都是以 2π 为周期的. 但是实际问题中所遇到的周期函数,它的周期不一定是 2π. 怎样把周期为 $2l$ 的周期函数 $f(x)$ 展开成三角级数呢? 为此先把周期为 $2l$ 的周期函数 $f(x)$ 变换为周期为 2π 的周期函数.

令 $x=\frac{l}{\pi}t$ 及 $f(x)=f\left(\frac{l}{\pi}t\right)=F(t)$,则 $F(t)$ 是以 2π 为周期的周期函数. 这是因为

$$F(t+2\pi)=f\left[\frac{l}{\pi}(t+2\pi)\right]=f\left(\frac{l}{\pi}t+2l\right)=f\left(\frac{l}{\pi}t\right)=F(t).$$

于是,当 $F(t)$ 满足收敛定理的条件时, $F(t)$ 可展开成傅里叶级数:

$$F(t)=\frac{a_0}{2}+\sum_{n=1}^{\infty}(a_n\cos nt+b_n\sin nt),$$

其中 $a_n=\frac{1}{\pi}\int_{-\pi}^{\pi}F(t)\cos nt\,\mathrm{d}t(n=0,1,2,\cdots)$, $b_n=\frac{1}{\pi}\int_{-\pi}^{\pi}F(t)\sin nt\,\mathrm{d}t\quad(n=1,2,\cdots)$.

定理 3 设周期为 $2l$ 的周期函数 $f(x)$ 满足收敛定理的条件,则它的傅里叶级数展开式为

$$f(x)=\frac{a_0}{2}+\sum_{n=1}^{\infty}\left(a_n\cos\frac{n\pi x}{l}+b_n\sin\frac{n\pi x}{l}\right),$$

其中系数 a_n, b_n 为

$$a_n=\frac{1}{l}\int_{-l}^{l}f(x)\cos\frac{n\pi x}{l}\mathrm{d}x\quad(n=0,\ 1,\ 2,\ \cdots),$$

$$b_n=\frac{1}{l}\int_{-l}^{l}f(x)\sin\frac{n\pi x}{l}\mathrm{d}x\quad(n=1,\ 2,\ 3,\ \cdots).$$

当 $f(x)$ 为奇函数时, $$f(x)=\sum_{n=1}^{\infty}b_n\sin\frac{n\pi x}{l},$$

其中 $$b_n=\frac{2}{l}\int_0^l f(x)\sin\frac{n\pi x}{l}\mathrm{d}x\quad(n=1,\ 2,\ 3,\ \cdots).$$

当 $f(x)$ 为偶函数时, $$f(x)=\frac{a_0}{2}+\sum_{n=1}^{\infty}a_n\cos\frac{n\pi x}{l},$$

其中 $$a_n=\frac{2}{l}\int_0^l f(x)\cos\frac{n\pi x}{l}\mathrm{d}x\quad(n=0,\ 1,\ 2,\ \cdots).$$

例 7 如图 11-9 所示的三角波形函数是以 2 为周期的函数 $f(x)$, $f(x)$ 在 $[-1,\ 1]$ 上的表达式为 $f(x)=|x|\ (|x|\leqslant 1)$, 求 $f(x)$ 的傅里叶级数展开式.

解 这里 $l=1$, $f(x)$ 为偶函数,则

$$a_0=\int_{-1}^{0}(-x)\mathrm{d}x+\int_0^1 x\mathrm{d}x=1,$$

$$a_n=2\int_0^1 x\cos n\pi x\mathrm{d}x\ (n\neq 0);$$

$$=\frac{2}{n\pi}[x\sin n\pi x]_0^1-\frac{2}{n\pi}\int_0^1\sin n\pi x\mathrm{d}x$$

$$=\begin{cases}-\dfrac{4}{n^2\pi^2} & n=1,\ 3,\ 5,\ \cdots,\\ 0 & n=2,\ 4,\ 6,\ \cdots.\end{cases}$$

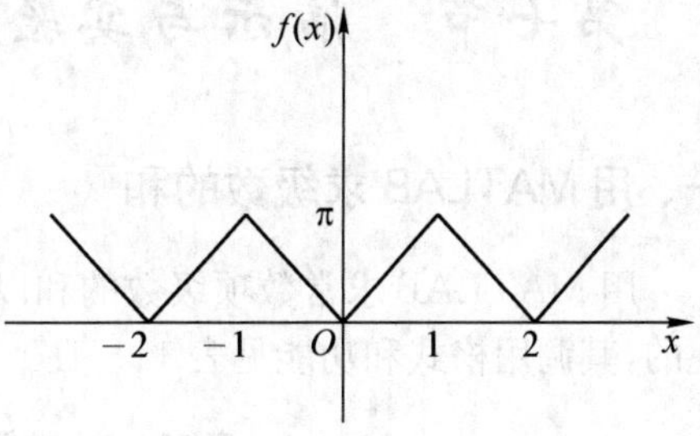

图 11-9

于是 $$f(x)=\frac{1}{2}-\frac{4}{\pi^2}\left(\cos\pi x+\frac{1}{3^2}\cos 3\pi x+\frac{1}{5^2}\sin 5\pi x+\cdots\right)\quad(-\infty<x<+\infty).$$

练习题 11-6

1. 填空题:

(1) 若 $f(x)$ 在 $[-\pi,\ \pi]$ 上满足收敛定理的条件,则在连续点 x_0 处它的傅里叶级数与 $f(x_0)$ ________.

(2) 设周期函数 $f(x)=\dfrac{x}{2}\ (-\pi\leqslant x<\pi)$, 则它的傅里叶系数 $a_0=$ ________,

$a_n=$________, $b_1=$________, $b_n=$________.

(3) 设 $\frac{a_0}{2}+\sum_{n=1}^{\infty}(a_n\cos nx+b_n\sin nx)$ 为函数 $f(x)=\pi x+x^2(-\pi<x<\pi)$ 的傅里叶级数,则系数 $b_3=$________.

(4) 设 $f(x)=\begin{cases}2, -\pi<x\leqslant 0\\ x^3, 0<x\leqslant\pi\end{cases}$ 是以 2π 为周期的周期函数,则 $f(x)$ 的傅里叶级数在 $x=\pi$ 处收敛于________.

2. 把下列周期函数展开成傅里叶级数:

(1) $u(t)=\begin{cases}0, -\pi\leqslant t<0,\\ 1, 0\leqslant t<\pi;\end{cases}$　　(2) $f(x)=\begin{cases}-x, -\pi\leqslant x<0,\\ x, \quad 0\leqslant x<\pi;\end{cases}$

(3) $f(x)=2\sin\frac{x}{3}(-\pi\leqslant x\leqslant\pi)$;　　(4) $f(x)=\cos\frac{x}{2}(-\pi\leqslant x<\pi)$.

3. 将函数 $f(x)=\pi-x(0\leqslant x\leqslant\pi)$ 分别展开成正弦级数和余弦级数.

4. 把函数 $f(x)=2x^2(0\leqslant x\leqslant\pi)$ 分别展开成正弦级数和余弦级数.

5. $f(x)$ 是周期为 1 的函数,在 $\left[-\frac{1}{2},\frac{1}{2}\right)$ 上的表达式为

$$f(x)=1-x^2\quad\left(-\frac{1}{2}\leqslant x<\frac{1}{2}\right),$$

将 $f(x)$ 展开成傅里叶级数.

第七节　演示与实验——用 MATLAB 做级数运算

一、用 MATLAB 求级数的和

用 MATLAB 求常数项级数的和以及幂级数的和函数的运算是由函数 symsum()来实现的,其调用格式和功能见表 11-1.

表 11-1　求级数的和的调用格式和功能说明

调用格式	功能说明
symsum(f,n,a,b)	求 $\sum_{n=a}^{b}f(n)$ 的和
symsum(f,n,a,inf)	求级数 $\sum_{n=a}^{\infty}f(n)$ 的和
symsum(f,a,b)	求级数的通项表达式 f 中默认的求和变量从 a 到 b 的所有项的和

还可以用函数 symsum()来判断常数项级数的敛散性. 如果结果出现字符 NaN 或 inf,则表示级数是发散的.

例 1　计算 $\sum_{n=3}^{10}\frac{1}{n}$.

解　>> clear

```
>> syms n
>> symsum(1/n,n,3,10)
ans=
3601/2520
```

例2　求常数项级数 $\sum_{n=1}^{\infty}\frac{1}{n^2}$ 的和.

解　>> clear

```
>> syms n
>> symsum(1/(n^2),n,1,inf)
ans=
1/6*pi^2
```

例3　判断常数项级数 $\sum_{n=1}^{\infty}\frac{(-1)^n}{n}$ 是否收敛,如收敛,是绝对收敛还是条件收敛.

解　>> clear

```
>> syms n
>> symsum((-1)^n/n,n,1,inf)
ans=
-log(2)
```

即原级数是收敛的. 再考察绝对值级数是否收敛.

```
>> symsum(1/n,n,1,inf)
ans=
Inf
```

即绝对值级数是发散的.

由上可知,原级数是条件收敛的.

例4　判断常数项级数 $\sum_{n=1}^{\infty}(-1)^n\frac{10^n}{n!}$ 是否收敛,如收敛,是绝对收敛还是条件收敛.

解　>> clear

```
>> syms n
>> symsum((-1)^n*10^n/sym('n!'),n,1,inf)
ans=
(1-exp(10))/exp(10)
```

即原级数是收敛的. 再考察绝对值级数是否收敛.

```
>> symsum(10^n/sym('n!'),n,1,inf)
ans=
exp(10)-1
```

即绝对值级数是收敛的.

由上可知,原级数是绝对收敛的.

例5　求幂级数 $\sum_{n=1}^{\infty}\frac{1}{x^n}$ 的和函数.

解 >> clear

```
>> syms x n
>> symsum(1/x^n,n,1,inf)
ans=
1/(-1+x)
```

二、用MATLAB进行幂级数展开

用MATLAB求函数的幂级数展开的运算是由命令taylor()来实现的,其调用格式和功能见表11-2.

表11-2 求函数的幂级数展开的调用格式和功能说明

调用格式	功能说明
taylor(f,x)	求函数 $f(x)$ 的5阶麦克劳林展开式
taylor(f,x,n)	求函数 $f(x)$ 的 $n-1$ 阶麦克劳林展开式
taylor(f,x,a)	求函数 $f(x)$ 在 $x=a$ 处的5阶泰勒展开式
taylor(f,x,n,a)	求函数 $f(x)$ 在 $x=a$ 处的 $n-1$ 阶泰勒展开式

例6 将函数 $f(x)=e^x$ 展开成 x 的幂级数.

解 >> clear

```
>> syms x
>> taylor(exp(x),x)   % 5阶麦克劳林展开式
ans=
1+x+1/2*x^2+1/6*x^3+1/24*x^4+1/120*x^5
```

例7 将函数 $f(x)=\sin x$ 展开成 x 的幂级数.

解 >> clear

```
>> syms x
>> taylor(sin(x),x,10)   % 9阶麦克劳林展开式
ans=
x-1/6*x^3+1/120*x^5-1/5040*x^7+1/362880*x^9
```

例8 将函数 $f(x)=\dfrac{1}{3-x}$ 在 $x=1$ 处展开成泰勒级数.

解 >> clear

```
>> syms x
>> taylor(1/(3-x),x,10,1)   % 9阶泰勒展开式
ans=
1/4+1/4*x+1/8*(-1+x)^2+1/16*(-1+x)^3+1/32*(-1+x)^4+
   1/64*(-1+x)^5+1/128*(-1+x)^6+1/256*(-1+x)^7+
   1/512*(-1+x)^8+1/1024*(-1+x)^9
```

例9 将函数 $f(x)=\arctan x$ 展开成 x 的幂级数,并根据该幂级数的展开求 π 的近

似值.

解
```
>> clear
>> syms x
>> y=taylor(atan(x),x,100);    % 99阶泰勒展开式
>> x=1;
>> pi_vaule=4*eval(y)    % π=4*arctan1
pi_vaule=
3.14159265259101
```

练习题 11-7

1. 求下列级数的和：

(1) $\sum_{n=1}^{\infty}\frac{1}{(2n-1)(2n+1)}$； (2) $\sum_{n=1}^{\infty}\frac{x^{2n-1}}{2n-1}$.

2. 判断下列级数的敛散性：

(1) $\sum_{n=1}^{\infty}\frac{1}{n^2+1}$； (2) $\sum_{n=1}^{\infty}\frac{\cos(n\pi)}{10^n}$； (3) $\sum_{n=1}^{\infty}\frac{2^n\cdot n!}{n^n}$.

3. 求下列级数的收敛半径和收敛区间：

(1) $\sum_{n=1}^{\infty}\frac{1}{n!}x^n$； (2) $\sum_{n=0}^{\infty}(n+1)!\,x^n$； (3) $\sum_{n=0}^{\infty}\frac{n}{3^n}x^n$.

4. 将 $\sin x$ 展开成 $x-\frac{\pi}{4}$ 的幂级数.

5. 将 $\frac{1}{x^2+3x+5}$ 展开成 $x+1$ 的幂级数.

第八节 无穷级数模型

无穷级数的应用非常广泛，本节介绍几个实际问题中的无穷级数模型.

一、存取款问题

当今社会，随着经济的发展，普通工薪阶层希望既要保证目前的生活质量不下降，又要预存一笔钱养老，因此如何理财一直是大家很感兴趣的问题.

1. 问题提出

某人计划将工资的一部分存入银行(年利率为 4%)，以保证今后生活有保障，希望在第一年末能提取 100 元，第二年末能提取 400 元，…，第 n 年末提取 $100n^2$，…，要想永远如此提取，问：至少需要事先存入多少钱(即本金)?

2. 模型建立与求解

银行的年利率 $r=0.04$. 如果第一年末提取 100 元，则需要存入本金 $100(1+r)^{-1}$；第二年末提取 $400=100\times2^2=400$ 元，则需要存入本金 $100\times2^2(1+r)^{-2}$ 元；…；第 n 年末提取

$100n^2$ 元,则需要存入本金 $100n^2(1+r)^{-n}$,如此下去,所需本金总数为

$$S=\sum_{n=1}^{\infty}100n^2(1+r)^{-n}=100\sum_{n=1}^{\infty}n^2(1+r)^{-n}.$$

下面计算该级数的和:

由 $\sum\limits_{n=0}^{\infty}x^n=\dfrac{1}{1-x}(|x|<1)$,有

$$\sum_{n=1}^{\infty}nx^n=x\sum_{n=1}^{\infty}nx^{n-1}=x\left(\sum_{n=1}^{\infty}x^n\right)'=x\left(\frac{1}{1-x}\right)'=\frac{x}{(1-x)^2}\quad(|x|<1)$$

$$\sum_{n=1}^{\infty}n^2x^n=x\left(\sum_{n=1}^{\infty}nx^n\right)'=x\left[\frac{x}{(1-x)^2}\right]'=\frac{x(1+x)}{(1-x)^3}\quad(|x|<1)$$

由于 $(1+r)^{-1}<1$,故由上式可得

$$S=100\sum_{n=1}^{\infty}n^2(1+r)^{-n}=100\times\frac{(1+r)^{-1}[1+(1+r)^{-1}]}{[1-(1+r)^{-1}]^3}=100\times\frac{(1+r)(2+r)}{r^3}.$$

将 $r=0.04$ 代入可得 3 315 000 元. 即需要一次性存入 3 315 000 元才能保证在第一年末能提取 100 元,第二年末能提取 400 元,…,第 n 年末提取 $100n^2$,….

3. 模型评价

该模型诠释了银行整存零取的存款方式,为人们合理安排生活提供一种切实可行的管理方法;但其缺点是没有考虑利率的变化问题.

思考题 某夫妇为保障子女将来的教育经费,从子女出生时开始,每年向银行存入 x 元作为教育基金,若银行的年利率为 r,问:第 n 年后教育基金总额为多少?

二、芝诺悖论

1. 问题提出

公元前 5 世纪,哲学家和数学家芝诺(Zeno)提出了著名的芝诺悖论:只要乌龟在前面一段距离,传说中的希腊英雄阿基里斯(Achilles)永远也追不上乌龟. 假设一开始乌龟在前面 100 m 处,阿基里斯的速度是乌龟的 10 倍,当阿基里斯跑完这 100 m 时,乌龟向前爬了 10 m;当阿基里斯再跑完这 10 m 时,乌龟向前爬了 1 m;…,如此下去,阿基里斯永远也跑不过这只乌龟.

显然芝诺的结论不符合实际的. 下面来计算下阿基里斯追上乌龟所用的时间.

2. 模型建立与求解

假设阿基里斯的速度是 1 m/s,乌龟的速度是 0.1 m/s,则阿基里斯追乌龟所用的时间为

$$100+10+1+\frac{1}{10}+\frac{1}{10^2}+\cdots+\frac{100}{10^{n-1}}+\cdots=\frac{100}{1-\frac{1}{10}}=\frac{1\,000}{9}(\mathrm{s})$$

也就是说到 $\dfrac{1\,000}{9}$ s 时,阿基里斯就追上乌龟了.

芝诺把有限的时间分为无穷多段,认为无穷多个有限数相加为无穷大,没有考虑到无穷

多个有限数相加有可能还是一个有限数，所以产生了悖论.

三、美丽雪花的面积及周长的计算

瑞典数学家柯克(Koch)在1904年首先考虑一种集合图形，就是所谓的“柯克曲线”，因其形状类似雪花而称之为“雪花曲线”.

1. 问题提出

雪花到底是什么形状呢?

首先画一等边三角形，把边长为原来1/3的小等边三角形放在原来三角形的三个边的中部，由此得到一个六角星；再将六角星每个角上的小三角形按上述同样方法变成一个小六角星……如此一直进行下去，就得到了雪花的形状，如图11-10所示，但是美丽雪花的面积及周长应该如何计算呢?

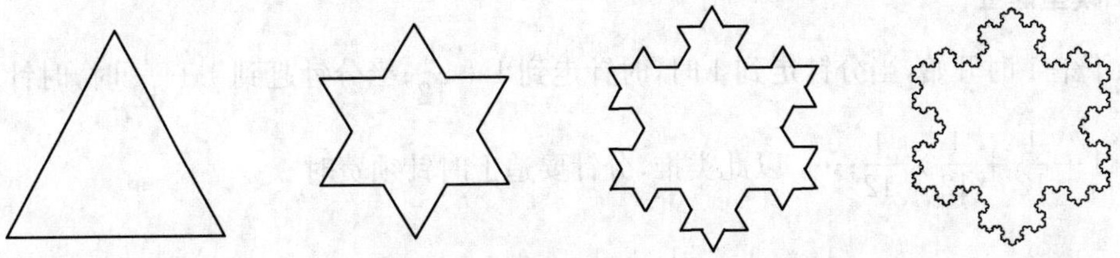

图 11-10

2. 模型建立与求解

雪花的面积和周长可以分别用无穷级数和无穷数列表示. 在雪花曲线产生过程中，假设初始三角形的边长为1，则各图形的边数依次为

$$3,\ 3\cdot 4,\ 3\cdot 4^2,\ 3\cdot 4^3,\ \cdots,\ 3\cdot 4^{n-1},\ \cdots,$$

各图形的边长依次为

$$1,\ \frac{1}{3},\ \frac{1}{3^2},\ \frac{1}{3^3},\ \cdots,\ \frac{1}{3^{n-1}}.$$

各图形的周长依次为

$$L_0=1\cdot 3=3,\ L_1=\frac{4}{3}\cdot L_0=4,\ L_2=\left(\frac{4}{3}\right)^2\cdot L_0,\ \cdots,$$

则有
$$\lim_{n\to\infty}L_n=\lim_{n\to\infty}\left(\frac{4}{3}\right)^n\cdot L_0=\infty.$$

初始面积 $S_0=\frac{1}{2}\cdot 1\cdot\frac{\sqrt{3}}{2}=\frac{\sqrt{3}}{4}$，各图形的面积依次为

$$S_1=S_0+\frac{1}{9}\cdot 3=S_0+\frac{1}{3},\ \cdots,$$

$$S_n=S_{n-1}+3\left\{4^{n-2}\left[\left(\frac{1}{9}\right)^{n-1}S_0\right]\right\}=S_0+\left\{1+\left[\frac{1}{3}+\frac{1}{3}\left(\frac{4}{9}\right)+\frac{1}{3}\left(\frac{4}{9}\right)^2+\cdots+\frac{1}{3}\left(\frac{4}{9}\right)^{n-2}\right]\right\}$$

$$=S_0+\frac{S_0}{3}\sum_{n=0}^{\infty}\left(\frac{4}{9}\right)^k,$$

则有
$$\lim_{n\to\infty}S_n=S_0\left(1+\frac{\frac{1}{3}}{1-\frac{4}{9}}\right)=S_0\left(1+\frac{3}{5}\right)=\frac{8}{5}S_0=\frac{8}{5}\times\frac{\sqrt{3}}{4}=\frac{2\sqrt{3}}{5}.$$

可以看出,将美丽雪花的边长无限分割,那么它的面积是有限的,但是周长却是无限的.

四、分针与时针重合问题

1. 问题提出

在下午 1 时到 2 时之间的什么时间,一个时钟的分针恰好与时针重合?

2. 模型建立

从下午 1 时开始,当分针走到 1 时,时针走到 $1+\frac{1}{12}$;当分针赶到 $1+\frac{1}{12}$ 时,时针又向前走到了 $1+\frac{1}{12}+\frac{1}{12}\times\frac{1}{12}$;…,以此类推,分针要追上时针须费时

$$\frac{1}{12}+\frac{1}{12}\times\frac{1}{12}+\frac{1}{12}\times\frac{1}{12}\times\frac{1}{12}+\cdots(\text{h}).$$

这是一个首项 $a=\frac{1}{12}$、公比 $q=\frac{1}{12}$ 的等比级数,因为 $|q|=\frac{1}{12}<1$,故此级数收敛,其和为
$$\frac{a}{1-q}=\frac{\frac{1}{12}}{1-\frac{1}{12}}=\frac{1}{11}(\text{h})=5\frac{5}{11}(\text{min})\approx 5\text{ min }27\text{ s}.$$

即,分针要追上时针需要的时间为5 min 27 s,也就是说,分针与时针重合的时间为下午 1 时 5 min 27 s.

3. 模型求解

此题也可用初等数学的方法求解,解答如下:

一般钟面分为 60 格,分针每分钟转过 1 格,时针 1 h 转过 5 格,即每分钟转$\frac{1}{12}$格. 1 时整,时针在分针前 5 格,故分针追上时针的时间应是

$$t=\frac{5}{1-\frac{1}{12}}=5\frac{5}{11}(\text{min})\approx 5\text{ min }27\text{ s}$$

即 5 min 27 s 后分针与时针重合.

4. 模型拓展

在 i 时与 $(i+1)$ 时 $(i=2,3,\cdots,11)$ 之间的什么时间,分针与时针重合?$\left(\text{答案:}i+\frac{i}{11},\ i=2,3,\cdots,11\right)$

五、商品的产量与价格问题

市场经济中经常存在着这样的循环现象：若某种商品供过于求，该商品的价格会降低，一旦价格降低，就会使商品的产量减少，结果又导致供不应求，于是价格上扬；而价格上扬又会使明年该商品的产量增加，造成新的供过于求，如此往复. 那么稳定的商品产量和价格是否存在呢?

1. 问题提出

据统计，某地区 2012 年大白菜的产量为 300 万吨，批发价为 60 元/百千克；2013 年大白菜的产量为 250 万吨，批发价为 80 元/百千克. 已知 2014 年大白菜的产量为 280 万吨，若维持当时的消费水平，并假定大白菜的产量与价格之间是线性关系，问若干年后大白菜的产量与价格之后是否能趋于稳定？若稳定，试求出稳定大白菜的产量和价格.

2. 模型建立与求解

设第 n 年的大白菜产量为 x_n，价格为 y_n，由于当年产量确定当年价格，故 $y_n=f(x_n)$，而当年的价格又决定第二年的产量，因此又有 $x_{n+1}=g(y_n)$. 在经济学上，称 $y_n=f(x_n)$ 为需求函数，$x_{n+1}=g(y_n)$ 为供应函数，于是，产销关系呈现如下过程

$$x_1\to y_1\to x_2\to y_2\to\cdots\to x_n\to y_n\to x_{n+1}\to y_{n+1}\to\cdots$$

令 P_1 的坐标为 (x_1, y_1)，P_2 的坐标为(x_2, y_1)，P_3 的坐标为(x_2, y_2)，P_4 的坐标为(x_3, y_2)，…，P_{2k-1} 的坐标为(x_k, y_k)，P_{2k} 的坐标为$(x_{k+1}, y_k)(k=1, 2,\cdots)$. 如果将点列 $P_1, P_2, P_3,\cdots$ 描在平面直角坐标系中，发现 P_{2k} 都满足 $x=g(y)$，P_{2k-1} 都满足 $y=f(x)$，如图 11-11 所示. 这种关系的图像很像一个蜘蛛网，因此又称之为蜘蛛网模型.

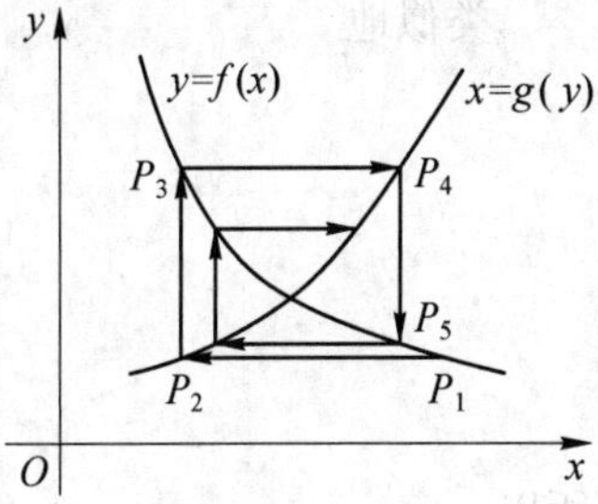

图 11-11

现在来具体解决大白菜产销问题. 将 2012 年大白菜产量记为 x_1，2013 年大白菜批发价记为 y_1，以此类推，根据 x_i、y_i 可作出点列

$$P_1(300, 60),\ P_2(250, 60),\ P_3(250, 80),\ P_4(280, 80),\ \cdots$$

根据线性假设，需求函数 $y=f(x)$ 是直线，且 $P_1(300, 60)$、$P_3(250, 80)$ 位于此直线上，故需求函数为

$$y_n=180-\frac{2}{5}x_n, n=1, 2, \cdots. \tag{1}$$

供应函数 $x=g(y)$ 也是直线，且 $P_2(250, 60)$、$P_4(280, 80)$ 位于此直线上，故供应函数为

$$x_{n+1}=160+\frac{3}{2}y_n,\ n=1, 2, \cdots. \tag{2}$$

于是得到递推关系

$$y_n=180-\frac{2}{5}x_n,\ x_{n+1}=160+\frac{3}{2}y_n,\ n=1, 2, \cdots.$$

下面考察 x_n、y_n 是否存在极限,若存在极限,则说明存在稳定大白菜的产量和价格.将式(1)代入式(2),得

$$x_{n+1}=160+\frac{3}{2}\left(180-\frac{2}{5}x_n\right)=430-\frac{3}{5}x_n,$$

由此可知 $$x_{k+1}-x_k=-\frac{3}{5}(x_k-x_{k-1})=\cdots=\left(-\frac{3}{5}\right)^{k-1}(x_2-x_1).$$

对 k 从 1 到 $n-1$ 求和得到

$$x_n-x_1=(x_2-x_1)\sum_{k=1}^{n-1}\left(-\frac{3}{5}\right)^{k-1},$$

所以 $$x_n=x_1+(x_2-x_1)\sum_{k=1}^{n-1}\left(-\frac{3}{5}\right)^{k-1}=300-50\sum_{k=1}^{n-1}\left(-\frac{3}{5}\right)^{k-1},$$

因此 $$\lim_{n\to\infty}x_n=300-50\sum_{n=1}^{\infty}\left(-\frac{3}{5}\right)^{n-1}=300-50\frac{1}{1-\left(-\frac{3}{5}\right)}=268.75(\text{万吨}).$$

类似地 $$y_{n+1}=180-\frac{2}{5}\left(160+\frac{3}{2}y_n\right)=116-\frac{3}{5}y_n,$$

$$y_{k+1}-y_k=-\frac{3}{5}(y_k-y_{k-1})=\cdots=\left(-\frac{3}{5}\right)^{k-1}(y_2-y_1),$$

$$y_n-y_1=(y_2-y_1)\sum_{k=1}^{n-1}\left(-\frac{3}{5}\right)^{k-1}.$$

所以 $$y_n=y_1+(y_2-y_1)\sum_{k=1}^{n-1}\left(-\frac{3}{5}\right)^{k-1}=60+20\sum_{k=1}^{n-1}\left(-\frac{3}{5}\right)^{k-1}.$$

因此 $$\lim_{n\to\infty}y_n=60+20\sum_{n=1}^{\infty}\left(-\frac{3}{5}\right)^{n-1}=60+20\frac{1}{1-\left(-\frac{3}{5}\right)}=72.5(\text{元}/\text{百千克}).$$

通过以上分析可以知道,大白菜的产量和价格都会趋于稳定:大白菜的产量稳定在年产 268.75 万吨,其价格将稳定在 72.5 元/百千克.

3. 模型评价

本模型利用极限方法给出市场上商品价格波动的数学解释,较好地为规划部门合理制定年度计划提供了一个理论根据.另外,有了需求函数、供求函数还可以预报以后各年大白菜的产量与价格.

4. 模型拓展

(1) 若需求函数为 $y=a+bx$,供求函数为 $x=c+\mathrm{d}y$,问 a、b、c、d 满足什么关系时,x_n 和 y_n 才有极限?并证明此极限恰好为这两条直线的交点.

(2) 若本案例的条件中没有告知大白菜的产量和价格具有线性关系,那么问题又该如何解决?

六、自然对数的底 e 的有理或无理性研究

先回顾两个基础知识. 第一个方面是数的有理性问题. 我们知道 2、$\frac{3}{8}$ 等是有理数,而 $\sqrt{2}$、$\sqrt{3}$ 等是无理数. $\sqrt{2}$ 为什么是无理数呢? 对此可以给出如下证明.

用反证法. 假设 $\sqrt{2}$ 是有理数,由于有理数一定能写成两个整数之商的形式,故可设

$$\sqrt{2}=\frac{p}{q}, \tag{3}$$

其中 p、q 是互质的正整数,即 $(p、q)=1$ (这表示 p、q 的最大公因数为 1).

将式(3)变形,两边取平方,得

$$2q^2=p^2, \tag{4}$$

所以上式左边的系数 2 一定是 p^2 的因子,从而也是 p 的因子. 于是可设 $p=2p_1$ (p_1 是正整数),并将其代入式(4),有

$$2q^2=(2p_1)^2, \text{即 } q^2=2p_1^2.$$

同理,该式右边的系数 2 一定是 q^2 的因子,从而也是 q 的因子. 于是又可设 $q=2q_1$ (q_1 是正整数).

如此,$p=2p_1$, $q=2q_1$, p_1、q_1 都是正整数,这与 p、q 互质的条件是矛盾的. 这个矛盾说明 $\sqrt{2}=\frac{p}{q}$ (p、q 是互质的正整数) 的假设是不能成立的,所以 $\sqrt{2}$ 是无理数.

另一方面,我们已经知道实数 e(即自然对数的底 e)来源于一个重要极限,即

$$\lim_{x\to\infty}\left(1+\frac{1}{x}\right)^x=\mathrm{e} \quad \text{或} \quad \lim_{x\to 0}(1+x)^{\frac{1}{x}}=\mathrm{e},$$

同时,利用初等函数的幂级数展开,有

$$\mathrm{e}^x=1+x+\frac{x^2}{2!}+\frac{x^3}{3!}+\cdots+\frac{x^n}{n!}+\cdots, -\infty<x<+\infty.$$

令 $x=1$, 则可得到

$$\mathrm{e}=1+1+\frac{1}{2!}+\frac{1}{3!}+\cdots+\frac{1}{n!}+\cdots, -\infty<x<+\infty.$$

1. 问题提出

实数 e 是有理数还是无理数? 试给出结论并证明.

2. 问题求解

这是一个有趣的数学应用问题,下面将给出 e 是无理数的证明. 同样用反证法. 假设 $\mathrm{e}=\frac{p}{q}$,其中 p、q 是互质的正整数,且 $q\geqslant 2$. 即

$$\mathrm{e}=1+1+\frac{1}{2!}+\frac{1}{3!}+\cdots+\frac{1}{n!}+\cdots=\frac{p}{q}$$

等式两边同乘以 $q!$,得

$$q!\left(1+1+\frac{1}{2!}+\frac{1}{3!}+\cdots+\frac{1}{q!}\right)+q!\left(\frac{1}{(q+1)!}+\cdots+\frac{1}{n!}+\cdots\right)=p(q-1)!. \tag{5}$$

注意到式(5)左边第一项是个整数,而其第二项

$$\begin{aligned}q!\left(\frac{1}{(q+1)!}+\cdots+\frac{1}{n!}+\cdots\right)&=\frac{1}{q+1}+\frac{1}{(q+1)(q+2)}+\cdots+\frac{1}{(q+1)(q+2)\cdots(q+k)}+\cdots\\&\leqslant\frac{1}{q+1}+\frac{1}{(q+1)^2}+\cdots+\frac{1}{(q+1)^k}+\cdots\\&=\frac{\frac{1}{q+1}}{1-\frac{1}{q+1}}=\frac{1}{q}\leqslant\frac{1}{2}<1.\end{aligned}\tag{6}$$

即式(5)左边第二项是个正小数,这与式(5)右端值 $p(q-1)!$ 也是个整数是矛盾的.从而,$\mathrm{e}=\frac{p}{q}$(p、q 是互质的正整数)的假设是不能成立的,即 e 是无理数.

3. 问题引申

在数学与物理学中普遍存在的一些特殊常数(例如 π、e、g 等)的数值大小与其有理或无理性质一直引起人们的兴趣.

例如对于圆周率 π,约公元 5 世纪下半叶的南北朝时期,中国著名数学家祖冲之得出精确到小数点后 7 位的 π 值,给出不足近似值 3.141 592 6 和过剩近似值 3.141 592 7,还得到两个近似分数值,即密率 355/113 和约率 22/7,他的辉煌成就比欧洲早了近 1 000 年.

阿拉伯数学家卡西在 15 世纪初求得圆周率 17 位精确小数值,才打破祖冲之保持了近千年的纪录.

电子计算机的出现使 π 值计算有了突飞猛进的发展,1949 年美国马里兰州阿伯丁的军队弹道研究实验室首次用计算机(ENIAC)计算 π 值,一下子就计算到 2 037 位小数,突破了千位数;1989 年美国哥伦比亚大学研究人员用克雷-2 型和 IBM-VF 型巨型电子计算机计算出 π 值小数点后 4.8 亿位数,后又继续计算到小数点后 10.1 亿位数;至今,最新纪录是一位日裔工程师爱玛(Emma)在谷歌云平台的帮助下,计算到小数点后 31.4 万亿位.

尽管如此,人们还没有能够证明 π 到底是不是个无理数,使之成为一个至今未解的数学之谜.

思考题 证明$\sqrt{3}$是无理数.

七、p 进制无限循环小数化成分数问题

1. 问题提出

在计算机科学中,通常采用二进制、八进制和十六进制进行运算.更一般地,在科学研究中有时也需要采用 p 进制来表示一个实数.请研究一个 p 进制的无限循环小数怎样才能化成十进制分数?并求出下列循环小数的分数形式:

(1) $x=0.123\,123\,123\cdots$ (十进制)

(2) $x=0.515\,151\cdots$ (九进制)

(3) $x=0.111\,011\,101\,110\cdots$ (二进制)

(4) $x=0.777\cdots$ (八进制)

2. 模型建立与求解

设 $x=0.a_1a_2\cdots a_ka_1a_2\cdots a_k\cdots$ 是任意一个 p 进制的无限循环小数.此处 p 是自然数;a_1,

a_2, …, a_k 是 0 与 $p-1$ 之间的任意整数；k 是循环节的长度.

根据 p 进制的定义，把 x 写成

$$\begin{aligned}x&=\frac{a_1}{p}+\frac{a_2}{p^2}+\cdots+\frac{a_k}{p^k}+\frac{a_1}{p^{k+1}}+\cdots+\frac{a_k}{p^{k+k}}+\cdots\\&=\sum_{m=0}^{\infty}\left(\frac{a_1}{p^{mk+1}}+\frac{a_2}{p^{mk+2}}+\cdots+\frac{a_k}{p^{mk+k}}\right)=\left(\frac{a_1}{p}+\frac{a_2}{p^2}+\cdots+\frac{a_k}{p^k}\right)\sum_{m=0}^{\infty}\frac{1}{p^{mk}}\\&=\left(\frac{a_1}{p}+\frac{a_2}{p^2}+\cdots+\frac{a_k}{p^k}\right)\frac{p^k}{p^k-1}=\frac{a_1p^{k-1}+a_2p^{k-2}+\cdots+a_{k-1}p+a_k}{p^k-1}.\end{aligned}$$

这样，把一个 p 进制循环小数化成了十进制的分数.

下面进行具体计算：

(1) $x=0.123\,123\,123\cdots$　（十进制）

$$\begin{aligned}&=\sum_{k=0}^{\infty}\left(\frac{1}{10^{3k+1}}+\frac{2}{10^{3k+2}}+\frac{3}{10^{3k+3}}\right)\\&=\frac{1}{10}\sum_{k=0}^{\infty}\frac{1}{10^{3k}}+\frac{2}{100}\sum_{k=0}^{\infty}\frac{1}{10^{3k}}+\frac{3}{1000}\sum_{k=0}^{\infty}\frac{1}{10^{3k}}\\&=\left(\frac{1}{10}+\frac{2}{100}+\frac{3}{1\,000}\right)\sum_{k=0}^{\infty}\frac{1}{10^{3k}}=\frac{123}{1\,000}\cdot\frac{1}{1-\frac{1}{10^3}}=\frac{123}{999}.\end{aligned}$$

(2) $x=0.515\,151\cdots$　（九进制）

$$=\sum_{k=0}^{\infty}\left(\frac{5}{9^{2k+1}}+\frac{1}{9^{2k+2}}\right)=\left(\frac{5}{9}+\frac{1}{81}\right)\sum_{k=0}^{\infty}\frac{1}{9^{2k}}=\frac{46}{81}\frac{1}{1-\frac{1}{81}}=\frac{46}{80}.$$

(3) $x=0.111\,011\,101\,110\cdots$　（二进制）

$$\begin{aligned}&=\sum_{k=0}^{\infty}\left(\frac{1}{2^{4k+1}}+\frac{1}{2^{4k+2}}+\frac{1}{2^{4k+3}}\right)=\left(\frac{1}{2}+\frac{1}{4}+\frac{1}{8}\right)\sum_{k=0}^{\infty}\frac{1}{16^k}\\&=\left(\frac{1}{2}+\frac{1}{4}+\frac{1}{8}\right)\frac{1}{1-\frac{1}{16}}=\frac{14}{15}.\end{aligned}$$

(4) $x=0.777\cdots$　（八进制）

$$=\frac{7}{8}+\frac{7}{8^2}+\frac{7}{8^3}+\cdots=7\sum_{k=1}^{\infty}\frac{1}{8^k}=7\cdot\frac{\frac{1}{8}}{1-\frac{1}{8}}=1.$$

3. 模型拓展

怎样将十进制的分数化为 p 进制的小数？设 $x=\frac{a_1}{p}+\frac{a_2}{p^2}+\cdots+\frac{a_k}{p^k}+\frac{a_1}{p^{k+1}}+\cdots(0<x<1)$，用 p 乘以 x 后，$px=a_1+\frac{a_2}{p}+\frac{a_3}{p^2}+\cdots+\frac{a_k}{p^{k-1}}+\frac{a_1}{p^k}+\cdots$ 所以整数部分就是 a_1. 从 px 中减去 a_1，得到 $y=\frac{a_2}{p}+\frac{a_3}{p^2}+\cdots$ 再用 p 乘以 y，整数部分即为 a_2. 重复上述步骤

即可.

八、幂级数逼近

例 求满足微分方程 $\frac{dy}{dx}=y+\frac{1}{1+x}$, $y(0)=1$ 的函数 $y(x)$ 关于 $x=0$ 的四次幂级数逼近值.

解 $\frac{dy}{dx}=y+\frac{1}{1+x}$, $y(0)=1$, 利用级数是目前所能采取的用公式近似求解该方程的唯一办法.

设 $y(x)=c_0+c_1x+c_2x^2+c_3x^3+c_4x^4+c_5x^5+\cdots$. 由 $y(0)=1$,得 $c_0=1$. 所以

$$y(x)=1+c_1x+c_2x^2+c_3x^3+c_4x^4+c_5x^5+\cdots,$$

$$\frac{dy}{dx}=c_1+2c_2x+3c_3x^2+4c_4x^3+5c_5x^4+\cdots,$$

因为
$$\frac{1}{1+x}=1-x+x^2-x^3+x^4-x^5+\cdots,$$

将以上结果代入微分方程中,可得

$$\begin{aligned}&c_1+2c_2x+3c_3x^2+4c_4x^3+5c_5x^4+\cdots\\&=(1+c_1x+c_2x^2+c_3x^3+c_4x^4+c_5x^5+\cdots)+(1-x+x^2-x^3+x^4-x^5+\cdots)\\&=2+(c_1-1)x+(c_2+1)x^2+(c_3-1)x^3+(c_4+1)x^4+\cdots.\end{aligned}$$

比较同次幂的系数,可得

常数项: $c_1=2$;

x 的系数: $2c_2=c_1-1=1$,从而 $c_2=\frac{1}{2}$;

x^2 的系数: $3c_3=c_2+1=\frac{3}{2}$,从而 $c_3=\frac{1}{2}$;

x^3 的系数: $4c_4=c_3-1=-\frac{1}{2}$,从而 $c_4=-\frac{1}{8}$.

所以,当 x 在0附近时,解的逼近值为 $y(x)\approx 1+2x+\frac{x^2}{2}+\frac{x^3}{2}-\frac{x^4}{8}$.

练习题 11-8

1. 为了创立某奖励基金,需要筹集资金,现假定该基金从创立之日起,每年需要支付400万元作为奖励,设基金的利率为每年5%,分别以:(1)年复利计算利息;(2)连续复利计算利息.问需要筹集的资金为多少?
2. 某演艺公司与某位演员签订一份合同,合同规定演艺公司在第 n 年末必须支付该演员或其后代 n 万元 ($n=1, 2, \cdots$),假定银行存款按4%的年复利计算利息,问演艺公司需要在签约当天存入银行的资金为多少?
3. 建造一座钢桥费用为380 000元,每隔10年须油漆一次,每次费用4 000元,桥的期望寿

命为 40 年；建造一座木桥费用为 200000 元，每隔 2 年须油漆一次，每次费用 2000 元，桥的期望寿命为 15 年．以贴现率为 10%，比较哪一种更经济？（建桥费中不包括油漆费）

4. 某厂须增添一机器设备，如果购买需要 4000 元，机器使用寿命 10 年，贴现率 14%；如果不买，则可以租用，每月租金 500 元，且规定每年初交付该年租金．问购买和租用哪个方案好？

5. 一幢房子如立即售出可得 10 万元，或者可以用 5 年时间进行装修然后以 30 万元的价格售出，装修花费 10 万元，这笔费用可在第三年年底支付．银行可以 12% 的年复利借出这笔费用，而在卖出房子后收回本利．假设贴现率为 10%，问房主选择哪一个方案有利？

6. 设银行存款的年利率为 $r=5\%$，并以年利率计算．某基金会希望通过存款 A 万元，实现第 1 年提取 19 万元，第 2 年提取 28 万元，…，第 n 年提取 $(10+9n)$ 万元，并能按此规律一直提取下去，问 A 至少应为多少？

7. 怎样将十进制的分数化成 p 进制小数？

本章小结

一、本章主要内容与重点

本章主要内容有：无穷级数的概念及基本性质，数项级数收敛性的判别法，幂级数概念与幂级数的运算，函数展开成幂级数，傅里叶级数的概念，函数展开为傅里叶级数．

重点　级数的收敛、发散与收敛级数的和等概念，级数收敛的必要条件，正项级数的比较审敛法与比值审敛法，交错级数的莱布尼茨定理，级数的绝对收敛和条件收敛的概念，幂级数的收敛半径和收敛区间的求法，函数展开成幂级数．

二、学习指导

（一）无穷级数的概念与基本性质

1. $\sum\limits_{n=1}^{\infty} u_n$ 收敛的定义及和的意义

若 $\lim\limits_{n\to\infty} s_n = s$，则级数收敛，$s$ 为级数的和，记为 $s=\sum\limits_{n=1}^{\infty} u_n$．

2. 级数的基本性质

级数的基本性质在判别级数收敛与发散的时候，常常起到很大的作用，因此，熟悉这些性质对于概念的理解与级数敛散性的判别是有帮助的．

（二）数项级数收敛性的判别法

1. 正项级数收敛的比较判别法与比值判别法

正项级数收敛性的判别是任意项级数收敛性判别的基础．应当熟悉几何级数与 p-级数的敛散性，这是衡量其余的级数是否收敛的参照级数．

2. 交错级数收敛的莱布尼茨定理

交错级数是级数中的一种重要类型，在讨论幂级数收敛区间的两个端点时，常常会遇到交错级数．交错级数收敛时，取其部分和作为级数的近似值，其误差估计是特别方便的．

3. 绝对收敛和条件收敛

在幂级数的收敛区间中，除了端点以外，对 $(-R,\ R)$ 内的所有 x 值，级数都是绝对收敛的．绝对收敛的级数，其判别法可按正项级数的判别法进行．

(三) 幂级数及初等函数展开成幂级数

1. 幂级数的收敛半径和收敛区间

幂级数是函数项级数中一类简单而重要的级数.幂级数的收敛域可以用区间来表示,对于形如 $\sum_{n=0}^{\infty} a_n x^n$ 的幂级数,它的收敛区间是关于原点对称的开区间$(-R, R)$,R 称为收敛半径.写出一个幂级数的时候,必须写出它的收敛域.幂级数的和函数 $s(x)$,只是在收敛域中才起作用的.

对于形如 $\sum_{n=0}^{\infty} a_n (x-x_0)^n$ 的幂级数,它在(x_0-R, x_0+R)内是绝对收敛的.

2. 收敛的幂级数性质

(1) 四则性.

(2) 连续性.

(3) 可微性.

(4) 可积性.

3. 初等函数展开为幂级数

泰勒级数与麦克劳林级数都是幂级数.函数在某点 x_0 处能展开成幂级数,其表达式是唯一的.展开方法有以下两种:

(1) 直接展开法:求出 $f^{(n)}(x_0)$,得 $f(x)=\sum_{n=0}^{\infty} \frac{1}{n!} f^{(n)}(x_0)(x-x_0)^n$.

(2) 间接展开法:利用几个熟知的函数展开式,通过幂级数的运算与变量代换,求出所给函数的展开式.

请读者牢记 e^x, $\sin x$, $\cos x$, $\ln(1+x)$, $(1+x)^m$ 的幂级数展开式及它们的收敛区间.

(四) 傅里叶级数

傅里叶级数也是一种重要的函数项级数,在电工、力学和其他许多学科中都有很重要的应用.

(1) 傅里叶级数的收敛性可以用狄利克雷定理判定.该定理是收敛的一种充分条件.级数中的各项系数 a_0, a_n, b_n 只能根据三角函数系的正交性,用直接的方法算出.

(2) 一个收敛的傅里叶级数必须写出它的收敛域,且能够在$(-\infty, +\infty)$上所有连续点处收敛于傅里叶级数的和函数,并且和函数一定是一个周期函数.

(3) 若 $f(x)$不是一个周期函数,且在$[-\pi, \pi]$上有意义,则可在整个数轴上对 $f(x)$作周期为 2π 的延拓,使它在$(-\infty, +\infty)$上成为以 2π 为周期的函数,然后按周期为 2π 的函数展开为傅里叶级数,最后再限制 x 在$[-\pi, \pi]$上,并根据狄利克雷定理来讨论它的收敛域及其和函数.

(4) 若 $f(x)$是只定义在$[0, \pi]$上的一个函数,并满足狄利克雷定理的条件,则可补充其在$(-\pi, 0)$的定义,使其成为奇函数或偶函数,这种过程称为奇延拓或偶延拓,然后再进行周期延拓,写出傅里叶级数,最后按条件写出其收敛域.

(5) 将给定函数展开为傅里叶级数的步骤:

① 计算 a_n, b_n;

② 写出相应的傅里叶级数;

③ 指出收敛情况.

(五) 无穷级数模型

级数理论是微积分的重要组成部分之一，是研究函数的重要工具．级数是产生新函数的重要方法，同时又是对已知函数表示、逼近的有效方法，在近似计算中发挥着重要的作用．

希望读者会利用无穷级数建立数学模型，解决一些实际问题，提高应用能力．

习题十一

1. 填空题：

(1) 对级数 $\sum\limits_{n=1}^{\infty}u_n$，$\lim\limits_{n\to\infty}u_n=0$ 是它收敛的________条件，不是它收敛的________条件．

(2) 若级数 $\sum\limits_{n=1}^{\infty}u_n$ 绝对收敛，则级数 $\sum\limits_{n=1}^{\infty}u_n$ 必定________；若级数 $\sum\limits_{n=1}^{\infty}u_n$ 条件收敛，则级数 $\sum\limits_{n=1}^{\infty}|u_n|$ 必定________．

(3) $\sum\limits_{n=1}^{\infty}(-1)^{n-1}\dfrac{x^n}{n}$ 的收敛半径是________，收敛域是________．

(4) $\sum\limits_{n=1}^{\infty}\dfrac{x^{2n-1}}{2^n+(-1)^n3^n}$ 的收敛半径是________，收敛域是________．

(5) $\sum\limits_{n=1}^{\infty}\dfrac{(x-1)^n}{(2n-1)3^n}$ 的收敛半径是________，收敛域是________．

(6) $\sum\limits_{n=1}^{\infty}n\left(\dfrac{1}{2}\right)^{n-1}=$________．

2. 选择题：

(1) 下列级数中收敛的是(　　)．

A. $\sum\limits_{n=1}^{\infty}\dfrac{1}{\sqrt{2n+1}}$　　B. $\sum\limits_{n=1}^{\infty}\dfrac{n}{3n+1}$

C. $\sum\limits_{n=1}^{\infty}\dfrac{10}{q^n}(|q|<1)$　　D. $\sum\limits_{n=1}^{\infty}\dfrac{2^{n-1}}{3^n}$

(2) $\sum\limits_{n=1}^{\infty}\dfrac{1}{n^{p+1}}$ 发散，则有(　　)．

A. $p\leqslant 0$　　B. $p>0$

C. $p\leqslant 1$　　D. $p<1$

(3) 下列级数中条件收敛的级数是(　　)．

A. $\sum\limits_{n=1}^{\infty}(-1)^n\dfrac{n}{n+1}$　　B. $\sum\limits_{n=1}^{\infty}(-1)^n\dfrac{1}{\sqrt{n}}$

C. $\sum\limits_{n=1}^{\infty}(-1)^n\dfrac{\sin n}{n^2}$　　D. $\sum\limits_{n=1}^{\infty}(-1)^n\dfrac{1}{n(n+1)}$

(4) 下列级数中绝对收敛的级数是(　　)．

A. $\sum\limits_{n=1}^{\infty}(-1)^{n-1}\dfrac{1}{\sqrt{2n+3}}$　　B. $\sum\limits_{n=1}^{\infty}(-1)^n\left(\dfrac{3}{2}\right)^n$

C. $\sum_{n=1}^{\infty}(-1)^{n-1}\frac{1}{\sqrt{n^3+1}}$　　　D. $\sum_{n=1}^{\infty}(-1)^{n}\frac{n-1}{n^2}$

(5) 设级数 $\sum_{n=1}^{\infty}u_n$ 绝对收敛,则级数 $\sum_{n=1}^{\infty}\left(1+\frac{1}{n}\right)^n u_n$(　　).

A. 发散　　　B. 条件收敛

C. 绝对收敛　　　D. 以上三选项均不对

(6) 幂级数 $\sum_{n=1}^{\infty}\frac{1}{n3^n}x^{2n}$ 的收敛区间为(　　).

A. $(-\sqrt{3},\sqrt{3})$　　　B. $\left(-\frac{1}{\sqrt{3}},\frac{1}{\sqrt{3}}\right)$

C. $\left(-\frac{1}{3},\frac{1}{3}\right)$　　　D. $(-3,3)$

(7) 函数 $f(x)=\mathrm{e}^{-x^2}$ 展开成 x 的幂级数是(　　).

A. $\sum_{n=0}^{\infty}\frac{x^{2n}}{n!}$　　　B. $\sum_{n=0}^{\infty}\frac{(-1)^n x^{2n}}{n!}$

C. $\sum_{n=0}^{\infty}\frac{x^n}{n!}$　　　D. $\sum_{n=1}^{\infty}\frac{(-1)^{n-1}x^n}{n!}$

(8) 设 $f(x)$的周期为 2π,它在$[-\pi,\pi)$的表达式 $f(x)=2x\ (-\pi\leqslant x<\pi)$,则 $f(x)$的傅里叶展开式为(　　).

A. $2\sum_{n=1}^{\infty}\frac{(-1)^{n+1}}{n}\sin nx$　　　B. $4\sum_{n=1}^{\infty}\frac{(-1)^{n+1}}{n}\sin nx$

C. $4\sum_{n=1}^{\infty}\frac{(-1)^{n+1}}{n}\sin nx\quad(-\infty<x<+\infty,\ x\neq(2k-1)\pi,\ k\in\mathbf{Z})$

D. $2\sum_{n=1}^{\infty}\frac{(-1)^{n+1}}{n}\sin nx\quad(-\infty<x<+\infty,\ x\neq(2k-1)\pi,\ k\in\mathbf{Z})$

3. 判别下列级数的敛散性:

(1) $\sum_{n=1}^{\infty}\frac{(-1)^n n}{2n-1}$;　　　(2) $\sum_{n=1}^{\infty}\frac{1}{n^2-4n+5}$;

(3) $\sum_{n=1}^{\infty}\frac{n+2}{2^n}$;　　　(4) $\sum_{n=0}^{\infty}\frac{2+(-1)^n}{2^n}$;

(5) $\sum_{n=1}^{\infty}\frac{(n!)^2}{2n^2}$;　　　(6) $\sum_{n=2}^{\infty}(-1)^n\frac{1}{n-\ln n}$.

4. 讨论下列级数的绝对收敛性和条件收敛性:

(1) $\sum_{n=1}^{\infty}(-1)^n\frac{1}{n^p}$;　　　(2) $\sum_{n=1}^{\infty}(-1)^n\frac{\cos na}{n^5}$;

(3) $\sum_{n=1}^{\infty}(-1)^n\frac{n^3}{e^n}$;　　　(4) $\sum_{n=1}^{\infty}(-1)^n\ln\frac{n+1}{n}$.

5. 求下列幂级数的收敛半径与收敛区间:

(1) $\sum_{n=1}^{\infty}\frac{(2x+1)^n}{n}$;　　　(2) $\sum_{n=1}^{\infty}\frac{(x-2)^{2n-1}}{(2n-1)!}$;

(3) $\sum_{n=1}^{\infty}\frac{x^n}{n(n+1)}$；　　(4) $\sum_{n=1}^{\infty}\frac{3^n+(-2)^n}{n}(x+1)^n$；

(5) $\sum_{n=1}^{\infty}(-1)^n\left(1+\frac{1}{2}+\cdots+\frac{1}{n}\right)x^n$；　　(6) $\sum_{n=2}^{\infty}\frac{(x-2)^n}{n(n-1)}$.

6. 求下列幂级数的和函数：

(1) $\sum_{n=2}^{\infty}\frac{x^n}{n^2-1}$；　　(2) $\sum_{n=1}^{\infty}n(x-1)^n$.

7. 求幂级数 $\sum_{n=1}^{\infty}\frac{n(n+1)}{2}x^{n-1}$ 的收敛半径、收敛域及在收敛域内的和函数，并求 $\sum_{n=1}^{\infty}\frac{n(n+1)}{2^n}$ 的和.

8. 将函数 $f(x)=\frac{1}{(2-x)^2}$ 展开成 x 的幂级数.

9. 求下列数项级数的和：

(1) $\sum_{n=1}^{\infty}\frac{n(n+1)}{2^n}$；　　(2) $\sum_{n=1}^{\infty}\frac{n^2}{n!}$.

10. 将 $f(x)=\frac{\pi-x}{2}(0\leqslant x\leqslant\pi)$ 展开为正弦级数.

11. 设 $f(x)$ 的周期为 2π，它在 $[-\pi,\pi)$ 的表达式为 $f(x)=\pi^2-x^2$，将 $f(x)$ 展开为傅里叶级数，并求级数 $\sum_{n=1}^{\infty}\frac{1}{n^2}$ 的和.

12. 将 $f(x)=\frac{\pi}{4}-\frac{x}{2}(0<x<\pi)$ 分别展开成正弦级数和余弦级数.

13. 1998 年保险公司可以保证预定年利率一直是 6.5%，几十年不变. 某人每年在保险公司存入 1 000 元(每年按复利计算). 试求：

(1) 10 年后，投资额累积(即本利和)是多少？

(2) 要存多少年，才能存到 10 万元？

14. 某林区为保护秃鹰不至于灭绝制订了一个计划. 假设在新的保护计划下，每年有 100 只秃鹰出生，每年秃鹰的存活率为 0.85.

(1) 5 年后，在年龄段 0～1，1～2，2～3，3～4，4～5 岁各有多少只秃鹰存活？

(2) 5 年后，在这种保护计划下存活下来的秃鹰总数是多少？

(3) 在许多年后，在这种保护计划下存活下来的秃鹰总数是多少？

阅读材料

三角级数创始人——傅里叶

傅里叶(Fourier，1768—1830)，法国数学家、物理学家. 1768 年 3 月 21 日生于欧塞尔，1830 年 5 月 16 日卒于巴黎. 9 岁父母双亡，被当地教堂收养. 12 岁由一主教送入地方军事学校读书. 17 岁(1785)回乡教数学，1794 年到巴黎，成为高等师范学校的首批学员，次年到巴黎综合工科学校执教. 1798 年随拿

破仑远征埃及时任军中文书和埃及研究院秘书,1801 年回国后任伊泽尔省地方长官. 1817 年当选为科学院院士,1822 年任该院终身秘书,后又任法兰西学院终身秘书和理工科大学校务委员会主席.

傅里叶的主要贡献是在研究热的传播时创立了一套数学理论. 1807 年他向巴黎科学院呈交《热的传播》论文,推导出著名的热传导方程,并在求解该方程时发现解函数可以由三角函数构成的级数形式表示,从而提出任一函数都可以展成三角函数的无穷级数. 傅里叶级数(即三角级数)、傅里叶分析等理论均由此创始. 1822 年他在代表作《热的分析理论》中解决了热在非均匀加热的固体中分布传播问题,成为分析学在物理中应用的最早例证之一,对 19 世纪数学和理论物理学的发展产生深远影响.

其他贡献有:最早使用定积分符号,改进了代数方程符号法则的证法和实根个数的判别法等.

傅里叶变换的基本思想首先由傅里叶提出,所以以其名字来命名以示纪念. 从现代数学的眼光来看,傅里叶变换是一种特殊的积分变换. 它能将满足一定条件的某个函数表示成正弦基函数的线性组合或者积分. 在不同的研究领域,傅里叶变换具有多种不同的变体形式,如连续傅里叶变换和离散傅里叶变换. 傅里叶变换属于调和分析的内容. "分析"二字,可以解释为深入的研究. 从字面上来看,"分析"二字,实际就是"条分缕析"而已. 它通过对函数的"条分缕析"来达到对复杂函数的深入理解和研究. 从哲学上看,"分析主义"和"还原主义",就是要通过对事物内部适当的分析达到增进对其本质理解的目的. 比如近代原子论试图把世界上所有物质的本源分析为原子,而原子不过数百种而已,相对物质世界的无限丰富,这种分析和分类无疑为认识事物的各种性质提供了很好的手段.

在数学领域,也是这样,尽管最初傅里叶分析是作为热过程的解析分析的工具,但是其思想方法仍然具有典型的还原论和分析主义的特征. "任意"的函数通过一定的分解,都能够表示为正弦函数的线性组合的形式,而正弦函数在物理上是被充分研究而相对简单的函数类,这一想法跟化学上的原子论想法何其相似! 奇妙的是,现代数学发现傅里叶变换具有以下非常好的性质,使得它如此好用和有用,让人不得不感叹造物的神奇:

1. 傅里叶变换是线性算子,若赋予适当的范数,它还是酉算子.

2. 傅里叶变换的逆变换容易求出,而且形式与正变换非常类似.

3. 正弦基函数是微分运算的本征函数,从而使得线性微分方程的求解可以转化为常系数的代数方程的求解. 在线性时不变的物理系统内,频率不变,从而系统对于复杂激励的响应可以通过组合其对不同频率正弦信号的响应来获取.

4. 著名的卷积定理指出:傅里叶变换可以化复杂的卷积运算为简单的乘积运算,从而提供了计算卷积的一种简单手段.

5. 离散形式的傅里叶变换可以利用数字计算机快速地算出[其算法称为快速傅里叶变换算法(FFT)].

正是由于上述良好性质,傅里叶变换在物理学、数论、组合数学、信号处理、概率、统计、密码学、声学、光学等领域都有着广泛的应用.

附 录

附录一 高等数学常用公式(二)

一、向量与空间解析几何

(一) 向量代数

1. 空间两点的距离：$d=|M_1M_2|=\sqrt{(x_2-x_1)^2+(y_2-y_1)^2+(z_2-z_2)^2}$

2. 向量的数量积：$\boldsymbol{a}\cdot\boldsymbol{b}=|\boldsymbol{a}|\cdot|\boldsymbol{b}|\cos\theta=a_xb_x+a_yb_y+a_zb_z$ 是一个数量

3. 两向量之间的夹角：$\cos\theta=\dfrac{a_xb_x+a_yb_y+a_zb_z}{\sqrt{a_x^2+a_y^2+a_z^2}\cdot\sqrt{b_x^2+b_y^2+b_z^2}}$

4. 向量的向量积：$\boldsymbol{c}=\boldsymbol{a}\times\boldsymbol{b}=\begin{vmatrix}\boldsymbol{i}&\boldsymbol{j}&\boldsymbol{k}\\a_x&a_y&a_z\\b_x&b_y&b_z\end{vmatrix}$，$|\boldsymbol{c}|=|\boldsymbol{a}|\cdot|\boldsymbol{b}|\sin\theta$

(二) 平面的方程

1. 点法式方程：$A(x-x_0)+B(y-y_0)+C(z-z_0)=0$，其中 $\boldsymbol{n}=(A,B,C)$，$M_0(x_0,y_0,z_0)$

2. 一般方程：$Ax+By+Cz+D=0$

3. 截距式方程：$\dfrac{x}{a}+\dfrac{y}{b}+\dfrac{z}{c}=1$

4. 平面外一点 $M_0(x_0,y_0,z_0)$ 到平面 $Ax+By+Cz+D=0$ 的距离：$d=\dfrac{|Ax_0+By_0+Cz_0+D|}{\sqrt{A^2+B^2+C^2}}$

(三) 空间直线的方程

1. 点向式方程：$\dfrac{x-x_0}{m}=\dfrac{y-y_0}{n}=\dfrac{z-z_0}{p}=t$，其中 $\boldsymbol{s}=(m,n,p)$

2. 参数方程：$\begin{cases}x=x_0+mt\\y=y_0+nt\\z=z_0+pt\end{cases}$，$t$ 为参数

(四) 二次曲面

1. 椭球面：$\dfrac{x^2}{a^2}+\dfrac{y^2}{b^2}+\dfrac{z^2}{c^2}=1$

2. 抛物面：$\dfrac{x^2}{2p}+\dfrac{y^2}{2q}=z$（$p$，$q$ 同号）

3. 双曲面：

(1) 单叶双曲面：$\dfrac{x^2}{a^2}+\dfrac{y^2}{b^2}-\dfrac{z^2}{c^2}=1$；

(2) 双叶双曲面：$\dfrac{x^2}{a^2}-\dfrac{y^2}{b^2}+\dfrac{z^2}{c^2}=-1$.

二、多元函数微分学

(一) 多元函数微分法

1. 全微分:当 $z=f(x, y)$ 时, $dz=\frac{\partial z}{\partial x}dx+\frac{\partial z}{\partial y}dy$;

$$\text{当 } u=u(x, y, z) \text{ 时}, du=\frac{\partial u}{\partial x}dx+\frac{\partial u}{\partial y}dy+\frac{\partial u}{\partial z}dz$$

2. 全微分的近似计算: $\Delta z \approx dz=f_x(x, y)\Delta x+f_y(x, y)\Delta y$

3. 多元复合函数的求导法:

(1) 若 $z=f[u(t), v(t)]$, 则 $\frac{dz}{dt}=\frac{\partial z}{\partial u}\cdot\frac{du}{dt}+\frac{\partial z}{\partial v}\cdot\frac{dv}{dt}$

(2) 若 $z=f[u(x, y), v(x, y)]$, 则 $\frac{\partial z}{\partial x}=\frac{\partial z}{\partial u}\cdot\frac{\partial u}{\partial x}+\frac{\partial z}{\partial v}\cdot\frac{\partial v}{\partial x}$, $\frac{\partial z}{\partial y}=\frac{\partial z}{\partial u}\cdot\frac{\partial u}{\partial y}+\frac{\partial z}{\partial v}\cdot\frac{\partial v}{\partial y}$

(3) 当 $u=u(x, y)$, $v=v(x, y)$ 时, $du=\frac{\partial u}{\partial x}dx+\frac{\partial u}{\partial y}dy$, $dv=\frac{\partial v}{\partial x}dx+\frac{\partial v}{\partial y}dy$

4. 隐函数的求导公式:

(1) 若 $F(x, y)=0$, 则 $\frac{dy}{dx}=-\frac{F_x}{F_y}$, $\frac{d^2y}{dx^2}=\frac{\partial}{\partial x}\left(-\frac{F_x}{F_y}\right)+\frac{\partial}{\partial y}\left(-\frac{F_x}{F_y}\right)\cdot\frac{dy}{dx}$

(2) 若 $F(x, y, z)=0$, 则 $\frac{\partial z}{\partial x}=-\frac{F_x}{F_z}$, $\frac{\partial z}{\partial y}=-\frac{F_y}{F_z}$

(二) 微分法在几何上的应用

1. 空间曲线 $\begin{cases}x=\varphi(t)\\ y=\psi(t)\\ z=\omega(t)\end{cases}$ 在点 $M(x_0, y_0, z_0)$ 处的切线方程: $\frac{x-x_0}{\varphi'(t_0)}=\frac{y-y_0}{\psi'(t_0)}=\frac{z-z_0}{\omega'(t_0)}$, 在点 M 处的法平面方程: $\varphi'(t_0)(x-x_0)+\psi'(t_0)(y-y_0)+\omega'(t_0)(z-z_0)=0$

2. 若空间曲线方程为 $\begin{cases}F(x, y, z)=0\\ G(x, y, z)=0\end{cases}$, 则切向量 $\boldsymbol{T}=\left\{\begin{vmatrix}F_y & F_z\\ G_y & G_z\end{vmatrix}, \begin{vmatrix}F_z & F_x\\ G_z & G_x\end{vmatrix}, \begin{vmatrix}F_x & F_y\\ G_x & G_y\end{vmatrix}\right\}$.

3. 曲面 $F(x, y, z)=0$ 上一点 $M(x_0, y_0, z_0)$, 则:

(1) 过该点的法向量: $\boldsymbol{n}=(F_x(x_0, y_0, z_0), F_y(x_0, y_0, z_0), F_z(x_0, y_0, z_0))$.

(2) 过该点的切平面方程:

$$F_x(x_0, y_0, z_0)(x-x_0)+F_y(x_0, y_0, z_0)(y-y_0)+F_z(x_0, y_0, z_0)(z-z_0)=0$$

(3) 过该点的法线方程: $\frac{x-x_0}{F_x(x_0, y_0, z_0)}=\frac{y-y_0}{F_y(x_0, y_0, z_0)}=\frac{z-z_0}{F_z(x_0, y_0, z_0)}$

(三) 方向导数与梯度

1. 函数 $z=f(x, y)$ 在点 (x_0, y_0) 沿任一方向 l 的方向导数

$$\left.\frac{\partial f}{\partial l}\right|_{(x_0, y_0)}=f_x(x_0, y_0)\cos\alpha+f_y(x_0, y_0)\cos\beta;$$

其中 $\cos\alpha$, $\cos\beta$ 是方向 l 的方向余弦

2. 函数 $z=f(x, y)$ 在点 (x_0, y_0) 的梯度

$$\textbf{grad}\, f(x_0, y_0)=f_x(x_0, y_0)\boldsymbol{i}+f_y(x_0, y_0)\boldsymbol{j}=(f_x(x_0, y_0), f_y(x_0, y_0))$$

3. 方向导数与梯度的关系

$$\left.\frac{\partial f}{\partial l}\right|_{(x_0, y_0)}=f_x(x_0, y_0)\cos\alpha+f_y(x_0, y_0)\cos\beta$$

$$=\textbf{grad}\, f(x_0, y_0)\cdot e_l=|\textbf{grad}\, f(x_0, y_0)|\cos\theta,$$

其中 $\boldsymbol{e}_l=(\cos\alpha,\cos\beta)$ 是与 l 同方向的单位向量，$\theta=\langle \mathbf{grad}\, f(x_0,y_0),\boldsymbol{e}_l\rangle$.

函数 $f(x,y)$ 在点 (x_0,y_0) 处沿方向 l 的方向导数等于函数在该点处的梯度与单位向量 $\boldsymbol{e}_l$ 的数量积，也就是方向导数 $\dfrac{\partial f}{\partial l}$ 是梯度 $\mathbf{grad} f$ 在方向 l 上的投影.

(四) 多元函数的极值及其求法

设 $f_x(x_0,y_0)=f_y(x_0,y_0)=0$，令 $f_{xx}(x_0,y_0)=A$，$f_{xy}(x_0,y_0)=B$，$f_{yy}(x_0,y_0)=C$，则

$$\begin{cases} AC-B^2>0\text{ 时，}\begin{cases}A<0,\ f(x_0,y_0)\text{ 为极大值}\\ A>0,\ f(x_0,y_0)\text{ 为极小值}\end{cases}\\ AC-B^2<0\text{ 时，无极值}\\ AC-B^2=0\text{ 时，不确定}\end{cases}$$

三、重积分

(一) 二重积分及其应用

$$\iint_D f(x,y)\mathrm{d}x\mathrm{d}y=\iint_D f(r\cos\theta,r\sin\theta)r\mathrm{d}r\mathrm{d}\theta$$

1. 曲面 $z=f(x,y)$ 的面积 $A=\iint_D\sqrt{1+\left(\dfrac{\partial z}{\partial x}\right)^2+\left(\dfrac{\partial z}{\partial y}\right)^2}\,\mathrm{d}x\mathrm{d}y$

2. 平面薄片的重心：$\overline{x}=\dfrac{M_x}{M}=\dfrac{\iint_D x\rho(x,y)\mathrm{d}\sigma}{\iint_D\rho(x,y)\mathrm{d}\sigma}$，$\overline{y}=\dfrac{M_y}{M}=\dfrac{\iint_D y\rho(x,y)\mathrm{d}\sigma}{\iint_D\rho(x,y)\mathrm{d}\sigma}$

3. 平面薄片的转动惯量：对于 x 轴 $I_x=\iint_D y^2\rho(x,y)\mathrm{d}\sigma$，对于 y 轴 $I_y=\iint_D x^2\rho(x,y)\mathrm{d}\sigma$

(二) 三重积分及其应用

1. 柱面坐标 $\begin{cases}x=r\cos\theta,\\ y=r\sin\theta,\\ z=z,\end{cases}$ $\iiint_\Omega f(x,y,z)\mathrm{d}x\mathrm{d}y\mathrm{d}z=\iiint_\Omega F(r,\theta,z)r\mathrm{d}r\mathrm{d}\theta\mathrm{d}z$，

其中 $F(r,\theta,z)=f(r\cos\theta,r\sin\theta,z)$

2. 球面坐标 $\begin{cases}x=r\sin\phi\cos\theta,\\ y=r\sin\phi\sin\theta,\\ z=r\cos\phi,\end{cases}$ $\mathrm{d}v=r^2\sin\phi\mathrm{d}r\mathrm{d}\phi\mathrm{d}\theta$，

$$\iiint_\Omega f(x,y,z)\mathrm{d}x\mathrm{d}y\mathrm{d}z=\iiint_\Omega F(r,\phi,\theta)r^2\sin\phi\mathrm{d}r\mathrm{d}\phi\mathrm{d}\theta=\int_0^{2\pi}\mathrm{d}\theta\int_0^{\pi}\mathrm{d}\phi\int_0^{r(\phi,\theta)}F(r,\phi,\theta)r^2\sin\phi\mathrm{d}r$$

3. 重心：$\overline{x}=\dfrac{1}{M}\iiint_\Omega x\rho\,\mathrm{d}v$，$\overline{y}=\dfrac{1}{M}\iiint_\Omega y\rho\,\mathrm{d}v$，$\overline{z}=\dfrac{1}{M}\iiint_\Omega z\rho\,\mathrm{d}v$，其中 $M=\overline{x}=\iiint_\Omega\rho\,\mathrm{d}v$

4. 转动惯量：$I_x=\iiint_\Omega(y^2+z^2)\rho\,\mathrm{d}v$，$I_y=\iiint_\Omega(x^2+z^2)\rho\,\mathrm{d}v$，$I_z=\iiint_\Omega(x^2+y^2)\rho\,\mathrm{d}v$

四、曲线积分与曲面积分

(一) 曲线积分

1. 第一类曲线积分(对弧长的曲线积分)

设 $f(x,y)$ 在 L 上连续，L 的参数方程为：$\begin{cases}x=\phi(t)\\ y=\psi(t)\end{cases}(\alpha\leqslant t\leqslant\beta)$，则

$$\int_L f(x, y)\mathrm{d}s = \int_\alpha^\beta f[\phi(t), \psi(t)]\sqrt{\phi'^2(t)+\psi'^2(t)}\,\mathrm{d}t \quad (\alpha<\beta)$$

2. 第二类曲线积分(对坐标的曲线积分)

设 L 的参数方程为 $\begin{cases} x=\phi(t) \\ y=\psi(t) \end{cases}$，则

$$\int_L P(x, y)\mathrm{d}x + Q(x, y)\mathrm{d}y = \int_\alpha^\beta \{P[\phi(t), \psi(t)]\phi'(t) + Q[\phi(t), \psi(t)]\psi'(t)\}\mathrm{d}t$$

3. 两类曲线积分之间的关系

$\int_L P\mathrm{d}x + Q\mathrm{d}y = \int_L (P\cos\alpha + Q\cos\beta)\mathrm{d}s$，其中 α 和 β 分别为 L 上积分起止点处切向量的方向角

4. 格林公式

$$\iint_D \left(\frac{\partial Q}{\partial x} - \frac{\partial P}{\partial y}\right)\mathrm{d}x\mathrm{d}y = \oint_L P\mathrm{d}x + Q\mathrm{d}y$$

当 $P=-y$，$Q=x$，即 $\frac{\partial Q}{\partial x} - \frac{\partial P}{\partial y} = 2$ 时，得到 D 的面积：$A = \iint_D \mathrm{d}x\mathrm{d}y = \frac{1}{2}\oint_L x\mathrm{d}y - y\mathrm{d}x$

5. 平面上曲线积分与路径无关的条件

(1) G 是一个单连通区域；

(2) $P(x, y)$，$Q(x, y)$ 在 G 内具有一阶连续偏导数，且 $\frac{\partial Q}{\partial x} = \frac{\partial P}{\partial y}$.

注意奇点，如(0, 0)，应减去对此奇点的积分，注意方向相反！

6. 二元函数的全微分求积

在 $\frac{\partial Q}{\partial x} = \frac{\partial P}{\partial y}$ 时，$P\mathrm{d}x + Q\mathrm{d}y$ 才是二元函数 $u(x, y)$ 的全微分，

其中 $u(x, y) = \int_{(x_0, y_0)}^{(x, y)} P(x, y)\mathrm{d}x + Q(x, y)\mathrm{d}y$，通常设 $x_0 = y_0 = 0$

(二) 曲面积分

1. 对面积的曲面积分：$\iint_\Sigma f(x, y, z)\mathrm{d}S = \iint_{D_{xy}} f[x, y, z(x, y)]\sqrt{1+z_x^2(x, y)+z_y^2(x, y)}\,\mathrm{d}x\mathrm{d}y$

2. 对坐标的曲面积分：$\iint_\Sigma P(x, y, z)\mathrm{d}y\mathrm{d}z + Q(x, y, z)\mathrm{d}z\mathrm{d}x + R(x, y, z)\mathrm{d}x\mathrm{d}y$，其中：

$\iint_\Sigma R(x, y, z)\mathrm{d}x\mathrm{d}y = \pm\iint_{D_{xy}} R[x, y, z(x, y)]\mathrm{d}x\mathrm{d}y$，取曲面的上侧时取正号；

$\iint_\Sigma P(x, y, z)\mathrm{d}y\mathrm{d}z = \pm\iint_{D_{yz}} P[x(y, z), y, z]\mathrm{d}y\mathrm{d}z$，取曲面的前侧时取正号；

$\iint_\Sigma Q(x, y, z)\mathrm{d}z\mathrm{d}x = \pm\iint_{D_{zx}} Q[x, y(z, x), z]\mathrm{d}z\mathrm{d}x$，取曲面的右侧时取正号

3. 两类曲面积分之间的关系

$$\iint_\Sigma P\mathrm{d}y\mathrm{d}z + Q\mathrm{d}z\mathrm{d}x + R\mathrm{d}x\mathrm{d}y = \iint_\Sigma (P\cos\alpha + Q\cos\beta + R\cos\gamma)\mathrm{d}S$$

4. 高斯公式

$$\iiint_\Omega \left(\frac{\partial P}{\partial x} + \frac{\partial Q}{\partial y} + \frac{\partial R}{\partial z}\right)\mathrm{d}v = \oiint_\Sigma P\mathrm{d}y\mathrm{d}z + Q\mathrm{d}z\mathrm{d}x + R\mathrm{d}x\mathrm{d}y = \oiint_\Sigma (P\cos\alpha + Q\cos\beta + R\cos\gamma)\mathrm{d}S$$

高斯公式的物理意义：

散度：$\mathrm{div}\,\boldsymbol{v} = \frac{\partial P}{\partial x} + \frac{\partial Q}{\partial y} + \frac{\partial R}{\partial z}$，即：单位体积内所产生的流体质量

通量：$\iint\limits_{\Sigma} \boldsymbol{A} \cdot \boldsymbol{n} \mathrm{d}S = \iint\limits_{\Sigma} A_n \mathrm{d}S = \iint\limits_{\Sigma} (P\cos\alpha + Q\cos\beta + R\cos\gamma)\mathrm{d}S$，

因此，高斯公式又可写成$\iiint\limits_{\Omega} \mathrm{div}\boldsymbol{A}\mathrm{d}V = \oiint\limits_{\Sigma} A_n \mathrm{d}S$

5. 斯托克斯公式——曲线积分与曲面积分的关系

(1) $\iint\limits_{\Sigma}\left(\frac{\partial R}{\partial y} - \frac{\partial Q}{\partial z}\right)\mathrm{d}y\mathrm{d}z + \left(\frac{\partial P}{\partial z} - \frac{\partial R}{\partial x}\right)\mathrm{d}z\mathrm{d}x + \left(\frac{\partial Q}{\partial x} - \frac{\partial P}{\partial y}\right)\mathrm{d}x\mathrm{d}y = \oint\limits_{\Gamma} P\mathrm{d}x + Q\mathrm{d}y + R\mathrm{d}z$

上式左端又可写成：$\iint\limits_{\Sigma}\begin{vmatrix} \mathrm{d}y\mathrm{d}z & \mathrm{d}z\mathrm{d}x & \mathrm{d}x\mathrm{d}y \\ \frac{\partial}{\partial x} & \frac{\partial}{\partial y} & \frac{\partial}{\partial z} \\ P & Q & R \end{vmatrix} = \iint\limits_{\Sigma}\begin{vmatrix} \cos\alpha & \cos\beta & \cos\gamma \\ \frac{\partial}{\partial x} & \frac{\partial}{\partial y} & \frac{\partial}{\partial z} \\ P & Q & R \end{vmatrix}$

(2) 空间曲线积分与路径无关的条件：$\frac{\partial R}{\partial y} = \frac{\partial Q}{\partial z}, \frac{\partial P}{\partial z} = \frac{\partial R}{\partial x}, \frac{\partial Q}{\partial x} = \frac{\partial P}{\partial y}$

(3) 旋度：$\mathrm{rot}\boldsymbol{A} = \begin{vmatrix} \boldsymbol{i} & \boldsymbol{j} & \boldsymbol{k} \\ \frac{\partial}{\partial x} & \frac{\partial}{\partial y} & \frac{\partial}{\partial z} \\ P & Q & R \end{vmatrix}$

(4) 向量场 $\boldsymbol{A}$ 沿有向闭曲线 Γ 的环流量：$\oint\limits_{\Gamma} P\mathrm{d}x + Q\mathrm{d}y + R\mathrm{d}z = \oint\limits_{\Gamma} \boldsymbol{A} \cdot \boldsymbol{t}\mathrm{d}s$

五、无穷级数

(一) 常数项级数

1. 等比级数：$1 + q + q^2 + \cdots + q^{n-1} + \cdots = \frac{1}{1-q}$　$(|q| < 1)$

2. 调和级数：$1 + \frac{1}{2} + \frac{1}{3} + \cdots + \frac{1}{n}$是发散的

3. p-级数：$\sum\limits_{n=1}^{\infty} \frac{1}{n^p}$ 当 $p \leqslant 1$ 时发散，当 $p > 1$ 时收敛

(二) 级数审敛法

1. 正项级数的审敛法——根值审敛法(柯西判别法)

设 $\rho = \lim\limits_{n\to\infty} \sqrt[n]{u_n}$，则$\begin{cases} \rho < 1 \text{ 时，级数收敛} \\ \rho > 1 \text{ 时，级数发散} \\ \rho = 1 \text{ 时，不确定} \end{cases}$

2. 比值审敛法

设 $\rho = \lim\limits_{n\to\infty} \frac{u_{n+1}}{u_n}$，则$\begin{cases} \rho < 1 \text{ 时，级数收敛} \\ \rho > 1 \text{ 时，级数发散} \\ \rho = 1 \text{ 时，不确定} \end{cases}$

3. 定义法

$s_n = u_1 + u_2 + \cdots + u_n$，若 $\lim\limits_{n\to\infty} s_n$ 存在，则级数收敛；否则发散

4. 交错级数 $u_1 - u_2 + u_3 - u_4 + \cdots$(或$-u_1 + u_2 - u_3 + \cdots$，$u_n > 0$) 的审敛法——莱布尼茨定理

如果交错级数满足 $\begin{cases} u_n \geqslant u_{n+1} \\ \lim\limits_{n\to\infty} u_n = 0 \end{cases}$，那么级数收敛，且其和 $s \leqslant u_1$，其余项 r_n 的绝对值 $|r_n| \leqslant u_{n+1}$

(三) 绝对收敛与条件收敛

(1) $u_1 + u_2 + \cdots + u_n + \cdots$，其中 u_n 为任意实数；

(2) $|u_1|+|u_2|+|u_3|+\cdots+|u_n|+\cdots$

如果级数(2)收敛，则级数(1)肯定收敛，且称级数(1)为绝对收敛级数；

如果级数(2)发散，而级数(1)收敛，则称级数(1)为条件收敛级数

(四) 幂级数

1. 幂级数的有关结论

(1) $1+x+x^2+x^3+\cdots+x^n+\cdots\begin{cases}|x|<1\text{时,收敛于}\dfrac{1}{1-x}\\|x|\geqslant 1\text{时,发散}\end{cases}$

(2) 对于级数 $a_0+a_1x+a_2x^2+\cdots+a_nx^n+\cdots$，如果它不是仅在原点收敛，也不是在全数轴上都收敛，则必存在 R，使$\begin{cases}|x|<R\text{ 时收敛}\\|x|>R\text{ 时发散, 其中 } R \text{ 称为收敛半径}\\|x|=R\text{ 时不定}\end{cases}$

(3) 求收敛半径的方法：设 $\lim\limits_{n\to\infty}\left|\dfrac{a_{n+1}}{a_n}\right|=\rho$，其中 a_n，a_{n+1} 是级数 $\sum\limits_{n=0}^{\infty}a_nx^n$ 的系数，则

$$\begin{cases}\rho\neq 0\text{时},R=\dfrac{1}{\rho}\\\rho=0\text{时},R=+\infty\\\rho=+\infty\text{时},R=0\end{cases}$$

2. 函数展开成幂级数

(1) 函数展开成泰勒级数：

$$f(x)=f(x_0)+f'(x_0)(x-x_0)+\frac{f''(x_0)}{2!}(x-x_0)^2+\cdots+\frac{f^{(n)}(x_0)}{n!}(x-x_0)^n+\cdots$$

余项：$R_n=\dfrac{f^{(n+1)}(\xi)}{(n+1)!}(x-x_0)^{n+1}$

(2) $f(x)$可以展开成泰勒级数的充要条件是 $\lim\limits_{n\to\infty}R_n=0$

(3) $x_0=0$时即为麦克劳林级数：$f(x)=f(0)+f'(0)x+\dfrac{f''(0)}{2!}x^2+\cdots+\dfrac{f^{(n)}(0)}{n!}x^n+\cdots$

3. 一些函数展开成幂级数

$$e^x=1+x+\frac{x^2}{2!}+\cdots+\frac{x^n}{n!}+\cdots\quad(-\infty<x<+\infty)$$

$$(1+x)^m=1+mx+\frac{m(m-1)}{2!}x^2+\cdots+\frac{m(m-1)\cdot\cdots\cdot(m-n+1)}{n!}x^n+\cdots\quad(-1<x<1)$$

$$\sin x=x-\frac{x^3}{3!}+\frac{x^5}{5!}-\cdots+(-1)^{n-1}\frac{x^{2n-1}}{(2n-1)!}+\cdots\quad(-\infty<x<+\infty)$$

$$\cos x=1-\frac{x^2}{2!}+\frac{x^4}{4!}-\cdots+(-1)^n\frac{x^{2n}}{(2n)!}+\cdots\quad(-\infty<x<+\infty)$$

$$\ln(1+x)=x-\frac{x^2}{2}+\frac{x^3}{3}-\cdots+(-1)^n\frac{x^{n+1}}{n+1}+\cdots\quad(-1<x\leqslant 1)$$

4. 三角级数

(1) $f(t)=A_0+\sum\limits_{n=1}^{\infty}A_n\sin(n\omega t+\phi_n)=\dfrac{a_0}{2}+\sum\limits_{n=1}^{\infty}(a_n\cos nx+b_n\sin nx)$，

其中，$a_0=aA_0$，$a_n=A_n\sin\phi_n$，$b_n=A_n\cos\phi_n$，$\omega t=x$

(2) 正交性：1，$\sin x$，$\cos x$，$\sin 2x$，$\cos 2x$，$\cdots$，$\sin nx$，$\cos nx$，$\cdots$任意两个不同项的乘积在$[-\pi,\pi]$

上的积分=0

5. 傅里叶级数

(1) $f(x)=\frac{a_0}{2}+\sum_{n=1}^{\infty}(a_n\cos nx+b_n\sin nx)$，周期$=2\pi$

其中$\begin{cases}a_n=\frac{1}{\pi}\int_{-\pi}^{\pi}f(x)\cos nx\,dx & (n=0,1,2,\cdots)\\ b_n=\frac{1}{\pi}\int_{-\pi}^{\pi}f(x)\sin nx\,dx & (n=1,2,3,\cdots)\end{cases}$

(2) $\begin{cases}1+\frac{1}{3^2}+\frac{1}{5^2}+\cdots=\frac{\pi^2}{8}\\ \frac{1}{2^2}+\frac{1}{4^2}+\frac{1}{6^2}+\cdots=\frac{\pi^2}{24}\end{cases}$ $\begin{cases}1+\frac{1}{2^2}+\frac{1}{3^2}+\frac{1}{4^2}+\cdots=\frac{\pi^2}{6}\\ 1-\frac{1}{2^2}+\frac{1}{3^2}-\frac{1}{4^2}+\cdots=\frac{\pi^2}{12}\end{cases}$

(3) 正弦级数：$f(x)=\sum_{n=1}^{\infty}b_n\sin nx$，其中$a_n=0$，$b_n=\frac{2}{\pi}\int_0^{\pi}f(x)\sin nx\,dx$，$n=1,2,3,\cdots$

(4) 余弦级数：$f(x)=\frac{a_0}{2}+\sum_{n=1}^{\infty}a_n\cos nx$，其中$b_n=0$，$a_n=\frac{2}{\pi}\int_0^{\pi}f(x)\cos nx\,dx$，$n=0,1,2,\cdots$

6. 周期为 $2l$ 的周期函数的傅里叶级数

$$f(x)=\frac{a_0}{2}+\sum_{n=1}^{\infty}\left(a_n\cos\frac{n\pi x}{l}+b_n\sin\frac{n\pi x}{l}\right)\text{，周期}=2l$$

其中$\begin{cases}a_n=\frac{1}{l}\int_{-l}^{l}f(x)\cos\frac{n\pi x}{l}dx & (n=0,1,2,\cdots)\\ b_n=\frac{1}{l}\int_{-l}^{l}f(x)\sin\frac{n\pi x}{l}dx & (n=1,2,3,\cdots)\end{cases}$

附录二　数学软件 MATLAB 常用系统函数

一、MATLAB 内部常数

eps:浮点相对精度

exp:自然对数的底数 e

i 或 j:基本虚数单位

inf 或 Inf:无限大,例如 1/0

nan 或 NaN:非数值(Not a number),例如 0/0

pi:圆周率 p(=3.1415926…)

realmax:系统所能表示的最大数值

realmin:系统所能表示的最小数值

nargin:函数的输入引数个数

nargout:函数的输出引数个数

lasterr:存放最新的错误信息

lastwarn:存放最新的警告信息

二、MATLAB 常用基本数学函数

abs(x):纯量的绝对值或向量的长度

angle(z):复数 z 的相角

sqrt(x):开平方

real(z):复数 z 的实部

imag(z):复数 z 的虚部

conj(z):复数 z 的共轭复数

round(x):四舍五入至最近整数

fix(x):无论正负,舍去小数至最近整数

floor(x):下取整,即舍去正小数至最近整数

ceil(x):上取整,即加入正小数至最近整数

rat(x):将实数 x 化为多项分数展开

rats(x):将实数 x 化为分数表示

sign(x):符号函数

rem(x,y):求 x 除以 y 的余数

gcd(x,y):整数 x 和 y 的最大公因数

lcm(x,y):整数 x 和 y 的最小公倍数

exp(x):自然指数

pow2(x):2 的指数

log(x):以 e 为底的对数,即自然对数

log2(x):以 2 为底的对数

log10(x):以 10 为底的对数,即常用对数

三、MATLAB 常用三角函数

sin(x):正弦函数
cos(x):余弦函数
tan(x):正切函数
asin(x):反正弦函数
acos(x):反余弦函数
atan(x):反正切函数
atan2(x,y):四象限的反正切函数
sinh(x):双曲正弦函数
cosh(x):双曲余弦函数
tanh(x):双曲正切函数
asinh(x):反双曲正弦函数
acosh(x):反双曲余弦函数
atanh(x):反双曲正切函数

四、适用于向量的常用函数

min(x):向量 x 的元素的最小值
max(x):向量 x 的元素的最大值
mean(x):向量 x 的元素的平均值
median(x):向量 x 的元素的中位数
std(x):向量 x 的元素的标准差
diff(x):向量 x 的相邻元素的差
sort(x):对向量 x 的元素进行排序
length(x):向量 x 的元素个数
norm(x):向量 x 的欧氏范数
sum(x):向量 x 的元素总和
prod(x):向量 x 的元素总乘积
cumsum(x):向量 x 的累计元素总和
cumprod(x):向量 x 的累计元素总乘积
dot(x, y):向量 x 和 y 的内积
cross(x, y):向量 x 和 y 的外积

五、MATLAB 基本绘图函数

plot:x 轴和 y 轴均为线性刻度
loglog:x 轴和 y 轴均为对数刻度
semilogx:x 轴为对数刻度,y 轴为线性刻度
semilogy:x 轴为线性刻度,y 轴为对数刻度
plot 绘图函数的参数见下表:

字元	颜色	字元	图线型态
y	黄色	.	点
k	黑色	o	圆
w	白色	x	x
b	蓝色	+	+
g	绿色	*	*
r	红色	-	实线
c	亮青色	:	点线
m	锰紫色	--	虚线
		s	正方形
		d	菱形
		^	三角形
		p	五角星

注解

```
xlabel('Input Value');                  % x轴注解
ylabel('Function Value');               % y轴注解
title('Two Trigonometric Functions');   % 图形标题
legend('y = sin(x)','y = cos(x)');      % 图形注解
grid on;                                % 显示格线
```

二维绘图函数

bar:长条图　　errorbar:图形加上误差范围

fplot:较精确的函数图形　　polar:极坐标图

hist:累计图　　rose:极坐标累计图

stairs:阶梯图　　stem:针状图

fill:实心图　　feather:羽毛图

compass:罗盘图　　quiver:向量场图

附录三　全国硕士研究生招生考试试题
(多元函数微积分部分)

试题精选

一、选择题

1. 设$\{u_n\}$是单调递增的有界数列,则下列级数中收敛的是(　　).(2019年数学一)

A. $\sum\limits_{n=1}^{\infty}\frac{u_n}{n}$　　B. $\sum\limits_{n=1}^{\infty}(-1)^n\frac{1}{u_n}$　　C. $\sum\limits_{n=1}^{\infty}\left(1-\frac{u_n}{u_{n+1}}\right)$　　D. $\sum\limits_{n=1}^{\infty}(u_{n+1}^2-u_n^2)$

2. 若$\sum\limits_{n=1}^{\infty}nu_n$绝对收敛,$\sum\limits_{n=1}^{\infty}\frac{v_n}{n}$条件收敛,则(　　).(2019年数学三)

A. $\sum\limits_{n=1}^{\infty}u_nv_n$条件收敛　　B. $\sum\limits_{n=1}^{\infty}u_nv_n$绝对收敛

C. $\sum\limits_{n=1}^{\infty}(u_n+v_n)$收敛　　D. $\sum\limits_{n=1}^{\infty}(u_n+v_n)$发散

3. 设R为幂级数$\sum\limits_{n=1}^{\infty}a_nx^n$的收敛半径,$r$是实数,则(　　).(2020年数学一)

A. $\sum\limits_{n=1}^{\infty}a_nr^n$发散时,$|r|\geqslant R$　　B. $\sum\limits_{n=1}^{\infty}a_nr^n$发散时,$|r|\leqslant R$

C. $|r|\geqslant R$时,$\sum\limits_{n=1}^{\infty}a_nr^n$发散　　D. $|r|\leqslant R$时,$\sum\limits_{n=1}^{\infty}a_nr^n$发散

4. 幂级数$\sum\limits_{n-1}^{\infty}na_n(x-2)^n$的收敛区间为$(-2,6)$,则$\sum\limits_{n-1}^{\infty}na_n(x+1)^{2n}$的收敛区间为(　　).(2020年数学三)

A. $(-2,6)$　　B. $(-3,1)$　　C. $(-5,3)$　　D. $(-17,15)$

5. 对函数$f(x,y)=\begin{cases}xy, & xy\neq 0\\ x, & y=0\\ y, & x=0\end{cases}$,给出以下结论:① $\left.\frac{\partial f}{\partial x}\right|_{(0,0)}=1$;② $\left.\frac{\partial^2 f}{\partial x\partial y}\right|_{(0,0)}=1$;

③ $\lim\limits_{(x,y)\to(0,0)}f(x,y)=0$;④ $\lim\limits_{y\to 0}\lim\limits_{x\to 0}f(x,y)=0$,则结论中正确的个数是(　　).(2020年数学二)

A. 4　　B. 3　　C. 2　　D. 1

6. 设函数$f(x,y)$可微,且$f(x+1,e^x)=x(x+1)^2$,$f(x,x^2)=2x^2\ln x$,则$df(1,1)=$(　　).(2021年数学一、二、三)

A. $dx+dy$　　B. $dx-dy$　　C. dy　　D. $-dy$

7. 设函数 $f(x, y)$ 在$(0, 0)$处可微，$f(0, 0)=0$，$\boldsymbol{n}=\left(\dfrac{\partial f}{\partial x}, \dfrac{\partial f}{\partial y}, -1\right)\Big|_{(0,0)}$，非零向量 $\boldsymbol{d}$ 与 $\boldsymbol{n}$ 垂直，则(　　).(2020 年数学一)

A. $\lim\limits_{(x, y)\to(0, 0)} \dfrac{|\boldsymbol{n}\cdot(x, y, f(x, y))|}{\sqrt{x^2+y^2}}=0$ 存在

B. $\lim\limits_{(x, y)\to(0, 0)} \dfrac{|\boldsymbol{n}\times(x, y, f(x, y))|}{\sqrt{x^2+y^2}}=0$ 存在

C. $\lim\limits_{(x, y)\to(0, 0)} \dfrac{|\boldsymbol{d}\cdot(x, y, f(x, y))|}{\sqrt{x^2+y^2}}=0$ 存在

D. $\lim\limits_{(x, y)\to(0, 0)} \dfrac{|\boldsymbol{d}\times(x, y, f(x, y))|}{\sqrt{x^2+y^2}}=0$ 存在

8. 函数 $f(x, y, z)=x^2y+z^2$ 在点$(1, 2, 0)$处沿着向量 $\boldsymbol{n}=(1, 2, 2)$ 的方向导数为(　　).(2020 年数学一)

A. 12　　B. 6　　C. 4　　D. 2

9. 设函数 $Q(x, y)=\dfrac{x}{y^2}$. 如果对上半平面$(y>0)$内的任意有向光滑封闭曲线 C 都有 $\oint_C P(x, y)dx+Q(x, y)dy=0$，那么函数 $P(x, y)$ 可取为(　　).(2019 年数学一)

A. $y-\dfrac{x^2}{y^3}$.　　B. $\dfrac{1}{y}-\dfrac{x^2}{y^3}$.　　C. $\dfrac{1}{x}-\dfrac{1}{y}$.　　D. $x-\dfrac{1}{y}$.

10. 已知积分区域 $D=\left\{(x, y)\,\Big|\, |x|+|y|\leqslant\dfrac{\pi}{2}\right\}$，$I_1=\iint\limits_D \sqrt{x^2+y^2}\,dx\,dy$，$I_2=\iint\limits_D \sin\sqrt{x^2+y^2}\,dx\,dy$，$I_3=\iint\limits_D (1-\cos\sqrt{x^2+y^2})\,dx\,dy$，试比较 I_1，I_2，I_3 的大小(　　).(2019 年数学二)

A. $I_3<I_2<I_1$　　B. $I_1<I_2<I_3$　　C. $I_2<I_1<I_3$　　D. $I_2<I_3<I_1$

二、填空题

1. 设函数 $f(u)$ 可导，$z=f(\sin y-\sin x)+xy$，则 $\dfrac{1}{\cos x}\cdot\dfrac{\partial z}{\partial x}+\dfrac{1}{\cos y}\cdot\dfrac{\partial z}{\partial y}=$ ________.(2019 年数学一)

2. 设函数 $f(u)$ 可导，$z=yf\left(\dfrac{y^2}{x}\right)$，则 $2x\dfrac{\partial z}{\partial x}+y\dfrac{\partial z}{\partial y}=$ ________.(2019 年数学二)

3. 设函数 $z=z(x, y)$ 由方程 $(x+1)z+y\ln z-\arctan(2xy)=1$ 确定，则 $\dfrac{\partial z}{\partial x}\Big|_{(0, 2)}=$ ________.(2021 年数学二)

4. 设函数 $f(x, y)=\int_0^{xy} e^{xt^2}\,dt$，则 $\dfrac{\partial^2 f}{\partial x\partial y}\Big|_{(1, 1)}=$ ________.(2020 年数学一)

5. 设 $z=\arctan[xy+\sin(x+y)]$，则 $dz\,|_{(0, \pi)}=$ ________.(2020 年数学二、三)

6. $\int_0^1 dy\int_{\sqrt{y}}^1 \sqrt{x^3+1}\,dx=$ ________.(2020 年数学二)

7. 设 Σ 为空间区域 $\{(x, y, z)\mid x^2+4y^2\leqslant 4, 0\leqslant z\leqslant 2\}$ 表面的外侧，则曲面积分 $\iint\limits_\Sigma x^2dydz+y^2dzdx+zdxdy=$ ________.(2021 年数学一)

8. 设 Σ 为曲面 $x^2+y^2+4z^2=4(z\geqslant 0)$ 的上侧，则 $\iint\limits_\Sigma \sqrt{4-x^2-4z^2}\,dx\,dy=$ ________.(2019 年数学一)

9. 已知函数 $f(t)=\int_1^{t^2}\mathrm{d}x\int_{\sqrt{x}}^{t}\sin\frac{x}{y}\mathrm{d}y$，则 $f'\left(\frac{\pi}{2}\right)=$ ______.（2021 年数学二）

10. 幂级数 $\sum_{n=0}^{\infty}\frac{(-1)^n}{(2n)!}x^n$ 在$(0,+\infty)$内的和函数 $S(x)=$ ______.（2019 年数学一）

11. 若曲线积分 $\int_L\frac{x\mathrm{d}x-ay\mathrm{d}y}{x^2+y^2-1}$ 在区域 $D=\{(x,y)\mid x^2+y^2<1\}$ 内与路径无关，则 $a=$ ______.（2020 年数学一）

12. 幂级数 $\sum_{n=1}^{\infty}(-1)^{n-1}nx^{n-1}$ 在$(-1,1)$内的和函数 $S(x)=$ ______.（2020 年数学一）

三、解答题

1. 求函数 $f(x,y)=x^3+8y^3-xy$ 的极值.（2020 年数学二、三）

2. 已知函数 $u(x,y)$ 满足 $2\frac{\partial^2u}{\partial x^2}-2\frac{\partial^2u}{\partial y^2}+3\frac{\partial u}{\partial x}+3\frac{\partial u}{\partial y}=0$，求 a，b 的值，使得在变换 $u(x,y)=v(x,y)\mathrm{e}^{ax+by}$ 下，上述等式可化为 $v(x,y)$ 不含一阶偏导数的等式.（2019 年数学二）

3. 设函数 $f(u,v)$ 具有二阶连续偏导数，函数 $g(x,y)=xy-f(x+y,x-y)$，求 $\frac{\partial^2g}{\partial x^2}+\frac{\partial^2g}{\partial x\partial y}+\frac{\partial^2g}{\partial y^2}$.（2019 年数学三）

4. 已知曲线 C：$\begin{cases}x^2+2y^2-z=6\\4x+2y+z=30\end{cases}$，求 C 上的点到坐标面 xOy 距离的最大值.（2021 年数学一）

5. 求函数 $f(x,y)=2\ln|x|+\frac{(x-1)^2+y^2}{2x^2}$ 的极值.（2021 年数学三）

6. 设 a，b 为实数，函数 $z=2+ax^2+by^2$ 在点$(3,4)$处的方向导数中，沿方向 $\boldsymbol{l}=-3\boldsymbol{i}-4\boldsymbol{j}$ 的方向导数最大，最大值为 10.（2019 年数学一）

(1) 求 a，b；(2) 求曲面 $z=2+ax^2+by^2(z\geqslant0)$ 的面积.

7. 设 Ω 是由锥面 $x^2+(y-z)^2-(1-z)^2(0\leqslant z\leqslant1)$ 与平面 $z<0$ 围成的锥体，求 Ω 的形心坐标.（2019 年数学一）

8. 已知平面区域 D 满足 $\{(x,y)\mid |x|\leqslant y,(x^2+y^2)^3\leqslant y^4\}$，求 $\iint_D\frac{x+y}{\sqrt{x^2+y^2}}\mathrm{d}x\mathrm{d}y$.（2019 年数学二）

9. 计算曲线积分 $I=\int_L\frac{4x-y}{4x^2+y^2}\mathrm{d}x+\frac{x+y}{4x^2+y^2}\mathrm{d}y$，其中，$L$ 是 $x^2+y^2=2$，方向为逆时针方向.（2020 年数学一）

10. 设数列 $\{a_n\}$ 满足 $a_1=1$，$(n+1)a_{n+1}=\left(n+\frac{1}{2}\right)a_n$，证明：当 $|x|<1$ 时幂级数 $\sum_{n=1}^{\infty}a_nx^n$ 收敛，并求其和函数.（2020 年数学一）

11. 设 Σ 为曲面 $z=\sqrt{x^2+y^2}(1\leqslant x^2+y^2\leqslant4)$ 的下侧，$f(x)$ 是连续函数，计算 $\iint_\Sigma[xf(xy)+2x-y]\mathrm{d}y\mathrm{d}z+[yf(xy)+2y+x]\mathrm{d}z\mathrm{d}x+[zf(xy)+z]\mathrm{d}x\mathrm{d}y$.（2020 年数学一）

12. 设函数 $f(x)$ 的定义域为$(0,+\infty)$且满足 $2f(x)+x^2f\left(\frac{1}{x}\right)=\frac{x^2+2x}{\sqrt{1+x^2}}$，求 $f(x)$，并求曲线 $y=f(x)$，$y=\frac{1}{2}$，$y=\frac{\sqrt{3}}{2}$ 及 y 轴所围图形绕 x 轴旋转所成旋转体的体积.（2020 年数学二）

13. 设平面 D 由直线 $x=1$，$x=2$，$y=x$ 与 x 轴围成，计算 $\iint_D\frac{\sqrt{x^2+y^2}}{x}\mathrm{d}x\mathrm{d}y$.（2020 年数学二）

14. 已知 $D=\{(x,\ y)\mid x^2+y^2\leqslant 1,\ y\geqslant 0\}$,$f(x,\ y)=y\sqrt{1-x^2}+x\iint\limits_D f(x,\ y)\mathrm{d}x\mathrm{d}y$,求 $\iint\limits_D xf(x,\ y)\mathrm{d}x\mathrm{d}y$.(2020 年数学三)

15. 设 $D\subset R^2$ 是有界单连通闭区域,$I(D)=\iint\limits_D(4-x^2-y^2)\mathrm{d}x\mathrm{d}y$ 取得最大值的积分区域记为 D_1.(2021 年数学一)

(1) 求 $I(D_1)$的值;

(2) 计算 $\int\limits_{\partial D_1}\dfrac{(x\mathrm{e}^{x^2+4y^2}+y)\mathrm{d}x+(4y\mathrm{e}^{x^2+4y^2}-x)\mathrm{d}y}{x^2+4y^2}$,其中 ∂D_1 是 D_1 的正向边界.

16. 曲线 $(x^2+y^2)^2=x^2-y^2(x\geqslant 0,y\geqslant 0)$ 与 x 轴围成的区域为 D,求 $\iint\limits_D xy\mathrm{d}x\mathrm{d}y$.(2021 年数学二)

17. 设有界区域 D 是 $x^2+y^2=1$ 和直线 $y=x$ 以及 x 轴在第一象限围成的部分,计算二重积分 $\iint\limits_D \mathrm{e}^{(x+y)^2}(x^2-y^2)\mathrm{d}x\mathrm{d}y$.(2021 年数学三)

18. 设 $u_n(x)=\mathrm{e}^{-nx}+\dfrac{1}{n(n+1)}x^{n+1}(n=1,\ 2,\ \cdots)$,求级数 $\sum\limits_{n=1}^{\infty}u_n(x)$ 的收敛域及和函数.(2021 年数学一)

19. 设 n 为正整数,$y=y_n(x)$ 是微分方程 $xy'-(n+1)y=0$ 满足条件 $y_n(1)=\dfrac{1}{n(n+1)}$ 的解.(2021 年数学三)

(1) 求 $y_n(x)$;(2) 求级数 $\sum\limits_{n=1}^{\infty}y_n(x)$ 的收敛域及和函数.

习题答案与提示

第七章

练习题 7-1

1. 略. **2.** A:Ⅳ;B:Ⅷ;C:Ⅶ;D:Ⅵ.

3. $(-1,3,0),(0,3,-2),(-1,0,-2)$;$(-1,0,0),(0,3,0),(0,0,-2)$;$2,1,3.\ \sqrt{13},\sqrt{5},\sqrt{10}$.

4. (1) $(3,-1,2),(-3,-1,-2),(3,1,-2)$; (2) $(3,1,2),(-3,-1,2),(-3,1,-2)$; (3) $(-3,1,2)$.

5. $5\sqrt{2}$;$\sqrt{34},\sqrt{41},5$. **6.** $\left(0,\dfrac{3}{2},0\right)$. **7.** $\dfrac{1}{2}(\boldsymbol{a}-\boldsymbol{b}),\dfrac{1}{2}(\boldsymbol{a}+\boldsymbol{b}),\dfrac{1}{2}(\boldsymbol{b}-\boldsymbol{a}),-\dfrac{1}{2}(\boldsymbol{a}+\boldsymbol{b})$.

8. $3\boldsymbol{m}-7\boldsymbol{n}$. **9.** $5\boldsymbol{a}+11\boldsymbol{b}-7\boldsymbol{c}$. **10.** $\overrightarrow{BC}=\boldsymbol{a}+\boldsymbol{b},\overrightarrow{CD}=\boldsymbol{b},\overrightarrow{DE}=-\boldsymbol{a},\overrightarrow{EF}=-(\boldsymbol{a}+\boldsymbol{b})$.

练习题 7-2

1. (1) $a_z=0$; (2) $a_x=0,a_y=0$; (3) $a_x=0$. **2.** $A(-2,3,0)$.

3. (1) $\boldsymbol{c}=(4,-3,-1)$; (2) $\cos\alpha=\dfrac{4}{\sqrt{26}},\cos\beta=\dfrac{-3}{\sqrt{26}},\cos\gamma=\dfrac{-1}{\sqrt{26}}$;

(3) $\boldsymbol{c}^0=\left(\dfrac{4}{\sqrt{26}},\dfrac{-3}{\sqrt{26}},\dfrac{-1}{\sqrt{26}}\right)$.

4. $m=4,n=-1$. **5.** $\overrightarrow{AM}=(16,18,-24),M(18,17,-17)$.

6. $0,-8$. **7.** 模为 2;方向余弦为$-\dfrac{1}{2},-\dfrac{\sqrt{2}}{2},\dfrac{1}{2}$;方向角为$\dfrac{2\pi}{3},\dfrac{3\pi}{4},\dfrac{\pi}{3}$.

8. (1) 3; (2) $5\boldsymbol{i}+\boldsymbol{j}+7\boldsymbol{k}$; (3) -18; (4) $10\boldsymbol{i}+2\boldsymbol{j}+14\boldsymbol{k}$; (5) $\langle\boldsymbol{a},\boldsymbol{b}\rangle=\arccos\dfrac{3}{2\sqrt{21}}$.

9. $-\dfrac{3}{2}$. **10.** (1) $\pm\dfrac{1}{25}(15\boldsymbol{i}+12\boldsymbol{j}+16\boldsymbol{k})$; (2) $\dfrac{25}{2}$. **11.** $\lambda=2\mu$. **12.** 5 880 J.

13. (1) $-8\boldsymbol{j}-24\boldsymbol{k}$; (2) $-\boldsymbol{j}-\boldsymbol{k}$; (3) 2. **14.** 略. **15.** 2. **16.** $A(-2,3,0)$.

练习题 7-3

1. (1) 平行于 yOz 面的平面; (2) 平行于 x 轴的平面;

(3) 通过 y 轴的平面; (4) 在 x 轴、y 轴、z 轴上的截距分别为$\dfrac{1}{5},\dfrac{1}{3}$和$-1$的平面.

2. $3x-7y+5z-4=0$. **3.** $2x+9y-6z-121=0$. **4.** $x-3y-2z=0$.

5. $\dfrac{1}{3},\dfrac{2}{3},\dfrac{2}{3}$. **6.** 1. **7.** $\dfrac{|D_2-D_1|}{\sqrt{A^2+B^2+C^2}}$. **8.** $2x-y-z=0$.

9. (1) $x+3y=0$; (2) $9y-z-2=0$; (3) $y+5=0$; (4) $x+y-3z-4=0$.

练习题 7-4

1. $\dfrac{x-1}{-2}=\dfrac{y-1}{1}=\dfrac{z-1}{3}$;$\begin{cases}x=1-2t,\\y=1+t,\\z=1+3t.\end{cases}$ **2.** $\dfrac{x-3}{-4}=\dfrac{y+2}{2}=\dfrac{z-1}{1}$.

3. $\frac{x-4}{2}=\frac{y+1}{1}=\frac{z-3}{5}$.　**4.** $\frac{x-2}{2}=\frac{y+3}{3}=\frac{z-1}{1}$.　**5.** $\frac{x}{-3}=\frac{y-1}{1}=\frac{z-2}{2}$.

6. $\left(-\frac{5}{3}, \frac{2}{3}, \frac{2}{3}\right)$.　**7.** $\frac{\pi}{2}$.　**8.** $\arcsin\frac{7}{3\sqrt{6}}$.　**9.** $\frac{x-1}{2}=\frac{y}{-1}=\frac{z+2}{3}$.

10. $\begin{cases}17x+31y-37z-117=0\\4x-y+z-1=0.\end{cases}$

练习题 7-5

1. 略.　**2.** (1) $y^2+z^2=5x$;　(2) $4x^2-9y^2+4z^2=36$;　(3) $4(y^2+x^2)=(3z-1)^2$.

3. (1) xOy 平面上的椭圆 $\frac{x^2}{4}+\frac{y^2}{9}=1$ 绕 x 轴旋转一周而得;

(2) xOy 平面上的双曲线 $x^2-\frac{y^2}{4}=1$ 绕 y 轴旋转一周而得;

(3) xOy 平面上的双曲线 $x^2-y^2=1$ 绕 x 轴旋转一周而得.

4. (1) 母线平行于 x 轴的柱面方程: $3y^2-z^2=16$;

(2) 母线平行于 y 轴的柱面方程: $3x^2+2z^2=16$.

5. (1) 椭球面;　(2) 单叶双曲面;　(3) 双曲抛物面.　**6.** (1) 圆;　(2) 椭圆;　(3) 双曲线;　(4) 抛物线.

7. 略.　**8.** $\begin{cases}x+y=1,\\z=0.\end{cases}$　**9.** $\begin{cases}x^2+(y-4)^2=16,\\z=0.\end{cases}$

练习题 7-6

1. (1) -9;　(2) 2.356 2;　(3) $(-6, -6, -3)$.　**2.** -x-3+2*y+2*z=0.　**3～4.** 略.

练习题 7-7

1. 空间一点 $M_1(x_1, y_1, z_1)$ 到一已知直线 $\frac{x-x_0}{m}=\frac{y-y_0}{n}=\frac{z-z_0}{p}$ 的距离 $d=\frac{|s\times M_0M_1|}{|s|}$,其中 $M_0(x_0, y_0, z_0)$ 为直线上的点.

2. 12.8 km/h,正东.

习题七

1. (1) $\boldsymbol{a}\perp\boldsymbol{b}$;　(2) $\boldsymbol{a}\,/\!/\,\boldsymbol{b}$;　(3) 互相平行;　(4) $\frac{32}{7}$;　(5) $x^2-10z=-25$;　(6) 相交但不垂直.

2. (1) ×.　(2) ×.　(3) √.　(4) √.　(5) ×.　**3.** $5\boldsymbol{a}-11\boldsymbol{b}+7\boldsymbol{c}$.　**4.** $\frac{2}{3}\boldsymbol{a}+\frac{1}{3}\boldsymbol{b}$.

5. (1) $-8\boldsymbol{j}-24\boldsymbol{k}$;　(2) $-\boldsymbol{j}-\boldsymbol{k}$.　**6.** $\lambda=3$.　**7.** $42\boldsymbol{i}-98\boldsymbol{j}-70\boldsymbol{k}$; $-\boldsymbol{j}-2\boldsymbol{k}$.　**8.** $\arccos\frac{2}{\sqrt{7}}$, $\frac{5\sqrt{3}}{2}$.

9. $\left(0, 0, \frac{1}{5}\right)$.　**10.** $x-5y+3z-2=0$.　**11.** $x-y+5z-4=0$.

12. (1) $4x-y-2z-9=0$;　(2) $z=3$.　**13.** $16x-14y-11z-65=0$.　**14.** $5x+y+2z-9=0$.

15. $3x+2y+6z-12=0$.　**16.** $\frac{x-2}{-3}=\frac{y-1}{8}=\frac{z}{-5}$; $\begin{cases}x=2-3t,\\y=1+8t,\\z=-5t.\end{cases}$　**17.** $\frac{x-1}{3}=\frac{y-1}{2}=\frac{z-1}{-4}$.

18. $\frac{x}{-2}=\frac{y-2}{3}=\frac{z-4}{1}$.　**19.** 0.　**20.** (1) $x^2+z^2=2y$;　(2) $x^2+y^2+\frac{z^2}{4}=1$.

21. (1) 椭球面;　(2) 椭圆抛物面;　(3) 单叶双曲面;　(4) 双叶双曲面.　**22.** $x^2+y^2=\frac{3}{4}$; $\begin{cases}x^2+y^2=\frac{3}{4},\\z=0.\end{cases}$

第八章

练习题 8-1

1. (1) $D=\{(x, y)\mid x\in\mathbf{R}, y\geqslant 0\}$;　(2) $D=\{(x, y)\mid 4\leqslant x^2+y^2\leqslant 9\}$;

(3) $D=\{(x, y) \mid x+y \geqslant 0, x-y>0\}$; (4) $D=\{(x, y) \mid y-x>0, x \geqslant 0, x^2+y^2<1\}$.

2. $t^2 f(x, y)$; $x^2y^2+\frac{x^2}{y^2}+x^2\tan y^2$. **3.** (1) $\frac{\sqrt{5}}{3}$; (2) $\sqrt{3}+1$; (3) 1; (4) 2. **4.** 略.

5. (1) $\{(x, y) \mid x^2+y^2=0$ 或 $x^2+y^2=1\}$; (2) $(0, 0)$;
(3) $\{(x, y) \mid y^2-2x=0\}$; (4) $\{(x, y) \mid x=0$ 或 $y=2\}$.

6. 略.

练习题 8-2

1. 略. **2.** 2. **3.** $\frac{2}{5}, \frac{1}{5}$.

4. (1) $\frac{\partial z}{\partial x}=3x^2y-y^3, \frac{\partial z}{\partial y}=x^3-3xy^2$; (2) $\frac{\partial z}{\partial x}=\frac{1}{x}, \frac{\partial z}{\partial y}=\frac{1}{y}$;

(3) $\frac{\partial z}{\partial x}=e^x(\sin xy+y\cos xy), \frac{\partial z}{\partial y}=xe^x\cos xy$; (4) $\frac{\partial z}{\partial x}=\frac{-y}{x^2+y^2}, \frac{\partial z}{\partial y}=\frac{x}{x^2+y^2}$;

(5) $\frac{\partial z}{\partial x}=y^2(1+xy)^{y-1}, \frac{\partial z}{\partial y}=(1+xy)^{y-1}((1+xy)\ln(1+xy)+xy)$;

(6) $\frac{\partial z}{\partial x}=\frac{1}{y^2}e^y$; $\frac{\partial z}{\partial y}=\frac{1}{y^3}(x(y-2)e^y)$.

5. (1) $z_{xx}=-4\sin(2x+3y), z_{yy}=-9\sin(2x+3y), z_{xy}=z_{yx}=-6\sin(2x+3y)$;
(2) $z_{xx}=12x^2-8y^2, z_{yy}=12y^2-8x^2, z_{xy}=z_{yx}=-16xy$;

(3) $z_{xx}=-\frac{\sqrt{2}y}{4x\sqrt{xy}}, z_{yy}=\frac{\sqrt{2}x}{4y\sqrt{xy}}, z_{xy}=z_{yx}=\frac{\sqrt{2}}{4\sqrt{xy}}$;

(4) $z_{xx}=2\left(\arctan\frac{y}{x}-\frac{xy}{x^2+y^2}\right), z_{yy}=-2\left(\arctan\frac{x}{y}-\frac{xy}{x^2+y^2}\right), z_{xy}=z_{yx}=\frac{x^2-y^2}{x^2+y^2}$.

6. 略.

练习题 8-3

1. (1) $dz=\left(8xy+\frac{1}{y}\right)dx+\left(4x^2-\frac{x}{y^2}\right)dy$; (2) $dz=\sec^2(x+y^2)dx+2y\sec^2(x+y^2)dy$;
(3) $du=yzx^{yz-1}dx+zx^{yz}\ln x\,dy+yx^{yz}\ln x\,dz$; (4) $dz=e^y\cos(xe^y)dx+xe^y\cos(xe^y)dy$.

2. $dz=[3x^2y^4+(y+xy^2)e^{xy}]dx+[4x^3y^3+(x+x^2y)e^{xy}]dy$. **3.** (1) 2.95; (2) 1.03.

4. 约减少 2.8 cm.

练习题 8-4

1. (1) $\frac{\partial z}{\partial x}=2xy^2\ln(3x-2y)+\frac{3x^2y^2}{3x-2y}, \frac{\partial z}{\partial y}=2x^2y\ln(3x-2y)-\frac{2x^2y^2}{3x-2y}$.

(2) $\frac{du}{dt}=(12t-6t^2+\cos t)e^{6t^2-2t^3+\sin t}$. (3) $\frac{\partial z}{\partial x}=y(\ln x)^{xy-1}+y(\ln x)^{xy}\ln\ln x, \frac{\partial z}{\partial y}=x(\ln x)^{xy}\ln\ln x$.

(4) $\frac{\partial z}{\partial x}=2xf_u+ye^{xy}f_v, \frac{\partial z}{\partial y}=-2yf_u+xe^{xy}f_v$.

2. (1) $\frac{\partial z}{\partial x}=\frac{yx^{y-1}}{y^z\ln y}, \frac{\partial z}{\partial y}=\frac{x^y\ln x-zy^{z-1}}{y^z\ln y}$; (2) $\frac{\partial z}{\partial x}=\frac{z}{z+x}, \frac{\partial z}{\partial y}=\frac{z^2}{y(x+z)}$;

(3) $\frac{\partial z}{\partial x}=\frac{f'(x-y^2+z)}{1-f'(x-y^2+z)}, \frac{\partial z}{\partial y}=\frac{2yf'(x-y^2+z)}{f'(x-y^2+z)-1}$; (4) $\frac{\partial z}{\partial x}=\frac{ye^{-xy}}{2-e^z}, \frac{\partial z}{\partial y}=\frac{xe^{-xy}}{2-e^z}$.

3. (1) $dz=(2f_u+ye^{xy}f_v)dx+(3f_u+xe^{xy}f_v)dy$;

(2) $ds=\frac{1}{y}f_u dx+\left(\frac{1}{z}f_v-\frac{x}{y^2}f_u\right)dy-\frac{y}{z^2}f_v dz$;

(3) $dz=(e^x\sin y f_u+2xf_v)dx+(e^x\cos y f_u+2yf_v)dy$;

(4) $dz=\left(\frac{x}{\sqrt{x^2+y^2}}f_u+\frac{1}{y}e^{\frac{x}{y}}f_v\right)dx+\left(\frac{y}{\sqrt{x^2+y^2}}f_u-\frac{x}{y^2}e^{\frac{x}{y}}f_v\right)dy.$

4. 略. **5.** $x+3y+z+3=0.$ **6.** $\frac{x-1}{1}=\frac{y-2}{4}=\frac{z+3}{-9}$, $x+4y-9z-36=0.$

练习题 8-5

1. $\sqrt{3}$.

2. $\sqrt{2}\sin\left(\alpha+\frac{\pi}{4}\right)$; (1) 当 $\alpha=\frac{\pi}{4}$ 时,方向导数达到最大值$\sqrt{2}$; (2) 当 $\alpha=\frac{5\pi}{4}$ 时,方向导数达到最小值$-\sqrt{2}$; (3) 当 $\alpha=\frac{3\pi}{4}$ 和 $\alpha=\frac{7\pi}{4}$ 时,方向导数等于 0.

3. (1) $\frac{1}{3}$; (2) $-\frac{\sqrt{10}}{2}$.

4. $\frac{\partial r}{\partial l}=\cos\theta\cos\varphi+\sin\theta\sin\varphi=\cos(\theta-\varphi)$,

当 $\varphi=\theta\pm\frac{\pi}{2}$ 时,$\frac{\partial r}{\partial L}=0$,即沿着与向径垂直的方向导数为零;

当 $\varphi=\theta$ 时,$\frac{\partial r}{\partial L}=1$,即沿着向径本身方向的方向导数为 1.

5. $\frac{\pi}{2}$. **6.** $(1, -3, -3)$; $\sqrt{19}$. **7.** $(2, -2, 4)$.

8. 沿与梯度 $\mathbf{grad}\,f=(2, -4, 1)$一致的方向增加最快,沿与梯度 $\mathbf{grad}\,f=(2, -4, 1)$ 相反的方向减少最快.

9. $\frac{\partial u}{\partial r}=\frac{2u}{\sqrt{x^2+y^2+z^2}}$;当 $a^2=b^2=c^2$ 时,$\left.\frac{\partial u}{\partial r}\right|_M=|\mathbf{grad}\,u(M)|$.

10. (1) $-\boldsymbol{i}+4\boldsymbol{j}$, $\boldsymbol{i}-4\boldsymbol{j}$; (2) $4\sqrt{17}$.

练习题 8-6

1. (1) 极大值为 $f(0, 0)=0$; (2) 极大值为 $f(3, 2)=36$;

(3) 极大值为$\frac{3}{2}\sqrt{3}$; (4) 极小值为 $f\left(\frac{1}{2}, -1\right)=-\frac{e}{2}$.

2. 最大值为 2;最小值为 0. **3.** 极大值为$\sqrt{2}$;极小值为$-\sqrt{2}$.

4. 当容器的长、宽、高均为 $\sqrt[3]{100}$ m 时所用材料最省.

5. 当折起来的边长为 8 cm,倾角为 60°时,断面的面积最大.

6. 当甲产品生产 120 件,乙产品生产 80 件时,总利润最大.

7. 当甲产品为 5 百个,乙产品为 3 百个,可获最大利润,且最大利润为 25 万元.

练习题 8-7

1. zxx=2*y*x/(x^2+y^2)^2, zxy=−(x^2−y^2)/(x^2+y^2)^2,
zyx=−(x^2−y^2)/(x^2+y^2)^2, zyy=−2*y*x/(x^2+y^2)^2.

2. (2*x−z*y)/(−2*z+x*y), −(−2*y+x*z)/(−2*z+x*y).

3. $(-3, 0)$是极大值点;$(1, 2)$是极小值点.

练习题 8-8

1. (1) 当 $x_1=0.75$、$x_2=1.25$ 时,即需要用 0.75 万元做电台广告、1.25 万元做报纸广告,公司获得的总利润最大;

(2) 最优广告策略为将 1.5 万元全部用于报纸的广告费.

2. 当 $P_1=80$ 与 $P_2=120$ 时,获得的总利润最大.

3. (1) 当 $Q_1=4$ 吨、$Q_2=5$ 吨,对应的价格分别为 $P_1=10$ 万元/吨、$P_2=7$ 万元/吨时,最大利润为 $L=52$ 万元.
(2) 当 $Q_1=5$ 吨、$Q_2=4$ 吨,对应的统一价格 $P_1=P_2=8$ 万元/吨时,最大利润为 $L=49$ 万元.
由上述结果可知,企业实行差别定价所得最大总利润要大于统一定价时的最大总利润.

4. 每次取 $\frac{m}{3}$ 苯量,可使从水溶液中萃取的醋酸最多.

5. 当水箱的尺寸 $h\approx 11.8585\,\text{ft}$、$l\approx 1.20233\,\text{ft}$ 时,水箱的容积最大,其最大值为 $V\approx 895.472\,\text{ft}^3$.

6. 鲨鱼的进击路线 L 的方程为 $y=\frac{y_0}{x_0^2}x^2$.

7. 攀登路线 Γ 的方程为 $\begin{cases}z=125-2x^2-3y^2\\ x^3=5y^2\end{cases}$.

8. 该制造商应该雇用 250 个劳动力和 50 个单位资本投入,这时可获得最大产量为 $f(250, 50)=16719$.

习题八

1. $\frac{xy}{x^2+y^2}$.　2. $t^2f(x, y)$.

3. (1) $\{(x, y)\mid y^2>2x-1\}$;　(2) $\{(x, y)\mid x^2+y^2<1$ 且 $x^2+y^2\neq 0$ 且 $y^2\leqslant 4x\}$;
(3) $\{(x, y)\mid y\leqslant x^2, x\geqslant 0, y\geqslant 0\}$;　(4) $\{x, y)\mid x<y\leqslant -x, x<0\}$.

4. (1) $\frac{\partial u}{\partial x}=2(x+2y+3z)$, $\frac{\partial u}{\partial y}=4(x+2y+3z)$, $\frac{\partial u}{\partial z}=6(x+2y+3z)$;

(2) $\frac{\partial z}{\partial x}=ye^{xy}(\cos xy-\sin xy)$, $\frac{\partial z}{\partial y}=xe^{xy}(\cos xy-\sin xy)$;

(3) $\frac{\partial z}{\partial x}=(1+x)^{xy}\left[y\ln(1+x)+\frac{xy}{1+x}\right]$, $\frac{\partial z}{\partial y}=x(1+x)^{xy}\ln(1+x)$;

(4) $\frac{\partial z}{\partial x}=y\ln y$, $\frac{\partial z}{\partial y}=x(\ln y+1)$;　(5) $\frac{\partial z}{\partial x}=\cot(x-2y)$, $\frac{\partial z}{\partial y}=-2\cot(x-2y)$;

(6) $\frac{\partial u}{\partial x}=\frac{z(x-y)^{z-1}}{1+(x-y)^{2z}}$, $\frac{\partial u}{\partial y}=\frac{-z(x-y)^{z-1}}{1+(x-y)^{2z}}$, $\frac{\partial u}{\partial z}=\frac{(x-y)^z\ln(x-y)}{1+(x-y)^{2z}}$.

5. (1) $\frac{\partial^2 z}{\partial x^2}=e^{x+2y}$, $\frac{\partial^2 z}{\partial x\partial y}=2e^{x+2y}$, $\frac{\partial^2 z}{\partial y^2}=4e^{x+2y}$;

(2) $\frac{\partial^2 z}{\partial x^2}=\frac{4xy}{(x^2+4y^2)^2}$, $\frac{\partial^2 z}{\partial x\partial y}=\frac{8y^2-2x^2}{(x^2+4y^2)^2}$, $\frac{\partial^2 z}{\partial y^2}=-\frac{16xy}{(x^2+4y^2)^2}$;

(3) $f_{xx}=-\frac{y^2}{(x^2+y^2)^{\frac{3}{2}}}$, $f_{xy}=f_{yx}=\frac{xy}{(x^2+y^2)^{\frac{3}{2}}}$, $f_{yy}=-\frac{x^2}{(x^2+y^2)^{\frac{3}{2}}}$;

(4) $\frac{\partial^2 z}{\partial x^2}=\frac{x+2y}{(x+y)^2}$, $\frac{\partial^2 z}{\partial x\partial y}=\frac{y}{(x+y)^2}$, $\frac{\partial^2 z}{\partial y^2}=-\frac{x}{(x+y)^2}$.

6~9. 略.

10. (1) $dz=\frac{1}{\sqrt{(x^2+y^2)^3}}(y^3dx+x^3dy)$;

(2) $dz=2[\cos(x-y)-x\sin(x-y)]dx+2x\sin(x-y)dy$;

(3) $du=\sin yz\,dx+xz\cos yz\,dy+xy\cos yz\,dz$;　(4) $dz=\left(y+\frac{1}{y}\right)dx+x\left(1-\frac{1}{y^2}\right)dy$.

11. (1) 108.972;　(2) 0.50234.

12. (1) $\frac{\partial z}{\partial x}=3x^2\sin y\cos y(\cos y-\sin y)$,

$\frac{\partial z}{\partial y}=-2x^3\sin y\cos y(\cos y+\sin y)+x^3(\sin^3 y+\cos^3 y)$;　(2) $\frac{dz}{dt}=e^{\sin t-2t^3}(\cos t-6t^2)$.

13. $\frac{dy}{dx}=\frac{2ye^{2x}-e^{2y}}{2xe^{2y}-e^{2x}}$.　14. (1) $u\mid_M=\left(\frac{2}{9}, \frac{4}{9}, -\frac{4}{9}\right)$;　(2) $\frac{\partial u}{\partial l}=\frac{1}{2}$.

15. (1) 极大值为 $f(2,-2)=8$； (2) 极小值为 $f(0,0)=0$，在圆周 $x^2+y^2=1$ 取得极大值 e^{-1}；(3) 极大值为 $f(a,a)=a^3$； (4) 极小值为 $f(3,-1)=-8$.

16. 切线方程为 $\begin{cases}x=a\\by-az=0\end{cases}$，法平面方程为 $ay+bz=0$.

17. 切平面方程为 $ax_0x+by_0y+cz_0z=1$，法线方程为 $\dfrac{x-x_0}{ax_0}=\dfrac{y-y_0}{by_0}=\dfrac{z-z_0}{cz_0}$.

18. $dz=-\dfrac{1}{\sin 2z}(\sin 2x\,dx+\sin 2y\,dy)$. **19.** 当边长为 $\dfrac{2}{3}p$ 的等边三角形时，面积最大.

20. 当长、宽为 $\sqrt[3]{2V}$ 时，高为 $\dfrac{1}{2}\sqrt[3]{2V}$，所用材料最省. **21.** 当 A 购置 20 t，B 购置 40 t 时，产量最大.

22. 平面上的点 $\left(\dfrac{1}{2},0,1\right)$ 到原点和点 $(1,0,2)$ 的距离平方和最小.

第九章

练习题 9-1

1. (1) C. (2) B. (3) B. (4) A. **2.** $I_1=4I_2$.

3. (1) $\iint\limits_D(x+y)^2d\sigma\geqslant\iint\limits_D(x+y)^3d\sigma$； (2) $\iint\limits_D(x+y)^2d\sigma\leqslant\iint\limits_D(x+y)^3d\sigma$.

4. (1) $0\leqslant I\leqslant 2$； (2) $0\leqslant I\leqslant \pi^2$.

练习题 9-2

1. (1) $\dfrac{8}{3}$； (2) 1； (3) $\dfrac{20}{3}$； (4) $-\dfrac{3}{2}\pi$； (5) $\dfrac{3}{2}+\cos 1+\sin 1-\cos 2-2\sin 2$； (6) $\dfrac{13}{6}$.

2. (1) $\int_0^4dx\int_x^{2\sqrt{x}}f(x,y)dy$ 或 $\int_0^4dy\int_{\frac{1}{4}y^2}^{y}f(x,y)dx$；

(2) $\int_{-r}^{r}dx\int_0^{\sqrt{r^2-x^2}}f(x,y)dy$ 或 $\int_0^r dy\int_{-\sqrt{r^2-y^2}}^{\sqrt{r^2-y^2}}f(x,y)dx$.

3. (1) $\int_0^1dx\int_x^1f(x,y)dy$； (2) $\int_0^4dy\int_{\frac{x}{2}}^{\sqrt{x}}f(x,y)dy$； (3) $\int_0^1dy\int_{2-y}^{1+\sqrt{1-y^2}}f(x,y)dx$；

(4) $\int_0^1dy\int_{e^y}^{e}f(x,y)dx$.

4. $\dfrac{7}{2}$. **5.** $\dfrac{17}{6}$.

6. (1) $\int_0^{2\pi}d\theta\int_0^af(r\cos\theta,r\sin\theta)rdr$； (2) $\int_{-\frac{\pi}{2}}^{\frac{\pi}{2}}d\theta\int_0^{2\cos\theta}f(r\cos\theta,r\sin\theta)rdr$；

(3) $\int_0^{2\pi}d\theta\int_a^bf(r\cos\theta,r\sin\theta)rdr$； (4) $\int_0^{\frac{\pi}{2}}d\theta\int_0^{(\cos\theta+\sin\theta)^{-1}}f(r\cos\theta,r\sin\theta)rdr$；

(5) $\int_0^{\frac{\pi}{4}}d\theta\int_0^{\sec\theta\tan\theta}f(r\cos\theta,r\sin\theta)rdr+\int_{\frac{\pi}{4}}^{\frac{\pi}{2}}d\theta\int_0^{\csc\theta}f(r\cos\theta,r\sin\theta)rdr$.

7. (1) $\int_0^{\frac{\pi}{4}}d\theta\int_0^{\sec\theta}f(r\cos\theta,r\sin\theta)rdr+\int_{\frac{\pi}{4}}^{\frac{\pi}{2}}d\theta\int_0^{\csc\theta}f(r\cos\theta,r\sin\theta)rdr$；

(2) $\int_{\frac{\pi}{4}}^{\frac{\pi}{3}}d\theta\int_0^{2\sec\theta}f(r)rdr$； (3) $\int_0^{\frac{\pi}{2}}d\theta\int_{(\cos\theta+\sin\theta)^{-1}}^{1}f(r\cos\theta,r\sin\theta)rdr$；

(4) $\int_0^{\frac{\pi}{4}}d\theta\int_{\sec\theta\tan\theta}^{\sec\theta}f(r\cos\theta,r\sin\theta)rdr$.

8. (1) $\dfrac{1}{8}\pi a^4$； (2) $\dfrac{3}{4}\pi a^4$； (3) $\dfrac{1}{6}a^3[\sqrt{2}+\ln(1+\sqrt{2})]$； (4) $\dfrac{2}{45}(\sqrt{2}+1)$.

9. (1) $\pi(e^4-1)$； (2) $\dfrac{\pi}{4}(2\ln 2-1)$； (3) $\dfrac{3}{64}\pi^2$. **10.** (1) $\dfrac{9}{4}$； (2) $\dfrac{\pi}{8}(\pi-2)$； (3) $14a^4$.

练习题 9－3

1. (1) $\int_0^1 dx\int_0^{\sqrt{1-x^2}} dy\int_{x^2+y^2}^1 f(x, y, z)dz$； (2) $\int_0^1 dx\int_0^{1-x} dy\int_0^{xy} f(x, y, z)dz$；

(3) $\int_{-1}^1 dx\int_{-\sqrt{1-x^2}}^{\sqrt{1-x^2}} dy\int_{x^2+2y^2}^{2-x^2} f(x, y, z)dz$.

2. (1) $\frac{1}{364}$； (2) $\frac{1}{2}\left(\ln 2-\frac{5}{8}\right)$. **3.** (1) $\frac{16}{3}\pi$； (2) 8π； (3) $\frac{1}{48}$. **4.** (1) $\frac{124}{15}\pi$； (2) $\frac{8-5\sqrt{2}}{30}\pi$.

练习题 9－4

1. $2a^2(\pi-2)$. **2.** $\sqrt{2}\pi$. **3.** $16R^2$. **4.** $\overline{x}=\frac{35}{48}, \overline{y}=\frac{35}{54}$. **5.** $\overline{x}=\frac{2}{5}a, \overline{y}=\frac{2}{5}a$.

6. (1) $I_y=\frac{1}{4}\pi a^3 b$； (2) $I_x=\frac{1}{3}ab^3, I_y=\frac{1}{3}a^3 b$.

练习题 9－5

1. $\frac{4}{3}$. **2.** $\frac{45}{8}$.

练习题 9－6

1. $\sqrt{\frac{2}{3}}R$. **2.** $\frac{1}{h}\left(h^3+\frac{V}{32\pi}\right)^{\frac{1}{3}}-1$. **3.** $\left(-\frac{R}{4}, 0, 0\right)$. **4.** 100 h.

习题九

1. (1) 0； (2) $\frac{9}{2}$. **2.** 错. **3.** (1) D； (2) A； (3) B； (4) D.

4. (1) $\iint\limits_D \ln(x+y)d\sigma \geqslant \iint\limits_D [\ln(x+y)]^2 d\sigma$； (2) $\iint\limits_D \ln(x+y)d\sigma \leqslant \iint\limits_D [\ln(x+y)]^2 d\sigma$.

5. (1) $\pi^2-\frac{40}{9}$； (2) $\frac{6}{55}$； (3) $\frac{64}{15}$； (4) $e-e^{-1}$.

6. (1) $\int_1^2 dx\int_{\frac{1}{x}}^{x} f(x, y)dy$ 或 $\int_{\frac{1}{2}}^1 dy\int_{\frac{1}{y}}^2 f(x, y)dx+\int_1^2 dy\int_y^2 f(x, y)dx$；

(2) $\int_0^1 dx\int_{\sqrt{1-x^2}}^{\sqrt{4-x^2}} f(x, y)dy+\int_1^2 dx\int_0^{\sqrt{4-x^2}} f(x, y)dy$ 或 $\int_0^1 dy\int_{\sqrt{1-y^2}}^{\sqrt{4-y^2}} f(x, y)dx+\int_1^2 dy\int_0^{\sqrt{4-y^2}} f(x, y)dx$.

7. 6π. **8.** (1) $\frac{2}{3}\pi(b^3-a^3)$； (2) $\frac{1}{3}R^3\left(\pi-\frac{4}{3}\right)$.

9. (1) 0； (2) $\frac{1}{8}$. **10.** $2\pi ah$. **11.** $\left(0, 0, \frac{3}{4}H\right)$. **12.** $\frac{4\pi a^3}{3}(1-\cos^4\alpha)$.

第十章

练习题 10－1

1. $\frac{5}{6}(1+\sqrt{2})$. **2.** 2. **3.** $\pi e+2(e-1)$. **4.** $\frac{1}{54}(56\sqrt{7}-1)$.

5. $\frac{1}{12}(5\sqrt{5}+6\sqrt{2}-1)$. **6.** $e^a\left(2+\frac{\pi}{4}a\right)-2$. **7.** $2\pi a^2$.

练习题 10－2

1. (1) $\frac{34}{3}$； (2) 11； (3) 14； (4) $\frac{32}{3}$. **2.** $\frac{8}{15}$. **3.** 3. **4.** -8π. **5.** 0.

练习题 10-3

1. $\frac{135}{2}\pi$. **2.** $\frac{\pi}{2}a^2(b-a)+2a^2b$. **3.** $m+9\mathrm{e}^4-\mathrm{e}^2+6$. **4.** π.

5. (1) $\mathrm{e}^a\cos b-1$; (2) $f(2)\sin 1-4$. **6.** (1) x^2y+C; (2) $y^2\sin x+x^2\cos y+C$.

练习题 10-4

1. $\sqrt[4]{61}$. **2.** πa^3. **3.** $\frac{8}{3}\pi a^4$. **4.** $\frac{\pi}{2}(1+\sqrt{2})$. **5.** $2\pi\arctan\frac{H}{R}$. **6.** $\frac{2\pi}{15}(6\sqrt{3}+1)$.

练习题 10-5

1. (1) $\frac{27}{6}$; (2) 9; (3) $\frac{27}{8}$. **2.** $-\pi^2$. **3.** $\frac{\pi}{4}$.

4. $\iint\limits_{\Sigma}(xP+yQ+\sqrt{1-x^2-y^2}R)\,\mathrm{d}S$. **5.** $\frac{3}{2}\pi$. **6.** $\frac{1}{3}a^3h^2$. **7.** $\frac{1}{8}$.

练习题 10-6

1. (1) π; (2) 24π; (3) -16π; (4) 12π; (5) $-\frac{1}{2}\pi a^3$. **2.** 略. **3.** 6π.

4. (1) $\mathrm{div}\boldsymbol{F}=y+z+x$; (2) $\mathrm{div}\boldsymbol{F}=yx^{y-1}+\frac{x\mathrm{e}^{xy}}{1+(\mathrm{e}^{xy})^2}+\frac{y}{1+yz}$.

练习题 10-7

1. $\frac{3}{2}$. **2.** 2π. **3.** $-\frac{17}{4}\pi$. **4.** $-\frac{3}{2}\pi$. **5.** 4π.

练习题 10-8

1. $2R^3\pi$. **2.** 6π. **3.** 1/30. **4.** $2\pi a\ln(a/h)$. **5.** $-9\pi/2$.

练习题 10-9

1. $2(\pi-1)$. **2.** 略.

习题十

1. (1) $\sqrt{5}\pi^2$; (2) $-\frac{87}{4}$; (3) $-2\pi a^2$; (4) $\iint\limits_{S}z\,\mathrm{d}S$; (5) $2\pi a^3$. **2.** 2π. **3.** $\arctan\frac{y}{x}$.

4. $\frac{4}{3}\pi$. **5.** 0. **6.** $\frac{\sqrt{2}}{16}\pi$. **7.** (1) x^2; (2) 8. **8.** $\frac{4}{3}\pi k$(其中 k 为曲面的面密度). **9.** $\sqrt{2}$.

10. $2a^2$. **11.** $\frac{\sqrt{3}}{2}(1-\mathrm{e}^{-2})$. **12.** $\frac{9}{2}$. **13.** 0. **14.** $-\frac{\pi}{2}a^3$. **15.** -2π. **16.** 13. **17.** $\frac{1}{2}$.

18. (1) $\frac{8}{15}$; (2) $\frac{1}{3}$; (3) $\frac{5}{6}$. **19.** $\int_L\frac{P(x,y)+Q(x,y)}{\sqrt{2}}\mathrm{d}s$. **20.** 8. **21.** 12π. **22.** $\frac{\pi^2}{4}$.

第十一章

练习题 11-1

1. (1) $\sum\limits_{n=1}^{\infty}\ln^n 5$; (2) $\sum\limits_{n=1}^{\infty}(-1)^n\frac{1}{2^{n-1}}$; (3) $\sum\limits_{n=1}^{\infty}\sqrt[n]{0.001}$; (4) $\sum\limits_{n=1}^{\infty}\frac{1}{(2n-1)\times(2n+1)}$.

2. (1) 收敛; (2) 发散; (3) 发散; (4) 发散; (5) 收敛; (6) 收敛.

3. (1) 收敛, $s=9$; (2) 发散; (3) 发散; (4) 收敛, $s=\frac{3}{2}$.

4. (1) 发散；(2) 收敛；(3) 收敛；(4) 收敛；(5) 发散. **5.** 455 090 只. **6.** 50 mg.

练习题 11-2

1. C. **2.** >1.

3. (1) 发散；(2) 发散；(3) 发散；(4) 收敛；(5) 发散；(6) 收敛.

4. (1) 发散；(2) 发散；(3) 收敛；(4) 收敛；(5) 发散；(6) 发散；(7) 收敛；(8) 收敛；(9) 收敛；(10) 收敛；(11) 发散；(12) 发散.

练习题 11-3

1. (1) 条件收敛；(2) 绝对收敛；(3) 条件收敛；(4) 绝对收敛；(5) 绝对收敛；(6) 绝对收敛；(7) 条件收敛；(8) 发散.

2. (1) 发散；(2) 发散；(3) 收敛；(4) 收敛；(5) 发散；(6) 发散.

练习题 11-4

1. (1) $R=1$, 收敛区间$[-1,1)$；(2) $R=0$, 仅在 $x=0$ 处收敛；
(3) $R=3$, 收敛区间为$(-3,3)$；(4) $R=+\infty$, 收敛区间为 $(-\infty,+\infty)$；
(5) $R=1$, 收敛区间为$[-1,1]$；(6) $R=\sqrt{2}$, 收敛区间为$(-\sqrt{2},\sqrt{2})$；
(7) $R=1$, 收敛区间为$(0,2]$；(8) $R=\frac{1}{2}$；收敛区间为$\left[-\frac{1}{2},\frac{1}{2}\right]$.

2. (1) $\frac{1}{2}\ln\frac{1+x}{1-x}$, $x\in(-1,1)$；(2) $s(x)=\arctan x$, $x\in[-1,1]$；
(3) $\sum_{n=1}^{\infty}nx^{n-1}=\left(\frac{x}{1-x}\right)'=\frac{1}{(1-x)^2}\ (-1<x<1)$；
(4) $\sum_{n=1}^{\infty}(-1)^{n-1}nx^{n-1}=\left(\frac{x}{1+x}\right)'=\frac{1}{(1+x)^2}\ (-1<x<1)$.

3. (1) $\frac{3}{4}$；(2) $\ln\frac{3}{2}$.

练习题 11-5

1. (1) $\sum_{n=0}^{\infty}(-1)^n x^{2n}$, $x\in(-1,1)$；
(2) $\sin^2 x=\frac{2}{2!}x^2-\frac{2^3}{4!}x^4+\frac{2^5}{6!}x^6-\cdots+\frac{(-1)^{n-1}\cdot 2^{2n-1}}{(2n)!}x^{2n}+\cdots(-\infty,+\infty)$；
(3) $a^x=e^{x\ln a}=\sum_{n=0}^{\infty}\frac{(x\ln a)^n}{n!}$, $x\in(-\infty,+\infty)$；(4) $e^{2x}=\sum_{n=0}^{\infty}\frac{2^n x^n}{n!}(-\infty,+\infty)$；
(5) $\sum_{n=0}^{\infty}(-1)^n\frac{x^{n+1}}{2^{n+1}}$, $x\in(-2,2)$；(6) $\sum_{n=1}^{\infty}nx^{n-1}$, $x\in(-1,1)$.

2. (1) $\sum_{n=0}^{\infty}(-1)^n\frac{1}{4^{n+1}}(x-2)^n$, $-2<x<6$；(2) $\ln 3+\sum_{n=1}^{\infty}(-1)^{n-1}\frac{1}{n\cdot 3^n}(x-2)^n$, $-1<x\leqslant 5$.

3. $\sum_{n=0}^{\infty}(-1)^n\frac{1}{3^{n+1}}(x-3)^n$, $0<x<6$.

4. $\cos x=\frac{1}{2}\sum_{n=0}^{\infty}(-1)^n\left[\frac{\left(x+\frac{\pi}{3}\right)^{2n}}{(2n)!}+\sqrt{3}\frac{\left(x+\frac{\pi}{3}\right)^{2n+1}}{(2n+1)!}\right]$, $x\in(-\infty,+\infty)$.

5. $p(q)=700\left(q-\frac{q^2}{2}+\frac{q^3}{3}-\frac{q^4}{4}+\cdots\right)$.

6. $\frac{1}{x^2+3x+2}=\sum_{n=0}^{\infty}\left(\frac{1}{2^{n+1}}-\frac{1}{3^{n+1}}\right)(x+4)^n$, $(-6,-2)$.

7. e^2.

练习题 11-6

1. (1) 相等； (2) 0, 0, 1, $(-1)^{n+1}\frac{1}{n}(n=1,2,\cdots)$； (3) $\frac{2}{3}\pi$； (4) $1+\frac{\pi^3}{2}$.

2. (1) $\frac{1}{2}+\frac{2}{\pi}\left(\sin t+\frac{1}{3}\sin 3t+\frac{1}{5}\sin 5t+\cdots\right)$ $(-\infty<t<+\infty,\ t\neq k\pi,\ k\in\mathbf{Z})$；

(2) $f(x)=\frac{\pi}{2}-\frac{4}{\pi}\sum_{n=1}^{\infty}\frac{1}{(2n-1)^2}\cos(2n-1)x$ $(-\infty\leqslant x\leqslant+\infty)$；

(3) $\frac{18\sqrt{3}}{\pi}\sum_{n=1}^{\infty}(-1)^{n-1}\frac{n\sin nx}{9n^2-1}$ $(-\infty<x<+\infty,\ x\neq(2k+1)\pi,\ k\in\mathbf{Z})$；

(4) $f(x)=\frac{2}{\pi}+\frac{4}{\pi}\sum_{n=1}^{\infty}\frac{(-1)^{n-1}}{4n^2-1}\cos nx$ $(-\infty<x<+\infty)$.

3. $f(x)=\sum_{n=1}^{\infty}b_n\sin nx=2\sum_{n=1}^{\infty}\frac{1}{n}\sin nx,\ x\in(0,\pi]$；

$f(x)=\frac{\pi}{2}+\frac{4}{\pi}\sum_{n=1}^{\infty}\frac{1}{(2m-1)^2}\cos(2m-1)x,\ x\in[0,\pi]$.

4. $f(x)=\frac{4}{\pi}\sum_{n=1}^{\infty}\left[\left(\frac{2}{n^3}-\frac{\pi^2}{n}\right)(-1)^n-\frac{2}{n^3}\right]\sin nx$ $(0\leqslant x<\pi)$；

$f(x)=\frac{2}{3}\pi^2+8\sum_{n=1}^{\infty}\frac{(-1)^n}{n^2}\cos nx$ $(0\leqslant x\leqslant\pi)$.

5. $f(x)=\frac{11}{12}+\frac{1}{\pi^2}\sum_{n=1}^{\infty}\frac{(-1)^{n+1}}{n^2}\cos 2n\pi x$ $(-\infty<x<+\infty)$.

练习题 11-7

1. (1) 1/2； (2) 1/2*log((1+x)/(1−x)).

2. (1) 1/2*i*Psi(1−i)−1/2*i*Psi(1+i)=1.0767； (2) −1/11；

(3) sum(2^n*n!/(n^n), n=1..Inf)，数值结果为 12.9490.

3. (1) 收敛半径为+∞，收敛区间为(−∞, +∞).

(2) 收敛半径为 0，只在 $x=0$ 处收敛. (3) 收敛半径为 3，收敛区间为(−3, 3).

4. 1/2*2^(1/2)+1/2*2^(1/2)*(x−1/4*pi)−1/4*2^(1/2)*(x−1/4*pi)^2−1/12*2^(1/2)*(x−1/4*pi)^3+1/48*2^(1/2)*(x−1/4*pi)^4+1/240*2^(1/2)*(x−1/4*pi)^5.

5. 2/9−1/9*x−2/27*(1+x)^2+5/81*(1+x)^3+1/243*(1+x)^4−16/729*(1+x)^5+13/2187*(1+x)^6+35/6561*(1+x)^7−74/19683*(1+x)^8−31/59049*(1+x)^9.

练习题 11-8

1. (1) 8400 万元； (2) 8202 万元. **2.** 650 万元. **3.** 建木桥更经济. **4.** 租机方案较为经济.

5. 第二种方案有利. **6.** 3980 万.

7. 提示：$x=\frac{a_1}{p}+\frac{a_2}{p^2}+\cdots+\frac{a_k}{p^k}+\frac{a_1}{p^{k+1}}+\cdots+\frac{a_k}{p^{k+k}}+\cdots(0<x<1)$

用 p 乘以 x 后，$px=a_1+\frac{a_2}{p}+\frac{a_3}{p^2}+\cdots+\frac{a_k}{p^{k-1}}+\frac{a_1}{p^k}+\cdots+\frac{a_k}{p^{2k-1}}+\cdots$

所以整数部分就是 a_1. 从 px 中减去 a_1，得到

$$y=\frac{a_2}{p}+\frac{a_3}{p^2}+\cdots+\frac{a_k}{p^{k-1}}+\frac{a_1}{p^k}+\cdots$$

再用 p 乘以 y，整数部分即为 a_2. 重复上述步骤即可.

习题十一

1. (1) 必要，充分； (2) 收敛，发散； (3) 1, (−1, 1]； (4) $\sqrt{3}$, $(-\sqrt{3},\sqrt{3})$； (5) 3, [−2, 4)；

(6) 4 $\left(\text{提示:先求 } s(x)=\sum_{n=1}^{\infty} n x^{n-1}\text{,再求 } s\left(\frac{1}{2}\right)\right)$.

2. (1) D. (2) A. (3) B. (4) C. (5) C. (6) A. (7) B. (8) C.

3. (1) 发散；(2) 收敛；(3) 收敛；(4) 收敛；(5) 发散；(6) 收敛.

4. (1) $p>1$ 时绝对收敛，$0<p\leqslant 1$ 时条件收敛，$p\leqslant 0$ 时发散；

(2) 绝对收敛；(3) 绝对收敛；(4) 条件收敛.

5. (1) $R=1$，收敛区间为$[-1,0)$；(2) $R=+\infty$，收敛区间为$(-\infty,+\infty)$；

(3) $R=1$，收敛区间为$[-1,1]$；(4) $R=\frac{1}{3}$，收敛区间为$\left[-\frac{4}{3},-\frac{2}{3}\right)$；

(5) $R=1$，收敛区间为$(-1,1)$；(6) $R=1$，收敛区间为$[1,3]$.

6. (1) $s(x)=\frac{1}{2}+\frac{x}{4}+\frac{1}{2}\left(\frac{1}{x}-x\right)\ln(1-x)$ $[-1,1]$；(2) $s(x)=\frac{x-1}{(2-x)^2}$ $(0,2)$.

7. $R=1$, $(-1,1)$, $s(x)=\frac{1}{(1-x)^3}$, 8. **8.** $\sum_{n=1}^{\infty}\frac{n}{2^{n+1}}x^{n-1}$, $x\in(-2,2)$.

9. (1) 8；(2) 2e. **10.** $\sum_{n=1}^{\infty}\frac{1}{n}\sin nx\ (0<x\leqslant\pi)$.

11. $f(x)=\frac{2}{3}\pi^2+4\sum_{n=1}^{\infty}\frac{(-1)^{n+1}}{n^2}\cos nx\ (-\pi\leqslant x\leqslant\pi)$, $\sum_{n=1}^{\infty}\frac{1}{n^2}=\frac{\pi^2}{6}$.

12. $f(x)=\sum_{n=1}^{\infty}\frac{1}{2n}\sin 2nx\ (0<x<\pi)$, $f(x)=\sum_{n=1}^{\infty}\frac{2}{\pi(2n-1)^2}\cos(2n-1)x\ (0\leqslant x\leqslant\pi)$.

13. (1) 14 371.56 元；(2) 32 年.

14. (1) 100 只，85 只，72 只，61 只，52 只；(2) 370 只；(3) 666 只.

附录三

一、选择题

1. D. **2.** B. **3.** A. **4.** B. **5.** B. **6.** C. **7.** A. **8.** D. **9.** D. **10.** A.

二、填空题

1. $\frac{y}{\cos x}+\frac{x}{\cos y}$. **2.** $yf\left(\frac{y^2}{x}\right)$. **3.** 1. **4.** 4e. **5.** $(\pi-1)\mathrm{d}x-\mathrm{d}y$. **6.** $\frac{2}{9}(2\sqrt{2}-1)$. **7.** 4π.

8. $\frac{32}{3}$. **9.** $\pi\int_{\sqrt{\frac{\pi}{2}}}^{\frac{\pi}{2}}\frac{\cos u}{u^3}\mathrm{d}u-\frac{\cos\sqrt{\frac{\pi}{2}}}{2}-\sqrt{\frac{\pi}{2}}\cos\sqrt{\frac{\pi}{2}}$. **10.** $\cos\sqrt{x}$. **11.** -1. **12.** $\frac{1}{(x+1)^2}$.

三、解答题

1. 极小值$-\frac{1}{216}$. **2.** $a=-\frac{3}{4}$, $b=\frac{3}{4}$. **3.** $1-3f_{uu}(x+y,x-y)-f_{vv}(x+y,x-y)$. **4.** 66.

5. $(-1,0)$ 处取极小值 2，$\left(\frac{1}{2},0\right)$ 处取极小值$\frac{1}{2}-2\ln 2$. **6.** (1) $a=-1$, $b=-1$；(2) $\frac{13\pi}{3}$.

7. $\left(0,\frac{1}{4},\frac{1}{4}\right)$. **8.** $\frac{43}{120}\sqrt{2}$. **9.** π. **10.** $S(x)=\frac{2}{\sqrt{1-x}}-2$. **11.** $\frac{14\pi}{3}$.

12. $f(x)=\frac{x}{\sqrt{x^2+1}}$, $\frac{\pi^2}{6}$. **13.** $\frac{3}{4}[\sqrt{2}+\ln(1+\sqrt{2})]$. **14.** $\frac{3\pi}{256}$. **15.** (1) 8π；(2) $-\pi$.

16. 1/48. **17.** $\frac{1}{8}\mathrm{e}^2-\frac{1}{4}\mathrm{e}+\frac{1}{8}$.

18. 收敛域为 $(0,1]$，$S(x)=\begin{cases}\frac{\mathrm{e}^{-x}}{1-\mathrm{e}^{-x}}+(1-x)\ln(1-x)+x, & x\in(0,1)\\ \frac{\mathrm{e}}{\mathrm{e}-1}, & x=1\end{cases}$.

19. (1) $y_n(x)=\frac{1}{n(n+1)}x^{n+1}$；(2) 收敛域$[-1,1]$，$S(x)=\begin{cases}(1-x)\ln(1-x)+x, & x\in(-1,1)\\ 1, & x=1\end{cases}$.

参考文献

[1] 同济大学数学系. 高等数学[M]. 6版. 北京:高等教育出版社,2007.
[2] 张爱真,刘大彬,等. 高等数学[M]. 北京:北京师范大学出版社,2009.
[3] 林益,李伶,等. 高等数学[M]. 北京:北京大学出版社,2005.
[4] 谢季坚,李启文. 大学数学[M]. 北京:高等教育出版社,2004.
[5] 颜文勇,柯善军. 高等应用数学[M]. 北京:高等教育出版社,2004.
[6] 侯风波. 高等数学[M]. 北京:高等教育出版社,2003.
[7] 盛祥耀. 高等数学[M]. 北京:高等教育出版社,2008.
[8] 侯风波. 应用数学[M]. 北京:高等教育出版社,2007.
[9] 李心灿. 高等数学应用205例[M]. 北京:高等教育出版社,1997.
[10] 陆宜清. 应用高等数学[M]. 北京:高等教育出版社,2010.
[11] 陆宜清. 高等数学[M]. 郑州:郑州大学出版社,2007.
[12] 王仲英. 应用数学[M]. 北京:高等教育出版社,2009.
[13] 徐强. 高等数学[M]. 北京:高等教育出版社,2009.
[14] 王仲英. 电类高等数学[M]. 北京:高等教育出版社,2006.
[15] 肖海军. 数学实验初步[M]. 北京:科学出版社,2007.
[16] 龚漫奇. 高等数学[M]. 北京:高等教育出版社,2000.
[17] 吕保献. 高等数学[M]. 北京:北京大学出版社,2005.
[18] 丁勇. 高等数学[M]. 北京:清华大学出版社,2005.
[19] 邢春峰,李平. 应用数学基础[M]. 北京:高等教育出版社,2000.
[20] 姜启源,谢金星,叶俊. 数学建模[M]. 3版. 北京:高等教育出版社,2003.
[21] 戎笑,于德明. 高职数学建模竞赛培训教程[M]. 北京:清华大学出版社,2010.
[22] 杜建伟,王若鹏. 数学建模基础案例[M]. 北京:化学工业出版社,2009.
[23] 王兵团. 数学建模基础[M]. 北京:清华大学出版社,北京交通大学出版社,2004.
[24] 朱建青,张国梁. 数学建模方法[M]. 郑州:郑州大学出版社,2003.
[25] 陈东彦,李冬梅,王树忠. 数学建模[M]. 北京:科学出版社,2007.
[26] 同济大学数学系. 高等数学及其应用:上、下册[M]. 2版. 北京:高等教育出版社,2008.
[27] 殷锡鸣. 高等数学:上、下册[M]. 北京:高等教育出版社,2010.
[28] 林伟初,郭安学. 高等数学(经管类):上[M]. 上海:复旦大学出版社,2009.
[29] 张杰明. 经济数学[M]. 北京:清华大学出版社,2011.
[30] 全国硕士研究生入学统一考试辅导用书编委会. 全国硕士研究生入学统一考试数学考试参考书[M]. 北京:高等教育出版社,2012.